珠光翠影

中国首饰图文史

王苗 著

典藏版

苗 2025年元月

西苑出版社
XIYUAN PUBLISHING HOUSE
2025・北京

图书在版编目（CIP）数据

珠光翠影 : 中国首饰图文史 : 典藏版 / 王苗著. 北京 : 西苑出版社有限公司, 2025. 3. -- ISBN 978-7-5151-1032-5

Ⅰ. TS934.3-092

中国国家版本馆CIP数据核字第2024E9A908号

珠光翠影——中国首饰图文史（典藏版）

作　　者	王　苗
责任编辑	李凯丽
责任校对	辛小雪
开　　本	710 毫米 ×1000 毫米　1/16
印　　张	39
字　　数	561 千字
版　　次	2025 年 3 月第 1 版
印　　次	2025 年 3 月第 1 次印刷
印　　刷	鑫艺佳利（天津）印刷有限公司
书　　号	ISBN 978-7-5151-1032-5
定　　价	198.00 元

出版发行	**西苑出版社有限公司**　北京市朝阳区利泽东二路 3 号 邮编：100102
发 行 部	(010) 84254364
编 辑 部	(010) 64210080
总 编 室	(010) 88636419
电子邮箱	xiyuanpub@163.com
法律顾问	北京植德律师事务所　（电话）17600603461

花　香

王今栋　辛卯夏

纯洁如水月夜白
朦胧中芳香袭来
细寻找
山崖小花独自开
泉涧霜草衰
风雨吹不败
东方既白斜雾霭
冬雪融化春徘徊
馥艳轻盈云绿黛
满山满谷花盛开
微笑中
人人钗头有花戴

2025版 序言

今儿立冬，阳光很好也很暖。编辑发消息过来要我给这版新书再写篇序。前几版说过的不愿再重复，写几句这些年我看到的变化。这几年我去了很多地方，每去一个地方首选博物馆，然后是当地小吃美食。今年9月的一趟西北行，看了12个大小博物馆、石窟及文化遗址。无论是南方的良渚、金沙等遗址，湖北、浙江等地的博物馆，还是西北的宁夏、甘肃、青海及中原地区的各大博物馆，你不难发现，古人的饰物已成为重要文物被陈列在展柜中，供人参观，不再是难觅踪迹的遗物。而我一直特别留意的古装影视剧中人物的服饰和首饰，也不再是粗制滥造、随意佩戴，而是“特别对！”，甚至在重要的博物馆，还有了专门复制的服饰人物大展。好玩儿的是，在小红书上，也有喜欢手工的人专门仿制古人的饰物，虽然不是真金白银，却也非常形似。这些悄然的变化真让人欣喜。

记得那些年在写作的时候，并没有想到它能出版，就是想看着这些美丽的饰物，然后探究它们究竟为什么这么戴，为什么是这种形态，是写给自己看的资料。那时候老爸的一个朋友叫齐丛文，我管她叫齐阿姨，喜欢抽烟，不拘小节。她搜集了大量的苗族服饰，还出版了一本大画册。她经常去我爸妈家聊天，那天她看到我写的一部分文字，用沙哑的嗓音跟我说了一句话：“你要把它写成妈妈书！不管是谁，想找答案，就得从你这里找。因为你是第一个写它（中国古代首饰）的。”她的一句话点醒了我，从此开始深挖，成为此书现在的模样。

如今的书店里，有关古代首饰的书籍已屡见不鲜，但这本书自有其独特之处。许多小插图原是从图书馆翻拍的，因效果不理想，便亲手描画下来。有些图甚至是用我和老刘的手戴上镯子拍摄，再细细临摹。所有能想到的办法都用上了，作为画者，这点难不倒我。这一切，源于纯粹的喜爱。起初不敢声张，怕被师友说成“不务正业”。如今到了第四版，腰杆也终于能稍稍挺直，自己动手做首饰、买珠子、逛博物馆，倒也有了些底气。

细想想漫长的码字年月，朋友们冒着大雪扛着设备，奔波于博物馆帮我拍摄图片；博物院的朋友慷慨分享给我珍贵的画册图版；同班同学几次三番，帮忙联系出版社。而所有参与本书的编辑们，她们的努力也使本书越来越完备，越来越精美。还有给我和老爸引荐编辑的马益群先生，带来了如伯乐般有远见的小晖，她睫毛轻颤，小手一拍，这本书才迎来了曙光。

应了老爸专门写给我和这本书的那首诗：冬雪融化春徘徊，馥艳轻盈云绿黛，满山满谷花盛开，微笑中，人人钗头有花戴。我的这本和老爸的那本《傩的秘密》是同时出版的，如今他早已仙去十年，再过几天应是他 92 岁的生辰了，用这一版纪念他吧。

王苗

2024 年 11 月于亮甲台拾光小院

2021版 序言

2020年是一个充满了重重危机和困难的一年。初夏，破冰一样的传来了一丝好的消息。金城出版社要修订《珠光翠影》。这要感谢当时编辑的慧眼识珠和大家的努力，也要感谢读者对这部书的喜爱。

记得有一个朋友对我说，她女儿在国外读大学，曾要写一篇关于中国首饰的论文。但一说到中国首饰，她只知道西藏的首饰，看到我这部书，她吃惊地说中国古代还有这样的饰物？中国古代的首饰，一直都没有一个独立的完整论述，我爱首饰，这也激励着我做这件事儿。总之，辛苦的努力总算没有白费。但这种辛苦对我来说是那种充满探索的喜悦。

《珠光翠影》是一本描述中国古代首饰和首饰风俗的书。我一直都觉得首饰的风俗都是当时社会风俗的反映，它不是孤立的；当时社会的富裕条件、人的思想倾向、雕塑和绘画以及服饰的状况其实都能在首饰中反映出来。特别是首饰包含的一些寓意。我一直认为首饰不都是珠宝，珠宝也不一定全都是首饰，这个道理在中国古代的民间早就被认知。那些节日里民众的布艺，甚至纸做的首饰，那些并不贵重但含义吉祥的饰物，那些随戴随做，只为欢庆，只为喜悦的丰富的饰物都是中国所特有的。

其实我最想说的就是，首饰是装饰人的，体现人的个性的，只为喜悦、高兴地活着。

自序

缘起

说来也怪，出生于“文化大革命”时期的我，在那个很少有首饰出现的年代里，怎么就会对首饰产生浓厚的兴趣？思来想去，心里总有一块温润的东西滋润着，是那块玉？那块在河南玉雕厂被临时当作“桌”和“椅”的巨大长条玉料，被人们磨得光滑润泽，如深湖般的青绿色，深不见底，夏日里手摸在上面清凉冰爽。我经常坐在上面滑来滑去，等着母亲下班出来。它深埋在心底，直到有一天完成了整部书稿，这块玉的印象便渐渐升起愈加强烈竟像是一种暗示，这是一种缘分吧。

毕业于中央美术学院雕塑系的母亲曾在河南省玉雕厂工作，她的设计室是我小时候常待的地方，那里有几大本各种动作的古代仕女资料，仙女们长裙飘舞、衣带环绕，总让我迷上她们的装束。充满着嘈杂电机声和泥水的玉雕车间里，工人们总是那么忙碌，一块玉石经他们之手变成了各种立体的人物花果，小丘一样的碎石中，各种颜色的美石在泥水中发出微弱美丽的光泽。

家中父亲的图片收藏，全都贴在一本本俄文的大画册里，除了书中原有的俄罗斯插图，在文字的地方则被贴上电影剪报、世界名画、报纸上的小插图。其中有一幅古老的俄罗斯名画的卡片，画的是两个衣饰华美的贵族姐姐厌恶地看着她们最美的小妹妹，而她一身黑衣，只有一件极小的项链闪着金光。所以我一有闲暇便会画三个女孩比美，最小的那个最美，头上的花也最多。

随着母亲到工艺美术公司工作，我又能看到

当时极少见的各民族的服饰资料。每个民族的不同服饰吸引着我，我又开始醉心地画这些小人头像和装饰，并对他们的民族服饰了如指掌。

一次母亲从极为偏远的四川大小凉山彝族地区写生回来，给我带回了一串米粒般大小的红色琉璃珠，太美了。那是我人生中的第一件首饰，至今都是我的珍藏。在此之前所有的饰物都只存在于画片和我的想象中。

由于在博物馆长大，对中国文物的敬意和喜爱一直保持至今。从小学到初中，放学抄近道回家一定要穿过河南省博物馆的文物陈列厅，酷热的夏季，那里也是极好的避暑地。久而久之，那里的文物几乎件件都能记下来，不经意间，站在那里的古物总会带给我一种沉静的幽思。

高中的一个假期，我与母亲随考古队去河南信阳，母亲要在那里复制一个刚出土的泥俑。当我们在那间小收藏室里看新的出土物时，其中有一颗极美的珠子，捧在手心里，那色彩和纹饰像谜一样吸引着我，那是几千年前春秋战国时楚国的琉璃珠，是贵族们珍贵首饰里的一颗。

1986 年考入中央美术学院后，社会风气为之一变，开放的气息传送过来，即使这样，穿耳戴饰也是极为超前的行为。曾经为了打耳洞两夜睡不着觉，最终还是由兴子陪着在王府井四联扎了耳洞，兴奋得就像是又一次考上了美院。不久，周汛、高春明先生的关于中国古代服饰和首饰的画册，沈从文先生的服饰画册都让我爱不释手。古人的穿戴如此丰富，古人竟有那么美的饰物。可当时的人却不这么想，街上流行着欧美的长形大款的铁片做成的饰物，许多国产的传统饰品厂家纷纷倒闭，许多小店都在贱卖那些传统的饰物，一些做工精美的银烧蓝耳饰只卖四块钱。

对于地质矿物的喜爱、对于服饰的喜爱，以及对于中国传统文物及绘画的喜爱等都使我一直注意收集相关的资料。丰富的资料积累在一起，又渐渐找寻它们的渊源和风俗，于是在图书馆、各地的博物馆、书店和旧书摊等，只要看到一个自己没有的图片和文字，就会千方百计地买下来、拍下来或当场抄下来以充实我的宝库。不久便成了一本给自己看着玩的文字和图片资料。

凭着对首饰和中国传统文化的热爱，我想让更多的人来了解悠久的首饰和中国传统文化。古人的饰物有多美，首饰的风俗多有趣，那一簪一饰，每一块古玉饱含着多少深奥的文化内涵。书中并不只是单纯描写首饰，还介绍了中国的首饰发展历史和首饰风俗文化。由于我所学专业是绘画，书中许多插图都是由我手绘而成。

受到现代化摄影的干扰，许多画册上的图片会给人一种大小上的差异，一个放大到 A4 纸大小的精美饰物，原件只有小手指般大小，曾为此出过不少差错，所以书中的许多饰物都已亲眼见过原件,并尽可能标注尺寸。同时文字尽量严谨,遵从实据。另外，我不是考古专家、博物馆研究员、专业摄影师，无法得到许多第一手资料，书中不得不录用的图文资料在书稿的后面均已注明作者和出处，并在这里鞠躬深谢。

目录

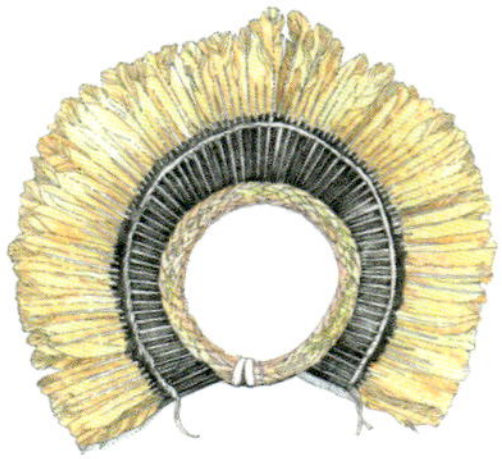

p009.

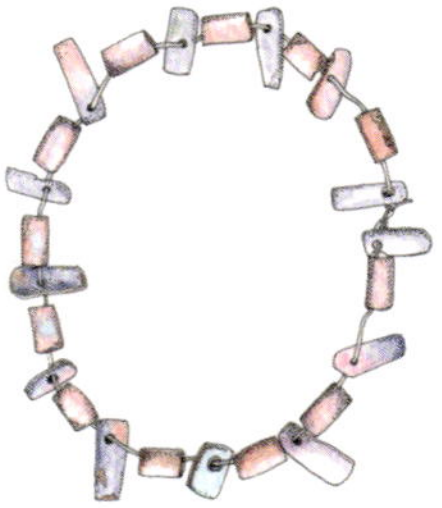

p041.

p061.

第一章 **迷雾般先民们的饰物**

第一节 距今万年的首饰 / 003

第二节 新石器时代——能够与天地通灵的饰物 / 004

一、头饰 / 004

（一）奇异的冠饰 / 004

（二）女娲传下来的饰物——笄 / 010

（三）丰富多彩的束发饰物与额头装饰 / 015

（四）梳子的出现 / 018

二、喜欢耳饰的原始人 / 019

三、鼻饰 / 026

四、脖子上的装饰品 / 026

五、代表地位与身份的胸饰 / 030

（一）神秘而带有争议的玉饰 / 030

（二）人面形和小人形饰物 / 032

（三）尊贵的大型项链 / 035

（四）制作项链的材料 / 035

六、臂饰和手饰 / 040

七、了不起的腰饰 / 050

第二章 **古老神秘的夏代饰物**

一、束发与插笄 / 058

二、金属耳饰 / 059

三、项链与胸前装饰 / 059

p070.

p081.

p097.

四、手上饰品 / 063

五、腰饰 / 064

第三章　**诡秘富丽的商代首饰**

一、多变的冠饰 / 067

（一）发箍和冠饰：頍 / 067

（二）高耸的冠和像孔雀开屏一样的冠 / 068

二、头发上的装饰 / 071

（一）种类丰富的发笄 / 071

（二）偶尔一见的发钗 / 074

（三）美丽的梳子 / 076

三、更加丰富的商代耳饰 / 076

（一）龙纹玉玦 / 076

（二）耳环 / 076

四、小饰件丰富的项链 / 078

五、腰饰与腰带 / 084

六、手上饰物不可少 / 084

（一）镯与钏 / 084

（二）古朴的韘（扳指） / 086

七、脚镯 / 086

知识链接　首饰的材料与工艺——神玉天上来 / 086

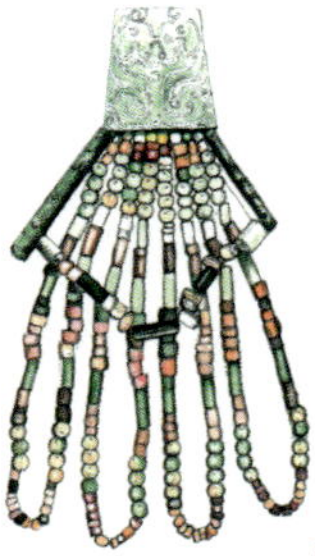

p125.

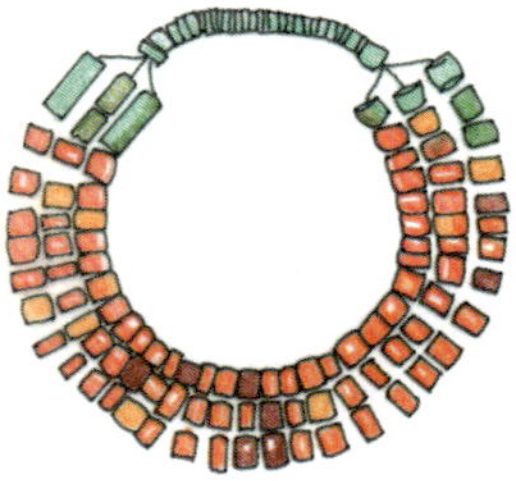

p127.

p145.

第四章　**以礼当先的周代首饰**

一、帝王的冕冠 / 091

二、优美的发饰 / 094

（一）周朝妇女的假髻首饰：副、编、次、被 / 094

（二）喜欢鸟形发笄的周代男女 / 096

（三）妇女梳妆或插发用品：揥 / 099

（四）贵族妇女的头饰：衡笄与珈 / 099

（五）男子的头饰：翠翘 / 100

（六）梳 / 100

（七）新奇的束发之饰 / 100

三、穿耳戴饰仍流行 / 104

（一）多样的玦 / 104

（二）充耳琇莹 / 104

（三）漂亮的耳坠 / 106

四、极其华丽的项链与胸饰 / 106

五、难得一见的腰带装饰 / 112

六、不可或缺的身体佩饰 / 116

（一）玉佩饰 / 116

（二）佩觿、佩韘 / 122

（三）独特的身体佩饰 / 122

七、手上的饰物 / 126

知识链接　首饰的材料与工艺——最早的琉璃 / 126

p166.

p167.

p195.

第五章　**丰富多变的春秋战国首饰**

第一节　标新立异 / 131

一、追求时髦新奇的男子冠饰 / 131

（一）神角獬豸冠 / 132

（二）中山国的一种牛角形冠 / 132

（三）赵国鹖冠 / 132

（四）鹬冠与鵔鸃冠 / 134

（五）巫师的鸟形冠 / 135

（六）巍耸的高冠 / 135

（七）带有玉饰的弁 / 135

二、又美又实用的发笄 / 136

三、同时并存的几种耳饰 / 138

四、脖子上的饰品 / 142

（一）不同地区的项链装饰 / 142

（二）精致的饰件 / 143

五、别具特色的青铜镯 / 146

六、环佩响叮铛 / 148

（一）玉佩饰 / 148

（二）形式万千的带钩 / 161

第二节　中国北方的少数民族 / 168

一、北方高原上的狄人 / 168

二、古老的东胡族 / 170

三、东北的夫余 / 172

p225.

p247

p248.

第六章　**金玉交错的秦汉首饰**

第一节　多元化的发展 / 175

一、更加规范的冕冠 / 175

二、头饰万千 / 176

（一）笄开始称为发簪 / 176

（二）妇女发饰“擿” / 179

（三）美丽的发钗 / 179

（四）镊子 / 181

（五）华丽的头饰“胜” / 183

（六）一步一摇的“步摇” / 186

（七）戴在额头上的首饰——山题 / 188

（八）巾帼女子 / 188

三、耳饰明月珰 / 190

四、缤纷的串珠 / 193

五、臂饰与手饰 / 199

（一）具有迷信色彩的臂饰 / 199

（二）臂钏、臂筒与手镯 / 204

（三）定情的约指 / 206

（四）指甲套 / 206

六、腰饰 / 208

（一）传统玉佩饰与组佩 / 208

（二）韘形佩 / 212

（三）玉觿 / 214

（四）小玉人饰——翁仲 / 214

p261.

p267.

p279.

（五）刚卯、严卯 / 216
（六）司南佩 / 216
（七）带饰种种 / 217
第二节　少数民族的首饰风俗 / 224
一、纵横驰骋的匈奴 / 224
二、匈奴头饰 / 225
（一）非凡的冠饰与头饰 / 225
（二）夸张的耳饰 / 226
三、古朴自然的珠石项链 / 230
四、纹饰丰富的腰饰 / 232
第三节　丝绸之路上的西域民族 / 236
一、漂亮的额带 / 239
二、风格独特的耳坠 / 241
三、金项饰与流行的玻璃项链 / 244
四、简洁的腕饰与戒指 / 246
五、衣服和腰带的装饰 / 250
六、靴子上的饰物 / 253
第四节　彩云之南的神秘古滇国 / 253
一、奇异的头饰 / 255
二、大而长的耳饰 / 257
三、项链不可少 / 257
四、衣服上的装饰 / 262
五、种类丰富的腰饰 / 264
六、沉重的臂饰与手饰 / 266

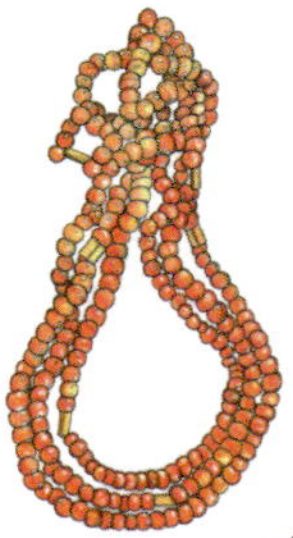

p309.

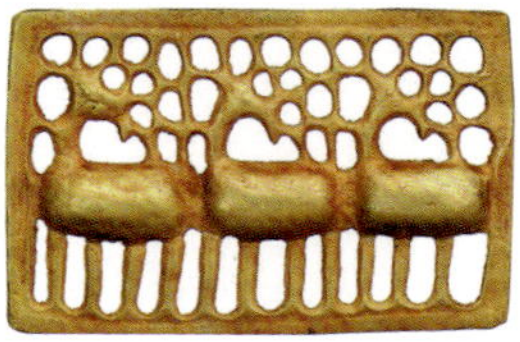

p314.

p320.

知识链接　首饰的材料和工艺——金银饰品 / 270

第七章　**繁杂善变的三国两晋南北朝首饰**

第一节　五彩缤纷及域外风格 / 275

一、多样的头饰 / 275

（一）插梳的风俗 / 275

（二）微动步摇瑛 / 276

（三）珍贵的簪 / 278

（四）头上金钗十二行 / 282

（五）梳发与插发的拨 / 284

（六）花钿 / 285

（七）簪花风俗 / 285

（八）男子头上的饰物 / 287

二、极少数的耳饰 / 292

三、璎珞与项链 / 293

四、金银环形钏与指环 / 293

五、小铃铛饰 / 295

六、蹀躞带 / 295

第二节　喜爱装饰的鲜卑族 / 298

一、造型奇特的冠饰 / 299

（一）步摇与步摇冠 / 299

（二）金博山 / 301

（三）发箍与冠饰 / 301

二、美丽的头饰 / 303

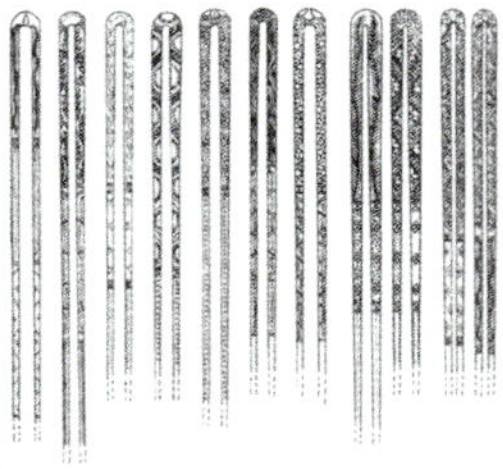

p328.

p331.

p363.

三、具有动感的耳饰和美丽的耳环 / 303
四、华贵的项饰 / 308
五、金属手镯与戒指 / 312
六、金光灿烂的鲜卑腰饰 / 312

第八章 **自由富贵的隋唐五代首饰**
一、吉祥的凤冠 / 319
二、发饰 / 321
（一）假髻饰物——义髻 / 321
（二）簪 / 321
（三）凤凰与步摇 / 322
（四）丰富的发钗 / 325
（五）富贵的花钿 / 330
（六）盛极一时的插梳风俗 / 334
（七）簪花仕女 / 337
三、量少而精美的耳饰 / 339
四、颈饰重重 / 340
（一）具有域外风格的项链 / 340
（二）华美的瓔珞 / 342
五、腰间饰品 / 343
（一）腰间宝带玉带 / 343
（二）蹀躞带 / 346
（三）佩香囊、香球 / 348
（四）佩玉之风又盛行 / 350

p369.

p374.

p398.

六、臂钏环环 / 352

知识链接　首饰的材料与工艺 / 356

金银饰品 / 356

翡翠首饰 / 356

琉璃首饰 / 357

第九章　**追崇时尚的宋代首饰**

一、复杂多变的女子冠饰 / 361

（一）团冠 / 361

（二）竵肩冠 / 366

（三）插梳、冠梳与大梳裹 / 370

（四）传统的假发冠“特髻冠子” / 372

（五）“花压鬓云偏”的宋人插花与戴花冠 / 375

二、美丽的珠翠头面 / 382

（一）簪钗种种 / 382

（二）胜 / 396

（三）围髻 / 396

三、耳饰又风行 / 398

四、念珠与项圈 / 400

五、腰间饰品 / 404

（一）注重纹饰的腰带 / 404

（二）男子玉佩饰，女子玉环绶 / 406

六、丰富多彩的手上饰物 / 409

p419.

p432.

p433.

（一）跳脱 / 409
（二）钏、镯与缠臂金钏 / 410
（三）长命缕 / 410
（四）指环 / 412

第十章　**一代风俗始自辽金**
第一节　厚重华贵的辽代贵族饰物 / 415
一、喜爱戴冠的契丹贵族 / 416
二、美丽的妇女头饰 / 420
三、金光闪耀的簪钗 / 422
四、注重耳饰的民族 / 424
五、华贵的璎珞与项链 / 427
六、必不可少的腰饰 / 430
（一）蹀躞带 / 430
（二）玉带饰与玉佩饰 / 430
（三）香囊与针筒 / 431
（四）佩刀与刺鹅锥 / 434
七、手上的饰物 / 434
第二节　金代的首饰风俗 / 436
一、玉屏花与玉逍遥 / 438
二、具有汉族风格的头饰 / 440
三、小巧的耳饰 / 440
四、十分少见的金代颈饰 / 442
五、腰饰 / 442

p449.

p451.

p460.

第十一章 **神秘的西夏**

一、冠 / 448

二、耳环与耳坠 / 450

三、腰饰 / 450

第十二章 **喜金爱玉的元朝**

一、大檐帽与姑姑冠 / 458

二、插发簪钗 / 462

三、多样的耳饰 / 465

四、项饰与长命锁 / 466

五、巧夺天工的腰饰 / 466

（一）带饰 / 466

（二）佩玉 / 469

六、镯与跳脱 / 472

第十三章 **珍贵典雅的明代首饰**

一、集珠宝之大成的冠 / 476

二、头上的装饰 / 481

（一）明代妇女的假髻与发鼓 / 481

（二）头箍、钿儿与珠子箍 / 483

（三）不可缺少的宝钿——挑心、分心、满冠 / 486

（四）千种万种的发簪 / 490

（五）钗 / 498

（六）簪钗挂坠即成步摇 / 498

p461.

p511.

p518.

（七）插花风俗 / 498
三、崇尚轻巧的耳饰 / 500
四、颈间的长命锁 / 505
五、衣服上的饰物 / 507
（一）霞帔坠饰 / 507
（二）纽扣和领花 / 507
六、“三事儿”与“七事儿” / 510
七、手上饰物 / 512
（一）钏与镯 / 512
（二）戒指 / 514
八、华丽的腰饰 / 514
（一）玉带与宝带 / 514
（二）佩玉 / 517

知识链接　首饰的材料与工艺 / 520
景泰蓝饰物 / 520
珍珠 / 521

第十四章　**登峰造极的清代首饰**
一、头饰 / 525
（一）金珠玉聚的帝后冠饰 / 525
（二）满族妇女的头饰——钿子 / 528
（三）男子官帽上的顶珠与翎管 / 530
（四）旗髻（清代满族妇女的假髻） / 532

p526.

p562.

p567.

二、满汉妇女的发饰 / 536

（一）宫廷满族贵妇的发饰——扁方 / 536

（二）各族妇女都喜爱的簪钗 / 537

（三）花钿与结子 / 541

（四）汉族的步摇、满族的流苏 / 542

（五）簪花风俗 / 542

（六）汉族妇女的发罩 / 549

三、耳饰 / 549

四、项饰 / 552

（一）清代官阶饰物——朝珠 / 552

（二）领约 / 556

（三）长命锁 / 556

（四）前襟的串珠 / 556

五、丰富多彩的手上饰物 / 557

（一）手镯、手串儿、手链儿 / 557

（二）指甲套 / 561

（三）扳指 / 561

（四）戒指 / 563

六、腰饰 / 563

（一）更加精美的小型玉佩饰 / 563

（二）佩巾 / 566

七、新型的胸前饰品：领针、胸针与别针 / 566

知识链接　首饰的材料与工艺 / 566

p575.

p587.

p588.

翡翠 / 566
玉饰品 / 568
珍珠饰品 / 570

第十五章　**紧跟时代的民国首饰**
一、极为简约的头饰 / 573
二、仍旧兴盛的簪花风俗 / 576
三、典雅的耳饰 / 583
四、具有西方特色的项链与中式的长命锁 / 583
五、不可或缺的胸前别针和花朵 / 585
六、手饰 / 585
（一）手镯与手表 / 585
（二）戒指 / 590

参考文献 / 591

第一章

迷雾般先民们的饰物

第一节　距今万年的首饰

史前人类的饰物总是带着一种让人无法释怀的神秘气息。那迷雾般的朦胧莫测、时间积淀的沉静、浑厚质朴的风格都让人百看不厌。在距今三四万年前，中国的东北地区曾是当时古文化最发达的地方。那里的人类穿着兽皮，手里拿着先进的带倒刺的捕鱼工具。是什么人的项间戴着一串由穿孔兽牙和贝壳做成的项链？这串项链如今留在了一个叫小孤山村遗址的考古学者手中。仔细地看，制作它的人非常用心，在一件中心有孔的扁圆贝壳上，道道刻沟里仍保留着红色的颜料。红色象征血液，这件饰物充满着辟邪的意味，佩戴它的人也许并非常人。类似的饰物在黄河中游的山西吉县柿子滩遗址亦有发现，距今也有两万年了（图1-1）。

人们对北京房山周口店山顶洞遗址再熟悉不过了，那些被精心磨制并穿孔的野兽牙齿、海蚶壳，用赤铁矿粉染成红色的小石珠、小砾石、

图 1-1. 小孤山人的项饰。距今约三四万年。应是先将齿根磨薄再从两边钻孔。其中一件扁圆贝壳上，中心有一个小孔，在一面的边缘上还有围绕中心呈放射状的一道道刻沟，并保留着红色的颜料。辽宁海城小孤山旧石器时代晚期。

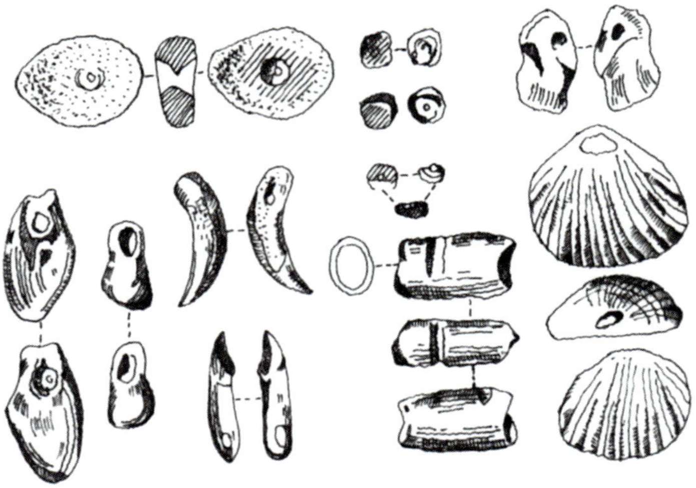

图 1-2. 北京房山山顶洞人的装饰品。距今约一万八千年前。

青鱼骨和刻成沟状的骨管，这些光滑的小东西，用染成红色的皮条穿在一起组成了有趣的饰品。在发现的一百多件装饰品中，绝大多数是由动物的犬齿做成的（图 1-2）。

先民们的饰物多由男子佩戴，装饰品在男人中十分盛行，数量很多。到了新石器时代，人类的装饰品已遍布全身，如头发、耳朵、脖子、前胸、腰、手臂、手腕、手指、脚腕等处。

第二节　新石器时代——能够与天地通灵的饰物

一、头饰

（一）奇异的冠饰

“冠”是一个很特别的装饰。它虽然是指戴在头上的帽子，但却不能像帽子那样挡风避雨，完完全全是一件礼仪上的饰物。

古人在头上戴冠可能是从鸟兽冠角中受到了启发。那时候，鸟兽的种类很多，各种美丽奇异的鸟儿时常在眼前飞过，它们有着美丽的羽冠。密林草丛中的牛、羊、鹿等也因拥有威武的犄角而成为王者。狩猎时，猎人们会戴上冠角和羽毛来迷惑动物。久而久之，一些受人尊重和具有与天地神祇通灵能力的人才能享有戴冠的权力，冠代表了权力和地位。

按照现今人类的看法：人与非人是属于两个完全不同的本体，即除了人以外，其他全是物。但生活在不同环境里的原始人类几乎有着一个极为相似的宇宙观念，那就是：一切生灵归于一体。他们认为人类和动植物都有灵魂，在这个宇宙中，人与世间的不同只在外表和语言。是这些灵魂使动物、植物、山石、泉水，甚至渺茫的天地，都有与“人”打交道的能力。这些看不见的宇宙生灵相互依赖、相互利用，甚或相互照料，来达成和谐的一体。在那可见的世界里，部族首领掌握着人与人之间的关系，而在那似乎飘忽不定的不可见世界，由“神”“灵魂”来掌握可见的人类和不可见的鬼魂之间的关系。然而，那些令人珍视的、稀有的，经过人们精湛技术加工的美丽物品，如首饰、权杖、面具、羽毛装饰品等这些用于宗教仪式或有其涵义的物品，则成为生灵间交往的重要媒介。能够佩戴它们的人就像是密码的携带者，如同乘坐着精神的交通工具，“他”拉近了人与天地万物的距离，传递着人类祈求或祝福的信息，同时也拉开了“他”与“人”的距离，使之成为传递精神的使者。直到今天，那些仍处在原始生活状态中的古老部族，依旧把这些物品作为酋长和巫师的专有物，作为真正的特殊器物和权力象征。中国的原始先人，坚定地认为“玉”就是这种可以使人通往天地神灵的重要媒介之一。一些精美奇异的玉冠伴随着他们的使者流传至今。

新石器时代的冠饰在中国的南方北方都有发现。它们一般都出现在放有精致玉饰的高级别墓葬中，显然是地位高贵的人所拥有的物品。在北方红山文化[1]遗址身份高贵的墓中，发现了一些像马蹄形状的筒形玉器，一般一墓只有一件，极少数有两件，多横置在头部和胸腹部的重要位置，说明它并不是一般的生活用品，应是与宗教祭祀有关（图1-3）。它谜一般的用途引来很多争论，大多数学者认为它是一种冠饰，是古人以冠的形式用于礼天祭地的一种法器。

【1】 红山文化：是距今五六千年前一个在燕山以北、大凌河与西辽河上游流域活动的部落集团，因最早发现于内蒙古自治区赤峰市郊的红山遗址而得名。年代为公元前4000年至公元前3000年，分布面积有20万平方公里，延续时间达两千年之久。

它怎么戴？有学者认为：现藏于美国史密森宁研究所的高冠“神”面玉雕，它所属的龙山文化[1]与红山文化一脉相承，它头顶的高冠与马蹄筒形饰颇为相似，人们推测可以把羽毛插在玉筒内或是头发由筒内穿出来垂向脑后（图1-4）。珍贵的玉料，带着极为虔诚的心境，花费巨大的时间和精力做成的这种昂贵的玉饰，使它拥有特殊的高贵。先人认为戴上它的人能够与上天通灵。在拥有这类特殊玉饰的高贵墓葬不远处，大都发现了用石块围成的圆形祭坛，它们之间的关系非同寻常。我曾隔着玻璃仔细地看它的高度和大小，怀疑戴它的人是否能承受它的重量，真想亲手拿它一下或戴在头顶，这样才能够感觉它是否真的是一种冠饰。汉代的时候，人们把高高的筒形冠都叫作“通天冠”。

南方的冠完全不同于北方，并有多种不同的形式。从新石器时代晚期的几件似戴有面具的人物雕塑头像上看，他们都戴着一顶扁平的冠，有的冠上还刻有精致连续的水波纹饰。类似的冠饰还有高高耸起的如“鹏鸟”，不知是否应该叠加在原有的扁平冠上（图1-5）。

那时还有一种极为华丽的羽冠。浙江杭州出土的一件玉饰，正反两面用透雕和细若毫发的阴线对称雕琢出一个头上戴着刻有像太阳光芒般宽大高耸的“羽翎”冠帽的人像。这样的冠在现今中国西南边陲地区的传统舞蹈中还偶尔能够见到，而与中国文化似有渊源的美洲印加人也有着极为相似的冠饰（图1-6）。在当今的巴西亚马逊河流域，过着刀耕火种生活的土著亚马逊部族，仍然保持着鲜活的原始状态，他们漂亮的羽冠让人仿佛看到那刻在玉饰上遥远的先祖形象（图1-7）。戴有羽冠的人为什么会被如此精致地刻在玉饰上？而他为什么又要戴着羽冠？很显然，非同一般的玉饰、非同一般的羽冠，说明了羽毛是与玉有相同用途的另一种通灵媒介。圆形放射状的羽冠如同光芒四射的太阳。羽毛和鸟有关，在先人的心目中，也只有鸟能够接近最神圣的太阳。

先民中有一种非常有趣的观念即“变换形态”，这种观念十分普遍。在自然界中，一些相似但不同的物种混合后能够产生另一物种，这是很

【1】龙山文化：泛指中国黄河中下游地区约新石器时代晚期的一类文化遗存。1928年，因考古学家吴金鼎在今山东历城龙山镇（今属山东章丘市）发现了举世闻名的城子崖遗址而得名，考古学家把那种以磨光精美的黑陶为主要特征的文化遗存命名为“龙山文化”。距今约4350年至3950年，分布于黄河中下游的山东、河南、山西、陕西等省。

图 1-3. 马蹄筒形饰。高 11.47 厘米，上宽下窄，平口直径约 6.7 厘米，内壁磨制光滑，下口两侧有孔可用来系绳等起固定作用。辽宁牛河梁红山文化遗址出土，台北故宫博物院收藏。

图 1-4. 玉高冠神面像。龙山文化。美国史密森宁研究所藏。

1.

2.

3.

图 1-5.

1. 戴冠的人像。山西曲沃羊舌晋侯墓地出土。
2. 扁平的冠。高 4.5 厘米，宽 5.7 厘米。
3. 新石器时代晚期人面饰。

1.

2.

3.

图 1-6.

1. 刻有羽冠人物的玉梳背。浙江杭州余杭反山遗址出土。
2. 良渚文化玉琮上的羽冠人物纹饰。
3. 印加图案中头戴羽毛冠饰的人像。

奇特的自然现象。先民们也常常把人与动物或几种不同的动物甚至太阳等不同符号塑造成一个特殊的混合形象，就像中国的龙与凤，奇异的兽面纹都是源于这一观念。在南美洲低地森林地区有许多类似宇宙观的描述，它们都有一个共同的特点，那就是人与各种动植物之间并没有绝对区别。如同前面所说，通过一种特有的媒介，所有的人，包括活人和死人，你、我和他都可以变成动物，动物也可以变成人，一种动物可以变成另一种动物等。只要按照一种“道路”，每一物种都能根据自己的标准和需要通达其他物种。“人”并不是自然界的统治者，而只是万物中的一分子。聪明的人类创造和使用代表各种生灵的面具，或佩戴动植物最能体现自身的部分，以此来超越一切，达到与万物通灵的境界。

而头戴这种羽冠的人便是通过鸟的羽毛为媒介来建立与太阳的联系。能戴上这种羽冠的人都是高贵的祭祀者。在安徽含山凌家滩发现了一件太阳纹玉片，其外缘有一圈穿孔，可能原是缝缀于织物上的。图案的中央是由放射状羽毛纹组成的八角星纹，古人称太阳为“阳羽”，所以玉片外圈的圆圈及羽毛也应表示太阳。玉片出土时夹在一件玉龟壳中间，两件玉器配合使用。在古代各民族中，鸟都是极为神奇的动物，它能够在天上飞翔，能够接近太阳，所以鸟与太阳总会联系在一起。而中国更是一个尊崇鸟的国度。在大汶口文化【1】大的祭祀广场遗址中，距今五千年的用于礼仪的陶尊上就站立着“神鸟”。良渚文化【2】玉璧上的鸟站在一座上部有台阶通向高处的祭坛或山上，祭坛正中还有太阳和月亮的纹样。鸟与太阳关系最直接的反映是那件安徽凌家滩发现的“玉鹰”，玉鹰身体正中的八角星纹，正象征着光芒万丈的太阳。鸟被抬高到这样的位置，还因为它有很多神话般离奇的传说。在中国早期的地理学著作《禹贡》中记载，东方各地的先民都是由东方之帝“俊”

【1】 大汶口文化：是公元前4300至公元前2500年的新石器时代父系氏族社会的典型文化形态。遗址位于山东泰山南麓泰安市郊区大汶口镇，大汶口河东西贯穿，将其分为南北两片。以泰山地区为中心，东起黄海之滨，西到鲁西平原东部，北至渤海南岸，南及安徽的淮北一带，河南也有少部分遗存。它的发现使黄河下游原始文化的历史，由四千多年前的龙山文化向前推进了二千多年。

【2】 良渚文化：1936年，良渚文化遗址被发现于杭州城北18公里处余杭市的良渚镇，因而得名，是目前所发现的同时代中国最大的城址。年代距今5300年至4200年（约公元前3000年左右），与大汶口文化大致在同一时期。该文化遗址最大的特色是玉器艺术。

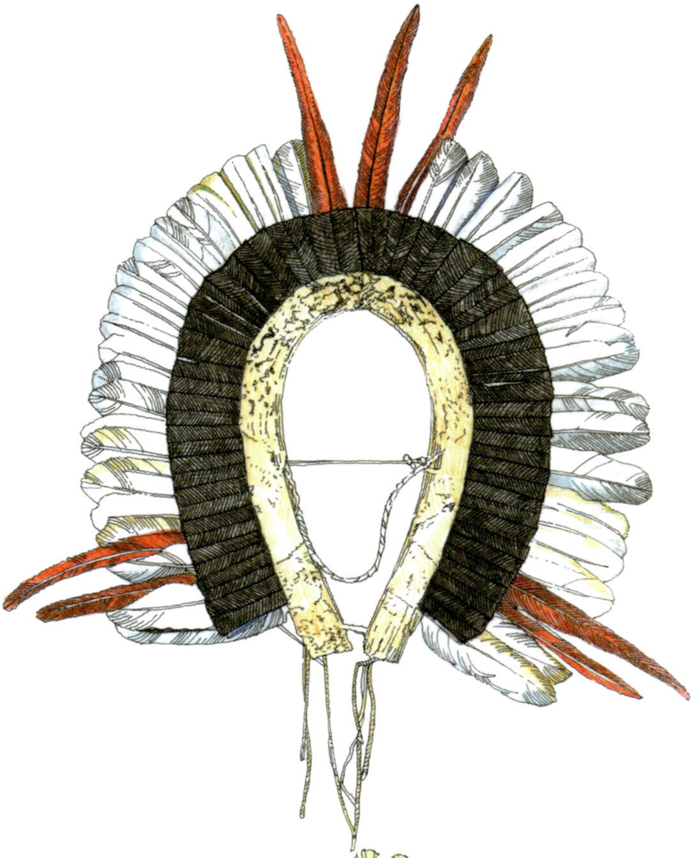

1.

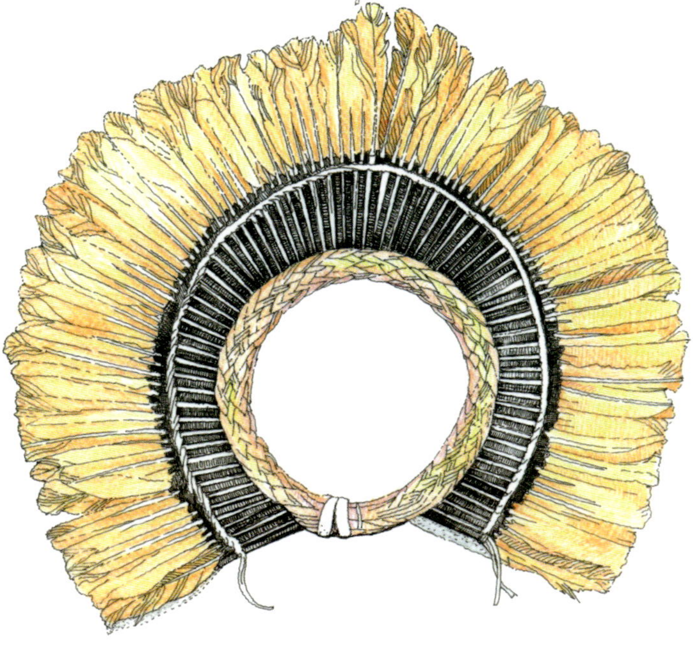

2.

图 1-7. 亚马逊河流域土著男性的羽冠。1. 后脑羽冠 123 厘米 ×99 厘米。2. 放射式羽冠 51 厘米 ×61 厘米。

来统领，他鸟首尖喙住在天上，属于他的先民都叫作夷、岛夷（即鸟夷）或阳鸟，他们的珍宝中包括鸟羽和与玉有关的宝石。而在印第安阻尼人的祭祀中，头戴太阳般光芒鸟羽和面具的巫师，正扮演着“太阳神”的形象（图1-8）。

一些冠上常装饰有玉饰，如在浙江余杭发现的一种装饰在冠上的片状半圆形小玉饰，它们四件一组，出土时等距离分布在墓主人头部，应该是缝缀在冠圈周围的小装饰（图1-9）。

常在男性墓主头部发现的还有一种在上端并列三个枝叉而得名的“三叉形玉饰”。上面的枝孔应为插戴羽毛类装饰而准备的。约半数的饰件上都雕琢有精致的纹饰，特别是浙江杭州余杭反山遗址的一件，纤细的刻纹令人惊叹，被称为良渚文化玉器之最，迄今仍无法完成清晰的墨拓。由于缺乏形象资料，人们只能够断定它们可能是穿缀于冠帽上的饰件。这些小巧精美的玉饰都不为寻常之人所拥有（图1-10、图1-11）。

（二）女娲传下来的饰物——笄

在传说中，早在女娲时代人们就会用笄来固定头发了。清·汪汲《事物源会》中记载：妇女束发为髻，自从燧人氏就开始了，到了女娲氏时以羊毛为绳，向后系束，或用荆梭及竹为笄来挽成发髻。可见束发插笄风俗的久远。

当时最简单的发式就是让头发随意披在肩上。另一种是剪发，就是在前额和脑后把头发剪得短短的，十分利落。长些的头发就用绳从额头往后随便一系，再复杂些就是先把头发在头顶或脑后挽成一团，再用一根小棍儿穿插在发卷中固定，使它成为一个发髻。这个小棍儿在古代叫作“笄”（音同“机”），汉代以后称为“簪”。

束发插笄在黄河流域最普遍，尤其以河南省内的许多地区最为集中，如河南省的密县、商丘、偃师、汤阴等。与此相邻的河北、陕西、山西、山东、江苏、安徽等地也有一些发现。可见当时中原地区的男女都以束发为主。另在甘肃、青海、四川、浙江、云南等地也有零星发现。特别是在甘肃，笄的样式、材料和插戴的方式等都很特别。

1. 用骨料磨制的笄 先人制作发笄多是就地取材。挨着竹林就有竹笄，打到猎物，动物的牙齿和肢骨就是很好的骨笄原料，海河边的蚌壳

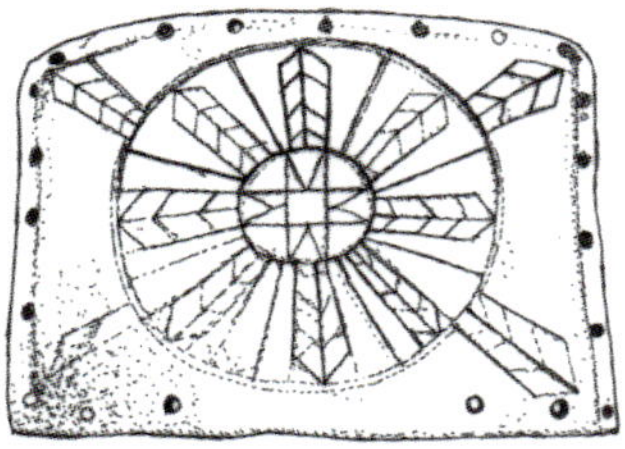
1.

2.

3.

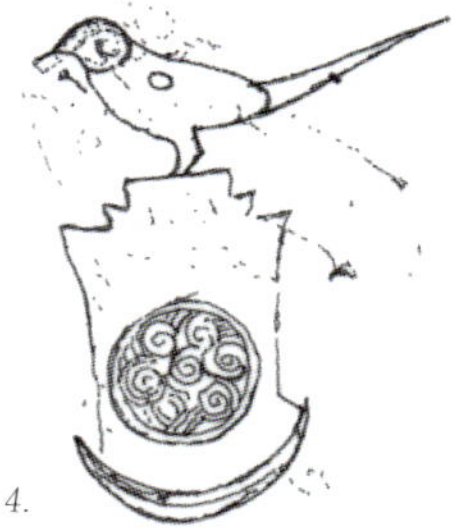
4.

5.

6.

7.

图 1-8.
1. 太阳纹玉片。安徽含山凌家滩出土。
2. 玉鹰。横长 8.4 厘米，竖高 3.5 厘米，厚 0.3 厘米。1998 年安徽含山凌家滩出土。
3. 鸟形陶器。通高 59.5 厘米，安徽蒙城尉迟寺史前聚落遗址出土。
4. 良渚文化玉璧上的鸟，公元前 3000 年至前 2000 年。
5. 鸟与人。江苏昆山赵陵山出土。
6. 普埃布洛族印第安人的太阳神“保蒂瓦”。华盛顿弗利尔美术馆藏。
7. 日鸟纹。陕西华县柳子镇泉护村出土彩陶纹饰。

图 1-9. 良渚文化玉冠饰。（左）半圆形，正面微有弧形凸起。（右）背面钻有等腰的三对小孔，以便缝制在冠的周围。浙江杭州余杭反山遗址出土。

图 1-10. 三叉形玉冠饰。扁状，底部一般为圆弧形，三叉枝上均有孔以贯通上下。
1. 高 5.2 厘米，宽 7.4 厘米，厚 1.3 厘米。浙江杭州余杭瑶山遗址出土。
2. 通高 4.1 厘米，宽 4.5 厘米。浙江桐乡新地里遗址出土。
3. 高 4.8 厘米，宽 8.5 厘米，厚 0.8 厘米。浙江杭州余杭瑶山遗址出土。

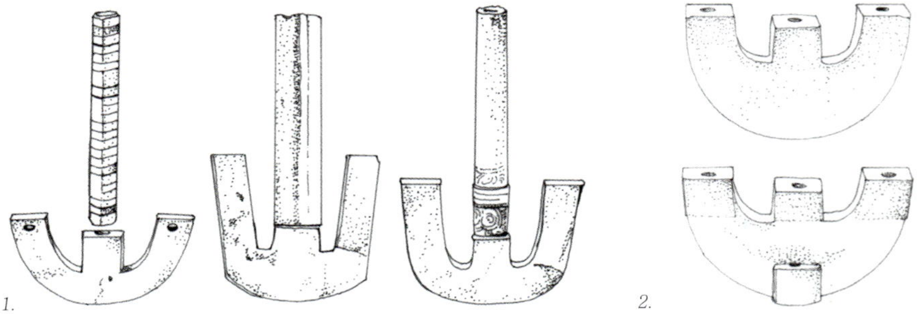

图 1-11.
1. 与枝管相连的三叉形玉冠饰。浙江杭州余杭反山、瑶山遗址出土。
2. 三叉形玉冠饰的正面与背面。背面有钻孔的凸身，以便连缀。高 3.75 厘米，宽 5.9 厘米，厚 1.3 厘米。浙江杭州余杭反山遗址出土。

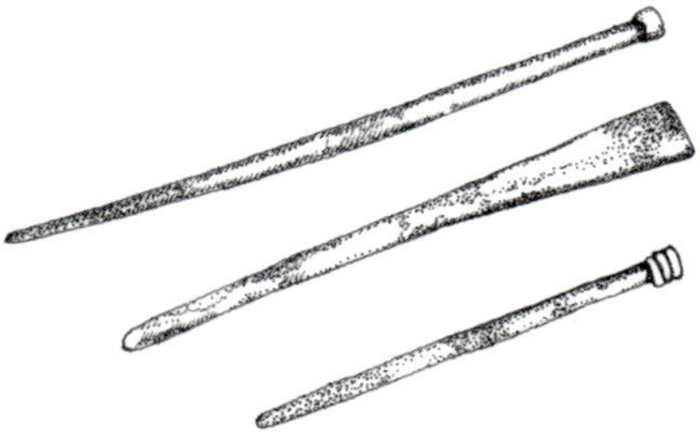

图 1-12. 骨笄，安徽亳县傅庄新石器时代遗址出土。

图 1-13. 头上插有箭镞形发簪的苗族妇女。

图 1-14. 骨笄。长 11 厘米。甘肃永昌鸳鸯池新石器时代遗址出土。

光滑莹亮可以一试，烧陶时顺手捏一根陶棍去烧也很别致，还有那难得的石与玉更是了不得的材料。那时人们最常用的还是骨笄，不同的样式多达千种，用的多是牛、羊、猪、鹿等动物的骨头。

最简单的笄像是一枝被磨制过的小棍，一端较尖便于插戴，另一端露在头发外面的就成为笄首。笄首有球形、环形、丁字形等，讲究些的还在棍状的笄身上刻一些横、竖或斜纹作为装饰，这样的笄长度一般在 10 厘米—16 厘米之间。如在河北磁山遗址中的骨笄基本上有两种，一种是一头尖尖的像筷子，长 18 厘米；一种为扁扁的像柳叶，长约 10 厘米，距今有七八千年的历史。陕西西安半坡遗址的先民喜爱装饰，在近两千件各类首饰中，石质、陶质和骨质的笄多达七百余件，有棒式、两头尖式和丁字形。安徽亳县傅庄遗址出土的几件骨笄则相当简单实用（图 1-12）。

插在头发里的还有修长精美的骨针，它不仅是实用的缝纫工具，还可以固定头发。想起小时候母亲缝衣服时会经常把针在头发上擦两下，说是头发有油会使针更好用，原来古人早就知道了这个窍门。在山东大汶口遗址中，还见到一种像箭头形的笄，沈从文先生推断古人曾用箭镞插发。在现今苗族、瑶族的妇女盘发中，仍有插着类似箭的发簪，藏族的猎手也常把箭插在头发里，都是为了使用方便（图 1-13）。把实用的东西插在头发里随时取用，就像现在地铁里偶尔见到头上插着铅笔和筷子的随心女子，我会微笑着多看她几眼。只要是长长的一根，什么不能用来插发呢？

在甘肃永昌鸳鸯池墓地出土的一支骨笄，笄首装饰有一团黑色粘胶，胶中镶嵌着 36 颗白色小骨珠，首端贴盖一椭圆形骨片，上刻有五圈同心圆纹饰，这件美丽的发笄已距今四千多年了（图 1-14）。

2. 古老的石笄 很难想象现代忙碌急躁的都市人会徒手把一根石条磨成一枚小小的发笄。但在古老的山东大汶口，远古时成年男女多在头发中插着石质的发笄。陕西西安半坡遗址也发现了较多的石笄。如咸阳尹家村遗址的两件圆锥型石笄，顶部留有一个圆帽，像一颗石钉，可惜已不完整。甘肃秦安大地湾遗址中共收集到六十余枚石笄，全部选用坚硬细密的石料制成，头部磨得尖而光滑。广东清远县的滘江河支流遗址

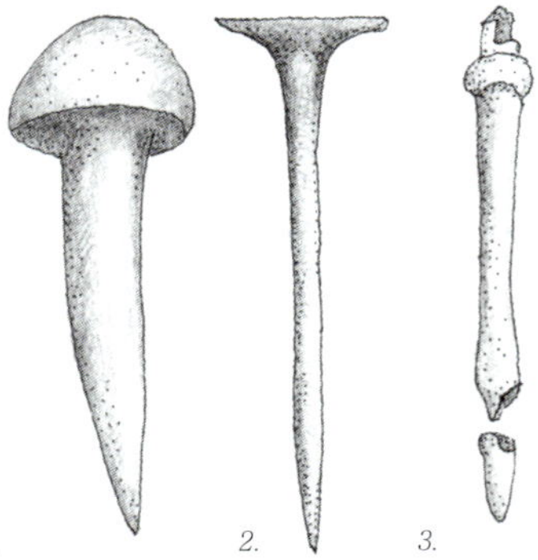

1.　2.　3.

图 1-15.
1. 钉形石笄。陕西咸阳尹家村新石器时代遗址出土。
2. 钉形石笄。长约 17 厘米，甘肃秦安大地湾新石器时代遗址出土。
3. 扁平形石笄。笄首有一个三角形托，插入发髻的一端略呈钩状。广东清远县湛江河支流新石器时代遗址出土。

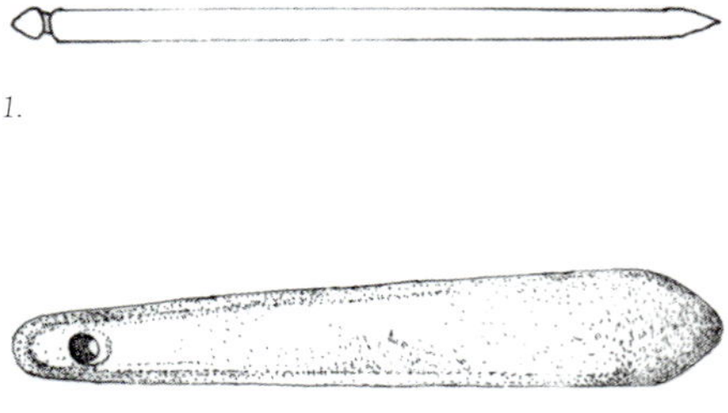

1.

2.

图 1-16.
1. 玉笄。长 12.4 厘米，有方柱和圆柱形，一端均被磨尖，笄首收束如榫；有的还穿有小孔，可以悬挂饰物。江苏武进寺墩新石器时代遗址出土。
2. 玉笄。安徽含山长岗凌家滩遗址出土。

还发现了一件残断的绿松石磨制的石笄。可能是难以制作或是容易折断且沉重，石笄逐渐被其他材料所取代（图 1-15）。

3. 贵重的玉笄　世界上的史前制玉中心所在地只有三个：墨西哥、新西兰和中国，而只有中国形成了独特的玉文化。玉是中国的特产，人们最早发现它们大多是在河边、海边或沙石之中。山中的玉石碎块落入河中被水流长期冲刷而显露出来，美丽晶莹地躺在岸边或水中，被人们拣拾而来。同样，在挖掘山洞、打击石器中也会得到许多坚硬的玉石和美石。人们被它油润的光泽、坚硬的质地、沉静的魅力所震动，认为它是天来之石，就把它做成各种祭祀用的礼器和装饰品，戴在身上显示美丽、富有和权力。在当时，人们已经有了切割、钻孔、磨制复杂的花纹和抛光等技术。但这一过程的缓慢与乏味，极大地磨炼着人们的耐心。对于那些了解攻玉之难的人来说，这些代表着工匠高超技术和大量精力的玉器，成为最为高贵的器物，拥有它们也就使自己拥有了某种权力和地位。同时，这些玉器也表达了先人对玉的理解已深入心骨。

美丽而贵重的玉是发笄最重要的材料，只是把玉条磨制光滑规整，它的色泽和质感就能够呈现出不同寻常的高贵品质。在那些重要的大墓中就有这样的玉笄（图 1-16）。装饰性很强的玉笄，在黄河中下游地区的龙山文化中有惊人的发现。1989 年，山东临朐西朱封村发掘的距今约 4200—4000 年的一座大墓中，在墓主人头部左侧出土了一件精美的玉笄。它由玉首和玉柄两部分组成，一眼看上去犹如一只乳白色的透雕蝴蝶。它工艺精巧，表现手法极为高超。在它出土处还同时发现了 980 余件翠绿鲜艳的小绿松石薄片，推测是镶嵌在冠上的饰件。出土这支玉笄的是迄今所知同时期规模最大、规格较高的一座墓葬，此玉笄是具有相当地位的权贵所拥有的装饰品（图 1-17）。同地发现的小型玉笄，笄首采用透雕的技术做成盘曲状，也是一件很美的饰物（图 1-18）。

此外，还有极少见的蚌笄和牙笄。河北邯郸涧沟村遗址中，有扁平形的蚌笄，但也只是上半部分。河南商丘黑堌堆遗址也见有蚌笄（图 1-19）。

作为长发女子，若想知道插戴笄的方法，简单到只需拿一根筷子在自己的头发上试一下就明白了。或直插或斜插都随自己心意，当时也不过如此。如在山西襄汾陶寺遗址中，一位三十多岁女子头上的骨笄就是很随意地那么一插。而在陕西临潼姜寨遗址的公共墓地内，在一位七岁男孩的头顶也发现有两枚骨笄。在甘肃永昌鸳鸯池墓地，发现了一位喜爱饰物的墓主，脖子上有一串骨珠，手臂戴着骨质的饰物。头顶放置一枚骨笄，笄柄在后，笄尖朝前，是斜插。江苏常州圩墩遗址发现的一位女性墓主头部，竟有五枚用动物肢骨磨制的扁平形骨笄紧贴于头骨的一侧，也许是她生前喜爱的戴法（图 1-20）。

（三）丰富多彩的束发饰物与额头装饰

在距今约四千年前的山东宁阳大汶口人，特别喜欢戴各种各样的装饰品。其中一种兽牙头饰，是把两个被劈成薄片的野猪獠牙打磨光滑，上面穿有 1—5 个小孔，双插在头的两旁，是一种很威武的装饰。这种奇特的头饰在山东、青海、陕西等地的人们中很普遍，无论男女、贵贱都可佩戴（图 1-21）。在江苏邳州大墩子墓地也发现了这种束发饰 20 对。云南沧源的崖画和石寨山铜鼓纹饰中，还见有头饰兽牙的人物形象（图 1-22）。

把披散在肩上的头发用绳带系起来，或将兽骨、玉石打磨成统一的形状，穿孔后用绳子串连，做成一件串饰，套在头上来约束头发，这样的额

图 1-17. 玉笄。长 23 厘米。笄首被雕刻成五层，每层两侧均有竖起的卷角装饰。正背两面皆刻有花纹。柄部玉色青灰，略呈扁圆，上面还刻有竹节与凹旋纹。山东临朐西朱封村龙山文化晚期遗址。

图 1-18. 玉笄。山东临朐西朱封村龙山文化晚期遗址。

图 1-19. 蚌笄。圆柱体，首端有一道凹槽，只残留上半部分。河南商丘黑堌堆新石器时代遗址出土。

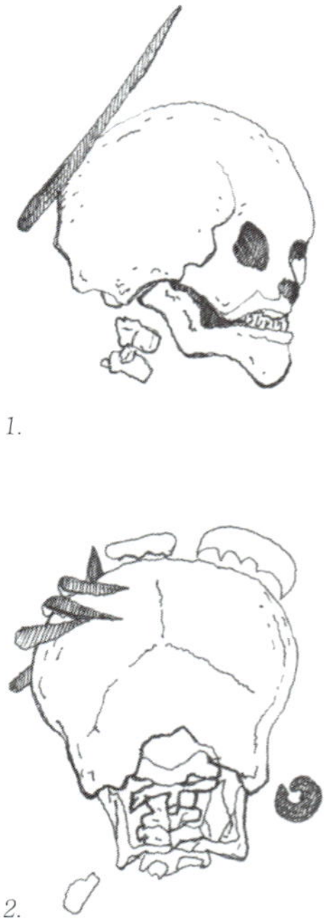

图 1-20.
1. 山西襄汾陶寺遗址女子插笄状况。
2. 江苏常州圩墩新石器时代遗址女子插笄状况。

图 1-21. 猪牙束发器。山东大汶口墓葬出土。

图 1-22. 头饰兽牙的人物。

图 1-23. 戴有额头装饰的红陶圆雕头像。甘肃礼县高寺头遗址出土。

图 1-24. 戴着丰富装饰品的大汶口新石器时代女子。

图 1-25. 山东大汶口遗址出土的头饰。

图 1-26. 玉铃头饰。台湾新石器时代卑南文化遗址出土。

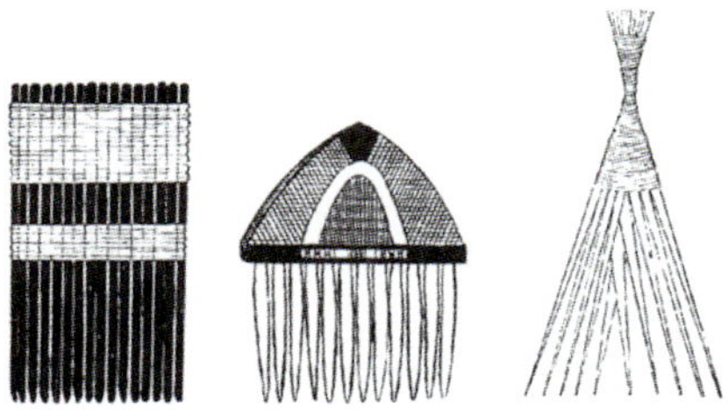

图 1-27. 西非人和波利尼西亚人的梳子。

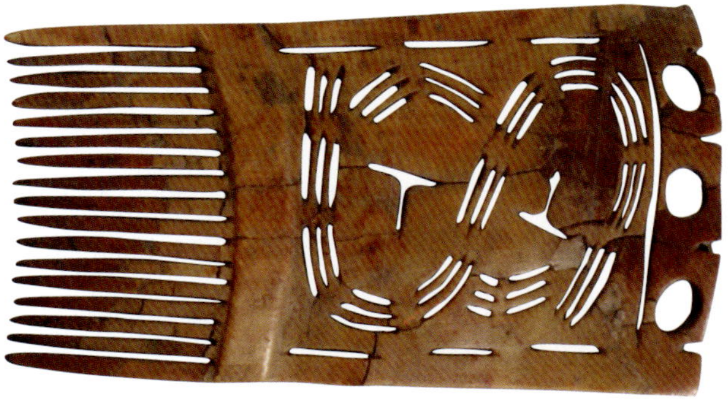

图 1-28. 象牙梳。梳身高 16.7 厘米，宽 8 厘米，梳背高于梳齿，梳齿细密，梳背中部刻有“8”字型纹样，内有两个相反的“T”字纹梳背的顶端还有三个圆孔。山东泰安大汶口新石器时代遗址出土。

图 1-29. 玉背象牙梳。浙江海盐周家滨遗址出土。

1. 2. 3.

图 1-30. 玉梳背。

1. 高 5.8 厘米，宽 7.7 厘米，厚 0.35 厘米。
2. 高 5.97 厘米，宽 9.15 厘米，厚 0.55 厘米。
3. 高 5.27 厘米，宽 10.34 厘米，厚 0.4 厘米，浙江杭州余杭瑶山、反山遗址出土。

头装饰在新石器时代很流行。在甘肃礼县高寺头仰韶遗址的一件陶塑人像上能够清楚地看到，那个结实干练的小伙子，额头上有很明显的饰物，可能是珠管、贝壳类串饰，也很像一条绞扭的绳带。这种装饰在内蒙古某些早商墓葬的头骨上也有发现，应是一种西北地区流行的头饰（图1-23）。

大汶口人的装饰方法很多样。在120多座墓葬中，凡头部有装饰的多有纺轮随葬，说明墓主是女子。特别是具有较高身份的女子，都有一整套头部装饰。如一种是由不同形状的玉环与绿松石坠组成的较为复杂。她们是先将头发梳理成一定的发型，用笄或数量在1—4串不等的束发饰系在头顶，有时还会插一把象牙梳，又在额部套一条串饰，耳朵悬挂着象牙片或绿松石的耳坠，脖子上还有项链，装饰极为华丽（图1-24）。据大汶口47号女性墓主出土头骨及随葬品位置的复原图。相似的额饰在元君庙仰韶文化遗址也有发现。这里的女人也是将头发盘在头顶梳成发髻，插骨笄。又在发髻下，通过额部、耳际和后脑勺的下方系一饰带或在额部套挂骨珠串饰。而浙江桐乡新地里人还有一种用鲨鱼牙齿和野猪獠牙串成的头饰。在江苏新沂花厅遗址中，一座大型墓葬的墓主全身各部位都拥有丰富的装饰，如头部上方有用三件小玉环和一件玉璜组成的头饰。由此看来，在中国的大江南北，人们对头部的装饰都是十分重视的（图1-25）。

台湾新石器时代卑南文化遗址中，还有一种很特别的玉铃形头饰。玉铃的外形与今日的铜铃相仿，由于细小如豆，所以这一串头饰的玉铃数量多达百件。以细线串成，成排环绕于人头的额部或头顶，是一种极为精致的饰物（图1-26）。

（四）梳子的出现

人类最早当然是用手指来拢头发的。到了后来，人们用身边的各种材料来做梳，有的在扁平兽骨的一端，锉上几个尖角成为梳齿。还有的把几根木棍、竹片、硬草或并列编为木梳，或捆成一组在一端绑成一束。再后来又以木板制成有齿木梳。在甘肃永靖张家嘴遗址发现的有五个梳齿的骨梳，造型十分简单。只是为了梳发而使用（图1-27）。直到1959年在山东宁杨大汶口遗址的一个女性头骨处，出土了两件用象牙制成的梳子，使梳子的作用发生了突变。两件梳一件已残，另一件完整而精美。它高高的梳背、珍贵的象牙材料、精致而带有寓意的纹饰，代表了它非同一般的装饰功能，显而易见这已经不是纯粹的实用品，梳发之外还可以顺手插入发髻，露出的梳背怎不为人增添光彩。这是距今四千多年前的梳子（图 1-28）。

在当时，这种具有相当装饰功能的梳子，已经成为象征身份地位的礼器。这种现象在良渚文化中十分突出。在良渚玉器中，常发现一种扁平倒梯形的玉饰，有的表面光滑无纹饰，有的则镂刻出复杂精美的神人兽面纹。顶部中间凸起，外轮廓像汉字的宝盖头，下端扁榫上有一排等距离的小孔。因为它与神人图像中的羽冠相似，人们常认为它是一种冠饰，但其功用一直令人迷惑。直到 1999 年，浙江海盐周家浜遗址中发现了一件玉背象牙梳，大家才恍然明白了这种玉饰其实是梳子的一部分，即“玉梳背”。这样的梳已不纯粹是梳头之用，下面的齿也许只是为了便于插戴，佩戴者可以省去系在下颌的绳结直接插于发中，非常便捷，是以梳子的形式插在头上以象征身份的装饰（图 1-29、图 1-30）。

二、喜欢耳饰的原始人

原始的人类已经有了把耳朵穿孔戴耳饰的习俗。现今发现最早的耳上有穿孔的人面像距今已有五千年。在甘肃天水柴家坪出土的一件人面形陶器顶部的残片上，其耳部的穿孔，使人一望便知那是为悬挂耳饰而用的。耳上有穿孔的人像出现在中国的许多地区，说明穿耳戴饰在当时已经很普遍了（图 1-31）。同时，田野考古学者常在墓主人的耳际发现各种样式的耳饰。那时耳饰大概有三种。

第一种是耳塞，是指在耳唇上穿一个很大的圆洞再将耳饰插入。考古过程中发现了许多质地各异的耳塞。江苏常州圩墩遗址有一种滑轮状的耳塞，大连郭家村遗址有很多扣状陶耳塞，沈阳新乐遗址还出土了一种煤精石耳塞，看来这种耳饰在当时是较为普遍的饰物。这种耳塞，在不同地区的印第安人中使用的十分普遍，如亚马逊河流域的古老部族中有着与中国扣状耳塞极为相似的饰物（图 1-32）。这样的耳饰到了汉代十分流行，称作“耳珰”，现今的苗族、傣族等民族的女子

1.

2.

3.

4.

5.

图 1-31. 有耳孔的陶塑人像。
1. 甘肃天水柴家坪新石器时代仰韶文化遗址出土。
2. 陕西安康柳家河仰韶文化遗址出土。
3. 陕西宝鸡北首岭仰韶文化出土。
4. 安徽蚌埠双墩遗址出土。
5. 甘肃礼县高寺头仰韶文化遗址出土。

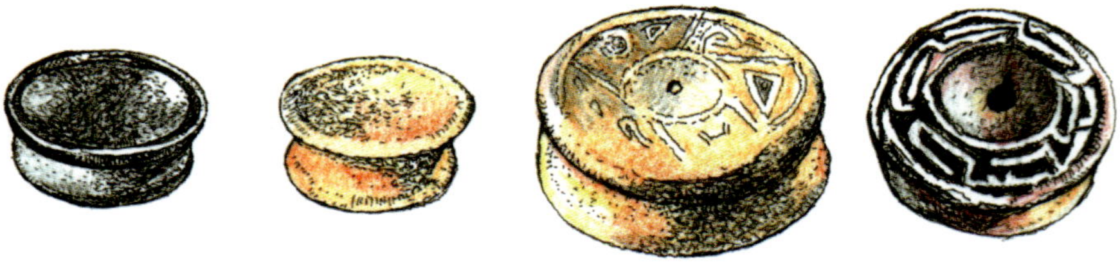

图 1-32. 亚马逊河流域古印第安人的耳塞，尺寸多在 1 厘米—3 厘米以内。

图 1-33. 现今苗族妇女的银质耳珰。

图 1-34. 镀金铜质面具。秘鲁莫奇古墓出土。

仍有佩戴，并以银质为主。与在秘鲁莫奇古墓[1]发现的镀金铜质面具上的耳饰如出一辙（图 1-33、图 1-34）。

第二种是“玦”（音同“绝”）。玦是中国最古老最有代表性的耳饰。古人把环形而带有缺口的扁圆形玉器称为“玦”（缺）。这种圆环形玉饰有很窄的缺口，通常以玉、石制成。在发现的许多新石器时代的墓葬中，墓主人的耳际都出土有玦形饰，很显然是作为耳饰之用。

在辽宁省阜新的查海和内蒙古赤峰兴隆洼遗址中，就出有这类玉玦，其中查海出土的玉玦，距今约八千年，是迄今世界上最早的玉玦。兴隆洼出土的玉玦是以真正的玉料制作，成为目前中国最早的玉器，在中国玉器史上占有相当重要的地位，被考古学家称为“中华第一玉”（图 1-35）。

玉玦怎样佩戴？人们推测是以玉玦的缺口卡在耳垂上。考古学者试着把古老的玦戴在现代人的耳垂上，仍非常合适，而且也很不容易掉下来（图 1-36）。戴玦的方式有有很多，在内蒙古兴隆洼遗址的一座居室墓中，年轻男性墓主的左右肩部附近各发现一件玉玦。这一地区，像这种成对出自墓主人耳部的玉玦有很多。而在江苏常州圩墩村遗址中，出土的九枚玉玦则分别位于女性头骨的耳边，一墓只有一件（图 1-37）。有趣的是，在四川巫山大溪遗址的一座墓葬中，一位年龄约 50 岁的女子耳畔，有两件不同的耳饰，左耳戴玦，右耳则是石坠。质料与形状也各不相同，并不追求一致。就是现今，也是非常时髦的打扮（图 1-38）。

当时耳玦的样式虽多，却很朴素，表面也少有装饰，中间的孔比较大。在江南的马家浜文化[2]中，还曾发现过穿孔的玉玦。人们推测这种穿孔玉玦不是以玦口卡在耳垂上，而是用来悬挂在耳朵上的。在江苏常州戚墅堰圩墩遗址、江苏江阴祁头山等遗址中还见有一种圆柱体玉玦，这种玦在以后也常有发现（图 1-39）。

另一种奇特的玉玦是一定要提到的。在我国台湾地区台东县卑南山至大溪河一带，发现了距今 2300 年至 5300 年之间的新石器时

【1】 秘鲁莫奇古墓：发现于秘鲁中部的莫奇古墓以其数量众多的葬品而闻名于世。莫奇王国的统治者死后被埋葬时身上都拥有大量的珠宝，它们可能采用的是一种中央集权的政治制度。
【2】 江南马家浜文化：是中国长江下游地区新石器时代文化，被誉为“江南文化之源”。主要分布在太湖地区，南达浙江的钱塘北岸，西北到江苏常州一带。195 年因大规模群众积肥运动而被发现。年代始于公元前 5000 年，到公元前 4000 年左右发展为崧泽文化。

1.　　2.

图 1-35.
1. 查海文化玉玦。距今约八千年，是迄今世界上最早的玉玦。
2. 兴隆洼玉玦是中国最早的玉器，考古学家称之为“中华第一玉”。

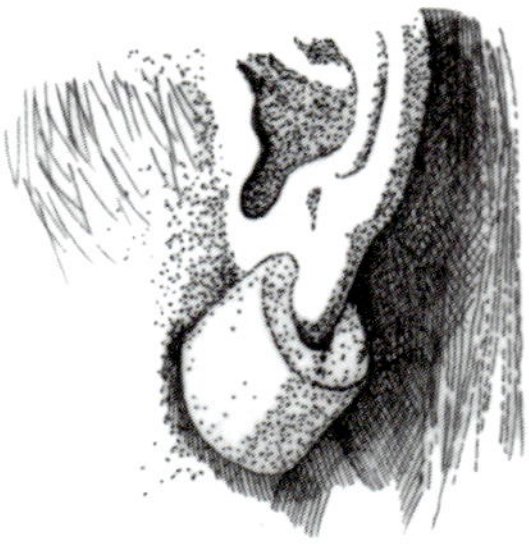

图 1-36. 戴玉玦的现代人。

图 1-37. 玉玦。江苏常州圩墩村新石器时代遗址出土。

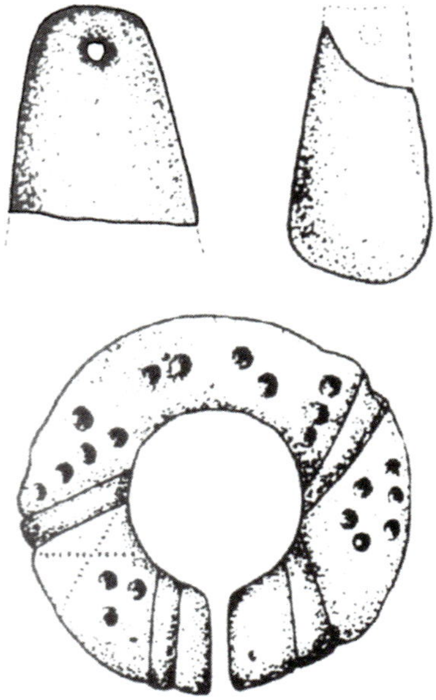

图 1-38. 耳饰。四川巫山大溪遗址出土。

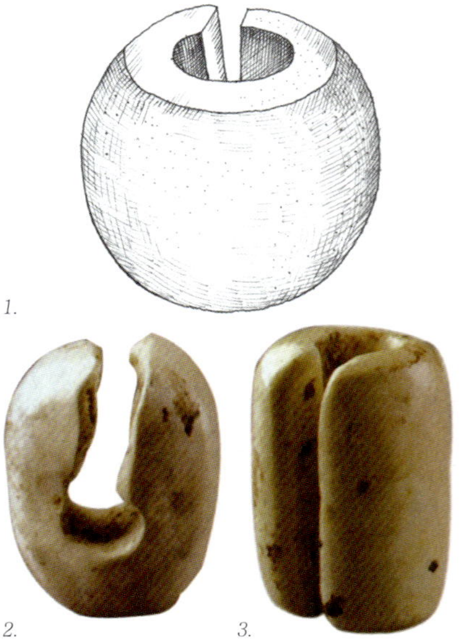

1.　2.　3.

图 1-39. 圆柱体玉玦。
1. 江苏常州戚墅堰圩墩新石器时代遗址出土。
2. 3. 2000 年江苏江阴祁头山等遗址出土。

代遗址，称为卑南遗址，这是台湾地区规模很大且持续时间很长的聚落遗址。这里的玉器加工业十分发达，并有贫富分化的现象。在发现的1500余座墓葬中，出土了许多精美的玉器，而装饰品占有相当的数量。那里的人们十分喜爱戴耳饰，一些玉玦样式极为特别，如一种周围有乳突的玦和方形玦等，以及奇特的人与兽形状的玦，和多环形玦（图1-40、图1-41、图1-42）。

耳玦出土的地域范围极广。在距今约八千年前的辽宁省阜新查海和内蒙古赤峰兴隆洼遗址中，距今七千年前杭州湾的河姆渡文化中，距今六千年前后的环太湖流域的崧泽文化与江汉平原的大溪文化，以及我国东南沿海史前文化中，都有玉玦发现。另在东北亚地区、俄罗斯的远东地区和日本列岛的史前文化中，也多有玉玦出现，距今约六七千年前。

第三种是耳坠，即挂在耳上的坠饰。当时的耳坠形式多样而有趣。如陕西西安半坡用穿孔玉石做成的耳坠、山东大汶口遗址、江苏新沂花厅遗址中用象牙片和各种形状的穿孔绿松石片，锥形、鱼形、三角形和环形玉坠等做成的耳饰。

用颜色漂亮的绿松石来做耳饰，受到人们的普遍喜爱。在四川巫山大溪遗址中，出土了64件不同的耳饰，有圆形、梯形、长方形等，玦形耳饰也有不少，其中就有用绿松石做的耳饰。在甘肃广和地巴坪遗址中，位于人骨的耳部有用绿松石磨制成薄片状的耳饰，正面较背面精致光滑，出土时一共两件，形状却不相同，一件长方形，一件三角形，是用现有的石料加工而成（图1-43）。在江苏新沂花厅遗址相当多的大、中、小型墓葬内，墓主人的耳部都多寡不一地陈放有绿松石耳坠（图1-44）。而在大汶口遗址中也有多样的绿松石耳饰出土。正如良渚人钟爱美玉，而大汶口人有比其他地区的先民更喜爱绿松石的特点。最精彩的当属在辽宁阜新胡头沟遗址出土的绿松石鱼形耳坠，它的正面为绿松石，背面为黑灰色石片，两件鱼饰几乎相同，然而却分别出自两个人体，其中一件出于头骨旁，当为耳坠（图1-45）。

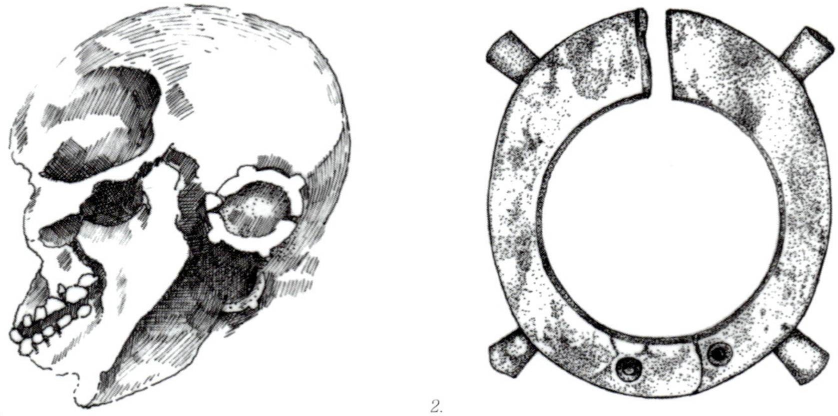

1.　　　　2.

图 1-40.
1. 戴耳饰的人头骨像。
2. 周围有乳突的玦。台湾地区卑南文化遗址。

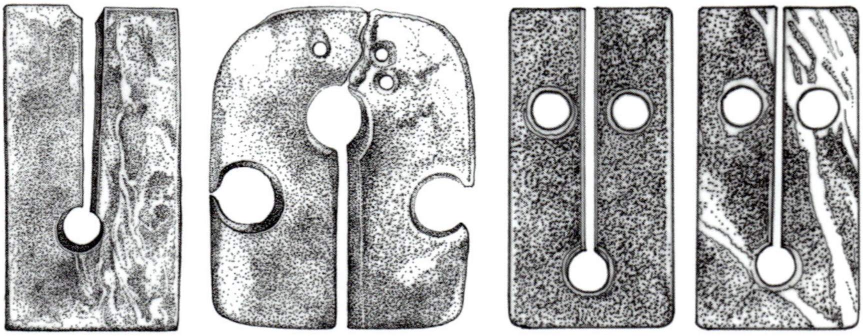

图 1-41. 各种形式的方形玦。台湾地区卑南文化遗址。

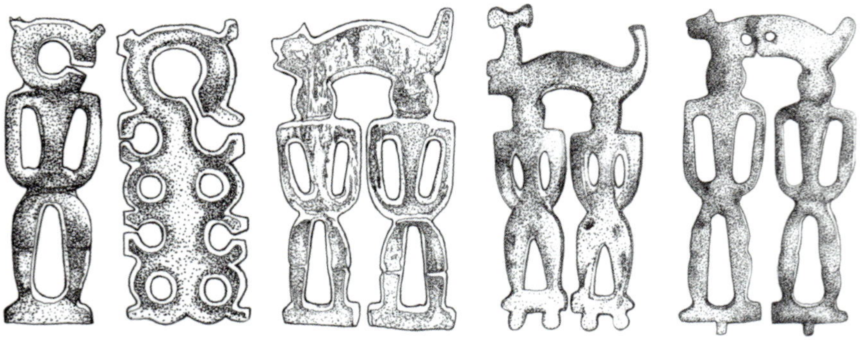

图 1-42. 台湾地区卑南文化玉玦。

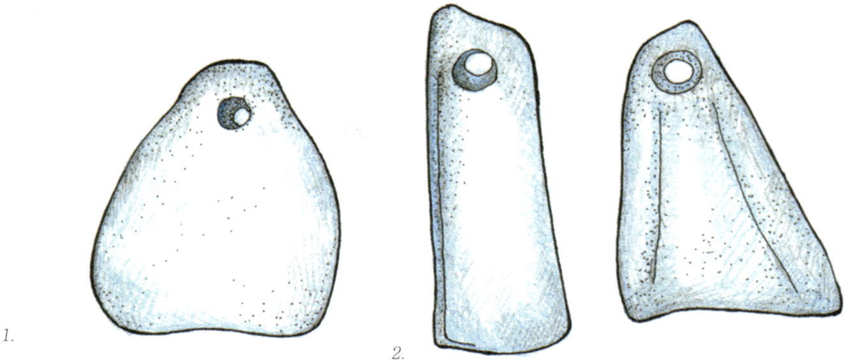

图 1-43. 绿松石耳坠。
1. 四川巫山大溪遗址出土。
2. 甘肃广和地巴坪遗址出土。

图 1-44. 绿松石耳坠。江苏新沂花厅遗址出土。

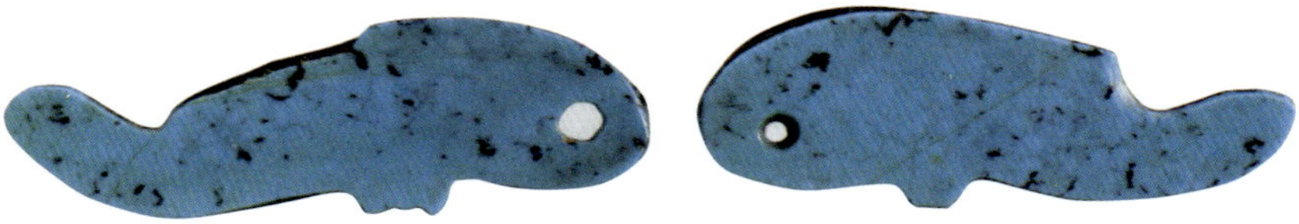

图 1-45. 鱼形绿松石耳坠。辽宁阜新胡头沟红山文化遗址出土。

三、鼻饰

鼻饰的发现在以前很少提到，但在新石器时代确实存有这种风俗。它有两种装饰方法：一种是鼻环，穿系在鼻中隔处；一种是柱状，插在鼻腔上，称为鼻塞。在山东尹家城岳石遗址中就发现过我国最早的鼻环，而在黄河上游的玉门火烧沟四坝文化遗址中，在一具人骨架的鼻骨下也发现一件青铜鼻环。这说明在黄河上下游都有过这种装饰，在唐朝时的西南地区还有保留。

四、脖子上的装饰品

项链是人们身上最富有装饰性的饰物。即使穿上最简单的衣服，戴上一串项链，都会使整个人焕发出一种别样的美。在古代，胸前的装饰与头部装饰拥有同样重要的意义。早期的人类用动物的牙齿、贝壳、化石、卵石、鱼骨等穿孔串联成项链戴在颈间，那种惊奇与喜悦不亚于今天的人们得到了珍宝，有人说："首饰与人类一样年长。"

戴项链的人像，在青海乐都的一件人形彩陶罐上可以看到。彩陶罐的顶端被做成一个人的头像，她耳有穿孔，脖子上整齐地环绕着一串椭圆形贝饰或珠饰。这一时期的项链多为串饰和坠饰（图 1-46）。

串饰是由一种或多种中间有孔的珠、管或其他小饰物随意穿连在一起的装饰品，是最早最简单的样式。在山东大汶口及江苏新沂花厅遗址发现的项链中，最简单的就是在脖子上戴一组石珠或玉珠，数量在三、五、六颗不等，并无男女贫富之分。另有由同一种材料组成的串饰。在大汶口一座大型墓中，一位年龄 50 多岁的女性墓主的脖子上戴有一串石质管状珠，胸前还有一串绿松石片。人们还发现了对称之美，比如将较大的珠饰安排在胸前正中，从中间到两头逐渐变小。复杂些的串饰甚至在珠饰的大小、色彩、形状上的组合都有很好的搭配，产生出独特美丽的装饰效果。如在青海哈布河古墓出土的一条石质珠串中，共有三种颜色，其中以白色为主，共 60 余枚，另外还有少量的绿色石珠和黑色玉珠。穿连时黑色玉珠在中间，两侧为绿色石珠，然

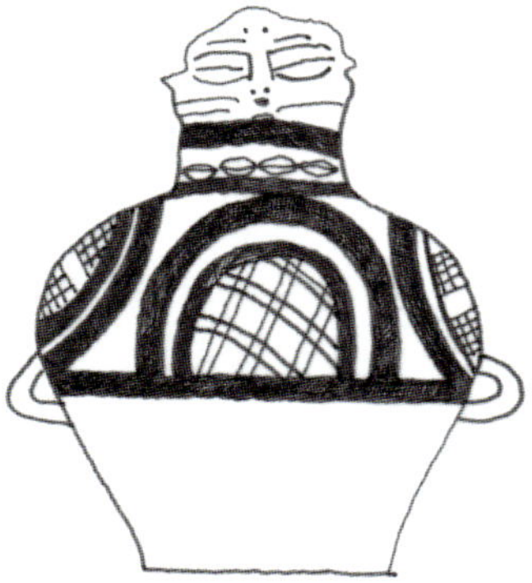

图 1-46. *戴项链的人形陶罐，青海乐都出土。*

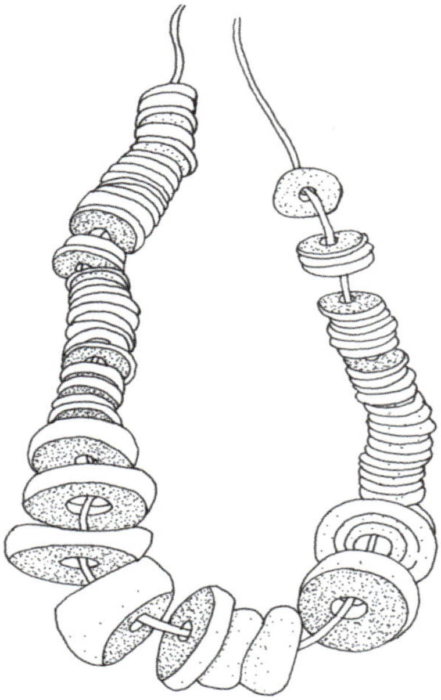

图 1-47. *石串珠项链，青海哈布河古墓出土。*

后再是白色石珠，排列得很整齐（图 1-47）。

串饰复杂的样式就多了，在江苏新沂花厅遗址一座年龄 25 岁左右的男子中型墓葬中，八个玉环环绕在颈项，胸部还有玉佩和玉璜；在一少年中型墓中，脖子和胸部有小巧的玉环和由大小鼓形玉珠及玉坠组成的串饰；而在一年轻女子墓中，玉佩、玉环、玉珠和绿松石坠饰放置在胸部、颈部和耳部。还有的墓主颈间和胸前戴有三串饰品：第一串紧贴颈部，共 8 颗白色小玉珠；第二串由 13 颗白色小珠组成的项链垂挂于胸前；另外还戴有一件半圆形两边穿孔的大玉佩，层层叠叠地让人眼花缭乱。当然，这也许是把其生前所有的饰物，和代表其身份的礼器都作为陪葬之用了。再晚一些的良渚文化的项链也十分精致，最能说明这一点的是上海青浦福泉山良渚文化遗址中发现的一串玉项饰，它由大小不等的五十多颗玉珠和六根玉锥形饰物组成，漂亮极了（图 1-48）。

坠饰是在串饰的正中加一个不同于串珠的较为精致的饰件，或者直接用绳单独悬挂一种饰件。在山东大汶口遗址早期的一件玉项链虽然比较粗糙，但却有了这种重要的装饰物“坠子”（图1-49）。带有坠子的项饰也很常见（图1-50）。还有很多坠饰被做成动物的形象，如猪、虎、鱼、鸟、鸮、蝉等（图1-51）。

坠饰中还有一种很别致的璜形饰，用它组合出来的项链也很美。早期发现的玉璜呈扇面弧形，两端穿孔系绳，出土于墓主人的颈下，很明显是作为项饰使用的。璜除了可以单独悬挂外，也多与珠、管等各种异形饰相互配合组成项饰。在良渚文化遗址出土的串饰中，就有作为坠子的璜形饰，有些璜的表面还刻有纹饰。璜很多见，从东北到青藏高原、从内地到岭南广大地域内的新石器时代遗址中均有发现，在以后的玉饰种类中也非常重要（图1-52、图1-53）。

图 1-48. 良渚文化玉项饰。上海青浦福泉山遗址出土。

图 1-50. 玉坠。长3.9厘米，直径1.25厘米。浙江杭州余杭瑶山遗址出土。

图 1-49.

1. 牙饰。2008 年云南大理剑川海门遗址出土。
2. 作为坠饰的玉玦。直径 4.7 厘米，孔径 1.7 厘米，厚 0.8 厘米。1987 年瓶窑采集，余杭博物馆藏。
3. 小绿石片和淡黄色石坠。甘肃秦安大地湾出土。
4. 绿色石坠。1985 年河北易县北福地史前遗址出土。
5. 石坠。北京房山山顶洞人遗址出土。
6. 三角形绿松石坠饰。1987 年河南舞阳贾湖遗址出土。
7. 绿松石方形坠饰。1987 年河南舞阳贾湖遗址出土。
8. 绿松石小兽。1987 年河南舞阳贾湖遗址出土。

图 1-51. *玉项饰，周长 76 厘米，1982 年上海青浦出土。*

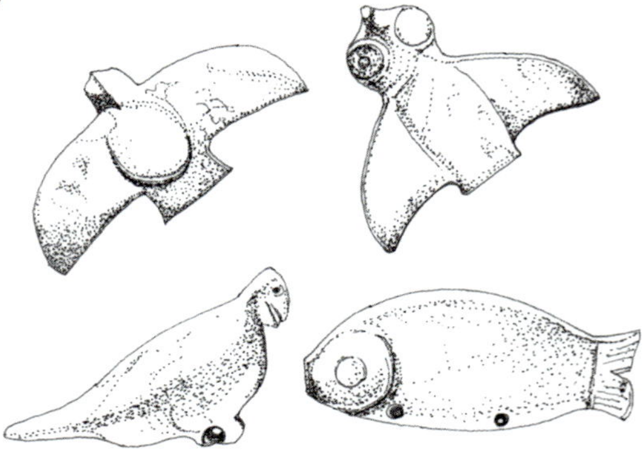

图 1-52. *动物形玉饰件，距今 5500 年前。浙江杭州余杭反山和新地里遗址出土。*

五、代表地位与身份的胸饰

胸饰是大型的项链饰品，它们多被制作得分外精美，成为一种华丽的装饰，其用途已远非简单审美意义上的装饰品。这种饰物的使用一般是在具有某种重要意义的仪式中，或表示其身份的场合才会佩戴。这些胸饰出土的地方，几乎都是在一个聚落群中具有尊贵身份人物的规格极高的墓葬中。

（一）神秘而带有争议的玉饰

在中国东北地区的红山文化中，考古学者们发现了一些具有抽象意义的神秘装饰品。人们对它们用途的争论从古至今没有停息，在众多的推测和争论中，我最赞同周南泉先生的观点。他认为这些玉

1.

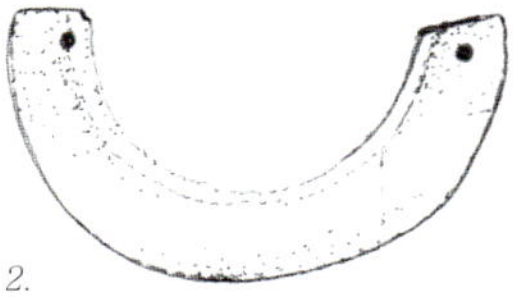
2.

3.

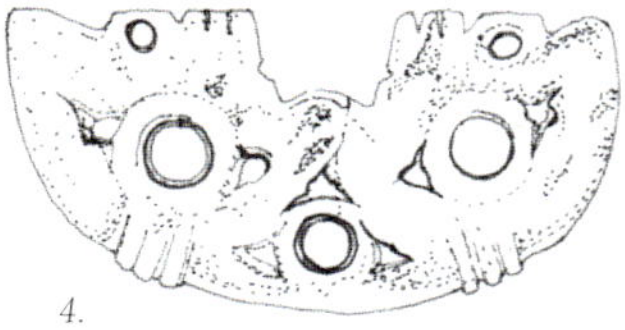
4.

图 1-53.
1. 带玉璜的项饰。浙江杭州余杭反山遗址出土。
2. 玉璜。直径 6.8 厘米，半环形，两端有孔。马家浜文化。
3. 玉璜。1991 年湖南洪江高庙新石器时代遗址上层遗存 M26 出土。
4. 玉璜。高 3.75 厘米，宽 7.58 厘米，厚 0.55 厘米。浙江杭州余杭反山遗址出土。

图 1-54. 勾云纹玉佩。长 18.2 厘米，宽 10.9 厘米。内蒙古赤峰巴林左旗那斯台红山文化墓葬出土。

图 1-55. 勾云形佩。红山文化，台北故宫博物院藏。

饰都是具有人类对自然崇拜的带有祭祀涵义的装饰品，即形制的产生源于先民对自然的崇拜之心。人类经常看到和感受到大自然的各种现象，如日月星辰的轮转、江河湖泊的潮涌、山林间叮咚的泉水、飘忽不定的云层和那些来去无踪的风雨。这些大自然的物象，时而为人造福，时而又给人以灾难。对这种无法掌控的现象，人类有时感激，有时惧怕，崇敬之心由此而生。人们用贵重的材料，带着虔诚的心，制作或描绘看得见和想象中的形象，作为崇拜和祭祀的偶像或媒介。敬天，就制作象征天圆的玉璧；礼地，就做出外方的琮（古人认为天圆地方）；雨后出现神秘的彩虹，又做出形如虹的玉璜。那些勾云形的玉饰也许就是无限变幻的神秘云团。风、水和海潮产生的水波和旋涡被做成外缘有牙的旋转玉饰，所有精心制作的器物都代表着人类对自然外形相似的描摹和敬意。

在内蒙古赤峰市巴林左旗那斯台墓葬的一座积石冢中，男性墓主的胸部放置着一件勾云形玉佩，说明葬礼是隆重的（图 1-54）。辽宁喀左东山嘴遗址中，城子山墓墓主左右手各握一只玉龟，右腕戴一只玉镯，胸部也佩戴勾云形大玉佩及箍形玉饰，全套玉器是用同一种青色软玉制成，代表了他非凡的地位和身份。这种勾云形玉佩出土的数量较多，除了作为祭祀时胸前的装饰，还涵载着对自然的崇拜（图 1-55）。

在一些墓葬和遗址中还常见一种旋涡形玉饰。这类玉饰的尺寸，最大外径很少超过 20 厘米，小的也只有几厘米，厚度多在一厘米以内。有学者推测，这种饰品是古代表现风、水和海潮景象的旋涡纹（图 1-56）。

在红山文化中还出现了一种具有相当重要意义的玉龙形饰。1970 年，内蒙古赤锋市红山文化牛梁河的一座墓葬中，发现了中国最早的龙形饰物，而在内蒙古翁牛特旗三星他拉村也出土玉龙十余件，是红山文化最具代表性的饰物之一。这些玉饰都有多种用途，也许佩戴在身上只是其中的一种（图 1-57）。

（二）人面形和小人形饰物

对于古人来说，祖先并不是一个无形的概念。用通俗的说法，他的面貌、形态、话语和精神会时刻护守在亲人的周围。在距今约

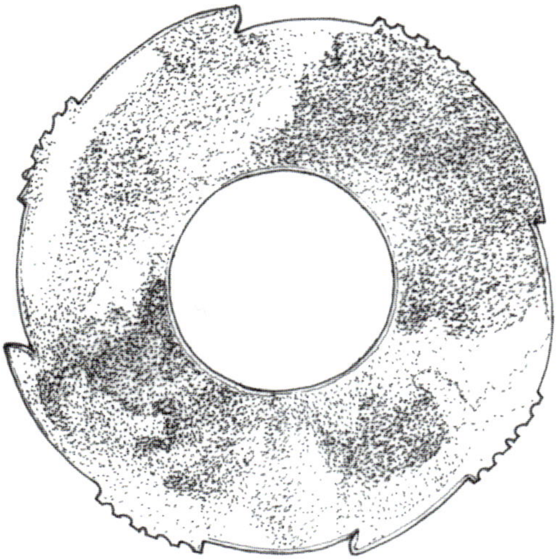

图 1-56. 玉旋涡形饰。

图 1-57. 玉龙饰。

8000—7500 年的内蒙古赤峰敖汗旗东部的兴隆沟遗址中，人们发现了当时用人头盖骨制作的胸饰（图 1-58）。2001 年的第一次发掘中，在 7 号居室墓墓主的胸部和右腕部，各出土一件圆形人头盖骨牌饰，边缘呈连弧状，上面钻有一周细密的小孔。佩戴人头盖骨牌饰在此地首次发现。而这位墓主在兴隆沟聚落中可能具有较高的地位和身份。考古学者分析，人头盖骨牌饰在生活中不仅用来佩戴，也应是举行原始宗教活动的一种法器。2002 年夏季的第二次发掘中，在 22 号房址中又出土了一件利用人头部前额骨加工而成的人头盖骨牌饰。它构思巧妙，酷似人面，是一件难得的艺术珍品。类似的人面佩饰在四川巫山的大溪遗址中也有发现，这是一件双面玉人雕像，上面有穿孔，适于穿挂佩戴（图 1-59）。

人形玉饰的尺寸都很小，但件件都是珍宝。它是新石器时代中较为特殊的一类，人们认为这类玉人面是当时人们崇拜的神祇或掌管祭祀的巫师形象。这类玉饰多是片雕，下部都有对钻的小孔，可以穿绳佩戴在胸前。当你仔细地观察或真的用绳戴起来时就会发现一个十分有趣的

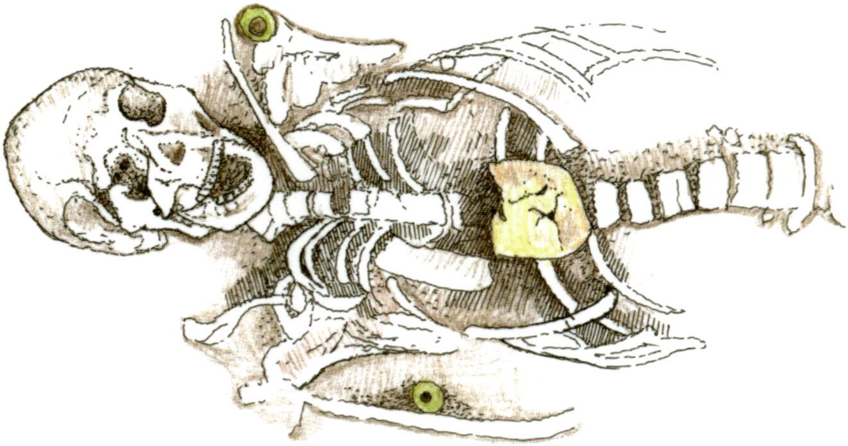

图 1-58. 戴有人面牌饰的遗骨。

1.

2.

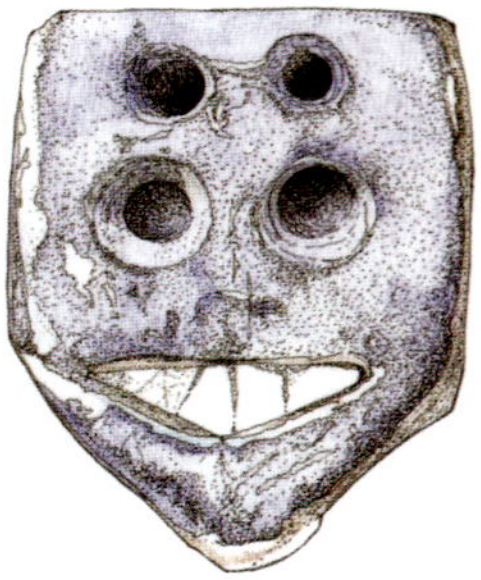

3.

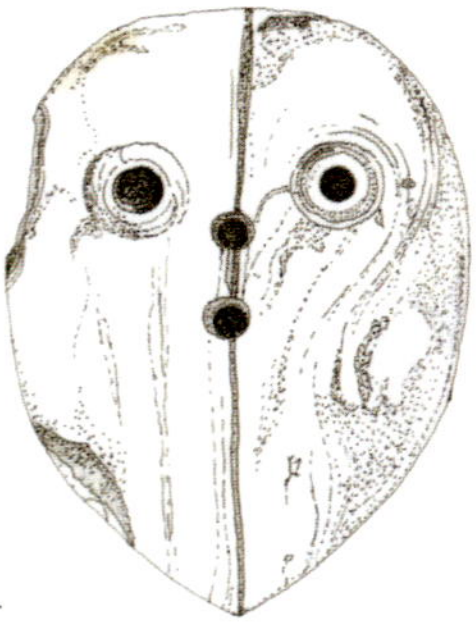

4.

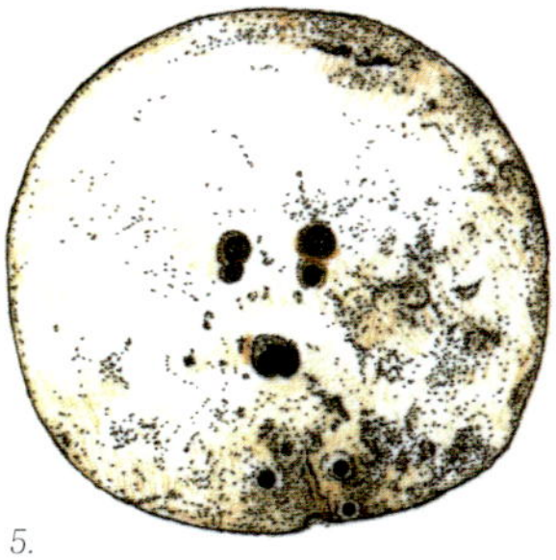

5.

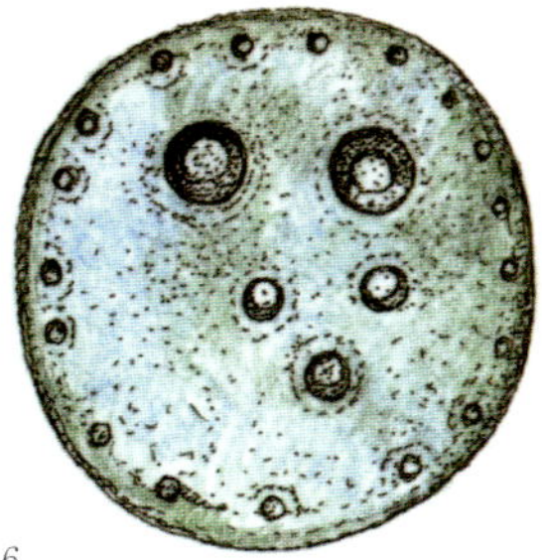

6.

图 1-59.

1. 人头盖骨牌饰。长 11.1 厘米，内蒙古赤峰兴隆沟遗址 22 号房址出土。
2. 人面玉饰。四川巫山大溪遗址出土。
3. 石人面饰。通长 3.5 厘米，内蒙古赤峰兴隆沟遗址出土。
4. 人面形蚌饰。通长 4.9 厘米，内蒙古赤峰兴隆沟遗址 22 号房址出土。
5. 人面形蚌饰。
6. 绿松石人面饰。内蒙古自治区收集。

现象，这个小人“头是冲下倒置的”。这种独特的现象暗示着一个完全不同于今天的思维方式——当佩戴它的人用手拿起来或低头观看时，正好是正常的面对面。我突然明白了一个道理，古人戴它是给自己看的，而如今我们戴是给别人看的。留心观察，这一时期的带有人形或兽面的纹饰，无论是手镯还是项链，在外人看来都是倒置的形象。更有趣的现象是，在亚马逊河流域的古老部族倒置的人形玉饰，竟与之有惊人的相似（图1-60）。

（三）尊贵的大型项链

通过脖子能够覆盖前胸的大型项饰以单纯的华丽著称。山东邹县野店出土的一件是由单环、双环、四连环及松石组成，看起来淳厚大方（图1-61）。而江苏高淳朝墩头发现的一组玉串饰，顶端是一个小玉人，组合方式极为特别（图1-62）。在江苏新沂花厅四座大型墓葬出土的四件大型项饰，各具特色。如其中一件用几种不同形状的管、珠有序地组合，巧妙的是，在其间的冠状佩上凿有一个三通的隧孔，隧孔两侧，分别用数十颗小玉珠串成小圆环，自然地垂挂下方，使整串项链锦上添花（图1-63）。另一件由环、璜、佩、坠等共24件玉饰串成的项饰中，有两件鸟纹玉饰制作得最为精致，是我国最早采用浮雕和圆雕相结合的技法制成的玉雕饰品，而长短粗细不一的五件坠饰，出土时列挂于大玉璜的下方。项饰的整体组合，左右对称，错落有序（图1-64）。

一些其他的胸饰另有特色。山东大汶口文化中，一些男性墓主的锁骨间常放置着两件象牙琮。还在有些墓主的胸部发现左右对称的石胸环。而很多带孔的小型玉雕动物形象和人像，都是用来装饰前胸的饰品。

（四）制作项链的材料

当时制作项链的材料很丰富，那些动物牙齿、骨料、贝类、玉、石、陶等任何能够穿孔的东西都可以拿来做成项链。其中，古人猎取并食用后的动物牙齿和骨料是制作装饰品最直接的材料之一。如内蒙古呼和浩特二十家子村墓葬中，在一具骨架的肋骨和臂骨之间散落着用动物獠牙制成的五件牙饰，每件牙饰的顶部都钻有小孔，穿系在一起就

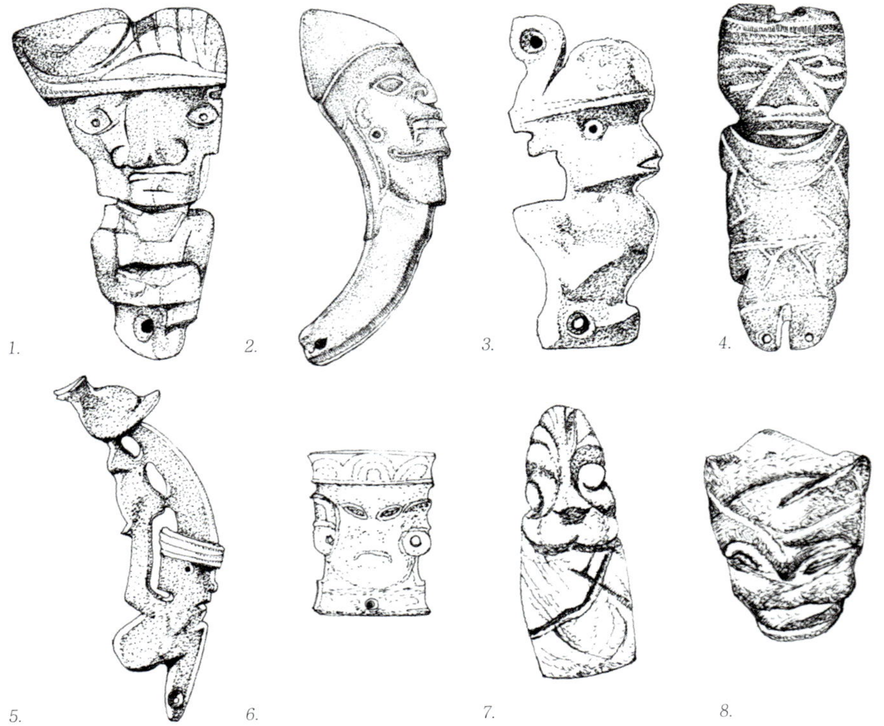

图 1-60.

1. 玉人。高 4.6 厘米。江苏高淳朝墩头遗址出土。南京博物院藏。
2. 玉人头像。湖北天门石河肖家屋脊出土。荆州博物馆藏。
3. 玉人。高 3.6 厘米，宽 1.5 厘米。安徽马鞍山市博物馆藏。
4. 玉人。3.5 厘米 ×2.5 厘米 ×5 厘米。亚马逊河流域低地原始部族，Paraense Emilio Goeldi 博物馆藏。
5. 透雕人兽鸟玉饰。1990 年江苏昆山赵陵山遗址 77 号墓出土。
6. 玉人。高 2.8 厘米，宽 2.2 厘米，厚 0.55 厘米。1988 年湖北天门石河肖家屋脊出土。
7. 滑石本身人像。长 4.6 厘米，宽 1.85 厘米，厚 1.6 厘米。辽宁东港后洼遗址出土。辽宁省文物考古研究所藏。
8. 滑石人头像。长 4.35 厘米，宽 3.3 厘米，厚 2 厘米。辽宁东港后洼遗址出土。辽宁省文物考古研究所藏。

是一串好看的项链。两端尖锐，形如弯月的牙饰串成一组戴在脖子上，显示着佩戴者的勇敢和荣誉。用骨料制作的骨珠也是项饰中的好材料。人们把鸟兽的肢骨截取成小段，然后磨制成各种形状，讲究些的还在上面涂上颜色。由于肢骨中部本身有孔，所以便于穿系。在陕西临潼姜寨遗址的一个少女墓葬中，出土了八千多枚骨珠，分别散落在颈胸等部位，经串连后是一件十分精致古朴的饰品。宁夏固原红圈子、河南汤阴白营、安徽潜山薛家岗、云南元谋大墩子等新石器时代文化遗

图 1-61. 玉颈饰。其中大环径 5.1 厘米，四连环 4.8 厘米，松石坠长 3 厘米。1971 年山东邹县野店 M22 墓出土。山东省博物馆藏。

图 1-62. 玉串饰。江苏高淳朝墩头出土。

图 1-63. 玉项饰。周长 92 厘米，江苏新沂花厅遗址 M16 墓出土。

图 1-64. 玉项饰。江苏新沂花厅遗址 M60 墓出土。

址中都发现有这类骨饰品（图1-65）。

直至今日，人们都很喜欢用贝、螺等软体动物的外壳制作饰物。由于贝壳本身较轻，外表光洁美丽，不用雕琢的各种贝壳有着千姿百态的完美形状，只需穿孔悬挂，用它们制作饰品真是再好不过了。而对于那些远离海滨的人们来说，这种难得的材料更受到珍视。在相当长的一段时间里，贝壳还被当作货币使用。在汉字中，凡是与商品买卖和物品交换有关的文字都有“贝”字，如贸、贩、购、财、贡等。即使到了现在，我们还把自己所喜爱的人或物称为“宝贝”。新石器时代的早期，用贝、螺类制作的装饰品遍布在世界各地。在北京门头沟东胡林村的一座新石器时代早期墓葬中，一个年龄约16岁女孩遗骨的颈部，就发现了由小螺壳制成的串饰，距今已有一万年。在吉林延边的汪清古墓也出土有用贝壳磨成的贝珠与野猪牙齿、骨管、绿色石磨成的玉石坠和石管饰组合在一起，而在发现的一枚用大海贝加工而成的贝饰上，顶端琢磨有三个小孔，中下部还另穿有一个小孔，用它组合成的串饰已经是一件很复杂的饰品了（图1-66）。四川巫山的大溪遗址发现了丰富的遗存。在一个墓葬中出土了多种玉首饰和数量很多的穿孔蚌壳与小蚌环。这种蚌饰由几百枚穿成若干串项饰挂在脖子上，再间以熊牙或虎牙，十分漂亮。

人们曾研究关于贝类装饰品的趣事。这还要从汉字说起，如古文字中对“婴儿”的“婴”字的解释。我们把所有刚出生不久的小孩都叫作“婴儿”，并不区分男女，然而在古代却有很严格的区分。男孩子称为“孺”或“儿”，女孩子才称为“婴”。《说文解字·女部》中有这样的解释：“婴，颈饰也。从女贝贝，贝贝其连也。”又《苍史篇》：“女曰婴，男曰儿。婴者，盈盈也，女之貌也。又婴字从贝贝者，贝也。宝贝缨络之类，盖女子之饰也。”这些解释认为，古时只有女孩子的脖子上才戴有贝壳或与贝壳相连的串饰，所以称为“婴”。北京门头沟东胡林村发现的女孩颈部的贝壳串饰也许就是一例。

串饰中用玉、石类材料制作的饰品花费了古人相当多的精力，因此也倍受人们珍爱。北京房山山顶洞人磨制并穿孔的石坠已达到非常精美的程度（图1-67）。山东大汶口遗址的女子胸前有用石珠、玉珠、骨

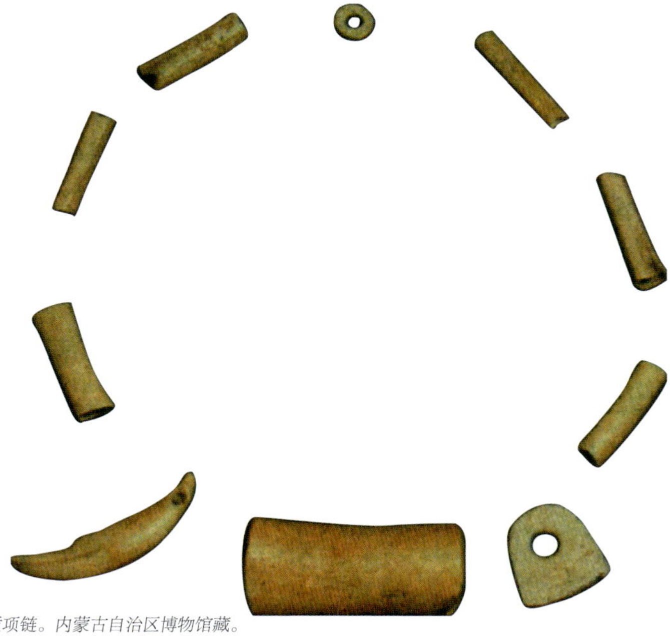

1.

图 1-65. 骨质项链。内蒙古自治区博物馆藏。

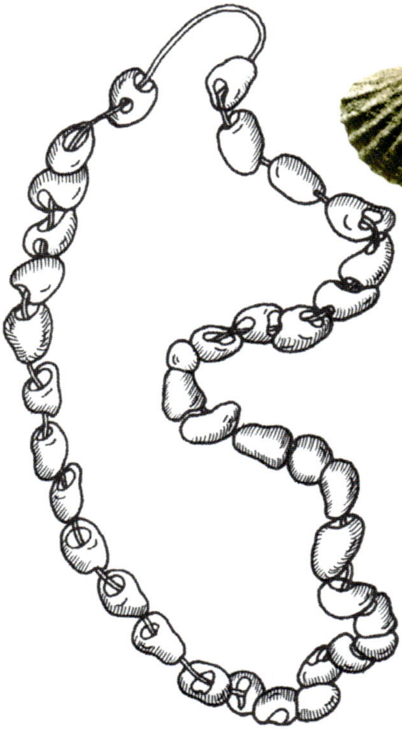

1.

2.

图 1-66.
1. 用螺壳穿成的串饰。北京门头沟东胡林村遗址出土。
2. 贝壳串饰。广东湛江溪鲤鱼地出土。

珠、石环、玉环、绿松石等混合制成的串饰。江苏南京北阴阳营遗址出土的古玉和玛瑙串饰，制作得十分光滑细腻。浙江余杭反山墓地出土的玉珠形状十分丰富，一件串饰往往有数十枚甚至上百枚管、珠组成，其华美的程度可想而知（图1-68、图1-69）。而地处边远的西藏昌都卡诺遗址出土的玉、石项饰也别具特色（图1-70）。

而作为装饰材料的陶珠也常有发现。陶制品可谓当时人类的一项重大发明。那时的人们已经能够制作出精美的陶器，他们用粘土和水混合成泥状，制成各种不同的器型，风干后用含铁或锰的矿物颜料画出美丽的纹样，或在刚做成的陶坯上压、刻出各种形状的花纹，经火烧后制成陶器。不仅如此，人们还用同样的方法制作出许多陶珠和陶镯等饰物。在安徽潜山薛家岗遗址出土的69枚刺有纹饰的陶珠，是现今发现的最为精美的陶饰品。这些圆球形陶珠的中部都是空的，里面还装有小陶丸，摇动时能发出响声。陶珠的外表刺有各种美丽的纹饰，有的还用镂空的方法刻出一个或多个圆孔，最多的竟达36孔，玲珑精巧。同时，人们还在石珠上加以装饰，在新疆和田、沙雅等地出土的经过蚀花处理的石珠也是制作首饰制品的极好材料（图1-71、图1-72、图1-73）。

六、臂饰和手饰

1. 胳膊上的装饰 臂饰最早是猎手为了保护手臂，避免被猎物或带刺的植物擦伤而产生的各式筒形护臂，称为臂筒。在今天云南的哈尼族、德昂族、佤族等民族都还有戴宽大臂筒的习俗。据说戴着宽大竹筒制作的臂筒，是为了对付山中的怪物。在他们的传说中，怪物抓到人后，先拉着人的双手大笑，然后吃掉。有个聪明的女子将宽大的竹筒套在手臂上，被怪物抓住时，轻轻把手从竹筒中抽出来，再举刀砍死它，得以逃生。在甘肃永昌鸳鸯池发现了一件用坚硬的白云石制成的石臂筒，它通体磨光，戴在右臂的肱骨上。这件石臂曾破裂，当时的人钻出圆孔后又用绳系过，很明显具有护臂的作用（图1-74）。臂筒之外还有臂环。如在甘肃鸳鸯池等地出土较早的的臂环，可能是在皮草上用黏合剂贴骨片做成的。

图 1-67. 穿孔石坠。北京房山山顶洞人遗址出土。

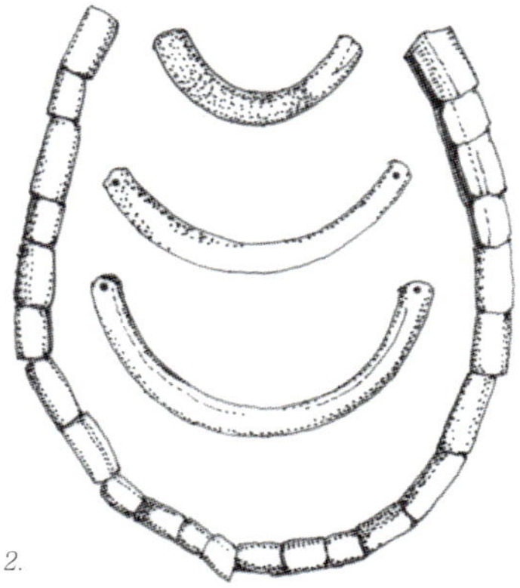

2.

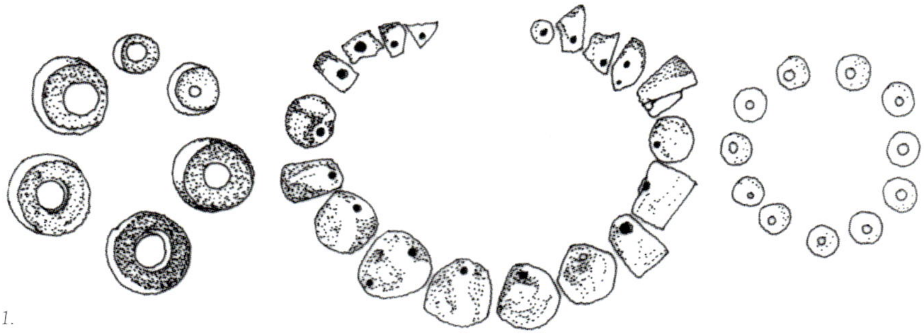

1.

图 1-68.
1. 山东大汶口出土的项饰。
2. 玉和玛瑙串饰。江苏南京北阴阳营新石器时代遗址出土。

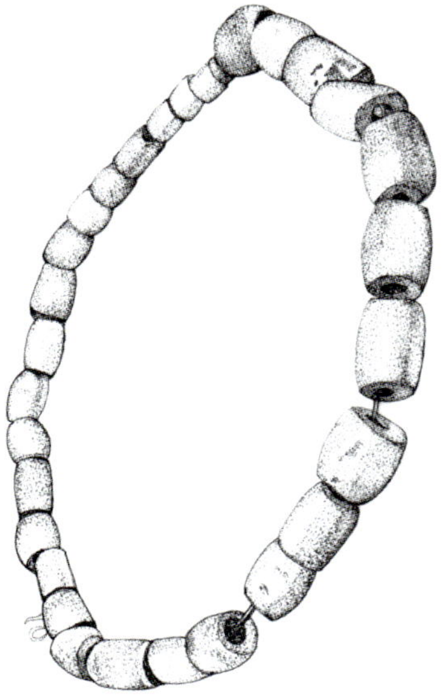

图 1-69. 玉串饰。1959 年山东泰安大汶口遗址出土。河北省博物馆藏。

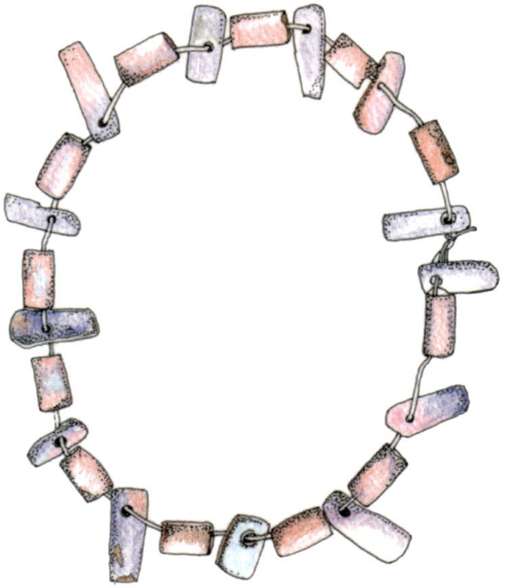

图 1-70. 项饰。西藏昌都卡诺遗址出土。

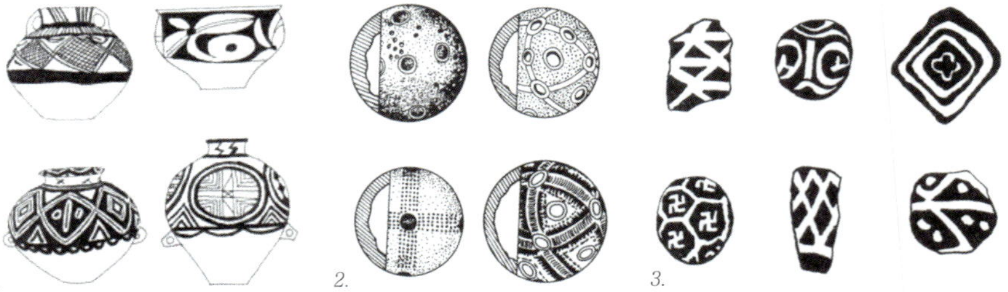

图 1-71.

1. 具有美丽纹样的彩陶。
2. 陶珠。安徽潜山薛家岗新石器时代遗址出土。
3. 经过蚀花处理的石珠，新疆和田、沙雅等地出土。

图 1-72. 各种不同类型珠饰的良渚文化项链。

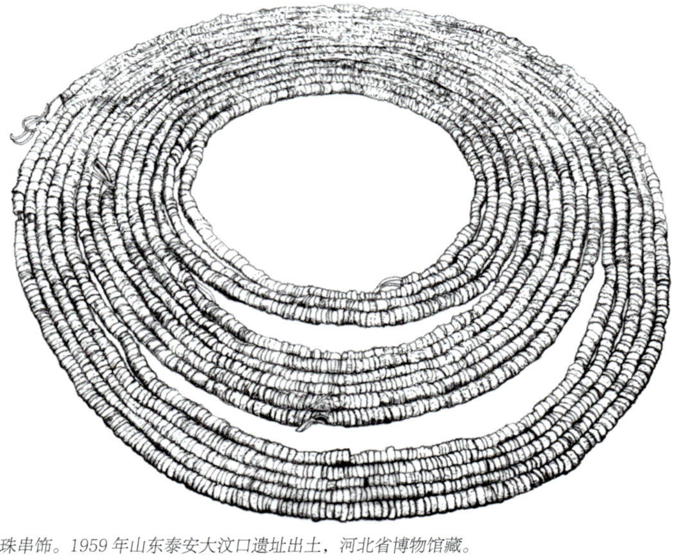

图 1-73. 骨珠串饰。1959 年山东泰安大汶口遗址出土，河北省博物馆藏。

在山东大汶口与江苏新沂花厅的墓葬中，出土了数量众多的臂饰，其中就有用玉或陶做成的环，戴法也很随意。

在内蒙古红山文化遗址中，发现了一件极为独特的半弧形玉臂饰。它通体抛光，并在玉臂饰的表面均匀地磨制出一种瓦沟纹饰，瓦沟之间的起伏随体形而变化，宽窄深浅十分均匀规矩，随着光线照射角度的变化时隐时现，让人感到玉质本身圆润的光泽，是一件非同一般的饰品（图1-75）。

2. 手腕上的镯 最早的手镯多由草和木制成，时代久远而极少留存。而现今一些少数民族如布朗族、傈僳族和佤族等仍喜欢用藤篾编织手镯，它不仅佩戴方便，还可以随时随地更换（图1-76）。

远古时期的手镯多以天然材料制成，有陶、石、牙、骨、玉和蚌贝类等。如仰韶文化、龙山文化多用陶镯；大溪文化有石镯和象牙镯；东北地区的红山文化与南方的良渚文化都流行玉镯。在北京门头沟东胡林村早期墓葬中一个女子遗骨手腕处，发现了用截成长短不一的七小段牛的肋骨磨制并穿连而成的手串儿。距今已有一万年了（图1-77）。

这时期手镯的使用很常见，以形状来区分：一种是现今仍旧使用的传统玉镯和与之极为相似的扁形圆环镯。凡是作为手镯用的，中孔都开得很大。在安徽含山凌家滩、湖北蕲春坳、江苏张家港许庄、新沂花厅及甘肃秦安大地湾等遗址都有这类玉、石镯。在以后的玉饰中，人们多称之为环或瑗（图1-78）。它的使用范围广，流传的时间也最长久。在当时，这种美丽的玉镯只要不破损，拥有它的人就会长时间戴着它，甚至从少年戴着它直到去世。这不是无根据的说法，因为考古学者发现了一些手镯的内径很小，但镯本身又完好无损，出土时却戴在成年人的腕部。

再就是可以大小伸缩的组合性镯。山东曲阜西夏侯遗址发现的一件戴在女子腕部的绿色石镯，是由两个不规则的石条组成，每件石条的两端都有穿孔，用来穿系组合（图1-79）。与它相似的还有上海青浦福泉山出土的玉镯。与此类似的扁形的圆环状镯，如浙江桐乡新地里遗址的一件，是由两个半圆形石片组成，每一个环的两端都有穿孔，合拢成一个完整的环形镯，分开则为两件弧形的璜（图1-80）。在山东大汶口、江苏新沂花厅等地都有这样的手镯，它们都在手腕部发现，有的断头部分很不规则。

图 1-74. 石护臂。长 16 厘米，甘肃永昌鸳鸯池新石器时代遗址出土。

图 1-75. 玉臂饰。内蒙古红山文化遗址出土。

图 1-76. 云南少数民族使用的用藤篾编织的手镯。

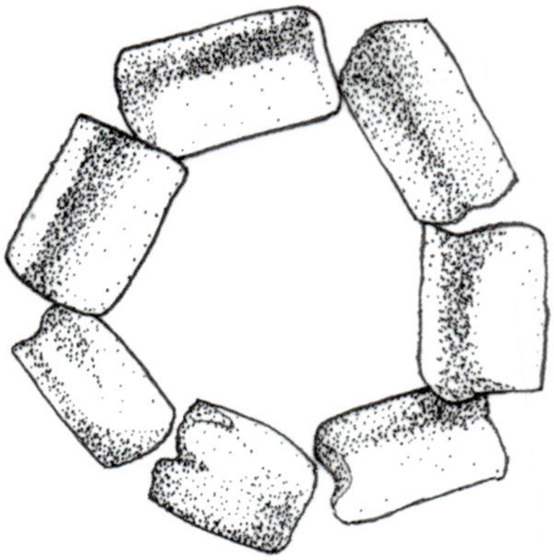

图 1-77. 手串儿。北京门头沟东胡林村早期墓葬出土。

1.

2.

图 1-78.
1. 玉镯。
2. 扁形圆环玉镯。江苏新沂花厅新石器时代遗址出土。

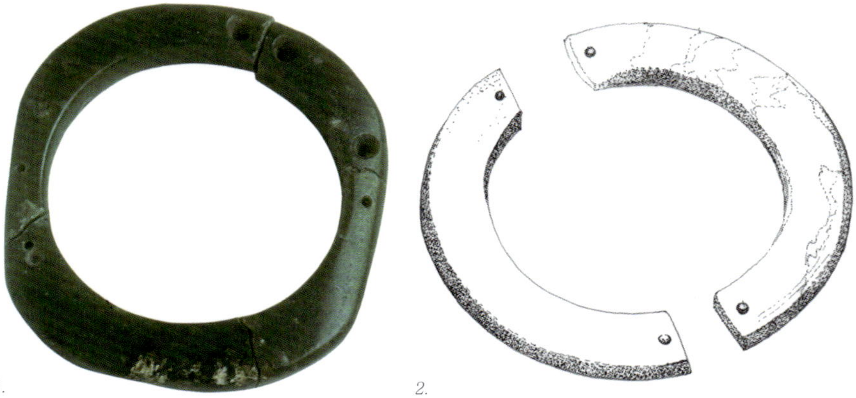

1. 2.

图 1-79.

1. 戴在女性腕部的石镯。山东曲阜西夏侯遗址出土。

2. 可调整口径大小的玉镯，直径 8 厘米。1982 年上海青浦福泉山出土。

图 1-80. 分体玉镯。浙江桐乡新地里新石器时代遗址出土。

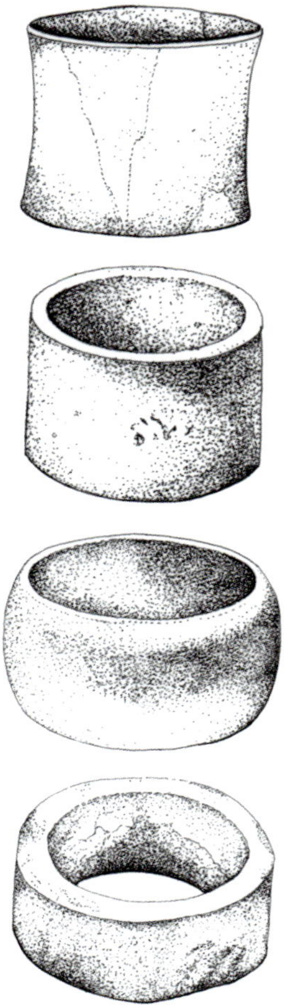

1. 2. 3. 4.

图 1-81. 筒状与半筒状手镯。

1. 筒状手镯。镯的外壁很薄，高低不等，中间略有收腰状。江苏常州武进寺墩遗址出土。

2. 筒状镯。高 4.2 厘米，直径 7.35 厘米，孔径 6.4 厘米。浙江杭州余杭瑶山遗址出土。

3. 半筒状镯。高 3.3 厘米，直径 6.9 厘米，孔径 5.7 厘米。浙江杭州余杭瑶山遗址出土。

4. 半筒状手镯。高 2.8 厘米，直径 7.5 厘米，孔径 5.8 厘米。浙江杭州余杭瑶山遗址出土。

也许，这类手镯的产生就是由于完整的镯被不小心折断后，在断裂处对钻穿孔，再穿绳修复，或是戴在手上后，用绳穿在孔内，使其相连成一个完整的装饰品，不至于因镯口小而戴不进去。

圆筒或半筒状的手镯在现在看来仍然很时髦。江苏常州武进寺墩遗址发现了三件这样的筒形镯，最高的一件 5.3 厘米。浙江杭州余杭瑶山遗址出土的一件玉镯，则没有收腰，完全呈筒状，有些手镯的表面还雕有纹饰（图 1-81）。

在江苏苏州赵陵山的一处良渚文化墓地中，还发现了一件矮方形素面玉琮（音同“从”），出土时与玉环、象牙镯一起套在墓主人的手臂上。在此之前，琮被人们普遍认为是古人在祭祀时用的一种礼器。其实，真正作为礼器用的玉琮是那种体量重大且多节型的长形玉琮。如现存于大英博物馆的一件，高 48.3 厘米，共有 19 节（图 1-82）。还有那些硕大而墩厚，并且有精细纹饰的玉琮。在良渚文化较早的墓葬中，出土了内外皆圆、雕琢精美的手镯式玉琮，而内圆外方玉琮的出现则晚于前者。考古学家们恍然悟出，玉琮是起源于当时的一种手镯（图 1-83）。

这样的琮形镯在新石器时代有较多的发现，它们的高度一般在 3 厘米—10 厘米左右。有意思的是，琮形镯的孔径一般都是上口稍大，下口稍小，与人手臂上粗下细的结构一致，如果按照上大下小的戴法套在手腕上，镯面上的人兽纹饰也正好呈正置状（图 1-84）。琮形镯比其他的手镯都要重且大，在现代人的眼里，戴这样笨重的饰物实在是碍手碍脚，在考古发掘中发现，戴琮形手镯的人还浑身上下穿、戴、佩、套有多种美丽的玉、石饰件。如帽子上的半月形饰，各种形状的玉饰件串成的色彩斑斓的项链、脚链，还有胸佩和腰佩等。其实，这些量大而沉重的美丽饰物只有当时社会中代表神和权力的特殊人物才可以拥有，而这种威仪的装束也只有在重大庆典和祭祀中才可佩戴。

各类圆环形花式镯是当时最有趣的一种。在陕西西安新石器时代遗址就发现了很多这类陶环，它们很厚实，外壁被制作出各种有趣的装饰，有八角状、多角状、齿轮状等（图 1-85）。在这类手镯中，有一件龙首玉镯堪称一绝，它的外侧有四个等距的浮雕龙头，分别雕出龙的角、眼、耳、口、牙，抛光的技术十分精湛，是这一时期玉镯中的精品（图 1-86）。

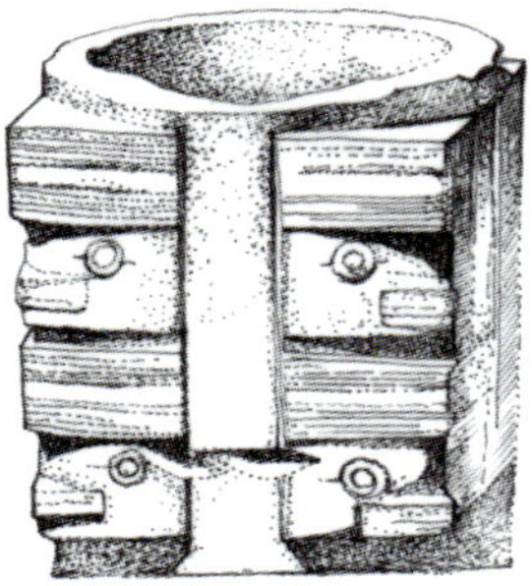

1.

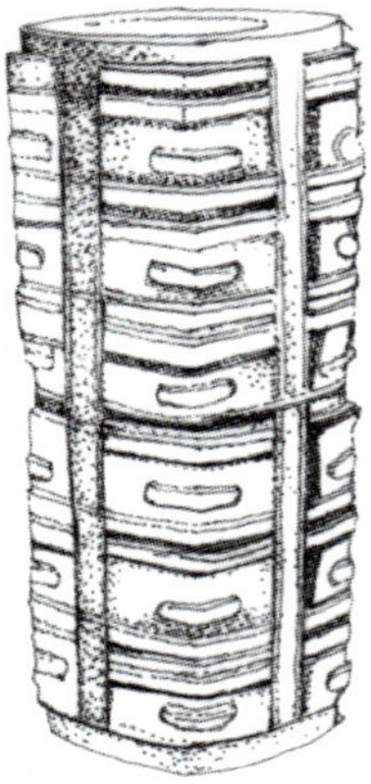

2.

图 1-82.
1. 内圆外方的良渚文化玉琮，是一种手镯发展而来的，最早的玉琮是圆形的。
2. 晚期的良渚文化玉琮。高大而多节，作为礼器使用。

图 1-83. 琮形镯与镯面精致的纹饰。高 3.2 厘米，直径 8.4 厘米，孔径 6.2 厘米。浙江杭州余杭汇观山遗址出土。

图 1-84. 戴在手腕上的琮形镯，镯上的纹饰在手臂下垂时呈正置状。

1.

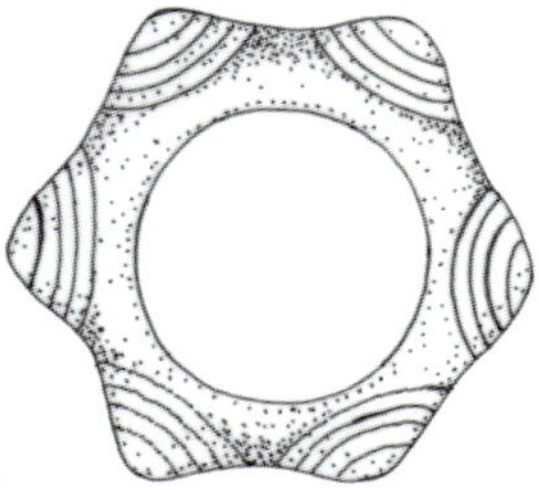

2.

3.

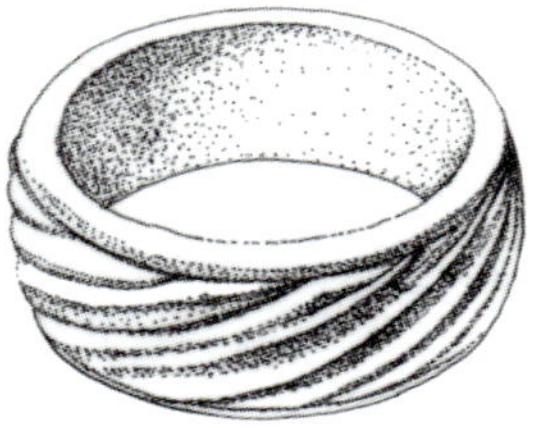

4.

图 1-85. 各类圆环形花式手镯。
1、2. 陕西西安半坡仰韶文化遗址出土。
3. 陕西武功游凤街遗址出土。
4. 浙江杭州余杭瑶山遗址出土。

最随意的手腕饰品应该是那种用许多小玉珠等穿成的手串。这种手串在江苏新沂花厅遗址的墓葬中较常见到，如在一座中型墓葬中，墓主的左右手腕分别戴着由 24 颗和 19 颗小玉珠穿成的串饰。而另一座中年女子墓葬中，墓主的左手腕戴 7 颗玉珠，右手腕戴 13 颗玉珠，旁边还放置了一件陶镯。

佩戴手镯的习俗，似乎为大汶口文化的人们最为钟爱。据考古发现，大汶口人戴手镯是不分男女老少的，有的单手戴，有的双手戴，还有的一手戴三五个，最多的甚至戴十几个。山东兖州王因墓地的一位女子墓主，她的双臂竟戴着 23 只陶镯。大汶口遗址出土的手镯除了石、陶、骨镯外，还有象牙镯和极为少见的由蚌珠串成的链条式蚌镯。戴手镯的方式也很随意，一手戴不同种类镯的现象很常见。如在江苏新沂花厅遗址的一个少年墓葬中，墓主左边手臂和手腕上套两件玉镯，右手腕套一件玉镯和一件灰陶环；一青年女性墓中，墓主的手腕戴两只玉镯，左右手腕还分别戴着玉珠手串儿；而在一大型成年男性墓葬中，他的左手腕套玉瑗和玉环各一件，右手腕套一件玉瑗（图 1-87）。这些佩戴多件手镯的方式也许与丧葬形式有关，就是说他们把一生的饰物都戴在身边了。

3. 指环　也就是现在的戒指。材料主要有骨与石，其中骨类指环多是截取动物的肢骨做成。比如用动物肢骨加工成管状的骨指环，出土时通体光亮地套在男性人骨的手指上。山东大汶口遗址十号墓的墓主为一个老妇人，她的随葬品很多，其中首饰就有象牙梳、玉臂环、石项链等，指环是用玉做成的。其他墓葬中还见有镶嵌绿松石的骨指环。山东曲阜城东南西夏侯遗址还有用大理石制成的指环，可能原来还嵌有饰物，现已脱落，出土时套在男性人骨的中指上。

其实，指环在新石器时代诸原始文化中并不是很流行。相比之下，在盛行装饰的大汶口文化遗址中则较常出现。1959 年在清理的大汶口遗址中的 133 座墓中，有 15 座墓出土了 20 件指环。而半坡遗址发现了手镯一千多件，却没有一件指环，青海柳湾清理的一千多座马家窑文化墓葬，也无一座出土指环。可见首饰佩戴的地域差别（图 1-88）。

图 1-86. 龙首镯。外径 8.2 厘米，内径 6 厘米，镯面宽 2.6 厘米。浙江杭州余杭瑶山遗址出土。

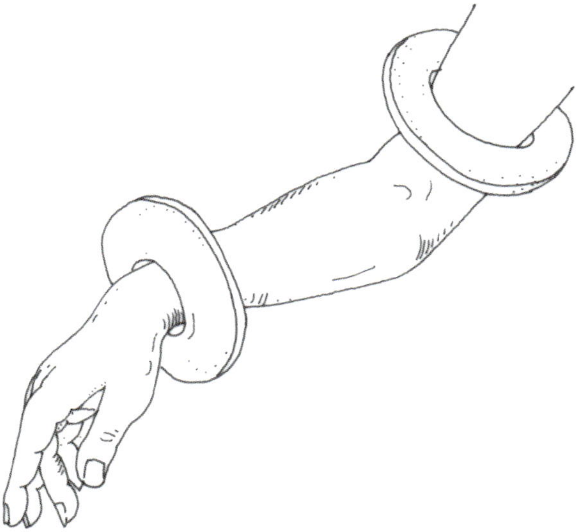

图 1-87. 新石器时代人类臂环与手环的戴法在现今非洲的一些部落中仍十分常见。

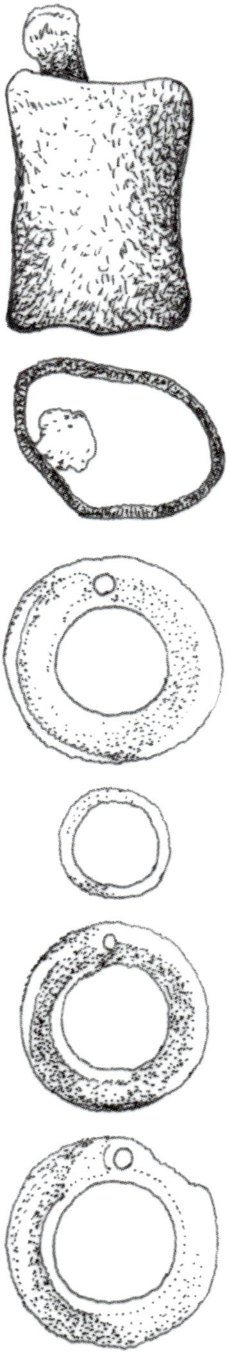

图 1-88. 大汶口文化遗址出土的各式指环。

七、了不起的腰饰

带钩是古人束衣服用的一种钩状物。早在史前时代的中原地区就有了，并不是以前认为的完全是北方民族传来的饰物。现今发现最早的带钩是 1972 年在浙江桐乡金星村遗址出土的玉带钩，发现时它位于墓主的腰部。后来又陆续发现了一些玉带钩是比较规整的方块状，用事先修整好的长方形玉块切割钻磨而成。它的一端为穿绳的孔，另一端是用于勾系的弯钩，钩首较长。使用时应是随腰带横在腰间，钩首向左，使用者以右手握钩，勾挂在绳套上即可（图 1-89）。

除带钩外，一些由石珠和骨珠组成的腰间串饰，在半坡和仰韶文化遗址等地都有出现。有趣的是，在出土的古玉中，一些各种形状的玉饰很明显是作为佩饰之用的。虽然它们被佩戴的部位可以根据出土时所在的人体部位来判定，但由于种种原因，一些器物已看不清原始面貌，但有一点可以证明，在出土人体的腰部常发现一些不属于腰带或带钩的美丽玉饰，这些玉饰大都有穿孔或凹槽，以供穿绳和系束，很显然是为了佩戴。它们是最早的人体腰间佩饰，在青海柳湾的一座墓葬中发现的两件位于腰间的绿松石饰就是系挂在腰间的装饰。

腰间佩饰品在中国的南北方都有发现。在北方，以红山文化为代表的广大地区，出现了种类多样的各种系挂饰物。特别是一些红山文化古玉饰，如一些人形饰、动物形饰及具有某种意义的象征性饰物，呈现出一种古朴稚气之美（图 1-90）。如辽宁西部喀左东山嘴遗址出土的一件绿松石鸮，是鸮形玉饰中最为精美的一件（图 1-91）。龙山文化的一件“鹰攫人首玉饰”，更是一件透雕极佳的鸟形精美佩饰。在南方，两件龙山文化透雕高岭玉龙形佩，也展现出工匠们精湛的手工艺技术（图 1-92、图 1-93）。

1.

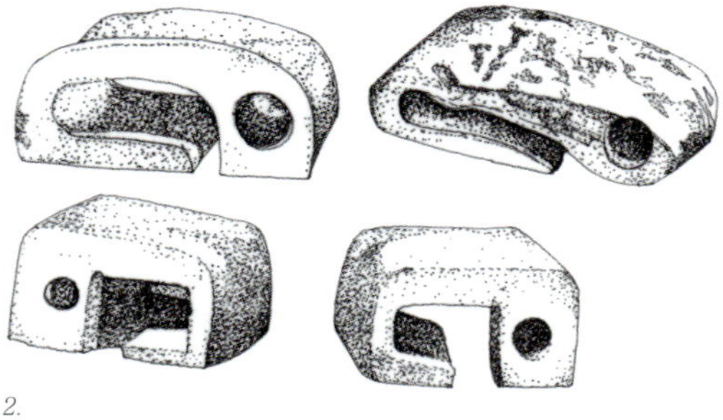

2.

图 1-89. 良渚文化的玉带钩不同视角。
1. 高 2.4 厘米，长 7.7 厘米，宽 3.23 厘米，孔径 1.5 厘米。1986 年浙江杭州余杭反山遗址出土。
2. 不同样式的良渚文化玉带钩。

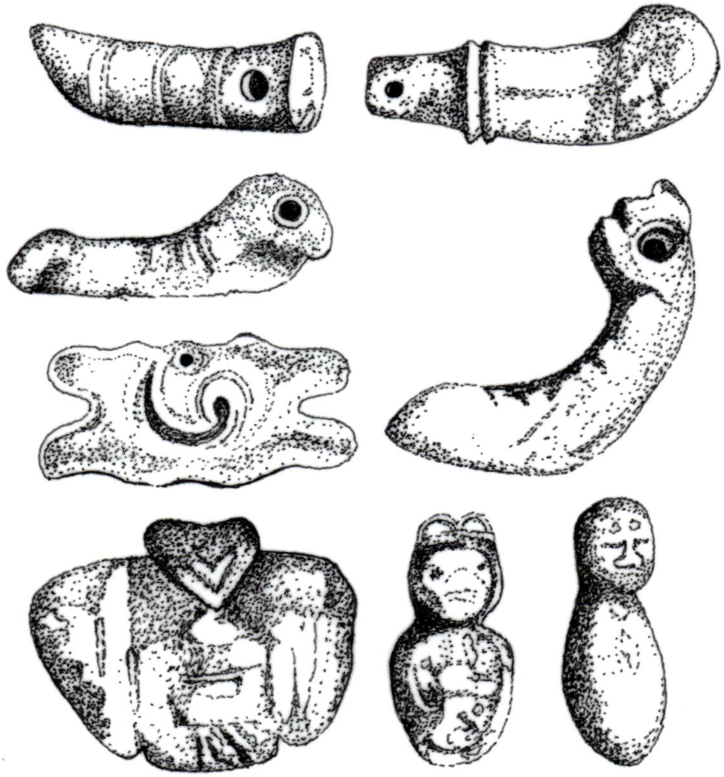

图 1-90. 各种不同类型的佩饰。

图 1-91. 绿松石鸮。作展翅状，头下有一透孔，以供穿系，背部的中间还横钻鼻状孔。它的正面为绿松石，背面为灰黑色石片，高 2.4 厘米，宽 2.8 厘米，厚 0.4 厘米，辽宁西部喀左东山嘴遗址出土。

图 1-92. 鹰攫人首玉饰。上半部为一昂首展翅的鹰，下半部强有力的鹰爪下抓着两个背向的长发人头，侧脸朝外，象征着鹰攫人首。高 9.1 厘米，宽 5.2 厘米。龙山文化遗址出土。

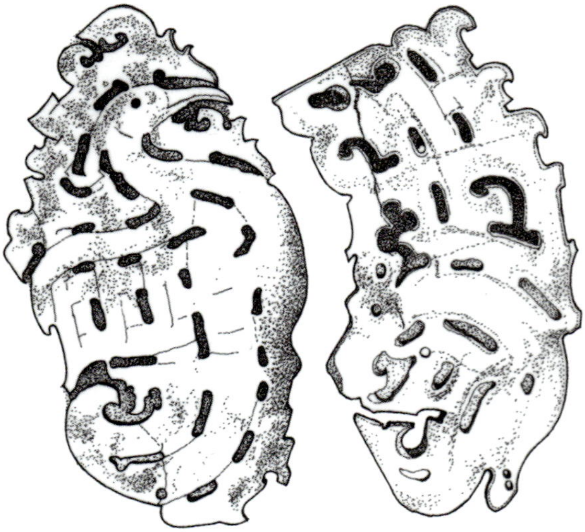

图 1-93. 透雕玉龙凤形佩。其中玉龙形佩长 9.1 厘米，宽 5.1 厘米。1991 年湖南澧县孙家岗 14 号墓出土。

第二章 古老神秘的夏代饰物

约在公元前两千年的时候，传说在中国北方有一个叫“夏”的王国存在。而最早关于它的记载出现在周朝初年的金文[1]中。“夏”留给我们的只有后人的传说，直至近几年，人们才确定了它的真实存在。“夏”可能是中国历史上的第一个王朝，也许是在当时较大的部落集团，并已经具备了高度的文明。在河南、陕西、山西等地发掘出很多夏王朝的重要遗址，说明这些地方是夏朝活动的主要区域。在山西襄汾发现的陶寺遗址是迄今为止唯一一处中原地区龙山文化时代的大型墓地。许多学者认为，那是夏代最初的城市或都城。在与之相距不远的河南洛阳偃师二里头遗址，则是夏王朝晚期的王都之一。那里曾汇聚了周边许多不同部族，是中国最早的大规模移民城市。人们说，二里头人来自四面八方，去往五湖四海。由于种种原因，夏朝经常迁都，但基本上是在以河南省偃师为中心的周围地区摆移。

1.

【1】金文是古代铜器上铸或刻的文字，通常专指殷周秦汉铜器上的文字，也叫钟鼎文。

2.

3.

图 2-1. 大型绿松石龙形饰。河南偃师二里头遗址出土。
1. 绿松石饰局部。
2. 绿松石龙形饰。上面还有一只铜铃。
3. 工作人员正在提取龙形饰。

夏代的服饰已有了尊卑贵贱之分。贵族的服饰非常华丽，贵族的首饰制作精美。那里的人们似乎特别喜爱用艳丽的绿松石作为装饰。绿松石的色彩蓝得像天，绿得像海，如同雨后的清新植物，象征着和平和生命。当时已经有了最早的青铜器和最早的绿松石器作坊，绿松石的加工已达到了相当高的程度。2002 年发现的二里头文化早期的一座贵族墓中，在墓主人的骨架上，由肩部至髋骨处斜放着一件大型的绿松石龙形饰，在龙尾的下方，还有一件绿松石条形饰。整条龙形饰总长 70.2 厘米，由两千余片各种形状的绿松石片组合而成，每片绿松石的大小只有 0.2 厘米—0.9 厘米，厚度仅 0.1 厘米左右。它制作之精，用量之大，令人惊叹。

图 2-2. 头饰或冠饰。这一组三件斗笠状的白陶器，顶部圆孔处各有一件穿孔的绿松石珠，估计原应有连缀二者之物。它们呈“品” 字形排列，应为头饰或冠饰的组件。河南偃师二里头遗址出土。

图 2-3. 骨笄。山西襄汾陶寺墓地出土。

图 2-4. 骨笄。长度约在 10 厘米左右。河南偃师二里头遗址出土。

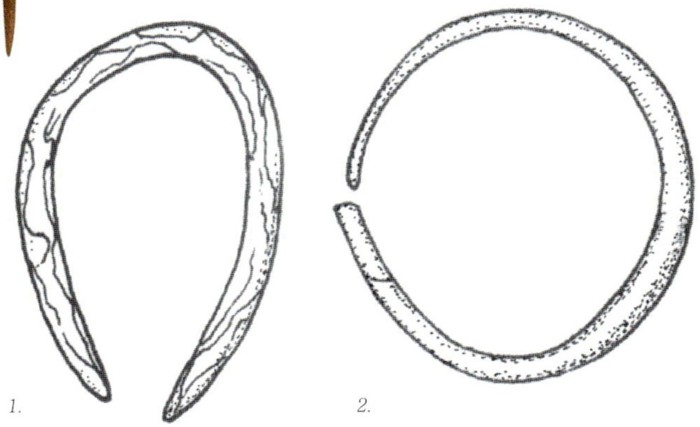

图 2-5. 用青铜丝制成的耳环。
1. 河北蔚县夏商文化遗址出土。
2. 北京延庆西拨子夏家店文化遗址出土。

这座墓葬是迄今已发现的二里头时代最高等级的贵族墓之一，墓主人是一名年龄三十多岁的成年男子。他的手边还有一件铜铃（图2-1）。

约在夏时期，周边西北地区的先民已懂得利用黄金和白银加工成纯粹的装饰品。在甘肃玉门火烧沟墓葬中出土的金、银鼻饰，是我国最早的人工黄金、白银饰品。

一、束发与插笄

夏代地处中原，人们喜欢将头发聚结于头顶或脑后，再用笄来插发固定。笄是束发的必需品。《盐铁论·散不足》中记载：头插骨笄、耳坠象牙耳饰的“骨笄象珥”是当时贵族头饰中的主要装饰。夏代的笄多用较好的骨料制成，式样虽然简单，但做得很工整，磨制精细的骨笄表面有着柔滑的光泽。笄首以圆顶居多，常见的还有锥形及个别的平顶和连珠形（图2-2）。山西陶寺发现的一支骨笄，是一位富贵女子的饰品。磨制精细的骨笄上镶着玉首并嵌有绿松石作为装饰，是陶寺出土的骨笄中最为精美的一件（图2-3、图2-4）。在一些大中型的贵族墓葬中，墓主的头上有的还插有玉笄或头戴玉梳与石梳。在河南偃师二里头文化遗址中，通

图 2-6. 绿松石串珠。河南偃师二里头遗址出土。

体磨光的圆柱体玉笄，出于墓主人的头盖骨上。在一些小贵族的墓葬中，墓主全身的装饰往往只有一支骨笄而已，但在出土中也有头上同时插有多枚发笄的现象。（参见第一章图 1-20）

二、金属耳饰

夏朝已经开始有了金属耳环。河北蔚县夏商文化遗址出土的一枚耳环是以青铜制成的，样式十分简单，仅用较粗的铜丝弯曲而成。铜丝的一端被锤打磨尖可穿过耳垂。这是迄今所见年代最早的耳环。该遗址的年代在公元前 2000 年左右，相当于夏朝。青铜制品的出现，使制作首饰的材料有了新的突破。特别是这种金属耳环，是以后各时期人们喜爱的一个种类（图 2-5）。

三、项链与胸前装饰

夏代的贵族十分注重前胸部位的装饰。他们常常这样打扮：

一种是戴着纯粹由绿松石串成的项链，这在大中型的贵族墓葬中十分常见。如 1980 年在河南偃师二里头遗址一处曾遭盗掘的墓葬中，仍发现有 200 余件绿松石管和绿松石片的小饰件。1981 年发现的一座贵族墓中，也出有一串由 87 颗绿松石组成的穿珠项链。1984 年的一座有随葬铜爵等物的墓内，绿松石串珠达 150 颗。这类绿松石串珠的组合排列很有规律，一般是将较大的珠饰放在胸前，两边逐渐由大及小排列有序（图2-6）。

另一种是佩戴绿松石与陶珠混穿的项链，或是纯粹由陶珠制成的项链，再就是贝壳串饰、骨珠或骨环制成的串饰。在山西襄汾县陶寺 202 号墓中，墓主的颈部就戴着数圈这类项链，共穿系了 1164 枚骨环。另外还有许多作为装饰的坠饰，这在二里头文化中较为常见（图 2-9、图 2-10）。

第三种很特别。在河南省偃师二里头遗址中，墓主的胸前多发现有用绿松石片镶嵌制作的兽面纹铜牌饰。在一座贵族墓中，墓主脖子上戴着两件精工磨制的绿松石管串饰，胸前有一件用 200 多块绿松石片镶嵌的兽面纹铜牌饰。图案的组合精巧，极富装饰效果。它的背面粘附着

1.

2.

3.

4.

图 2-7. 嵌绿松石兽面纹铜牌饰。
1. 河南偃师二里头遗址出土。
2. 河南偃师二里头遗址出土。
3. 美国哈佛大学温索浦藏兽面纹铜牌饰。
4. 赛克勒博物馆藏中国文物。

1.

2.

3.

4.

图 2-8.

1. 嵌绿松石兽面纹铜牌饰。二里头文化（公元前 1700—公元前 1500）。高 15 厘米，宽 8.5 厘米。现藏于日本 MIHO MUSEUM1345。

2. 高 15.7 厘米，宽 9.1 厘米。河南偃师二里头遗址出土。中国社会科学院考古研究所藏。

3. 嵌绿松石铜牌饰。1987 年四川广汉三星堆遗址真武仓包祭祀坑出土。三星堆遗址出土的一种长方形弧角镂空牌饰，同二里头文化中的绿松石为饰的铜牌很相似，源头当是夏文化，暗示出此时蜀人已形成并和夏文化发生过直接或间接关系。

4. 长方形弧角镂空牌饰。四川广汉三星堆遗址出土。

图 2-9. *绿松石串珠。河南偃师二里头遗址出土。*

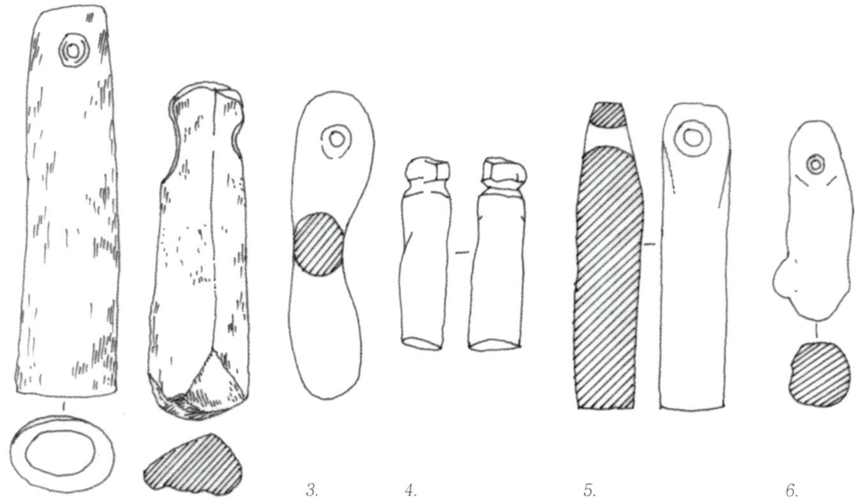

图 2-10. *作为装饰用的坠饰。*

1、2. 骨坠。

3、4. 玉坠。长度分别为长 7.4 厘米，直径 1.2 厘米—1.9 厘米；长 4.65 厘米，直径 1.4 厘米。

5. 石坠。

6. 灰陶坠。长 4.2 厘米，直径 1.3 厘米。河南偃师二里头遗址出土。

麻布纹，可能原先是衣服上的花饰，也可能是项链中的坠饰。这样的牌饰在同一地区陆续被发现，位置也多在墓主胸前，有的还与铜爵同墓出土，说明墓主显赫的身份。这种极富特色的饰物不仅显示了夏代中晚期的高度文明，对研究青铜镶嵌的起源和制作工艺也有特别重要的价值。有趣的是，四川广汉三星堆遗址出土的牌饰竟与这类铜牌饰有很多相似之处（图 2-7、图 2-8）。

四、手上饰品

夏代的贵族喜爱臂饰，有佩戴玉臂环或玉琮的现象，还有的臂戴精工镶嵌的绿松石片和蚌片等饰物。在内蒙古敖汉旗大甸子遗址发现的环

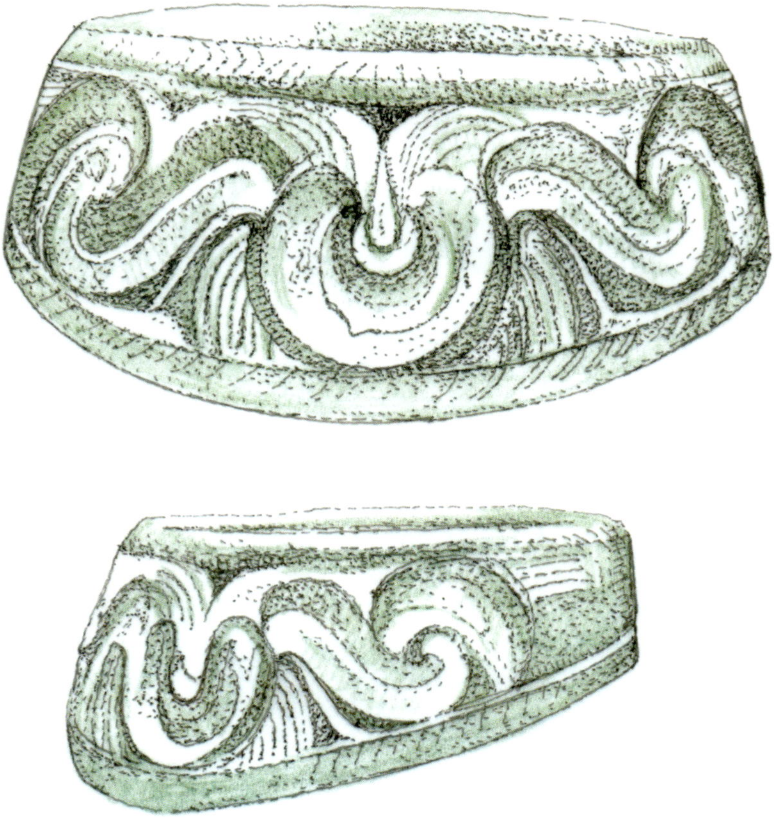

图 2-11. *雕花玉臂饰。内蒙古自治区教汉旗大甸子遗址出土。*

形雕花玉臂饰至今看来仍是极为别致的饰物（图2-11）。在河南偃师二里头遗址中还出有一种筒状的玉镯，应是臂筒（图2-12）。

五、腰饰

无论从出土物中发现还是从历史记载中，都可以看到中国自古以来有在身体上佩挂饰品的习惯。《山海经·海外西经》中说，夏后启“左手操翳，右手操环，佩玉璜”。在山西陶寺遗址的一些大中型墓葬中，一些墓主的腰腹部发现挂置着玉饰（图2-13）。

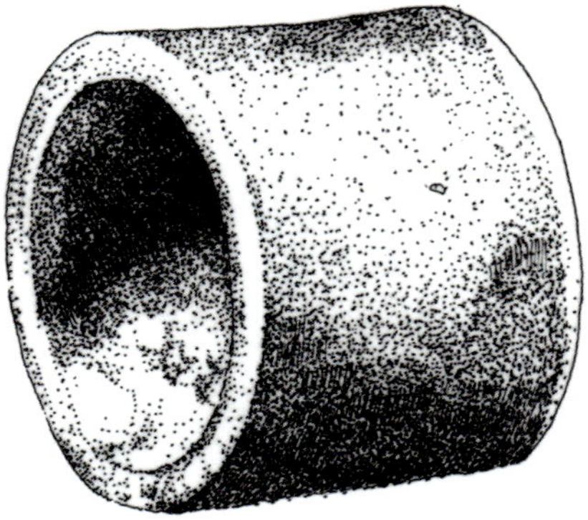

图 2-12. 玉镯。河南偃师二里头遗址出土。

图 2-13. 玉璧。山西襄汾陶寺遗址出土。

第三章

诡秘富丽的商代首饰

商代总是给我迷茫的感觉，就像去殷墟路上的大雾，例如殷墟妇好的墓地。这个在生前掌握重要权力的女人，一生拥有显赫的地位，商代的首饰很多都要从她说起。

公元前十六世纪，取代了夏朝的商，早期的都城为“亳”（音同“博”，今河南省商丘市），在那里历经五代十王。四次迁都后，最后定都在“殷”（今河南省安阳市）。在 1989 年江西新干大洋州商墓[1]发现以前，人们认为只有中原一带的商是一个较为发达的文明古国。现在看来，在久远的三千年以前，南方地区也已经有了高度发达的青铜文明。它与中原商王朝并存，并与殷人在青铜铸造方面一样有着十分高超的技术。工匠们创造了大量精美的物质财富。贵族男女都很注意修饰自己，在殷墟墓葬中除了发现大量的装饰品外，还有铜镜出土。当时身份和地位不同者，所享用服饰品类的质量与数量都有很大的差别。商代给人狞厉的感觉，总有一种被震慑，总是那样不随和，可那些充满趣味的饰物在威严震慑中似有一种窃喜的欢乐。

一、多变的冠饰

（一）发箍和冠饰：頍

商代人的发饰和冠饰有很多种，繁简不一。其中，古人那种用贝壳、玉、石或绳带、皮条等编在一起箍于发际，不使头发散乱的额带或发箍，到了商代逐渐被做成固定的式样套在头上，称为“頍”（音同“傀”）。頍受到人们的喜爱，不论贵族或是家奴贱民。

在平民中，頍的式样简单却也不乏一些有趣的装饰。在一圈固定的织物上可以缝制一些成组成对的蚌饰或铜铃；也有在前额的正中缀上一朵蚌花，左右两鬓再对应装饰些蚌泡；还有的是在髻上插笄，额头上的頍面上缀以骨片或绿松石类饰物作为装饰。其实就是漂亮的发箍罢了。这种装饰也见于平民墓（图 3-1）。

【1】 江西新干大洋洲商墓出自《文物》1991 年第 10 期《江西新干县大洋洲商墓发掘简报》，其墓葬规模与数量和中原殷商王陵相当，它的时代应为商代后期早段，大体相当于殷墟早、中期。

在贵族中，頍多用来固定冠饰。古人戴冠，冠在头上很容易歪斜或掉下来，特别是那些高耸或有许多装饰物的冠更是如此。于是就用一种阔带（頍），先绕于额上，在脖子后面系好，再在阔带的四角用绳来固定冠饰使之安稳，所以也叫作“頍项”。贵族们的頍花样繁多，在山西桃花庄的一座墓葬中，墓主头部就发现了一条带状金饰片，而在可能是古蜀国都邑的金沙遗址中，类似的金饰带上还印刻有一些奇异的纹饰，这些都是高贵的頍式金冠圈（图3-2）。四川成都金沙遗址中的一件青铜立人像，则头戴一顶十分奇特的环形帽圈，上有13道弧形齿状饰沿其周围边缘插戴，呈逆时针旋转，犹如太阳的光芒。这一环形饰也属于頍（图3-3）。

另一种頍，上面做了一个简单的帽顶，就成为一种扁平的冠。在安徽含山凌家滩出土的玉人像头部、安阳四盘磨村出土的贵族石雕像，以及在四川成都苏坡乡金沙遗址发现的一件青铜人头像上，都戴着一顶相似的頍式扁平冠。可以看到他们头上的頍冠周边，都有着不同的装饰。看来商代的頍冠曾经风靡了中国的大江南北（图3-4）。

戴頍冠的女子形象也有发现。在殷墟妇好墓中的一件贵妇形象的圆雕玉人，她头戴一圆箍形冠，冠的前端横饰一个卷筒形饰物，古代的文献中称之为“武”。“居冠属武”，它的意思是在冠前加一卷状饰物，应该是一种别样的頍冠（图3-5）。北京故宫博物院收藏的青玉贵族女子玉雕，她的頍冠顶上还有相对双立的鸟形发笄，是戴頍式冠又插发笄的一种头饰（图3-6）。

华丽的頍还带有漂亮的下垂装饰物。考古学者在河南安阳小屯的商墓中发现了两种这样的冠。一种是把帽圈用绿松石点缀装饰之后，下垂一周用玉做成的小鱼形坠饰17条，长鱼在左侧，渐内渐短，居中一条上刻“大示害”三字，冠上又有绿松石穿珠181粒，冠后还插一雕鹰玉笄。另一种则是在冠身周围缝缀贝饰百余枚，又系玉鱼11条，冠顶倒置一玉鱼尾形饰。

（二）高耸的冠和像孔雀开屏一样的冠

商朝有许多头戴奇异高冠的人物形象。在河南安阳小屯发现了一件残断的玉笄，笄首的装饰是一个戴冠的侧身人头像，冠的顶部装

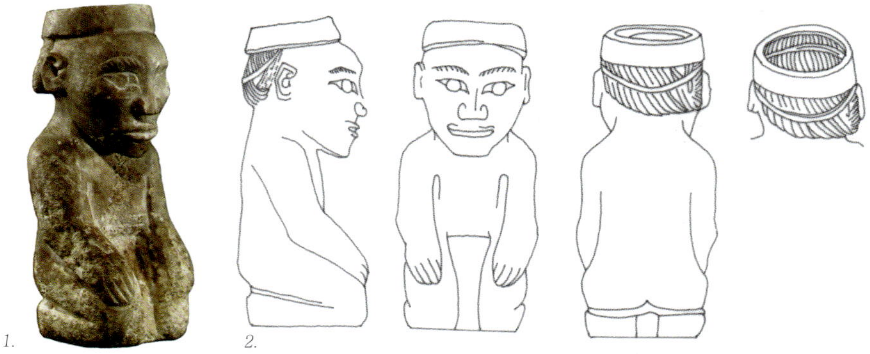

图 3-1.
1. 头上戴頍的人像。
2. 不同的视角图。河南安阳殷墟五号墓出土。

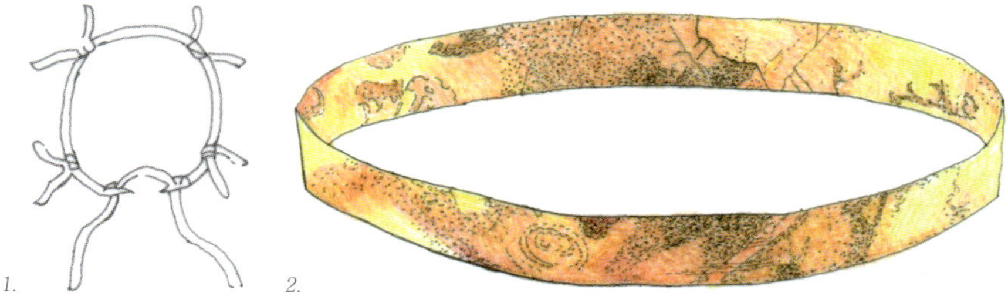

图 3-2.
1. 頍项。《新定三礼图》宋、聂崇义纂辑。
2. 金冠圈。四川成都金沙遗址出土。

图 3-3. 青铜立人像。四川成都金沙遗址出土。

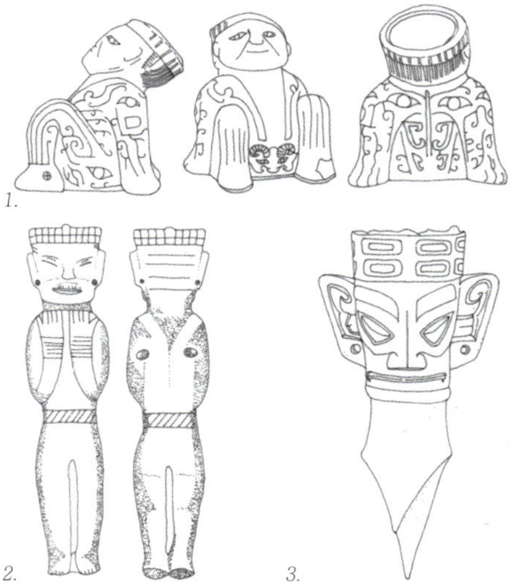

图 3-4.
1. 头戴扁平頍冠的贵族石雕像。河南安阳四盘磨村出土。
2. 头戴扁平頍冠的玉雕男立像。安徽含山凌家滩出土。
3. 青铜人物头像。四川成都金沙遗址出土。

1.

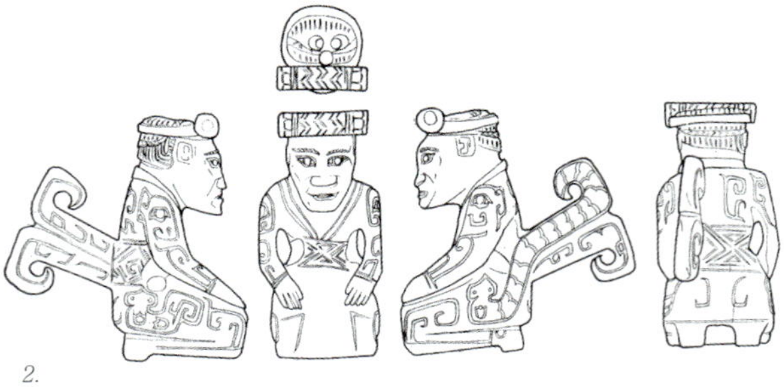

2.

图 3-5.
1. 头戴卷状冠饰的圆雕玉人。
2. 不同的视角图。河南安阳殷墟妇好墓出土。

图 3-6. 青玉贵族女子像。
现藏北京故宫博物院。

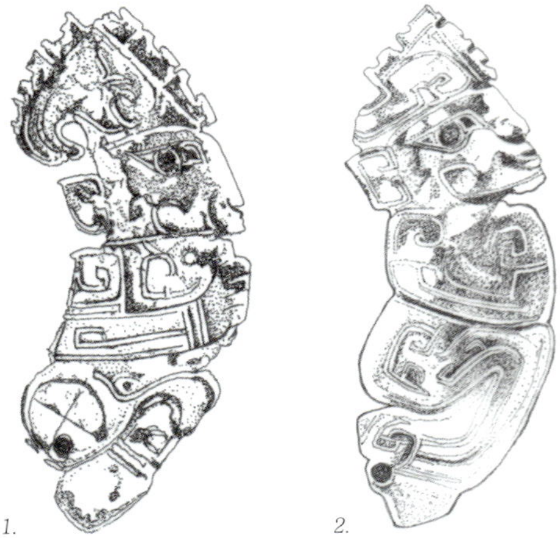

1. 2.

3.

图 3-7. 头戴高冠的商代玉人。
1、2. 玉人的冠已残断。河南安阳殷墟妇好墓出土。
3. 戴鱼尾冠饰的玉人头像。河南安阳小屯东北地出土。

饰着一个倒立的鱼尾形饰物，高高耸起，颇为壮观。在殷墟大墓中也发现了一些这类浮雕人形玉饰，他们头戴一种前高后低，顶为斜面的高冠，冠上透空，周边饰有扉棱。这样的冠很不寻常，也许是为祭祀所戴。“国之大事在祀与戎”，祭祀在夏、商、周代都是相当重要的事情。所戴的高冠都有不同的名称。《仪礼·士冠礼》中说，这类冠饰在夏朝时称为“毋追”，殷商时叫“章甫”，周朝时又叫作“委貌”，三代异名。冠上都有华丽的装饰，如缀满绿松石片、石管或玉等各类美丽饰品（图3-7）。

冠上插有成组的发笄或羽毛，如同孔雀开屏一样的冠华美至极。在河南安阳小屯18号墓出土的一顶冠，高约26厘米，上部张开宽将近半米，结构复杂，以一组发笄和众多的玉饰品相组合而成。戴这种冠饰的人可能也是与“神”有关的人物。就像商代那些十分凶怪的玉人面，口中有獠牙，双耳佩环，头上戴着筒形高冠，冠顶像扇子一样张开，上面的一组平行的直线纹也许是一组发笄？头发？亦可能为一组羽毛饰。在江西新干大洋洲晚商大墓中，也有类似的形象，高筒形冠上竖刻阳线11组的“神人面”，应是古代祭祀者戴面具的形象（图3-8）。

二、头发上的装饰

（一）种类丰富的发笄

商代的发笄除了以前的竹、石、骨、玉外，还出现了铜质和金质的发笄。

金是五金之首，熔化成形之后，永远不会发生变化，这是因为金的化学性质比较稳定，不容易氧化，在自然界中以游离状态存在。同时它的色泽光艳美丽，又比较容易加工，所以很早就被人们利用。人们最初的采集是从沙粒中拣淘出来，由于金比较软，许多的砂金和金块被合在一起锤铸成一些金器。约在夏朝时，周边西北地区的先民已经懂得利用黄金和白银加工成纯粹的装饰品。考古学者在河南郑州二里岗、安阳殷墟、辉县琉璃阁和山东的一些商墓之中发现了一些商代的金箔，有的金箔上还刻有夔龙纹饰。最薄的仅有0.01

毫米。金质的发笄被发现于北京平谷刘家河商代中期墓葬，在这座商墓中发现的一支金笄、一只金耳饰和一对金臂环，是中国最早的一组自成体系的黄金首饰（图3-9）。

玉笄仍旧是贵族的饰物。说起发笄，就要提到殷墟墓葬的主人一个叫“妇好”的女子。她是商代开国以来第23位国王“武丁”众多妻妾中的一位，王妃一级的人物。在殷墟卜辞中关于妇好（妣辛）的记载就有百余条，她在当时能够参与国家大事、从事征战，地位十分显赫。她先于武丁辞世，国王以隆重的葬礼厚葬了她，如今位于安阳小屯的妇好墓，是迄今发现的保存最为完整的商代墓葬。与她随葬在一起的各种发笄有好几百支。其中三种形式的玉笄28件，雕花骨笄490多件，对于这位身份高贵的女人来说，一人拥有几十件玉笄是不足为奇的。一些玉笄与一件珩形的玉饰组成了一套很别致的头饰。这种一次插戴众多发笄的习俗，在中原地区的商代墓葬中时常可以看到。在1977年小屯发掘的一商代贵族墓中，墓主头上方有骨笄25枚，玉笄2枚，呈扇形排列叠压，其中玉笄一枚居中，一枚置于偏右侧，笄丛尖头均朝向人头，夔龙形笄首整齐顺放，墓主头部还布满极小的绿松石片，应是冠帽上的装饰（图3-10）。而头插双笄应是当时贵族中较为普通的式样（图3-11）。精美的玉笄在其他地区也有发现，它们有的中间有孔，应为固定发髻之用（图3-12）。

青铜器的广泛应用，使铜质发笄的出现有相当多的理由。《中华古今注》与《格致镜原》中记载：铜笄的使用相当久远，或在尧舜时期，或在夏代就已经有了，有的在两旁约发，有的横插在发髻当中。在考古中也发现了不少铜笄的实物，如山西忻县连寺沟商墓出土的一件扁平型铜笄，笄首装饰着人或蛙形纹（图3-13）。

骨笄在商代骨制品中分外抢眼，也是发现数量最多的，约有两千多件。骨质的发笄轻巧又美观，是当时人们最喜爱的发饰。在妇好墓中，出土了499支数量可观的骨笄，造型也繁简不一。制作简单的只在一端刻上几道凸起的线箍，制作精美的则更加注重笄首的装饰，式样有凤头、鸟形、鸡形，还有夔形、羊形、圆盖形、方牌形及种类繁多的几何纹样。它们中的不少放在一个专门的木匣子里。其中

图 3-9. 这件纯金的发笄。一面平滑，一面有脊，断截面为三角形。在它的尖端，另有一个长约 0.4 厘米的榫状结构，可能当时曾镶嵌着某种装饰品。1988 年北京平谷刘家河商代中期墓葬出土。

图 3-8. 高耸的冠饰与发笄。
1. 商代人面形玉饰。江西新干大洋洲商晚期墓出土。
2. 商代人面形玉饰。

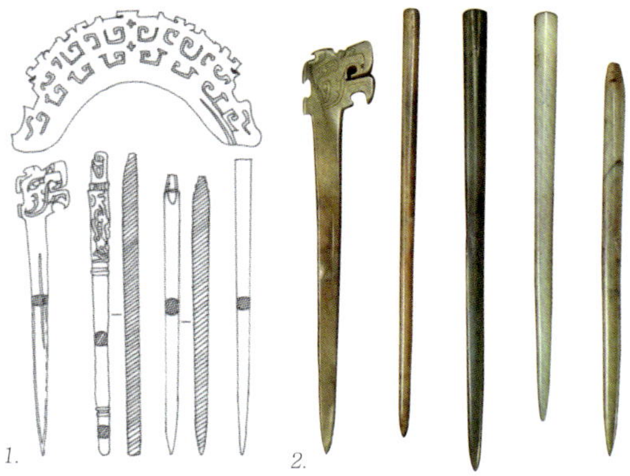

图 3-10.
1. 玉笄与玉冠饰。
2. 玉笄。中间一枝长度为 17.8 厘米。河南安阳殷墟妇好墓出土。

图 3-11. 头插双笄的玉雕男女。河南安阳殷墟妇好墓出土。

图 3-12. 玉笄。湖北黄陂李家嘴商墓出土。

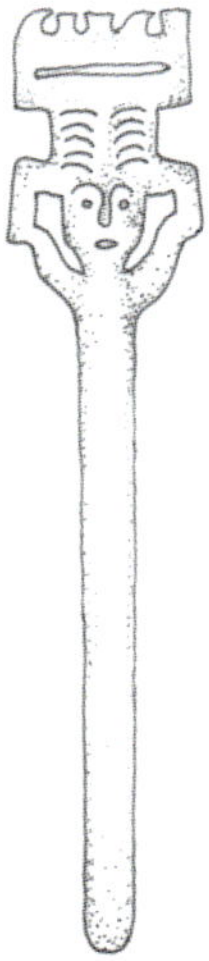

图 3-13. 铜笄。长 16.7 厘米。山西忻县连寺沟商墓出土。

笄首装饰着夔龙形的发笄，是商代后期一种非常华丽的样式。它们以动物整块肢骨磨成，笄首的装饰占了整支骨笄长度的三分之一，长度一般在20厘米左右（图3-14）。

那时的人们还特别喜欢戴鸟形发笄，多是在笄首雕刻成鸡雏或凤鸟的形状。这种用鸟作为头饰的风俗源于古人对鸟与太阳的崇拜。古人认为神奇的鸟儿在天上飞，春来秋往，自由自在，这对于当时交通不便的人们来说是非常神秘莫测和令人羡慕的。到了后来，鸟被人神话，甚至连商朝的建立也被传说成是鸟的功劳。《诗经·商颂·玄鸟》："天命玄鸟，降而生商，殷土两茫茫。"这里的玄鸟是指一种黑色的燕子。传说中，仲春之时，有娀氏族的女儿简狄和她的丈夫高辛氏到郊外向高禖[1]求子。这时上天命令玄鸟降下一只鸟蛋，简狄吞食之后不久就生下了商朝的始祖"契"。所以在商朝似乎有以玄鸟为生育之神的信仰。以后春日玄鸟至而"会男女"的风俗一直流传了很久。到了周代，鸟形发笄更加受人喜爱，成为必不可少的发笄式样。这样的发笄在妇好墓中发现了三十多件，式样大致相同。与鸟形发笄相似的还有鸡形，"笄端刻鸡形"说的就是此种，与周代的鸡形发笄相比，商代的较为简单，这两种发笄是商周时期最为典型的发饰（图3-15）。

在商周交替时，还见有一种精巧的伞形骨笄，这是当时男子戴冠时的冠笄。在一支圆柱体的骨笄上端，套一个像小伞一样的"帽子"，骨笄与小伞帽可以分开，伞帽的底部有一个槽，正好可以插入笄身，就像人戴草帽一样。一些伞形骨笄还在伞帽下部增加一块圆形的骨片，它可以充当"挡板"的作用，这样骨笄在穿过冠孔时就不会滑动，多出在外的一段笄首，还可以用来系缚冠缨。这类骨笄一般都很细长，有的长度竟达37厘米。此外，笄首呈几何形和在笄首镶嵌玉片的发笄也多见于殷墟（图3-16）。

（二）偶尔一见的发钗

发钗的出现晚于发笄，也是用于插发的饰物。但发笄用于插发的一端只有一股，发钗则分叉成为两股。能够见到较早的发钗出

【1】高禖是古代帝王为求子所祭祀的媒神。

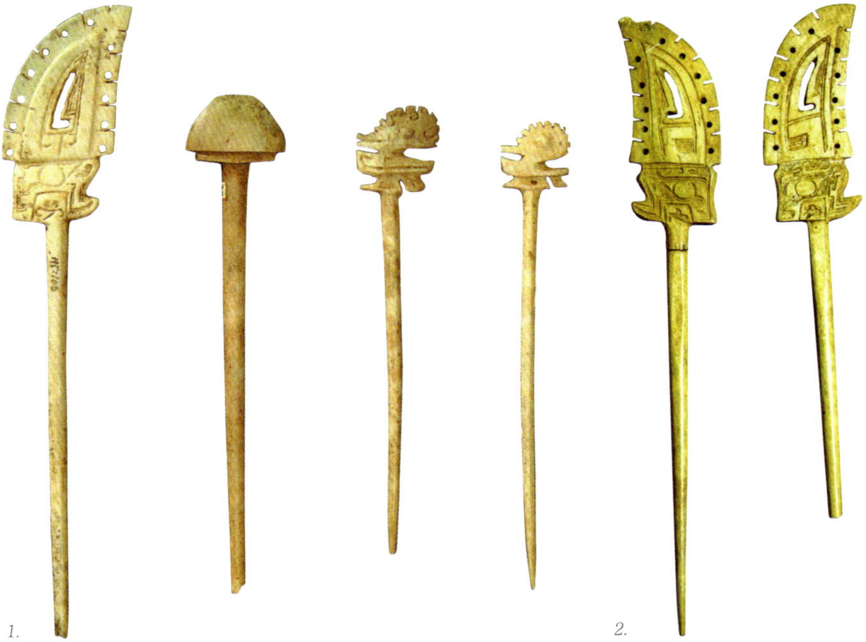

1. 2.

图 3-14.
1. 形状各异的骨笄。
2. 夔龙形骨笄。河南安阳殷墟妇好墓出土。

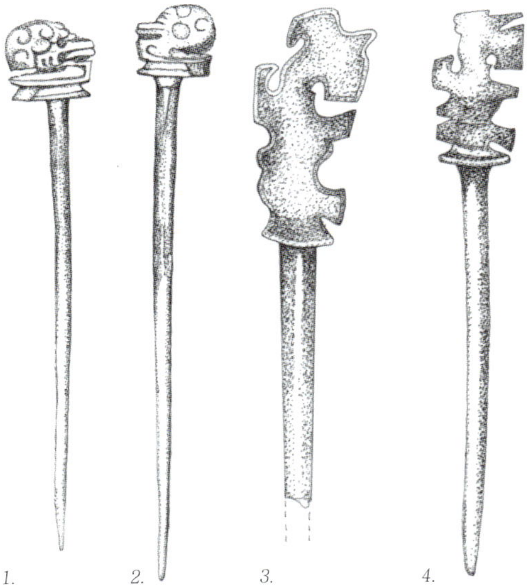

1. 2. 3. 4.

图 3-15.
1、2. 鸟形笄。河南安阳殷墟妇好墓出土。
3. 鸡形笄。河南郑州市北郊商代遗址出土。
4. 河北邢台曹庄商周遗址出土。

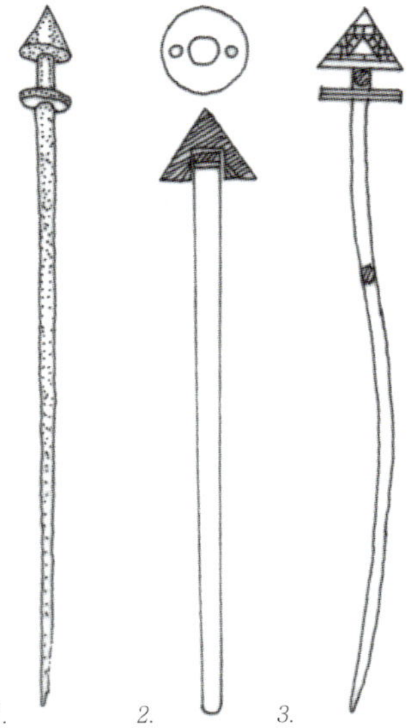

1. 2. 3.

图 3-16. 伞形骨笄。
1. 河南安阳小屯殷墟出土。
2. 伞形骨笄结构示意图，根据陕西长安沣西出土实物绘制。
3. 男子系冠用的伞形骨笄。河南安阳小屯殷墟遗址出土。

于河南郑州商代遗址，那是一枚用动物肢骨做成的骨钗，钗首为长方形，上面还刻有网纹状的装饰，插发的一端磨得很尖，便于使用（图3-17）。

（三）美丽的梳子

新石器时代，大汶口与良渚文化中高贵的梳子令人难忘。同时，在中国的一些地区还有头戴梳子的现象。山西襄汾陶寺遗址的墓葬中出土了数件石梳与玉梳，有两件梳子出土的位置，都在人骨头部，有的还紧紧贴着头顶。在甘肃永昌新石器时代遗址中也有类似的状况（图3-18）。商代梳子的外形基本上是竖直形，梳把较高而窄。梳子的材料有骨、玉、象牙和铜。在殷墟发现了两件美丽的玉梳：一件梳把形似两只相对的鸳鸯，另一件则在梳把的两面雕着兽面纹。而精心雕琢的骨梳其精美程度并不亚于玉梳。山西石楼义牒商代遗址出土的一件铜梳，高高的梳把略有收腰，上面装饰着云雷纹（图3-19）。

三、更加丰富的商代耳饰

（一）龙纹玉玦

早在原始社会，玦就已经流行于中国的南北各地。以前的玉玦素面无纹者居多，到了商代，人们开始在玉玦上雕有纹饰。在殷墟出土了一些卷龙形玦，它辟邪和通灵的使用观念、外形的样式等都与新石器时代的红山文化一脉相承。红山文化的龙形玦多为圆雕，有的缺口并未完全打开，环形的背上多有小孔，可以随身佩戴。到了商代，殷人把古人立体的龙形玦做成平板的样式，并用独特的双钩玉刻技法勾画出纹饰，作为耳饰或配饰来戴，成为商周时期极富特色的饰物之一。殷墟妇好墓就出有精美的龙纹玉玦。在一些墓葬中，作为耳饰的龙形玦从墓主头部到脚呈一线展开，颇为壮观。在长江中下游江西新干大洋州发现的一座大型商墓中，出土的玦也是大小有序地排列于腿部两侧，很可能是作为身体佩饰之用（图3-20）。

（二）耳环

同样古老的耳环在殷人玉雕人物中经常见到。其实金属耳环早在新

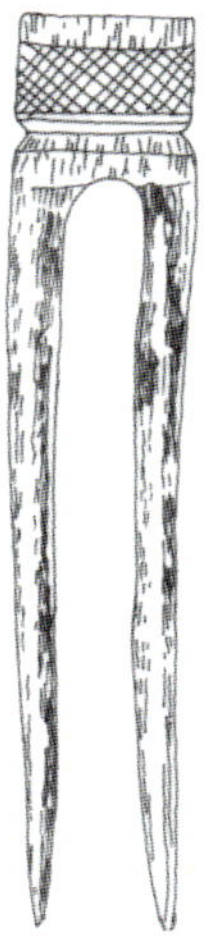

图 3-17. 骨钗。河南郑州商代遗址出土。

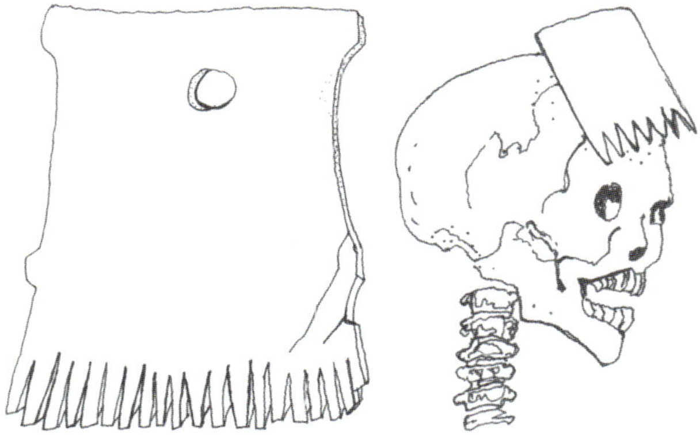

1.　　2.

图 3-18.

1. 石梳。山西襄汾陶寺遗址出土。
2. 石梳出土位置。山西襄汾陶寺遗址。发掘现场实例。

1.　　2.　　3.　　4.

图 3-19.

1. 玉梳。高 10.4 厘米，宽 5.1 厘米，厚 0.3 厘米。河南安阳殷墟妇好墓出土。
2. 玉梳。高 7.1 厘米，宽 4.4 厘米—4.9 厘米，厚 0.4 厘米。河南安阳殷墟妇好墓出土。
3. 骨梳。残高 5.5 厘米，宽 4.1 厘米，厚 0.3 厘米。河南安阳殷墟妇好墓出土。
4. 铜梳。山西石楼义牒商代遗址出土。

图 3-20. 商代龙纹玉玦。

石器时代就有发现。在1981年发现于内蒙古敖汉旗的周家地墓葬中，一位13岁的男子墓主，他的两耳都戴着金属耳环，左耳环下又用皮条系挂着一只铜耳环。在商周时期的墓葬中，金属耳环多见于辽宁、河北两省，应属于北方草原民族的饰物。这些地方发现的金质耳环看起来也像是玦，它们大小不一，大的直径可以达到12厘米，也许可以作为手镯或项圈使用，直径在4厘米—5厘米之间的小金环就是耳环了（图3-21）。

另外，还有一种很特别的喇叭状耳饰。在北京平谷刘家河商代中期墓葬中与金笄等一起出土过一只这样的金耳饰。北京房山琉璃河遗址、天津蓟县围坊遗址和辽宁阜新平顶山石城遗址也有与此相似的铜耳饰。它们的典型特征是将耳环的一端压扁成喇叭口，另一端尖锐便于穿戴，长度约八厘米左右。这类耳饰在中国北方比较流行（图3-22）。

商代晚期，中国西北地区的贵族中还流行一种以两片很薄的金片打制的纯金耳饰。一端是卷曲的螺旋状，另一端收窄成金丝可以穿入耳孔，有的上面还穿一颗绿松石，漂亮极了。它们一般都发现于头骨两侧，常以偶数出现。如陕西清涧沟寺墕一墓就出土了六件，与之隔黄河相望的山西永和下辛角墓、山西石楼县、洪洞县上村等商代墓中都曾发现过这种金耳饰。陕西淳化黑豆嘴商墓出土的一对，金丝弯钩被拉直，绿松石也已脱落（图3-23）。

而在南方地区，人们也喜好穿耳孔戴耳饰，贵贱无别。一般双耳垂下各穿一孔，有的甚至在耳廓至耳垂上各穿三个耳孔。四川成都金沙遗址出土的一件青铜人像就是这样。现今看到女孩在耳朵上打三个小洞戴耳钉，都觉得是种狂热的行为，原来古已有之（图3-24）。

四、小饰件丰富的项链

商代的贵族和平民百姓，都很偏重上体的装饰。佩戴项饰的人很多，式样也极丰富。各种材料的珠、管项链十分常见（图3-25）。

从出土的大量实物来看，作为项饰中穿插的造型丰富的动物形玉饰件，是商代项饰的一个特点。它的种类极多，仅殷墟妇好墓出土的就有：龙、虎、熊、象、马、牛、羊、犬、猴、兔、凤、鹤、鹰、鸮

1.

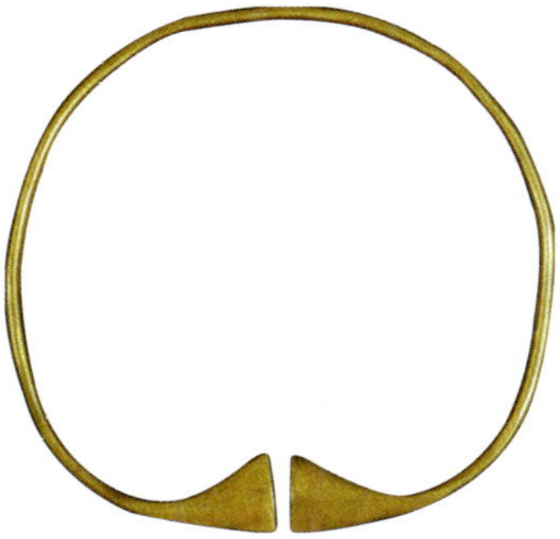

3.

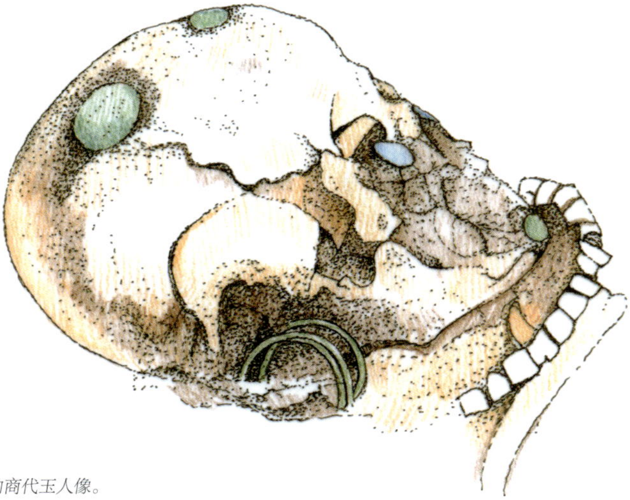

2.

图 3-21.

1. 戴圆形耳环的商代玉人像。
2. 戴金属耳环的人物。 内蒙古敖汉旗的周家地墓葬。
3. 金耳环。直径 5.5 厘米。

1.

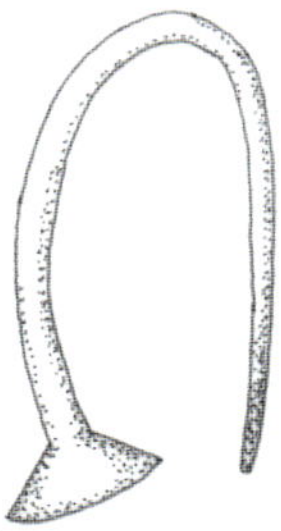

2.

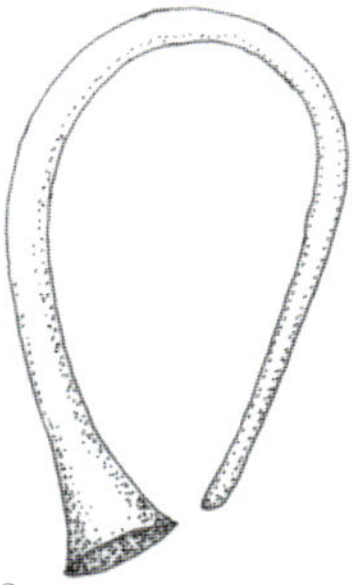

3.

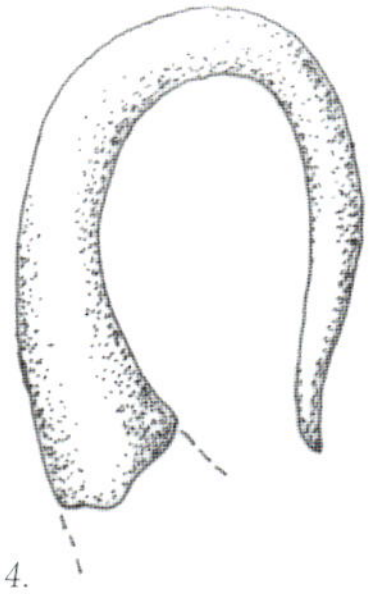

4.

图 3-22. 金耳环。

1. 北京平谷刘家河商墓出土。
2. 铜耳饰。天津蓟县围坊遗址出土。
3. 辽宁阜新平顶山石城遗址出土。
4. 北京房山琉璃河遗址出土。

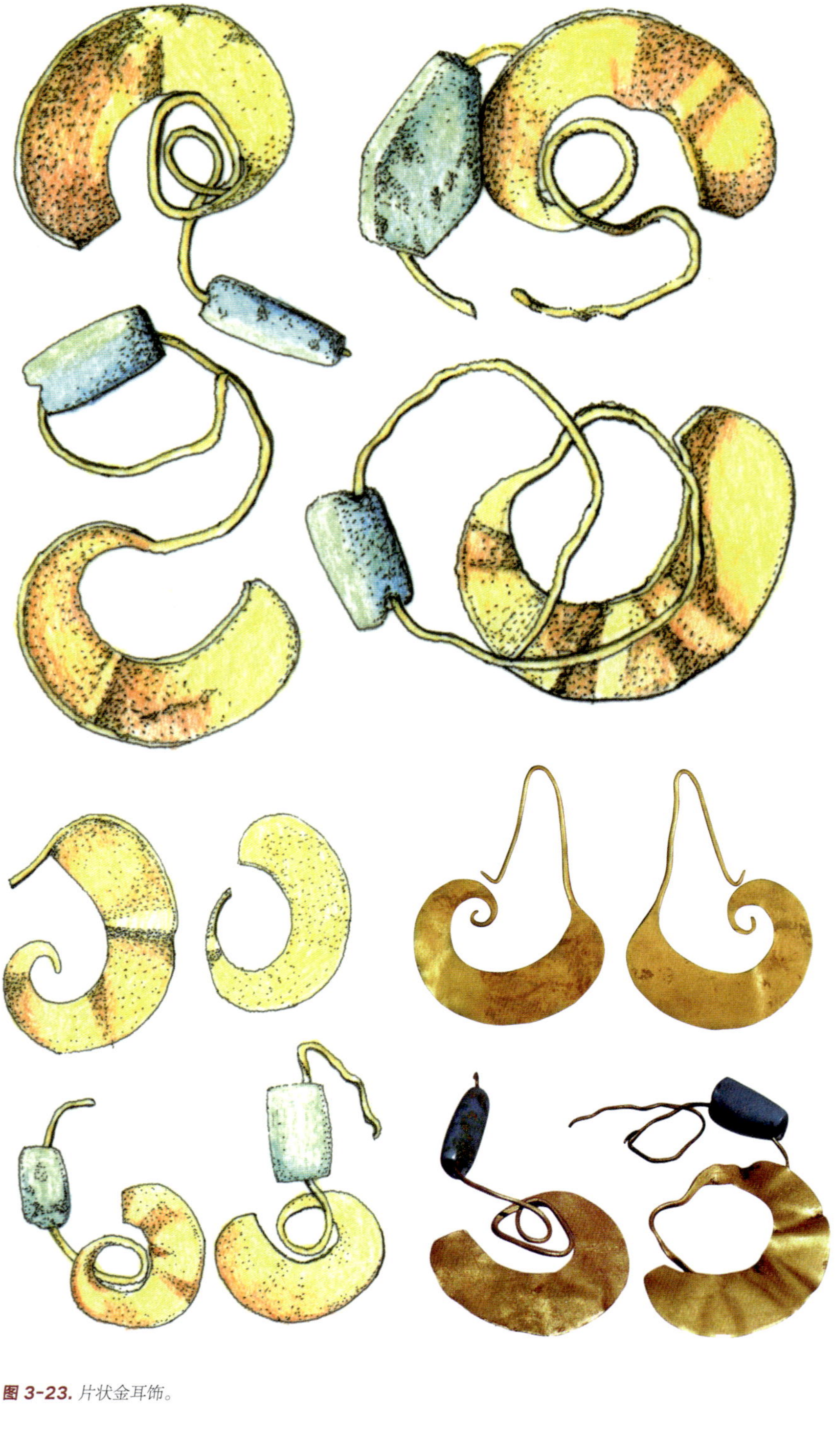

图 3-23. 片状金耳饰。

2.

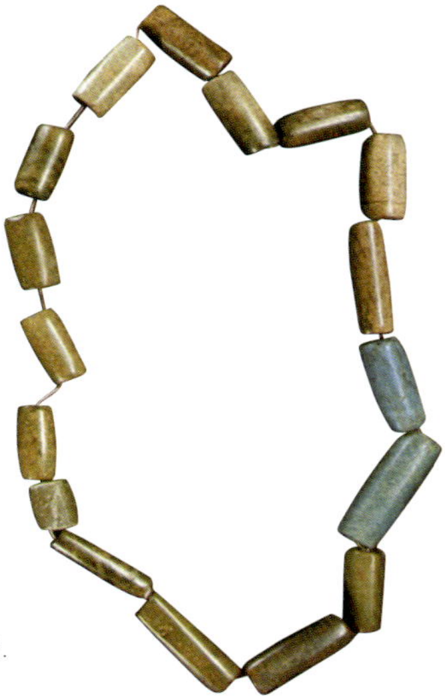

1.

3.

图 3-25.
1. 用玉石管组成的串饰。河南安阳殷墟妇好墓出土。
2. 绿松石项链。北京平谷刘家河商墓出土。
3. 用玛瑙珠组成的串饰。河南安阳殷墟妇好墓出土。

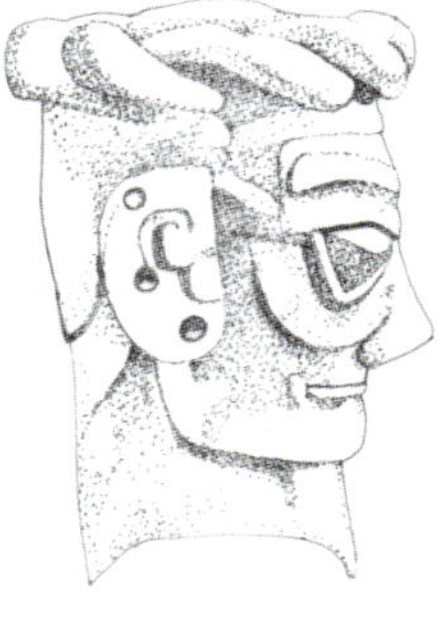

图 3-24. 有三个耳孔的青铜人像。四川成都金沙遗址出土。

鸮（猫头鹰一类的鸟）、鹦鹉、鸟、鸽、鸬鹚（一种俗称“鱼鹰”的水鸟）、燕、鹅、鱼、龟、蛙、蝉、螳螂和一些不知名的怪禽。真是天上地下无所不有，精美备至，多数钻有小孔用于佩戴（图 3-26）。其中各种各样的鱼形饰是商代玉饰品中发现较早的动物形象，仅用阴线刻出鱼的主要部位，鱼身无鳞纹，上有穿孔可以穿系佩戴（图 3-27）。另有龙形饰和各种小玉人饰也很有趣，特别是那些小玉人，它们造型各异，有的形象朴实，有的怪诞，有些有小孔可以随身佩戴。而中等贵族虽然没有上面那样丰富的小配件，但与此相似的较简单的装饰物也足够精彩。1984 年发现的殷墟戚家庄一座墓中，墓主的胸前有骨管、玉虎、玉璜、玉螳螂和柄形饰等。商代的平民墓中，有的成年男子佩戴一串由玉珠、玛瑙珠和蚌片串成的项链，足端还有穿孔花骨饰物；有的青年男子佩有每串 10 枚的两串贝饰；一些儿童，颈部戴有玉珠、玉鱼等饰件。从这里，我们也能看到商代明显的等级差别（图 3-28）。

商朝人除了使用磨制漂亮的小玉件随意串联的项饰外，还喜欢制作看起来对称的项饰，颈链虽仍显得古朴，但坠子却更加精美。1989 年江西新干大洋州发掘的一座大型商墓中，出土了一串由 16 件大小不一的独山玉穿成的项链，在墓主的颈胸部位排列成桃形。项链本身十分普通，可在其顶端发现了一件浮雕玉羽人饰件，他侧身蹲坐，戴高冠。头顶后部镂空琢出三个相套的连环。观察它出土的位置和头后的链环，应是一件佩饰，很可能就是这串项链的坠子（图 3-29）。同地的一座大型墓葬中，墓主胸部的一件人面形玉饰，与两件玉玦等饰品组成了一组“佩饰”，这是现今发现最早的组佩。到了西周时期，这种佩饰十分流行，这使过去所知“组佩”始于西周的认识提早到了商代（图 3-30）。

商周时期的人们特别喜爱佩戴项饰，所能见到的出土实物也遍布全国各地。就连古代文献极少记载的香港等地区，也有令人惊喜的发现。如在香港南丫岛大湾遗址就出土了一件造型古朴的石项饰，并且发现，那里的人们还用石英、水晶等原料制成各种形状的环和玉玦，佩戴在身上作为装饰，说明古代的香港地区与大陆有着极其密切的

图 3-26. *各种玉佩件。河南安阳殷墟妇好墓出土。*

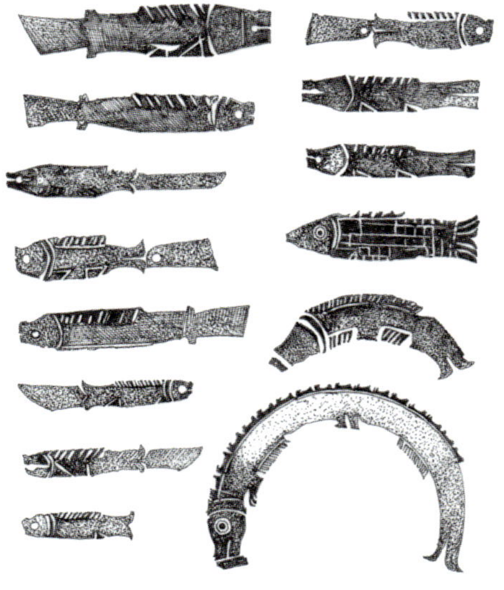

图 3-27. *商代鱼形饰。饰件极小，在殷墟博物馆看到实物实在令人赞叹。*

图 3-28. *玉人形饰。*

1. 梳短辫玉人。高 8.5 厘米。河南安阳殷墟妇好墓出土。

2. 箕踞圆雕石人。高 14.5 厘米。河南安阳四盘磨村出土。

3. 小型商墓出土的玉人饰。

联系（图 3-31）。

当时制作项饰的材料仍以玉为主，玉料有来自新疆的和田玉、陕西蓝田的洛翡玉、辽宁的岫玉、浙江的青田玉、河南的密玉及南阳的独山玉等，另外还有松石、玛瑙、水晶、孔雀石等。北方及西北方的贵族还流行在胸前佩戴黄金饰品。在晋北保德林遮峪发现的一座商代墓中，墓主胸前有两个金弓形饰，还佩戴了一种由六根金丝扭成的波形饰物。金质的项圈也是北方民族最喜爱的饰物之一（图 3-32）。

五、腰饰与腰带

商朝人喜欢在腰间挂佩饰物。一些动物形、人形及璧、瑗、环、璜等饰件都被用来作为装饰。其中，环多为妇女的佩饰，一般佩在腰的一侧。而内孔较大的环常用作手镯。商代较早的玉环是发现于河南省郑州市人民公园附近商墓中的遗物。一些由蚌贝、骨珠等穿成的串饰和从小到大的成串玉玦也常被佩挂在腰间。当时还发现了腰带，有些腰带上缀着华丽的装饰。在河北藁城台西商代遗址的 112 号贵族墓中，墓主身侧及腰间饰物有铜泡 12 枚，玉璇玑和玉佩各一件。

六、手上饰物不可少

（一）镯与钏

扁形、圆形的玉镯是殷人最喜爱的样式。在殷墟妇好墓中出土的扁形玉环就有可能是作为手镯用的。在殷墟还见有一件玉质异形镯，制作得相当精美，是一件很特别的手镯。四川成都金沙遗址出土的玉器制作得十分精妙，玉镯相当规整，说明了商代西南的蜀人亦有佩戴手镯的习俗。手镯的佩戴无贵贱之别，有的左右手腕各戴三镯，有的腕上各戴两镯。同时他们还流行戴脚镯。

作为手上饰品中的玉琮、臂筒也有佩戴。还有臂戴精工镶嵌绿松石和蚌片的饰物。如在一个平民阶层的青年墓葬中，他的手饰十分有趣，其左臂佩一玉璜，右腕有一玉鱼。在北京平谷刘家河商墓中

图 3-29. 商代人形项坠。枣红色的青田玉制成，两面对称。通高 11.5 厘米，身高 8.7 厘米。江西新干大洋洲商墓出土。

图 3-30. 商代人形项坠。高 16.2 厘米，中间最宽 6 厘米，厚 0.4 厘米。江西新干大洋洲商墓出土。

图 3-31. 石串饰。香港南丫岛大湾遗址出土。

图 3-32. 金项圈。

还出有金臂环一对。河北卢县东闬各庄一座商晚期墓葬中也有直径稍小的一对金臂环出土（图3-33）。

（二）古朴的韘（扳指）

商代的晚期出现了清朝称之为扳指的饰物，称为韘（音同“射”）。韘在当时是射手弯弓射箭时套在大拇指或食指上作钩弦之用的。这种以实用为主的韘，造型十分古朴。

殷墟妇好墓中出土了一件玉韘，形状像一只短管，中空，可套入成年人的拇指。整只韘上面雕有纹饰。外侧正面用阴刻法雕饰着一个兽面，在兽面两眼的下面，各有一个小孔，可以穿着细绳缚于手腕，很显然是贵族的饰物（图3-34）。

七、脚镯

在中原与西南地区的商人还喜欢在脚腕处戴饰品，且贵贱无别，是新石器时代的遗风。如在一成年平民男子墓中，墓主的脚腕就有穿孔花骨饰物一件，还在两小腿上各戴一方格形脚镯。

知识链接　首饰的材料与工艺——神玉天上来

在古代，人们把许多种类不同的美丽石头都视为玉。到了商代，人们已经开始在精神上崇尚玉石，它的坚硬耐磨、质地细腻、色泽滋润、美丽多彩被人们认为是上天恩赐之石。人们是那么地喜爱它，把它用在社会生活中的各个方面，并用语言和自身的行为来表现对玉的独爱与崇拜。随着人们需求的不断加强，对玉的采集也越发广泛。《山海经》中就记载着许多地方的山中“多玉”。《山海经·西次山经》中则把玉视作神物：峚山“丹水出焉，西流注于稷泽，其中多白玉。是有玉膏，其源沸沸汤汤，黄帝是食是飨。是生玄玉。玉膏所出，以灌丹木，丹木无岁，无色乃清，五味乃馨，黄帝乃取峚山之玉荣，而投之钟山之阳。瑾瑜之玉为良，坚粟精密。独泽而有光。五色发作，以和柔刚。天地鬼神，是食是飨；君子服之，以御不详”。可以看出，

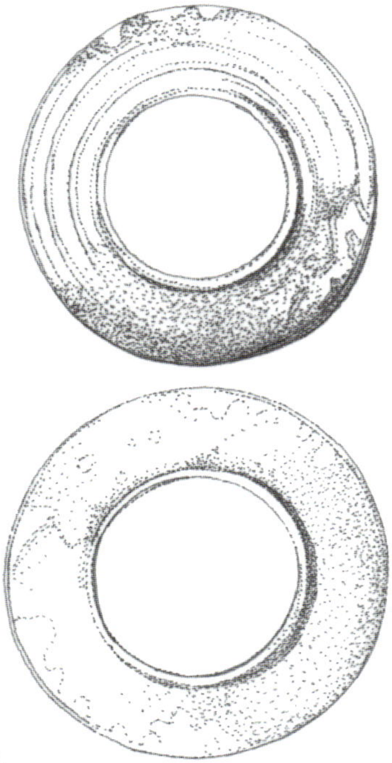

1.

2.

3.

图 3-33. 商代的手镯。

1. 玉环。河南安阳殷墟妇好墓出土。
2. 异形镯。高 4.8 厘米，孔径 6.7 厘米，壁厚 0.1 厘米。河南安阳殷墟妇好墓出土。
3. 金臂环。两件金臂环各用一金条弯成环形，两端为扇面形。北京平谷刘家河商墓出土。

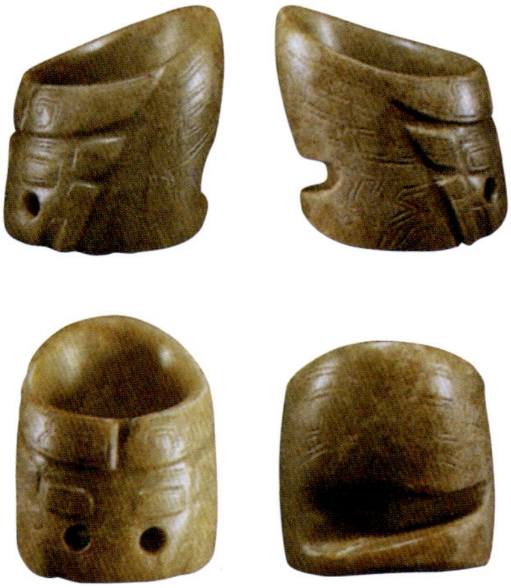

1.

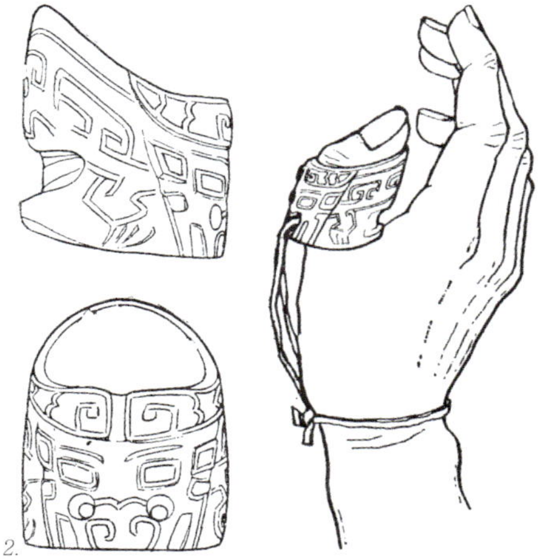

2.

图 3-34.

1. 玉韘。高 2.7 厘米—3.8 厘米，直径 2.4 厘米，壁厚 0.4 厘米。河南安阳殷墟妇好墓出土。
2. 玉韘线描纹饰图及玉韘用法示意图。

玉在当时已经被拟化成一种神物被人们崇拜，认为玉膏可以灌溉神木，可以用来祭祀鬼神，贵族们把它戴在身上可以“以御不详”。

玉被人们如此的喜爱，在人们的生活中占有了相当重要的地位。人们把采集到的玉制成祭祀时用的礼器、身体的佩饰，使它成为一种信物和代表人自身品格的标志。1976年，在河南安阳发现了一座殷商晚期唯一没有被盗的殷代王室墓葬，即著名的“殷墟妇好墓”。在这位身份高贵的妇人墓中，各种精美的玉器多达755件。可见商代的玉器数量之庞大，并且绝大多数掌握在贵族手中。

中国古老的尚玉之风一直流传至今,以致有许多人把中国称为“东方玉国”。玉饰的种类很多，如作为头饰的笄，作为耳饰的玦，各种玉项饰、手镯与以及身体佩饰和腰饰等。商代早期的玉料一般多采自墓葬出土地附近。到了商晚期，在殷墟中发现了除去本地自产的玉料以外，还有产自遥远的辽宁的岫岩玉、新疆的和田玉。商代的贵族对玉材的审美追求很高，和田玉被视为最好的玉料。至于玉石的加工，新石器时代就已经有了相当高级的玉石加工工具，为了使玉器更加圆润光滑，人们也懂得用水、沙粒磨制玉器。到了商代晚期，玉器工匠们已经很好地掌握了开料、切削、雕刻、磨制、钻孔、抛光等多种技术。有时还能根据玉料本身色彩的不同，在雕琢器物时巧妙地运用“俏色”，使玉饰更加完美和富有情趣。

第四章

以礼当先的周代首饰

商王朝的西部泾水、渭水流域生活着一个古老的部族“周”。随着商的衰落，周逐渐强盛起来。《封神演义》中记载着商与周神话般的征战故事，代表正义的周获得了全胜。青铜器的铭文和历史文献都有关于周的记述。早期的周称为西周，都城在镐京（今陕西西安）。传了十一代历经近三百年，至公元前771年，被其西部的少数民族犬戎所灭，再即位的周王迁往洛邑（今河南洛阳），史称东周。周王重礼，制定了很多极为详细的礼节和宗法制度，以及一整套规范的服饰制度，从此，中国历代封建王朝的服饰文化全部都建立在“礼”的基础上，一举一动，一切装束都要合乎于“礼”的要求。

一、帝王的冕冠

在古代，人们把代表有一定礼仪的帽子称为冠。周朝仍沿用商朝的一些冠饰但又略有不同，这时期最有特点的冠就是周王朝制定的冕冠，是帝王和具有一定高贵身份者所特有的。

周朝的男子在二十岁左右便要行“冠礼”，因为戴冠是贵族男孩子成年的标志。冠礼的仪式非常隆重。据《礼仪·士冠礼》中记载，贵族男子的冠礼先后有三次，即初次加“缁布冠”，又称“缁撮”（音同“资作”），是诸侯和士一级的人物最开始戴的冠，即“始冠之冠也”，后来又为武士、军人所戴之冠。这是用黑布制成的束发小帽，称为“缁撮”就是因为它很小，仅可撮其发髻。第二次加“皮弁”（弁，音同“变”），是古代天子及诸侯所戴之冠，也是为纪念古人所制。因上古时期没有布帛，穿戴的都是羽毛兽皮之类。皮弁由若干片白鹿皮合成，长七寸，高四寸，形状像一只倒着放置的杯子，其会合之缝叫作“会”，帝王及诸侯所戴的皮弁还要在这些缝隙处均匀地缀上五彩玉饰，看上去像星光一样闪耀，古人形容它“会弁如星”。简单的皮弁又可作为武冠，即军队中所戴之弁。最后加“爵弁”，是仅次于冕的一种冠。古代“爵”“雀”两字相通，指像雀头一样赤而微黑的颜色。它是古代礼服中重要的一部分，在士大夫祭家庙、士助王祭祀、士结婚娶亲时都要戴这种冠。

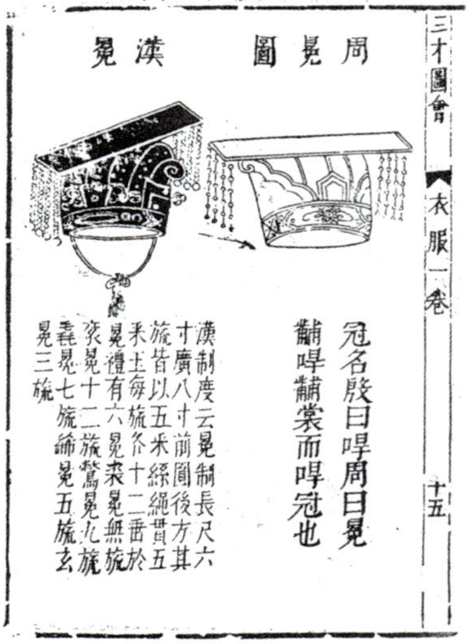

图 4-1. 《三才图会》中的冕冠图。

图 4-2. 戴冕冠的帝王。唐·阎立本《历代帝王图》局部。

在周朝，帝王的冠叫“冕冠”（“冕”，音同“免”），《说文解字》中解释“冕”为“大夫以上冠也，邃延垂瑬”。意思是：士大夫以上所戴的冠，指的是长长的木板上挂着成串玉珠组成的流苏。这种看似简单的冠饰却有着很深的含义。

这里“邃”的意思是深远。“延”是指冠顶部的一块方形木板，两字在一起即指形状呈长方形的冕板。它一般是前圆后方，用以象征天圆地方（古人认为宇宙中的“天”能够使日夜周而复始，故为“圆”；“地”能够承载养育万物，故为“方”）。戴的时候要前低后高，相差约一寸，略呈前倾之势，以象征俯伏谦逊。“瑬”又写作“旒”（音同“流”），是指在冕板的前沿挂着一串串圆形玉珠，这些小珠串的长度正好在人的眼前，好像挡住了眼睛的视线，意思是提醒戴冠者不必去看那些不该看的东西，对臣属应该宽容为怀，对一些小事和不该看的事应“视而不见”。在冕冠的两侧又各有一孔，用来穿插玉笄，以便将冕冠与发髻结合固定在一起。同时在笄的一端系上一根红色丝绳从下颌绕过，再系于笄的另一端，使冕冠更加稳固。两耳的地方各垂下一颗由丝线所系的蚕豆般大小的黄色珠玉，称为“瑱”（音同“阵”），也叫“充耳”。

充耳并不是将珠玉直接塞入耳中，而是把它悬挂在耳边，人走路时它就晃晃悠悠的，意思是提醒戴冠者不要随意听信谗言，即后来成语中的“充耳不闻”。这些细节十分形象地体现了中国古代的“非礼勿听，非礼勿视”的礼仪标准（图4-1）。

周朝的冕服制度规定得十分详细。规定和制作王室冕冠的有专门的机构和弁师。《周礼·夏官·弁师》中明确记载：“**弁师掌王之五冕，皆玄冕，朱里，延，纽，五采缫，十有二就，皆五采玉。十有二，玉笄，朱纮。**”意思是：王冕的外表是黑色，里面红色，顶上有延，两旁有纽，延的前面用五彩丝绳串挂着由青、赤、黄、白、黑五彩相间的玉珠十二粒。插玉笄，用红色的丝绳把冠固定在头上。不仅如此，帝王的冕冠还有“五冕”之分。即衮（音同“滚”）冕、鷩（音同“闭”）冕、毳（音同“翠”）冕、希冕、玄冕。而冕服就是古代天子及诸侯祭祀时所穿的服装。祭祀不同的对象就要穿不同的冕服，戴不同的冕冠。如祭祀先王时着衮冕；祭祀先公、接待宾客，与诸侯射猎时戴鷩冕；祭祀名山大川时戴毳冕；祭祀社稷和五祀[1]戴希冕，而在祭“群小”即指林泽坟衍四方百物时要戴玄冕。不同类型的冕冠，其珠玉的串数、每串珠子的数量、颜色均不能相同。当时的冕冠并不是只有帝王可以戴，诸侯及卿大夫也都可以戴，它的等级标准是由“旒”，即玉珠串数的多少来决定。如帝王要用十二串玉珠称为十二旒，以下分别为九、七、五、三旒等依次递减。到了东汉明帝时，重新制定了冕冠制度，自此之后历代沿用，直至明代。（图4-2）

其实，真正符合周礼中的冠饰极为少见。在有限的周代人物形象中，各种不同的冠饰令人大开眼界。如陕西宝鸡茹家庄西周早期強国墓出土的持环铜人，他头上的羊角冠保留着明显的兽角特征。河南洛阳庞家沟墓地的一件圆雕人形铜车辖，冠身为一镂空的圆柱形，很像一个网罩扣在头上，冠顶还有一圈圈的螺旋纹。值得注意的是，在冠的两侧，还各有一条阔带，沿着两鬓向下并在下颌系结，这就是以后的冠缨。另一件人形佩，戴着极其高耸的圆柱形奇特冠饰，在冠顶处也装饰着圈圈的螺

【1】五祀为古代祭祀对象，即五种与日常生活有关的幽灵。古人认为世间百物皆有灵魂，一定要按季节时令祭祀之，否则，当贻害于人。五祀即户、灶、中溜、门、行也。即春祭户、夏祭灶、季夏祭中溜（中溜，指土神）、秋祭门、冬祭行。

旋纹。山西天马曲村北赵晋侯贵族墓地中的一件玉人佩，则戴着一顶宽阔华丽的冠，身着束腰连衣裙，这与商代出土的一件玉人佩饰极为相像，史学家称之为龙凤冠。而甘肃灵台白草坡西周墓出土的一件圆雕人物，头上则戴着歧角高冠，像是一种很正规的冠饰。仅此种种，已说明了周代冠饰的丰富多彩（图4-3）。

二、优美的发饰

（一）周朝妇女的假髻首饰：副、编、次、被

中国古代妇女的发式多在头顶挽髻，插笄以固发，并以头发浓密黑亮为美。当然不可能人人都拥有如此完美的发髻。于是早在周朝，聪明的中国人就已制作了各种不同形式的假髻来美化自己。

在当时，用真人的头发编成一顶假髻，并在上面横插玉笄，玉笄上还挂坠着漂亮的玉饰或金银饰品，这样一整套饰物被称为“副”，也叫“副贰”。《释名·释首饰》：“王后首饰曰副。副覆也，以覆首也。亦言副贰。”即：王后的首饰叫副。副就是“覆”，取其覆盖在头上的意思，又叫“副贰”。

“副”只有王后和贵夫人才能够拥有，并且只有在最重要的祭祀场面中如穿袆衣[1]等时才戴，是当时妇女头饰中最为华丽的一种。《诗经·墉风·君子偕老》这首形容当时身为国母宣姜的诗中，极力渲染她的服饰：“君子偕老，副笄六珈。委委佗佗，如山如河。”意思是：贵族的夫人真显赫，假髻玉饰珠颗颗，体态之美，如山凝然而重，如河渊然而深。其中的“副”指的就是这种饰物。

“编”这种发髻饰物是用真人头发编成假髻覆于真髻之上，但不再加其他配套的饰物。类似的这种假髻实物在湖南长沙马王堆一号汉墓中曾有发现，在一个圆形的小盒中，是用一种黑色丝绒制成的代用品。

称为“次”的假髻饰物，是用长短不齐的假发与真发相互混合编成的，

【1】 袆衣为王后的六服之一。古代王后跟随天子祭祀先王时所穿的祭服，服装上面装饰有野鸡的花纹，为六服中最华胜的衣服。所谓的六服是指袆衣、揄狄、阙狄、鞠衣、展衣、素沙。

1.

2.

3.

4.

5.

6.

图 4-3.

1. 头戴羊角形冠的持环铜人。陕西宝鸡茹家庄西周墓出土。

2. 戴冠的西周人物。河南洛阳北瑶庞家沟西周墓出土。

3. 头戴高耸冠饰的西周人物。

4. 戴宽阔华丽冠饰的西周人形玉佩。山西天马曲村北赵晋侯墓地出土。

5. 戴冠饰的西周玉人。甘肃灵台白草坡西周墓出土。

6. 戴冠的玉人。中国国家博物馆藏。

有点像现在的非洲妇女在自己的真头发里掺上假发再编成许多的小辫。当时的这种假髻首饰在劳动妇女中也可使用。如《诗经·召南·采蘩》中描写一位为公侯养蚕的女子头饰为“被之僮僮”，就是形容这位蚕妇头戴假髻高高耸起的样子。

在当时，所有被做成假髻的真人头发，大多是来自当时的贫贱之人和刑者。其中一种假髻称为“髢”（音同“第”）。《诗经·君子偕老》中“鬒发如云，不屑髢也”，意思是形容这位女子的头发乌黑浓密，根本不屑使用假发。《左传·哀公十七年》中也有关于髢的记述：“公自城上见己氏之妻发美，使髡之，以为吕姜髢。”即哀公在城楼上看到一女子的头发很美，竟令她剃掉长发为自己的爱妾吕姜做成假发。在两周时期，犯人的头发多称为“鬄”（音同“第”）。“鬄”同“髢”，字义都与“髡”（音同“昆”）相同。当时有一种称为“髡”的刑罚就是被剃去头发，周代的“髡钳”就是将犯人剃去头发，并用刑具束颈。

（二）喜欢鸟形发笄的周代男女

在周初的墓地中发现了大量的骨笄，长度约在10厘米—20厘米，其中在笄首雕有鸟或鸡的纹饰最多。如陕西长安酆河西周遗址出土的几件骨笄就是这样。陕西宝鸡西周茹家庄古強国[1]的一座身份较高的男贵族墓中，一束24件式样相同的铜发笄用丝绸包裹着，可见主人对它的珍视。笄顶处的高冠立鸟展翅欲飞（图4-4）。有趣的是，在山西晋侯墓地[2]中，墓主人的头部附近发现了五只大小不同的玉鸟饰，鸟身下有一小块榫突，主人可以根据需要选取玉鸟中的一件插在笄上作为装饰，这样可以随时更换笄首，真是一个好办法（图4-5）。

远古与商代尊鸟的习俗为周王朝所承传，并更一步加以神话。传说周文王时，一只美丽的凤鸟在岐山鸣叫，周人视为兴旺之兆，于是有别于商朝燕子的凤鸟纹饰更加风行。从“玄鸟生商”到“凤鸣岐山”，古人甚至认为，人死之后的灵魂也会像鸟一样飞向远方，而在每年的春天

【1】陕西宝鸡的西周国，是西周镐京周围的宗周，是数量不多的少数民族方国。自商朝晚期，周人就与他们交好，他们是周朝控制巴蜀地区和通往陇东交通要道的守卫者。

【2】位于山西曲沃县北赵村南的晋侯墓地，是迄今所知保存最为完好的一处西周诸侯国君的公墓区。这里埋葬了西周中期至春秋初年八代晋侯及夫人。

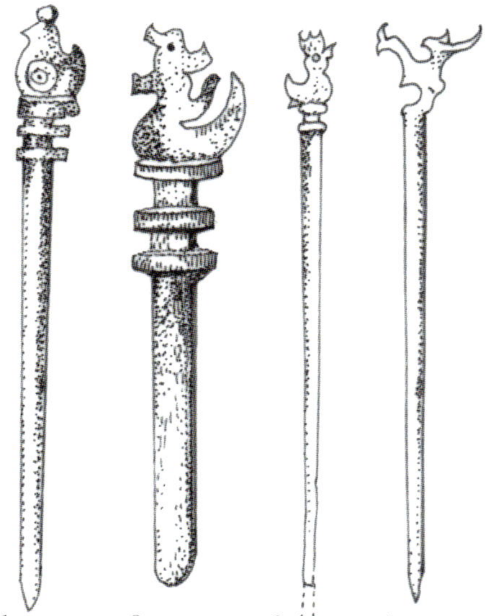

图 4-4. 鸟形发笄。
1、2. 骨笄。陕西长安酆河西岸西周遗址出土。
3. 骨笄。河南洛阳北窑西周遗址出土。
4. 铜笄，笄通长 15.5 厘米，身长 13.4 厘米。陕西宝鸡西周茹家庄古𢐗国墓地出土。

图 4-5. 周代尊崇的神鸟。

图 4-6. 可以插换的玉鸟笄首。山西曲沃晋侯及夫人墓出土。

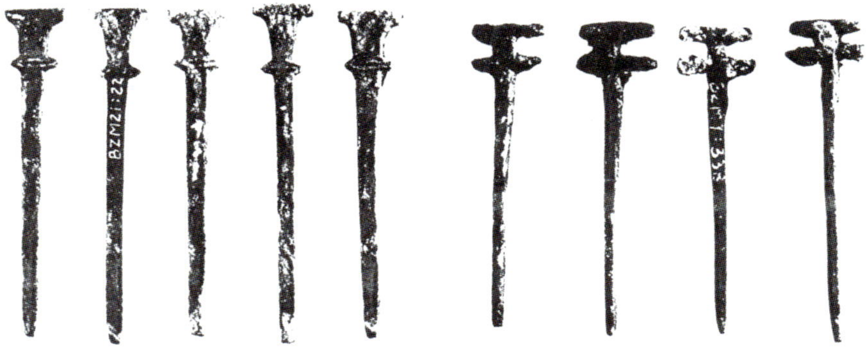

图 4-7. “干”形铜发笄。笄顶有横直上下两齿，笄身很细，横截面多呈梯形，长度多在 10 厘米左右。

又会返回故乡来看望亲人，这些其实都是借助飞鸟来传达对先人的怀念。鸟被装饰在建筑上、器物上、衣饰上，人们插戴有鸟饰的发笄，如飞鸟正掠过或停留在乌黑的云霭，给人美好的遐想。在以后的妇女头饰中，插在发髻上的首饰也多以鸟来装饰，如“金爵”（金质的雀鸟）、“玉燕”（玉质的飞燕）等。后来，种类繁多的凤鸟首饰更是把飞鸟类头饰发展到了极致（图 4-6）。

在青铜业仍处于鼎盛时期的周朝，用青铜制成的发笄也比较盛行。在陕西宝鸡的強国墓地，是西周早期周王朝附近的一个方国国君和身份很高的贵族墓葬群。在这里出土了一些不同种类的铜发笄。笄首为“干”字形的铜笄就是一例（图 4-7）。

在周代，女孩子戴笄被视为标志成年的人生大事。如同男子举行的冠礼一样，需要举行一个称为“笄礼”的仪式。根据周代的礼俗，女子年过十五，如果已经许嫁，便要举行一个隆重的笄礼，在这个仪式上，由主妇把这位少女的头发挽成成人的发髻，然后插笄，以示成人及身有所属。如年过二十而未许嫁，也要举行笄礼，只是不及上述的隆重。除此之外，戴笄还有不少讲究：如参加吉祥的盛会时要头

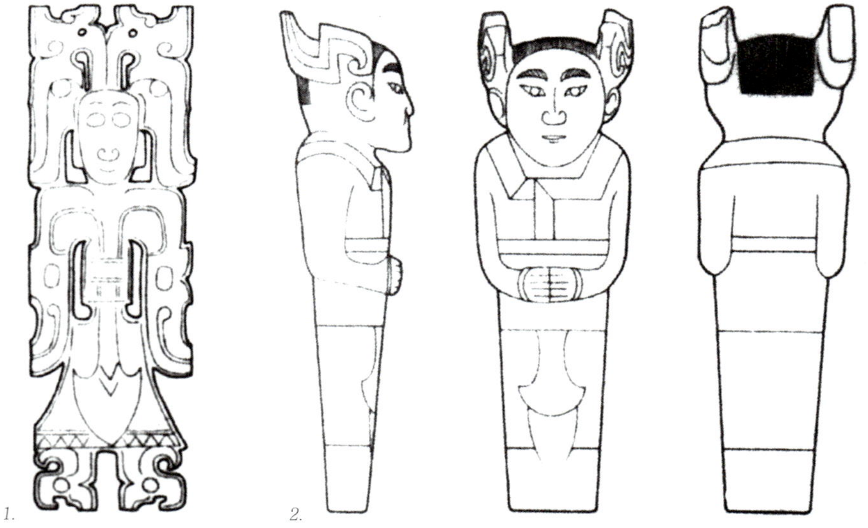

图 4-8. 头插双笄的玉人。
1. 天津历史博物馆藏。
2. 洛阳东郊出土。

戴吉笄，治丧之类则用恶笄。吉笄与恶笄的区别主要是制作笄的材料，其次在于笄首处有无装饰。按照当时的风俗，吉笄通常以象牙制成，位尊者用玉，卑者用骨。恶笄的材料则比较复杂，常见的有桑木、榛木、理木及细竹条等。在《仪礼·丧服》中：“恶笄者，栉笄也，折笄首者，折吉笄之首也。”通常“桑”通“丧”，是恶笄的主要材料，斩衰之丧则通用竹笄，名为“箭笄”。箭笄就是指筱竹（筱音同“小”），即小竹子，一般是用几根纤细的竹针在一端合成一组，有的还在一端包有一段铜头。这类发笄在战国至秦汉时期都有发现。

周代仍有对称插双笄的习俗。现藏于天津历史博物馆的西周玉雕人像与洛阳东郊出土的玉人，都是头插双笄的形象（图4-8）。

（三）妇女梳妆或插发用品：揥

在《诗经》中曾有两次提到“揥”（音同“第”）这种饰物。如《诗经·魏风·葛屦》中“佩其象揥”。这里的“揥”即指用象牙制作的类似笄的插取头发之物。在《三才图绘》中“所以摘发也”。“摘”有拿下、采取和选取的含义。揥在梳理发髻时用得更多，那时候男女的头发都很长，编发髻时要选取头发或把头发分成许多部分，就需要使用揥来完成。梳理完后还可以把它像簪一样随手插入发中作为装饰。如果你去理发店就会很容易理解这种工具，理发师常用一把一头是梳子另一头尖尖的工具，梳完发后常翻转过来用尖的那头把头发分份，这就是古时候的“揥”了。“揥”多用象牙制成，所以又常称为“象揥”。在《诗经》中提到的“象揥”都是形容贵族妇女所戴的发饰。在陕西強国墓地发现的一支乳白色的象牙发笄形式很简单，也是贵族使用的饰物（图4-9）。

（四）贵族妇女的头饰：衡笄与珈

横插在发髻之中的玉笄，称为“衡笄”或“衡”，为古代王后与贵族妇女穿祭服时头饰中的一种。横笄较长，在它的两端还用丝绳垂挂充耳。《周礼·天官·归师》郑玄注：“王后之衡笄，皆以玉为之。惟祭服有衡。垂于副之两旁，当耳，其下以紞（丝绳）悬瑱（充耳）。”横插发笄是古老插发方式的一种，在韩国的传统服饰中，仍保留着与中国古代妇女极为相似的装饰。

“珈”是古代最为华丽的一种妇女笄饰，只有相当高贵的女子才可以使用。它一般成双成对，在戴“副”时配用，常用六颗，称为“六珈”。《诗经·墉风·君子偕老》中有“副笄六珈”。在明代编辑的《三才图绘》中“器用二卷”有“珈”的图形，按《诗经》中所述来看，“珈”应是挂垂在笄下的一种小玉饰。可以想象，头上装饰有这种饰物的妇女，走动时它会不住地摇动，很像以后的“步摇”（图4-10、图4-11）。

（五）男子的头饰：翠翘

翠翘是古代男子头上的一种饰品。《说文解字》：“翘，尾长毛也。”“翠”为翠鸟。古人把翠鸟尾巴上的长毛戴在发髻或冠上称为翠翘。《妆台记》中：“周文王于髻上，加珠翠翘花，傅之铅粉（脸上涂着白粉）。”把这种鸟羽插戴在发冠上，可以给男子平添几分英武之气。现在传统戏曲中的武生都成双地戴着这种头饰，使人物更加美化和戏剧化。

（六）梳

周朝的人是否有头上插梳的习俗？文字中没有记载，但从出土文物来看，梳子多出于头下，当然它是属于头上的用品。我们所发现的梳子已经制作得相当精美，具有很强的装饰效果。西周时期的梳，形状与纹饰都与商代有很多雷同，在北京昌平白浮村西周早期墓中出土的一件象牙梳，尽管缺损得十分严重，但仍旧可以看出梳把上阴刻的饕餮纹饰。北京房山琉璃河西周燕国墓地出土的一件象牙梳，正面阴刻饕餮纹，并在眉、目、鼻、齿等处镶嵌着绿松石，具有威严肃穆的神韵（图4-12）。西周中期的一件灰绿色玉梳，上端饰有阴刻的对鸟纹，纹饰的疏密对比极为强烈（图4-13）。这一时期，青铜梳子也有发现，在陕西宝鸡竹园沟、茹家庄西周古強国墓地出土的几件铜梳，梳把较高，横面较窄，当为实用品（图4-14）。

（七）新奇的束发之饰

西周早期的贵族是怎样装饰的？在陕西宝鸡古強国墓地中，发现了丰富的头部饰物，据推断，贵族男子常在额头装饰着中心有孔两面雕有纹饰的舌形、圆形或方形玉饰。他们发笄横插，男女的头部还用小铜铃作为装饰，双耳戴着小型煤玉玦。在竹园沟墓葬中发现的一种三叉型铜发饰也很特别。它们均出自墓主头部位置，发饰的根节处常发现有数道

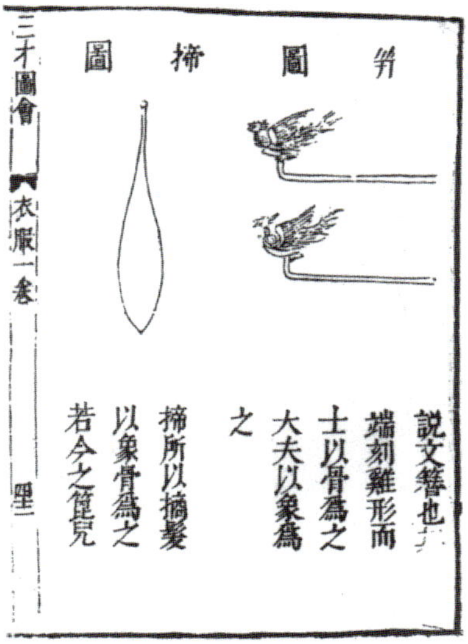

1.

2.

图 4-9.

1.《三才图绘》中的揥。

2. 象牙发笄。长 17.8 厘米，径 0.4 厘米—0.6 厘米。陕西宝鸡西周強国墓地出土。

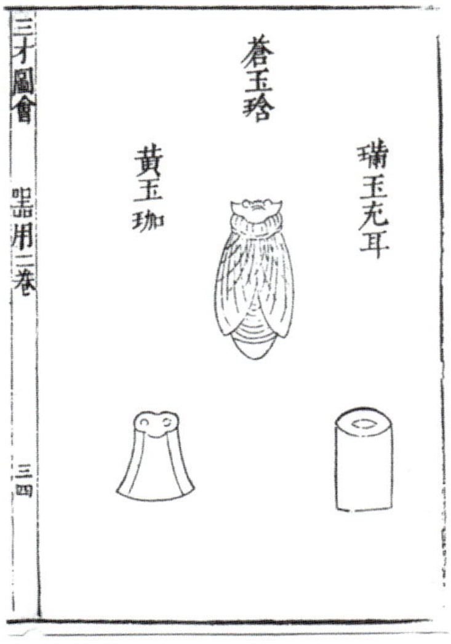

图 4-10. 玉珈图。图片出自《三才图绘》。

1.

2.

图 4-11.

1. 横插发笄的新石器时代陕西华县元君庙女子。

2. 横插发笄的韩国传统妇女形象。

图 4-12. 象牙梳。高 17.6 厘米，宽 7 厘米。北京房山琉璃河西周燕国墓地出土。

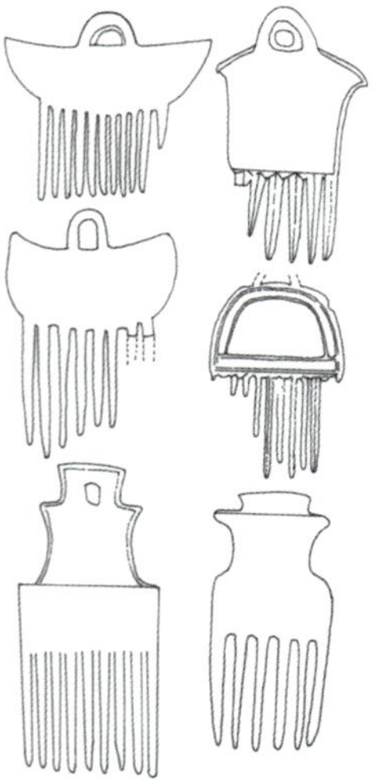

图 4-14. 铜梳。陕西宝鸡弶国墓地出土。

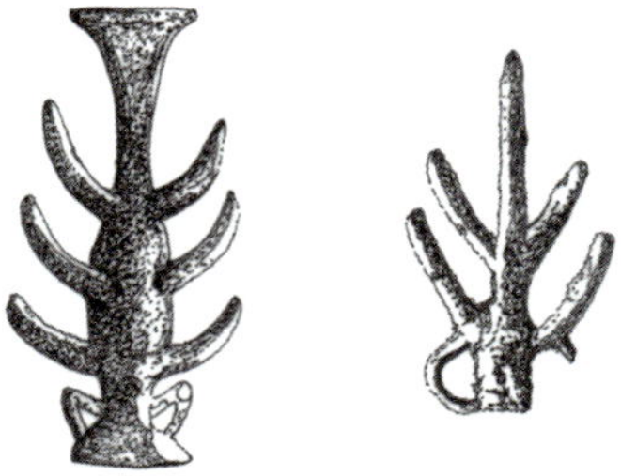

图 4-15. 三叉型铜发饰。陕西宝鸡弶国竹园沟墓地出土。

图 4-16. 龙凤纹发饰。宽 4.5 厘米，高 5.5 厘米—6 厘米。山西天马曲村晋侯墓地。

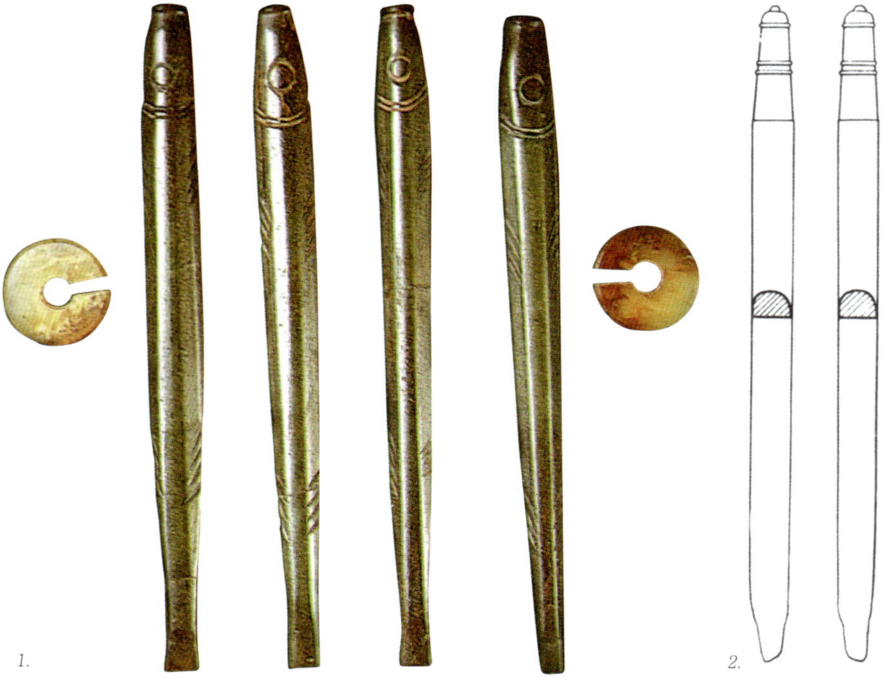

图 4-17.

1. 玉鱼管状束发饰。长 11.6 厘米。山西天马曲村晋侯墓地出土。
2. 玉管状束发饰。长 19.7 厘米。山西天马曲村晋侯墓地出土。

图 4-13. 玉梳。

丝绳捆扎的痕迹，可知墓主下葬时的发型是椎髻，额前头发隆起，横插铜笄，然后用丝绳将此发饰固定在隆起的椎髻上，脑后编成发辫垂下。这是古強国男女最为流行的发饰（图 4-15）。

山西曲沃县发现的天马曲村晋侯墓地，是西周早中期至春秋早期的大型晋侯墓地。这里出土了许多形式各异的首饰，还有一些不知名的头上饰物，如类似強国墓地的那种中间有孔的方形玉饰，上面还雕有龙凤纹。但佩戴方法有待考证（图 4-16）。而出于墓主头下的四支刻纹鱼形玉管也是发饰，在发现时，四鱼整齐地排列着，鱼头向南，鱼两侧各有玉玦一件，整体看是一支圆柱体，中间一剖可成为两件，一面圆凸，一面平齐，平齐的一面可以相扣合，十分有趣。类似的一种玉管很像筷子，它们的用途可能是把头发一缕缕地放在剖开的束发饰中，然后扣合排列起来，起到美化装饰头发的作用（图 4-17）。

而在河南三门峡上村岭西周虢国公墓[1]出土的一组玉发饰别具一格。在墓主国君虢季的头上发现了他生前所用两组精美饰物。一组绾于头上，以玉管、珠、环、佩与玛瑙珠相间的 73 件组合而成；而另一组饰于脑后，是用六件大小不同的玉玦、虎形璜、鹦鹉形璜、鹰形佩及玉

【1】 虢国是西周晚期周王室分封的一个姬姓诸侯国，在黄河流域势力较为强大。虢国公墓是迄今为止发现的最高等级的西周晚期国君虢季墓。虢季是原本爵位为公的诸侯，称为虢公，地位仅次于周天子，其墓葬礼制的等级也仅次于周天子。墓区内共有两位国君墓、一位君夫人和两位太子墓等。

管等组成 T 字形造型。有意思的是，这组发饰的虎形璜和鹦鹉形璜是商末遗物，鹰形佩则为红山文化遗物，这些史前商末的遗物辗转流传到西周晚期仍在使用，说明周人对精美玉饰的珍惜，轻不言弃。在山西绛县横水的西周墓中[1]也有类似的发饰发现（图 4-18、图 4-19）。

三、穿耳戴饰仍流行

（一）多样的玦

商周时期，无论在中国的南方北方，穿耳的风俗仍旧盛行。玦类耳饰中，除了普通的素面无饰外，成对出土的还有制作成龙纹、涡纹、兽纹或蟠螭纹饰的玉玦。北京琉璃河西周燕国墓地出土的玉玦，表面呈肉色，直径 3.4 厘米，出土时位于墓主的两耳旁。三门峡西周虢国墓中，国君、夫人与太子的耳部都出有精美的玉玦，说明当时戴玦不分男女。而贵族则拥有很多成套的大小玉玦。西周晋侯墓地的第五次发掘中，在一墓主人的头部两侧就出土有成套的玉玦 14 件，以从大到小的顺序排列，中间还有一套华丽的龙纹玦。你能想象把带有光泽的黑色煤精石玦戴在耳朵上的独特效果吗？在陕西宝鸡𢐗国墓地竹园沟九号墓中，国君一级的墓主头部就出有煤玉玦和长方形玉玦各一件，而在一位殉葬的青年男子的耳部，也戴有此类煤玉玦一只（图 4-20）。

（二）充耳琇莹

周代有一种很特别的耳饰称为“充耳”，又叫作“瑱”。它是古人在戴冠时垂在头部两侧以“塞住耳朵”的玉。男女均可佩戴。具体式样是挂在冠或发髻中横笄的两端，其长度正好垂在耳际。用来挂充耳的丝线叫作“紞”，丝线上挂着一个棉球叫作“纩”，棉球下面挂着的玉叫作“瑱”。所以充耳包含着紞、纩、瑱三个部分。十分符合这种标准的充耳很少见，大多数是直接在丝线上垂瑱，再把丝线的另一头系结在发簪上即可。佩戴它的人可以不必在耳朵上穿孔，特别是贵妇，使用时将

【1】 山西绛县横水墓是倗伯及其夫人并列异穴合葬墓。倗国是西周时期一个小封国，其疆域范围约当今天的绛县。以晋文化为主。

1.

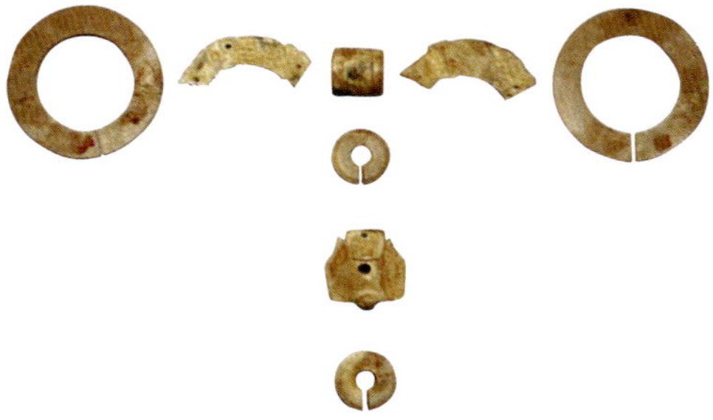

2.

图 4-18.

1. 国君虢季缩于头上的束发饰。由玛瑙珠、玉管、环组成。据推测是将串饰过额头系结在脑后作为装饰。河南三门峡上村岭西周虢国墓地出土。

2. 国君虢季饰于头后的束发饰。由鹰、璜、玦组成。河南三门峡上村岭西周虢国墓地出土。

图 4-19. *束发器与玉发饰。山西绛县横水西周墓出土。*

1.

2.

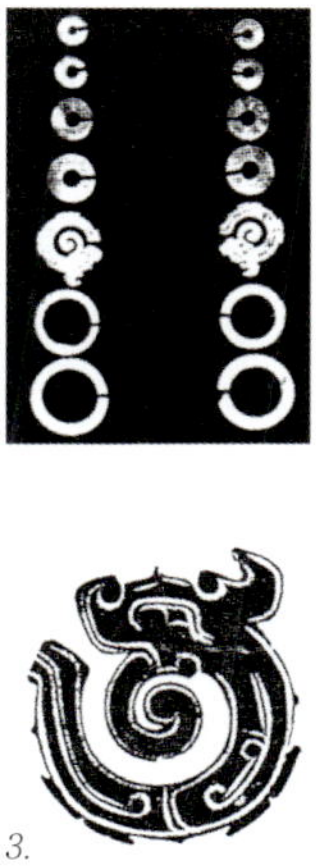

3.

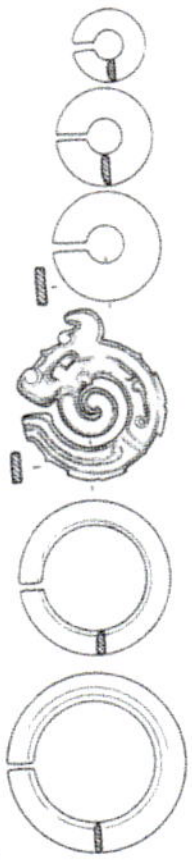

4.

图 4-20.

1. 缠尾双龙纹玦。成对出于墓主双耳处，外径 3.9 厘米。河南三门峡西周虢国墓出土。

2. 小煤玉玦。玦径 2.8 厘米。陕西宝鸡強国墓地出土。

3. 成套的玉玦。山西天马曲村北赵晋侯墓地出土。

4. 龙纹玦。

发簪插入发中，它便悬在耳旁了。

瑱多以玉制成。《说文解字》："瑱，以玉充耳也。"《释名·释首饰》："瑱，镇也。悬铛耳旁，不欲使人妄听，自镇重也。此出于蛮夷。蛮夷妇女轻淫好走，以此珰锤之也，今中国人效之耳。"意思是："瑱"就是"镇"，有镇住和压住的涵义，把玉饰悬挂在耳边来提醒人们不妄听而自镇重。这种饰物来自蛮夷，那里的妇女轻浮，所以用此来警示，后来中原也这样效仿。同时，充耳是一种礼仪的象征，即用来"塞耳"，以表示人们对不该听的事情不要妄听，即成语中的"充耳不闻"。在《诗经》中，这种饰物被经常提到。《诗经·卫风·淇奥》：是赞美卫国一位有才华君子的诗，"有匪君子，充耳琇莹"。意思是：有这样一位君子，他耳边垂挂的玉石充耳多么晶莹。《诗经·墉风·君子偕老》是形容当时国母宣姜的诗，也有"玉之瑱也"，即她戴着用美玉制作的充耳。而在《诗经·齐风·著》这首女子写给夫婿来迎亲的诗中，有"充耳以素乎而""充耳以青乎而""充耳以黄乎而"，意思是她的夫婿用白的、青的、黄的丝线来系充耳。《诗经》中的墉风、卫风、齐风分别是指殷商故地，即现在的河北、河南、山东的北部和中部，可以看出，那时普遍使用充耳的地域大致在中原一带（图 4-21）。

（三）漂亮的耳坠

在大型的西周晋侯墓地中，出土了两套完全不同于其他种类的玉璧坠耳饰，它们分别出土于墓主人颈部的左右两侧，形状相同，左右对称，只在纹饰上略有不同。一件是单面雕刻阴线团身鸟纹，另一件则是团身龙纹，璧上分别和六枚玛瑙珠管相连，相当漂亮。在河北平泉东南沟西周至春秋遗址还发现了一件叶形青铜耳坠，说明青铜已被用于各类首饰品种中（图 4-22）。

四、极其华丽的项链与胸饰

周代的项饰很丰富。一件项链串饰往往由多种不同材料和形状的小饰件组成。一些串饰设计大胆、组合有序。综合现有的资料，周代项饰

图 4-21. 充耳。

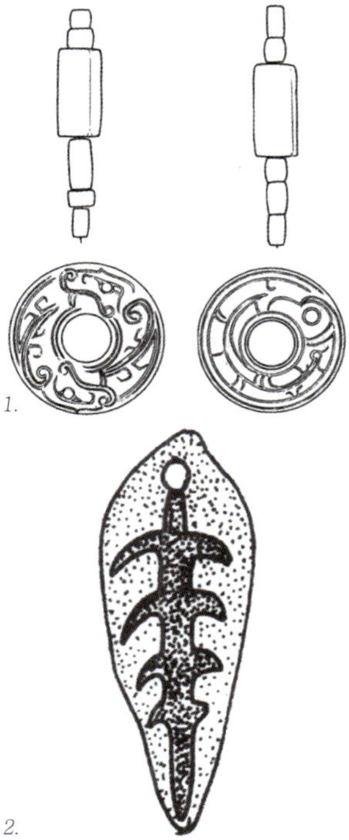

图 4-22.
1. 玉璧形耳饰。西周晋侯墓地。
2. 青铜耳坠。河北平泉东南沟西周至春秋遗址出土。

的组合大致可分为四种。

第一种是以各种式样不同、色彩各异的小饰件任意或按照某种对称的规律串成的项饰。在陕西、河南、山东、河北、北京等许多周代墓葬中都能见到。它们色彩艳丽，串联的方法自由随意，整件饰品显得生动活泼（图 4-23）。

在这些项饰中，蚌贝类饰品仍是人们钟爱的饰物。在北京房山琉璃河西周遗址中，一墓主的颈部和胸部，出土了数十枚海贝，这些海贝与小陶管、各色料珠、玛瑙珠和圆形蚌片穿系在一起，组成一串项链。同墓中还发现有三个殉葬的年轻女子骨架，在她们的颈部也佩戴着这种项链。而在陕西強国墓地中出土的一件贝串饰，由贝壳、小玉龙、

图 4-23. 西周串饰。由玛瑙管、珠、玉管、石管、料管、石贝共 590 件组成，色彩对比十分明显。陕西宝鸡西周𢐗国墓地出土。

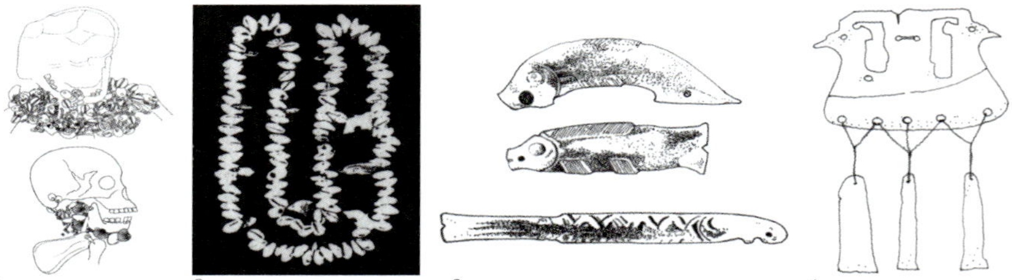

1.　　2.　　3.　　4.

图 4-24.

1. 佩在墓主颈部与殉人颈部的贝类串饰。贝串饰丰富的为墓主。北京房山琉璃河西周遗址出土。
2. 贝串饰。它由 121 件贝，13 件小玉龙，2 件小玉鸟及小玉鱼组成。陕西宝鸡西周𢐗国墓地出土。
3. 贝串饰中的小玉鱼饰。
4. 蚌饰复原图。陕西长安沣西张家坡西周遗址。

图 4-25. 金贝。青海大通县上孙家寨青铜时代墓葬。

图 4-26. 西周晚期至春秋的串饰。

图 4-27. 龙纹玉璜。

1.

2.

图 4-28.

1. 三璜串饰。陕西长安沣河西岸丰镐遗址出土。

2. 三璜串饰。山西省绛县横水西周墓地出土，山西考古研究所藏。

小玉鸟、玉鱼组成。贝与玉饰之间的搭配组合十分有趣（图 4-24）。商周的贵族还戴有两边有穿孔的木胎金贝，与海贝、石贝、绿松石珠、琥珀珠串在一起作为项链，非常华丽（图 4-25）。

一些石质项链的小珠管被制作得相当精细。如在河北怀来北辛堡的一座燕墓中，出土了 264 枚绿松石串珠，除少数较大外，多数都极小，有的像绿豆，更有的如粟粒，上面皆有穿孔，出于墓主颈部。

在很多项链实物中，以前少见的水晶和玻璃质材料也开始出现。如河南叶县旧县一号墓出土的水晶、骨珠项链，长约 25 厘米，是以磨光的紫水晶珠、无色水晶珠和细圆的骨管共同串连而成，紫、白与浅黄的骨珠组合有序，晶莹古朴。山东淄博临淄郎家庄东周墓的串珠也是无色水晶及紫晶两种。但珠饰的形状却各不相同，有圆管形、扁方形、棱形和球形等。以琉璃珠穿系而成的项饰，最早见于西周。最有代表性的当属陕西扶风云塘西周墓出土的一件。它由四种不同形式的白色琉璃扁珠和绿色琉璃管珠穿连而成，共 77 颗，管珠与扁珠交错排列，色彩白绿相间，看起来润泽清爽。

第二种与上一种形似，只是在整件串饰的下部正中都有一件璜形饰（图 4-26）。在周代串饰中，璜形饰用得很多，甚至成为一件串饰中最重要的一部分。这样的项饰在陕西宝鸡的西周強国墓地、河南三门峡上村岭西周至东周初期的虢国墓地、山西绛县横水西周墓地、陕西长安沣河西岸张家坡村丰镐遗址[1]等均有发现，是周代项饰品的一大特色（图 4-27、图 4-28）。

第三种项饰的装饰性很强。多出现于西周晚期至东周。是由双股绳串着两串玉珠饰，然后两股玉珠并入一件刻有纹饰的玉牌中。这种形式的项链实物很多，如虢国墓地国君虢季、夫人梁姬的项饰，都是由玛瑙珠和刻有纹饰的扁平玉饰与一件精美的坠饰组成。山西省天马曲村遗址、

【1】中国社会科学院考古研究所在陕西省西安市西南12公里的沣河两岸发掘了几百座西周墓葬，出土了大量的玉器。这里便是著名的“丰镐遗址”。丰镐遗址是周朝文王武王建都的地方，其中丰和镐是西周时期的两个都城，文王作丰，武王作镐，丰在河西，镐在河东，面积达 10 平方公里。这里是文王迁丰至周人迁洛数百年间周人的主要活动中心。

【2】郝（音同“湿”）。古国名，春秋时期是鲁国的附属，在今山东省平阳县。

图 4-29.

1. 虢季的项链。
2. 梁姬的项链。河南三门峡上村岭虢国墓地出土。
3. 玉项饰。由 6 件龙纹玉牌和 58 颗玛瑙、松石珠、管相间组成。山西天马曲村遗址晋侯及夫人墓地出土。
4. 玉项饰。其间的玉牌饰一半为龙，一半蚊鼻形，红色寿山石珠组成，长约 40 厘米。山东曲阜鲁国故城出土。
5. 玉项饰。长 43 厘米。1995 年山东省长清县仙人台邿国墓地出土，北大历史文化学院考古所收藏。
6. 玉项饰。陕西韩城梁带村墓地出土。

山东鲁国故城曲阜、山东省长清仙人台郜国墓地[2]、陕西韩城梁带村墓地等出土的玉项饰都属于此类。看来这种美丽饰物于中原地区较为普遍，并为国君王侯一级的人物所拥有（图4-29）。

第四种是所有项饰中最复杂和华丽的一种。由于它们的体量很大，又都出土于墓主人的胸腹部，过颈佩戴，就叫作胸饰吧。

饰于胸前的组佩极为常见。如西周晚期虢国墓地出土的“七璜联珠组玉佩”，是由七件玉璜从小到大依次递增，上起于颈，经胸腹直至膝下。而晋侯墓地的几组胸腹玉佩，由珠、璜、环、珩等组成，其中玉环为整件项饰的中心。同墓的四珩四璜联珠玉佩，由将近三百件各种饰件组成，佩饰过颈部分为三列，是一件气势磅礴的饰品。另外的五璜连珠玉佩、六璜连珠玉佩，都是不可多得的首饰精品。还有更加繁复、长度也更长的一套玉佩饰。它由五十余件玉璜连缀组成一组。玉璜均双面刻有纹饰。其中一件，一端为龙首，一端为人首，造型十分特别（图4-30、图4-31、图4-32、图4-33）。

在这类饰品中，主要饰件就是璜与珩，中间有时还穿插一些小动物玉饰。一组串饰按照从上到下的顺序可分为很多层，最多的甚至可达十几层。这些风格独特的饰品在以前以后的朝代中均难见到，堪称前无古人，后无来者。这些大型多璜组玉佩多出自国君及夫人墓葬中，使用范围可能仅限于公、侯、国君及夫人或有相应封号的贵族。

华丽的胸前饰品组合繁多，令人眼花缭乱，周王朝的贵族在首饰佩戴上达到了前所未有的程度（图4-34）。

五、难得一见的腰带装饰

当我们在新石器时代发现了玉质的带钩之后，带钩在中原地区似乎一下子就消失了。在夏、商至西周时期，已很难见到。直到西周晚期至春秋早期，才又由北方的游牧民族把革带上的钩状饰物“带钩”传入中原。在商周时代的衣饰中，腰间主要是以一种较宽的带子来系束，这种带子称为“大带”，是用丝帛制成的条状物，使用时系束在外衣的腰间。上自天子，下及士人，在重要的场合都要系束。《诗经·曹风·鸤鸠》中：“淑人君

图 4-30. 七璜联珠组玉佩。河南三门峡虢国墓地出土 。

图 4-31. 胸腹玉佩饰。山西天马曲村西周晋侯及夫人墓地出土。

1.

2.

图 4-32.

1. 四珩四璜联珠玉佩。出于墓主胸腹部，过颈佩戴。山西天马曲村遗址晋侯及夫人墓地出土。

2. 五璜连珠组玉佩。山西天马曲村晋侯墓地出土。

图 4-33. 玉佩饰。山西天马曲村遗址晋侯及夫人墓地出土。

1.

2.

图 4-34.
1. 西周玛瑙首饰。
2. 玉胸饰。陕西西安周原墓出土。

子，其带伊丝。”汉·郑玄注：“‘其带伊丝’谓大带也。大带用素丝，有杂色饰焉。”在使用大带的同时，贵族们还很重视腰下腹前的一片带有精美织绣花纹的斧形丝织物。这是当时贵族的蔽膝，早先用熟皮子做成，遮在膝前，有的还在皮革上面涂上红色。后来用精美的织物代替，其中有黑白相间花纹的称为“黼”（音同“斧”）（图 4-35）。

精美的腰饰多出自王侯级人物的身上。在山西曲沃北赵晋侯墓地中，墓主的腰间发现了十五件一组的金带饰，由一件铸造成垂叶形的金饰、虎头形饰和一些弧面扁环等组成。与此极为相似的带饰在西周虢国公墓中也有发现，是国君虢季的生前之物（图 4-36）。在下层人群中，腰中多系皮带。在陕西宝鸡茹家庄墓地，出土的一件铜鞔饰的背部爬伏一小人，断发披后，身着短裤，腰部一条格纹相间的宽带十分醒目。这种披发纹

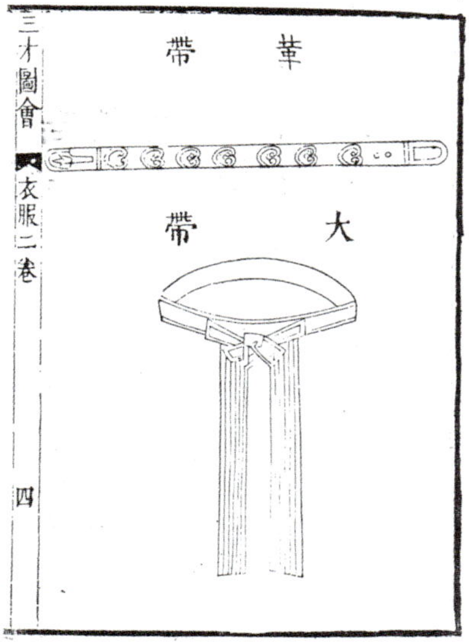

图 4-35. 《三才图绘》中的大带式样。

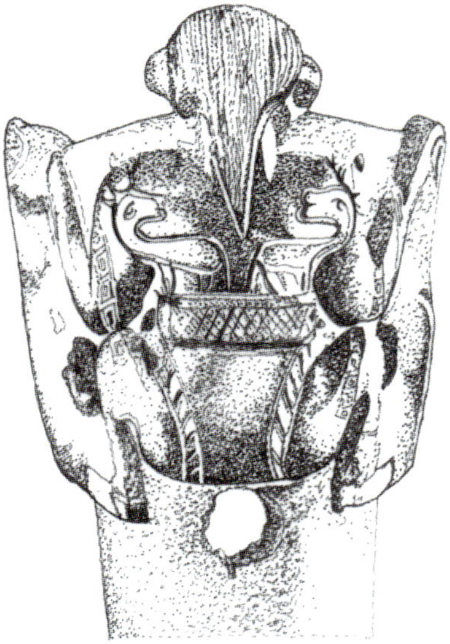

图 4-37. 束腰带的人形车饰。陕西宝鸡西周茹家庄一号车马坑出土。

图 4-36. 一组缀在皮带上的金饰。其中三角龙形带饰，高 8.3 厘米、器身厚 0.2 厘米。河南三门峡上村岭西周虢国公墓出土。

身的形象与装束应是当时的驭者或奴隶（图4-37）。

六、不可或缺的身体佩饰

（一）玉佩饰

中国不仅是世界上最早制作和使用玉的国家，也是世界上唯一把玉注入了很多思想文化的国家，特别是把玉与人性、人品相结合。在中国的语言文字中，以玉来形容的事物和名称都是那样的美好，如形容人的：亭亭玉立、玉女、守身如玉；形容事物的：玉宇澄清等。西周时设置了“礼制玉”，各种大型的礼器玉都有专门的用途。周代早期有“珠玉锦绣不鬻于市”的规定，说明这些属于高级的物品，不准成为商品上市买卖，只供上层统治者享用。典守玉物设有专门的官员，成为“相玉有专家，治玉有专工”的一整套体系。

周代的玉，有相当大一部分是用于礼仪和巫术的，它们成为古代帝王、诸侯在朝聘、祭祀、交往时执在手上的礼器，其种类多，分工细，不同的玉饰代表不同的用途。在《周礼》中，这些礼玉被分为“六瑞”与“六器”。“六瑞”是用玉做成的用于朝聘的信物，指镇圭、桓圭、信圭、躬圭、谷璧、蒲璧六种器物。《说文解字》释：“瑞，以玉为信也。”郑玄注：“人执以见曰瑞，……瑞，符信也。”简单地说，就是国家与国家间的交往、君与臣的交往都要拿着表示不同含义的“玉”去，来表示一种信用。

而“六器”的主要功用是用以礼神。《礼仪》：“谓礼神曰器。”又说：“以玉作六器，以礼天地四方，以苍璧礼天，以黄琮礼地，以青圭礼四方，以赤璋礼南方，以白琥礼西方，以玄黄礼北方。”意思是用玉做成六种礼器来祭祀天地四方，用像天色一样的青色或灰白色的玉璧来祭祀苍天；用黄色的琮祭祀大地；用青色的圭来祭祀四方万物；用火一样红色的璋来祭祀南方；用白色的雕成虎形的玉器来祭祀西方，用璜祭祀北方。所以“六器”即指苍璧、黄琮、青圭、赤璋、白琥、玄璜六种器物。为什么要用这样六种玉器来祭神？《周礼·春官·大宗伯》中说：“礼神者，必象其类，璧圆象天，琮八方象地，圭锐象春物初生，半圭曰璋，象夏物半死，琥猛象严秋，半璧曰璜，象冬闭藏，地上无物，唯天半见。”意思是：祭祀神灵，必须要用与其相似的器物。圆圆的玉璧像天；黄琮有八个角象征地有八方；尖锐的圭像春天的生物刚刚长出的尖芽；半圭叫作璋，像夏天被晒的半死不活的生物；凶猛的虎像严秋；璧的一半叫作璜，像冬天万物闭藏，草木零落，唯星宿在天，所以说只见到一半的天。而“六器”的用料及色彩也有讲究。古人认为，天地间有赤、青、黑、白、玄、黄“六采”，苍璧、黄琮、青圭、赤璋、白琥、玄璜同六采是相对应的。这类玉器多制作精致，说明当时人们对这类礼器的重视。

由于玉被重视的程度逐渐加深，从而发展成了一整套用玉的道德观。这时的人们认为玉具有一种“德”，这种观念是十分奇妙的，荷兰汉学家高罗佩所论述的有关“德”的观念十分有趣，现录于此。

在中国人的宗教信仰中：“对于神奇的生命力即‘气’的信念却是中国人独有的。气充满宇宙，它所包含的一切都处于一盈一亏，不断循环往复之中，后来人们把它定义为阴阳两种宇宙力量的消长。据说这种生命力遵循一定的道路，这种道路代表着至上的自然秩序，所以后来便称为‘道’。那些遵循这种秩序生活、思想的人将幸福长寿，而背离者将不幸早夭。与自然秩序和谐一致的人因而得到大量的气，这种气会增厚其‘德’。按其本义应理解为超自然力。这种‘德’非唯人所独有，鸟兽木石亦应有之。例如龟鹤就因长寿而被说成是有大量的‘德’。松树和灵芝就因从不凋萎而被认为是‘德’之所集，而玉也被认为特别富于‘德’。”

到了汉代人们又把玉的这种“德”分为五种，即仁、义、智、勇、洁“五德”。

古人不仅活的时候佩玉以增其德，死后也要葬玉以使尸体不朽。古人认为人有两个灵魂，分别为“魄”和“魂”。“魄”是肉体的灵魂，“魂”则是精神上的，是脱离母胎才进入婴儿体内，死后升入天堂。先人的魂要靠后人祭享。为使“魄”尽可能地长存，以便来世复生，人们想方设法让尸体不腐烂，这种思想在古代很多国家都很盛行，如古埃及人就是通过各种手段使尸体不腐，以便有朝一日能够重新复活。而中国人的古老方法则是用有“德”的随葬品陪葬尸体。古人认为玉能使尸体不朽，他们用玉堵住死者的阳七窍，如在墓主的脸上覆盖“玉覆面”，在口中含有表示“再生”与“新生”之意的玉蝉、玉贝等。这类葬玉出土了许多，如1993年山西曲沃北赵晋侯墓地出土的一件由48片玉饰缀在布帛上组成的玉覆面。到了西汉，皇族死后还通体穿上金镂玉衣来达到他们所梦想的目的（图4-38）。

周代的玉器，由于加上了这些神秘的色彩，所以得到人们特别的重视。正如《遵生八笺》所说：“上古用玉，珍重似不敢亵。”玉被视为珍宝，上自天子下至诸侯、公卿、士大夫都以佩玉为尚。人们还把玉当作修身养性的标准和个人品德的标志，使它成为具有社会道德含义的特殊物品，所谓“君子无故，玉不去身”。两周的贵族把殷商以来的简单佩玉变成以璧、璜、环等礼器为主，杂以其他佩饰，生前佩戴，死后随葬，生死不使其须臾离身。

周代的佩玉，有很多是商玉。因为商代重玉，传说周武王伐纣成功后，周得到商玉以亿万计，均分散于当时伐纣有功的各部族长。现在云南、湖南、广西及其他地方也都发现零星的商玉，都可能是周初得来的。而周朝的玉器数量也很大，丰富的纹饰比商代更趋于图案和抽象化。这里我将常用的几种玉饰介绍如下：

1. 璧 玉璧主要是古代天子、诸侯在朝聘、交往、祭祀、丧葬时所用的礼器。它在古玉器中的地位十分重要，为六器之一。在古代，帝王、诸侯用各种不同类型的玉器来祭祀天地，因为玉璧圆形，象征天的周而复始，所以便以苍璧祭天。玉璧出土地域之广、数量之多都为众玉之首。璧的形状是中间有圆孔的圆环形片状玉器。《说文解字》：“璧，瑞玉，环也。”《尔雅》：“肉倍好，谓之璧。”“肉”即“边”，“好”为“孔”。意思是璧边的宽度为孔宽的两倍。事实上，十分符合边径为孔径两倍的玉璧并不多见。玉璧在作为身体佩饰时一般都比较小。史前的玉璧，一般都光素无纹饰，但也有刻鸟纹或神兽面的。西周时期，玉璧盛行于黄河流域，纹饰主要为龙凤纹、谷纹及蒲纹（图4-39）。

2. 瑗 瑗类似于璧，只是孔径不同。《尔雅》：“好倍肉，谓之瑗。”即孔的宽度为边的宽度的两倍叫作瑗，也就是大孔的璧。瑗的主要用途

图 4-38. 西周玉覆面。山西曲沃北赵晋侯墓地出土。

图 4-39. 周代谷纹璧。

有三个，《荀子·大略篇》中："问士以璧，召人以瑗，反绝以环。"即欲请人来时，使者须手持瑗去请。同时它还是引导君王上阶梯时的器物。据说古代帝王上台阶时，手持瑗的一边，引导者持另一边，以免君王失坠。另外，瑗也作为身体佩饰或器物的枢纽。

3. 环 环的形状类似于璧与瑗。三者的不同在于孔。璧、瑗与环中，璧的孔最小，瑗的孔最大，而环则居于两者之间。《尔雅》中："肉好若一谓之环。"即环的孔、边比例基本相同。由于"环"与"还"同音，所以环具有"归还"的意思。如"逐臣待命于境，赐环则返，赐玦则绝"。意思是被放逐的臣子，天子若赐给他一个环，则可结束流放回返，若赐一个称为玦的玉器，他就没有任何希望了。环的这种传递"归还"信息的作用直到唐宋时期还在沿用。如陆游在《老学庵笔记》中记到：政和年中，蔡太师在钱塘。一天，中使赐予他茶药，他在盒中发现一只大玉环，直径七寸，颜色如微黄的曙光。他看后就开始准备行装。两天后，皇帝下诏，让他回返起程（图4-40）。

4. 玦 玦是一种类似于环而有一个缺口的玉饰。《白虎通》："玦，环之不周也。"在原始社会和夏商时期多作为耳饰、身体佩饰等。到了汉代，玦作为耳饰的功能逐渐消失，作为身体佩饰的用途却多了起来。《说文解字》中："玦，玉佩也。"此外它还可作为信器。因"玦"与"绝"同音，所以它有断绝、绝别之意。《史记》中记载，鸿门宴上，谋士范增劝项羽快作决断除掉对手刘邦的时候，即举起随身所佩的玦向项羽暗示三次。正如《白虎通》中所说："君子能决断则佩玦。"

5. 璜 璜是古代贵族朝聘、祭祀、丧葬或装饰等用的玉器。标准的璜形似半个璧。《说文解字》："璜，半璧也。"实际上，符合半璧形的璜很少，相当多的璜只有璧的三分之一那么大。除了作为礼器用品外，璜多作为身体佩饰。如挚虞《思游赋》中："戴朗月之高冠兮，缀太白之明璜。"这类璜的两端各有一孔，可以系绳作为佩饰，并成为一组佩饰中十分重要的饰件。在商周时期的首饰品中，璜被应用得相当广泛，一组玉佩甚至以玉璜的多寡来区分尊卑（图4-41）。

6. 动物形玉佩 动物形饰在玉佩中十分常见。这些玉饰形体不大，但在造型设计与雕琢上却颇具匠心。工匠们通过对自然界中各类飞禽走

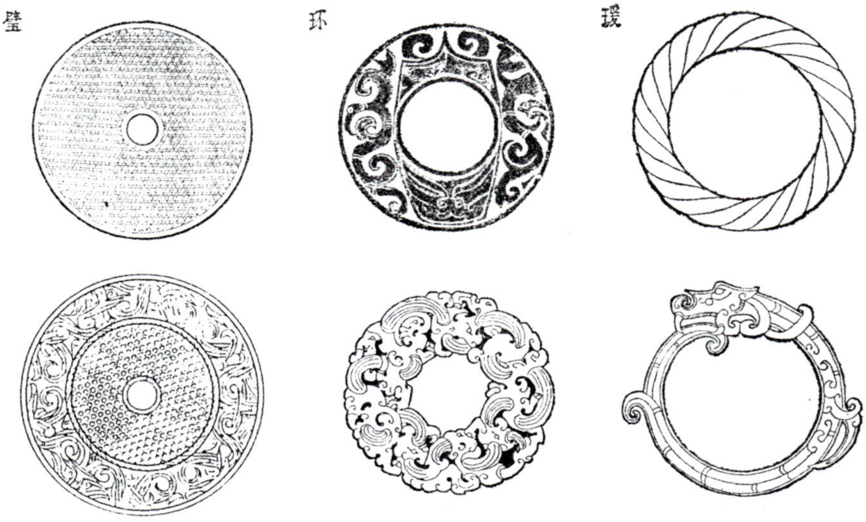

图 4-40. 璧、瑗、环三者比较图。

图 4-41. 西周玉璜。

图 4-42. 各种动物形玉饰件。

兽的仔细观察，不仅十分准确地抓住各种动物的特点，还进行大胆的再创造，使这类作品具有很强烈的艺术感染力。在这些动物形玉佩中，以龙形佩较为多见（图4-42）。

量少而精美的人物形玉佩值得一提。1984年在陕西长安张家坡西周墓地发现的一件龙凤人物玉佩，青绿色玉雕由三龙一凤和两个人物头像组成，它制作精细，构思巧妙。拥有这件玉佩的墓主，是一位年龄20—30岁左右的年轻女子。而这座墓，是西周中期王室的一位权臣“井叔”家族墓地中最大的一座。可惜的是，这座墓葬在古时就已被盗掘一空，此件是残存的饰品之一（图4-43、图4-44）。

（二）佩觿、佩韘

商周时期的人们还经常在身边佩戴一种既实用又可作为装饰品的觿和韘。“觿”（音同“稀”）是由骨、角、石、玉制成尖角形的锥形工具，可以用它来解各种衣饰或物品的结，所以也叫作解结锥。《说文解字》：“觿，佩角，锐耑可以解结。”商周时期，这种佩饰在贵族中很风行，其意义与它的用途有直接关系，即希望佩戴它后，就会有超凡的智能，遇到疑难困境都可迎刃而解。《诗经》中还描绘有佩觿的情景，如：“左佩小觿。右佩大觿。”汉代以后，贵族中佩觿之风渐不流行，士人有时出于一种怀古雅趣才偶尔佩戴。周代的觿时有发现，山东长清仙人台邿国墓地出土的一件西周角觿，上端雕有一只回首翘足的小兽，并且这只小兽还可以拆卸。山西原平刘庄塔岗梁的东周墓，也有两件乳白色的玛瑙觿出土。长9.2厘米，它们形状相同，器体弯曲呈龙蛇状，一端为柄，一端尖细如锥。柄的那端还有一角突起，可能是便于执拿，离柄不远，有一穿孔，是为了系戴（图4-45）。

同时，“韘”（音同“射”）也是当时成年男子佩戴的实用装饰品。这种用骨或玉做成的，射箭时套在右手拇指上用以勾弦的用具，早在商代就有发现。佩戴它一度成为贵族男子的一种时尚。《诗经》中有“芄兰之叶，童子佩韘”。那时的韘其实是古代成年人的佩饰，《诗经》中的“童子佩韘”是人们讽刺那些贵族童子是徒有虚名的纨绔子弟（图4-46）。

（三）独特的身体佩饰

商代玉器用于佩挂的并不多，一般是一、二枚璧或璜等系绳以佩，

图 4-43. 龙凤人物玉佩。陕西长安张家坡西周墓地出土。

图 4-44. 人形玉佩。整体为一青玉蹲踞人形，人头似猴，龙尾屈于人头之上，臀部饰一龙首，高 5.9 厘米，宽 1.9 厘米。河南三门峡虢国墓地出土。

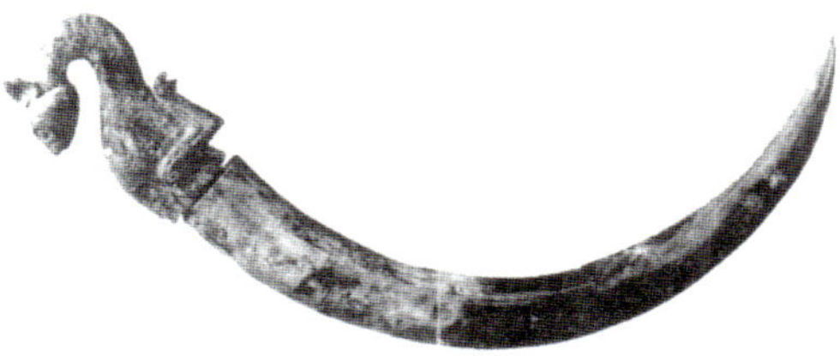

图 4-45. 西周角觿。山东长清仙人台邿国墓地出土。

图 4-46. 玉韘。河南三门峡虢国墓地出土。

1.

2.

图 4-47.
1. 玉牌联珠佩饰。总长 68.5 厘米。
2. 龙纹玉牌。山西天马曲村的北赵晋侯墓地出土。

不重视组合。两周时期复杂的组佩成为贵族伦理道德和区分身份贵贱的象征。这时的身体佩饰无论是佩戴的部位或是佩饰组合形式都十分独特，特别是用众多的玉按照一定规律组合的玉组佩。

1993 年在山西天马曲村北赵晋侯及夫人墓地出土的一组玉牌联珠佩饰，出土时的位置在墓主人的右股骨右侧，应是佩在腰间。由镂空鸟纹饰牌和玛瑙珠管、煤精石扁圆珠等组成。1994 年同地出土的另一组玉牌联珠佩饰，与前一组形状大致相同，只不过它的玉牌装饰为龙纹（图 4-47）。在河南平顶山新华区薛庄乡西周晚期至春秋早期的古应国墓地出土的一组玉佩，也是由一个梯形玉牌与 10 串相间的青白玉、红玛瑙珠、管连缀而成。另一组玉牌玉戈联珠佩饰出土于墓主人的左肩胛骨下（图 4-48、图 4-49）。而一些没有牌饰的成组串饰，则有可能是腰间或是前胸的装饰（图 4-50）。

当时的贵族还在衣服上加以装饰，如在衣服上排列整齐地缝缀一些小装饰物。西周初期的強国贵族，喜欢在袍服腹部以下缝缀一些铜制的鱼形、榆叶形、锚形或片状饰，之间有时还夹有蛤蜊、贝壳等。这些饰物形体小，质量轻薄，从腰部至脚踝处呈纵行排列，约三四行。还有的在袍服上缀有透顶铜泡等，凡出透顶铜泡的墓葬皆出兵器，墓主腹部佩有青铜短剑，应为男性（图 4-51）。

在商周的墓葬中还发现了大量的贝壳串饰。现在的学者称其为“殉贝”。这些贝饰大都有穿孔，可以串系。如在河南浚县卫墓出土的贝就

图 4-48. 玉组佩。河南平顶山新华区薛庄乡西周晚期至春秋早期应国墓地出土。

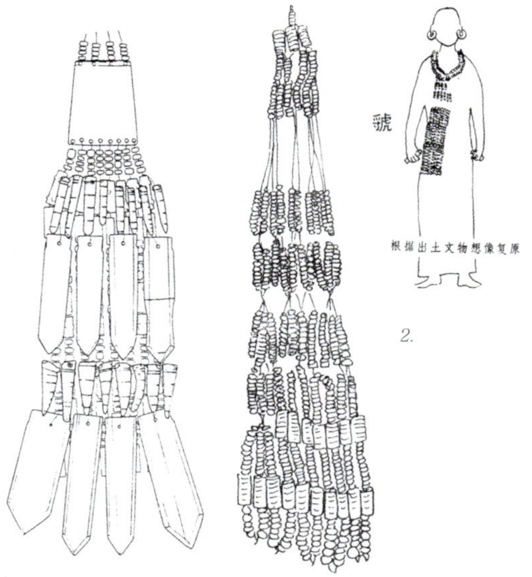

1.

图 4-49.
1. 玉牌玉戈联珠佩饰。总长约 29.5 厘米。 由玉牌、玉蚕、玉戈、玛瑙珠、管、料管组成。河南平顶山新华区薛庄乡西周晚期至春秋早期应国墓地出土。
2. 西周连珠玉佩佩戴的一种方式。河南三门峡上村岭虢国墓地。

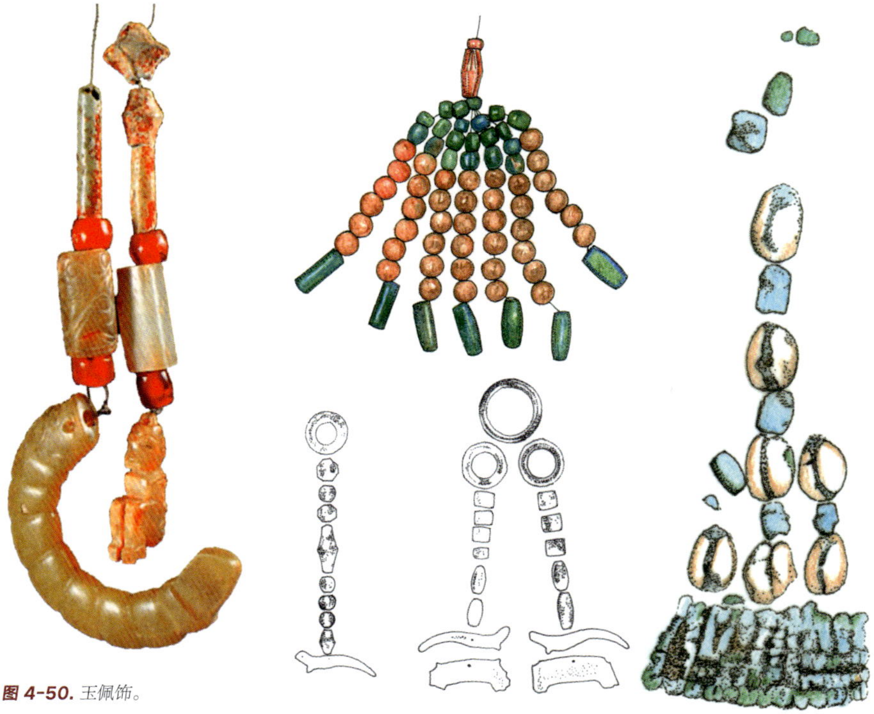

图 4-50. 玉佩饰。

图 4-51. 佩饰小部件。陕西宝鸡西周弶国墓地出土。

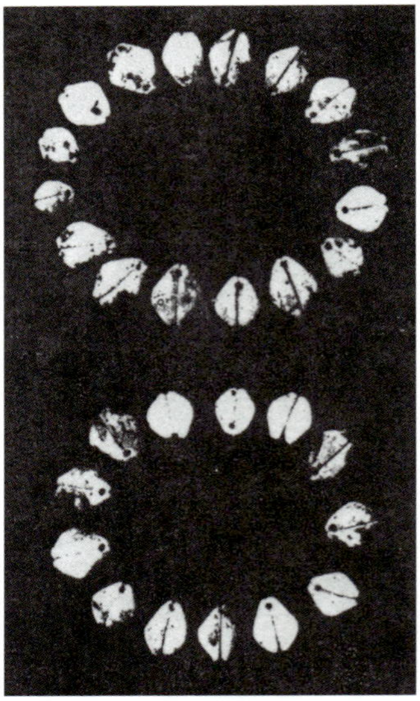

图 4-52. 玉贝腕饰。陕西宝鸡西周弶国茹家庄墓地出土。

是成系的，每系有 22 枚、24 枚、28 枚。并经常两系或三系并列，缀在腰间的柔带上。殉贝在周代较为普遍，除了具有装饰作用外，古人认为贝具有“再生”的含义，死者佩戴它就有希望获得新生。

七、手上的饰物

周代的贵族很喜欢戴手串。在陕西宝鸡西周茹家庄墓地中，一位墓主的右手处就有一件由 13 件琢工精致的玉贝组成的手串（图 4-52）。河南三门峡虢国墓地中，国君夫人梁姬的左右手都戴有串饰。在太子墓中，太子的左右手腕则戴着与其项饰基本相同的手串（图 4-53）。

知识链接　首饰的材料与工艺——最早的琉璃

在周代的首饰论述中曾多次提到过琉璃珠、管，可见琉璃在中国的历史十分久远。琉璃是中国人发明的一种古老玻璃，以后又称为料

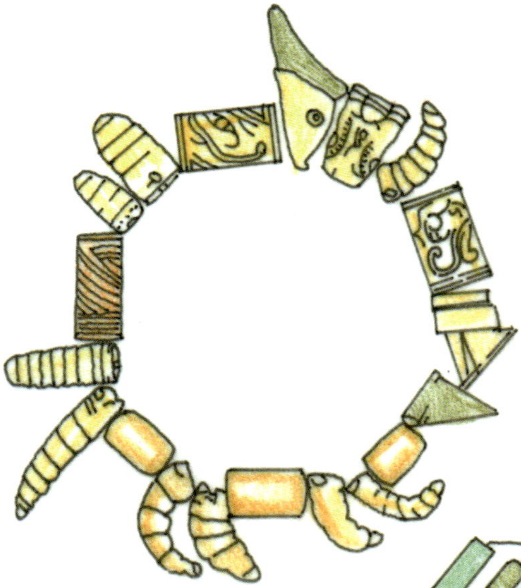

1.

2.

3.

图 4-53. 国君夫人梁姬的手串。

1. 右腕。由一件兽首形佩、鸟形佩、九件各种形状的蚕、两件蚱蜢及八件玉管组成。
2. 左腕。由玛瑙与绿松石珠组成。河南三门峡虢国墓地出土。
3. 太子的手串。

器。现今发现我国最早的琉璃是1972年在河南洛阳庄淳沟西周早期墓葬中的一个有穿孔的白色料珠，它把我国自制玻璃的起点提前到公元前十一世纪。在陕西省扶风云塘西周墓中，墓主人的骨架颈部还有一件琉璃串饰，它由77颗四种不同形状的白色琉璃扁珠和绿色琉璃管珠交替排列，串连而成。这可能是现今发现最早最完整的中国琉璃饰品。

1975年陕西宝鸡茹家庄西周古強国墓地中发现了上千件西周早、中期的琉璃珠管，引起考古界、科技界以及玻璃研制人员的浓厚兴趣。据鉴定，西周出土的这些琉璃并不是玻璃，它们是含有少量玻璃的多晶石英珠。对于強国琉璃的制造工艺，专家从实验结果中发现并推测，古人把纯度较高的天然石英砸碎，拌上一种黏合剂，做成圆珠状，管状的坯子，成形的管、珠上滚沾上含铜的着色剂，在五六百度的低温中烧结而成。制成的琉璃在外表上附有薄薄含铜的涂层，在阳光下可以看到内部纯净透明石英晶体的反光，表面显示出蓝绿色的美丽光泽，成为当时人们喜爱的装饰品。所以，中国的这种琉璃自始至终都是属于低温的铅钡玻璃。质地清脆易碎，并且不耐高温，不适应骤冷骤热，因此不适宜做饮食器皿，只能做项链上的珠管、束发用的笄等。中国的玻璃工艺虽然起源很早，但发展十分缓慢，只限定在特定的领域内。这种琉璃制品的发展在春秋战国时期已经成熟。

第五章

丰富多变的春秋战国首饰

第一节 标新立异

东周后不久，天下大乱，开始了长达五百多年的列国诸侯混战时期，称为春秋和战国。在这近三百年间，烽烟四起，战火连天。司马迁写道："《春秋》之中，弑君三十六，亡国五十二，诸侯奔走不得保社稷者，不可胜数。"春秋之后，各诸侯国又开始了争夺真正霸主的战争，史称战国。最终秦国战胜了各诸侯国，于公元前 221 年统一了中国。

这一时期的服饰风格极为多样。在这段混乱的年代里，人们的思想却异常活跃。特别是战国时期在艺术品的风格上，北方各国多呈现出特有的古朴雄浑之美，而以楚国为代表的南方地区，则具有动荡的、充满激情的色彩，其器物造型优美灵动，与商周时期神秘而凝重的风格有十分明显的变化。

战国时期，出现了中国第一部工艺专著《考工记》，它总结了前代各种工艺制作的经验，提出了"天有时，地有气，工有巧，材有美，合此四者然后可以为良"的观点，成为以后工艺品制作的一个重要标准。在这个以战争为主的年代里，男子的首饰种类和数量占有重要地位，到处都显示出一种阳刚之美。

一、追求时髦新奇的男子冠饰

东周和春秋战国时，诸侯争雄，霸主们为显示自己而标新立异，追求时髦新奇是当时服饰的一个显著特征。如《淮南子·览冥训》中所说，当时"衣冠异制，各殊习俗"。七国异族，各种习俗都反映在冠服上。《墨子·公孟》中有段话说的就是这种状况："昔者齐桓公高冠博带，金剑木盾，以治其国，其国治。昔者晋文公大布之衣，牂羊之裘，韦以带剑，以治其国，其国治。昔者楚庄王鲜冠组缨，绛衣博袍，以治其国，其国治。昔者越王勾践，剪发文身，以治其国，其国治。此四君者，其服不同，其行犹一也。"特别是在南方的楚地和当时中原诸国的习惯很不相同，他们完全不顾中原《周礼》中"奇服怪民不入宫"的礼教，各类奇异衣饰制作得十分华美。如三闾大夫屈原就很喜欢高冠奇服，年既老而不衰；

而楚文王好獬冠，举国风行一时。除了商周时期的一些冠饰外，以此发展而来的新冠饰也相继出现。如有很多以鸟兽的样式而命名的冠，像獬豸冠、鹖冠、鹬冠、鵕鸃冠等，另外还有切云冠、远游冠、皮弁、琼弁、缁布冠等，许多冠饰流传下来，成为以后各朝各代常用的冠饰种类。

（一）神角獬豸冠

此冠是楚王用一种称为獬豸兽（“獬”：音同“谢”，“豸”：音同“志”）的角制成的执法官所戴的冠。传说獬豸兽是一种类似羊的怪兽。在《异物志》中记载着传说中的这种异兽，它能辨别是非曲直，“见人斗，即以角触不直者，闻人争，即以口咬不正者”。楚王用这神羊的一角，取它“公正”的含义制成执法官的冠饰，意思是让执法者能够公正地辨明是非。《后汉书·舆服志下》：“（法冠）执法者服之……或谓之獬豸冠。獬豸，神羊，能别曲直，楚王尝获之，故以为冠。”在《淮南子》中还记述着由于楚王喜爱戴这种冠，使楚国上下风行一时。到了秦灭楚时，秦王把此冠赏赐给近臣、御史，也是想使这些执法者具有其公正意志。在甘肃酒泉下河清出土的一只铜獬豸，独角带刺，又称为“独角兽”，在墓葬中随葬此物有镇墓辟邪的作用。到了魏晋时期，这种冠仍为法冠，又名“柱后”。有学者认为，在湖南长沙马王堆一号墓出土的木俑中，大部分都在冠前直立一只角形木棒，也许是獬豸冠的遗风（图 5-1）。

（二）中山国的一种牛角形冠

在河北平山三汲战国中山国墓中出土了一些小玉人，他们的头上戴一种角形冠，也是古代保留兽角特征冠饰的一种。这种冠在山西侯马冶铸遗址及西周铜像上也有发现，应是当时较为普遍的冠饰。有趣的是，在现在的苗族中仍能见到这样的头饰（图 5-2）。

（三）赵国鹖冠

“鹖”（音同“和”）是古书上说的一种善斗的雉鸟，它有黄黑色的羽毛，在争斗中十分勇猛，如果两鸟相争，必将其中之一斗死才会罢休。相传赵武灵王常用这种鸟尾上的羽毛来表彰作战中勇猛的武士。后来惠文王继承父业，继续推广胡服骑射，制成此冠。故史籍中有“赵惠文冠”之名。秦王灭赵后，曾将此冠颁赐给近侍，后来又在此基础上蜕变为武冠，专用于武将及近臣。《后汉书·舆服志》中：“左

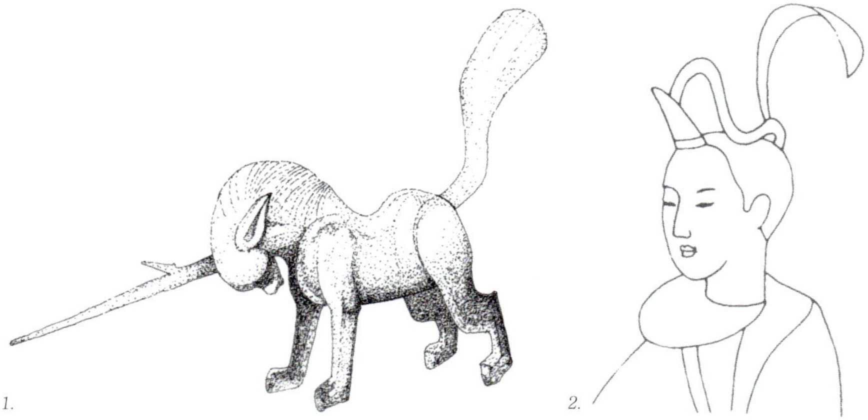

图 5-1.

1. 铜獬豸。甘肃酒泉下河清出土。
2. 南北朝时的獬豸冠。据莫高窟 285 窟南壁西魏壁画。

图 5-2.

1. 戴牛角形冠的女子。河北平山三汲战国中山国墓出土玉人。
2. 头戴牛角冠的人物。山西侯马牛村出土。
3. 苗族女子冠饰。

右虎贲、羽林、五中郎将，羽林左右监皆冠鹖冠，纱縠单衣。”它的冠式形如覆箕，左右各插一枝鸟羽。在河南洛阳金村战国墓出土的铜镜上，一骑马武士就戴有此冠（图 5-3）。

（四）鹬冠与鵕鸃冠

这两种冠的名称都是鸟名。其中“鹬”（音同“玉”）是一种水鸟，羽毛多为沙灰、黄、褐等平淡的色调，密缀细碎的斑纹。常在水边或

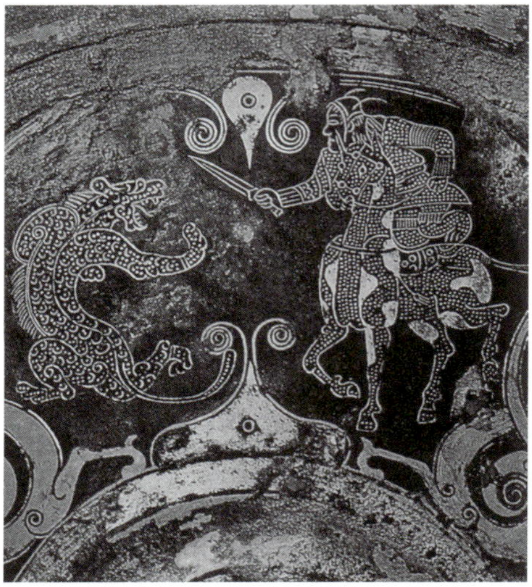

图 5-3. 头戴鹖冠的骑马武士。传洛阳金村出土。

图 5-4. 传统戏剧中的羽翎冠。

图 5-5.
1. 戴鸟形冠的子路，山东嘉祥武氏祠画像。
2. 信阳楚墓中漆瑟上头戴鸟形冠的人物。

图 5-6. 头戴高冠的楚国人物。湖南长沙子弹库战国楚墓壁画。

田野中捕食小鱼或贝类。在古代还有“鹬蚌相争”的成语，鹬冠即是用鹬的羽毛制成的冠。《左传·僖公二十四年》：“郑子华之弟子臧出奔宋，好聚鹬冠。”鵕鸃（“鵕”：同音“俊”；“鸃”：同音“移”）是一种类似锦鸡的鸟类。它似山鸡而小冠，背为黄毛，腹部下面呈红色，脖子是绿色，而尾部又呈火焰般的红色，光彩鲜明，戴上这种鸟翎的冠特别鲜艳夺目。《汉书·佞幸传》：“故孝惠时，郎、侍中皆冠鵕鸃，贝带，傅脂粉。”在现今的古典戏曲中，武生们的头上仍能够见到这种冠饰，只是为了艺术表现而做了夸张（图5-4）。

（五）巫师的鸟形冠

在河南信阳长台关楚墓出土的漆瑟图上，画着巫师作法时头戴一种前有鸟首后有鹊尾的帽子，由于不知其名，我们称它为鸟形冠。有学者认为，在冠的后面有两个翅的可能是用鸟羽做的装饰，以表示其神化的身份。另外漆瑟上所绘人物的冠饰中，还有一种侧看像“工”字状的冠，它与曾侯乙墓鸳鸯盒上所绘人物头上的冠式有些类似，多为乐舞人物和习射者佩戴。类似的鸟形冠在山东汉画像石中也能见到（图5-5）。

（六）巍耸的高冠

当时的贵族十分喜爱奇异的高冠。仅在记载中就有“大冠”“元冠”“高山冠”，还有楚国的“切云冠”“远游冠”“通天冠”及齐国“巨冠”等。古人认为高冠能够通天，使自己具有与神一样的能力。在屈原《楚辞·九章·涉江》中“带长铗之陆离兮，冠切云之崔嵬”（“嵬”音同“魏”），其中的“切云”就是楚国的“切云冠”。在湖南长沙子弹库战国楚墓壁画中，一男子头戴“8”字形高冠，颚下系着长缨（图5-6）。

（七）带有玉饰的弁

弁是当时贵族们戴得比较尊贵的帽子，有皮弁、爵弁之分。皮弁是由几块白鹿皮拼接而成，看上去上面锐小，下广大，很像人的两手相合的形状，又有些像近代的瓜皮帽。在当时的楚国，戴皮弁风行一时，并多用于田猎。楚人制作的质地名贵的皮弁，不仅技艺考究，样式也很奇特。如带有玉饰的弁，就是在皮弁的接合处，用五彩的玉来装饰，远望宛如明亮的星星。在《诗经·卫风·淇奥》中的卫武公就有“会弁如星”的诗句。珍贵的“琼弁玉缨”就是饰以琼玉的皮弁，“玉缨”

1.

2.

图 5-7.
1.“会弁如星”的皮弁。唐・阎立本《历代帝王图》局部。
2. 戴皮弁的帝王。

则指皮弁两侧的缨组上装饰着美玉（图 5-7）。

二、又美又实用的发笄

笄与以前没有很大的区别。在河南省光山宝相寺春秋孟姬墓中，出土了两件保存完好的木质发笄，墓主孟姬是一位年龄约 40 岁的女子，令人惊讶的是，在她的头盖骨上竟还保存着完好的发型。在用真发挽成的发髻上斜插着两支木笄，使我们很明显地看到当时妇女插笄的大致状况（图 5-8）。

春秋晚期的玉笄，制作精美。在河南淅川下寺一座墓中发现了一件淡青色的圆柱体玉笄，一端较尖，另一端是较粗的喇叭形状，上面环刻着精美的纹饰。山西长治分水岭女墓出土的一件发笄，以白玉制成，首端镶嵌着青玉，并透雕着蟠螭图案（图 5-9）。

图 5-8. 头插木笄的女子。两支木笄长 20.8 厘米，直径 1.2 厘米—2.1 厘米，一支柄端缀有玉堵，另一端无。河南省光山宝相寺春秋孟姬墓出土。

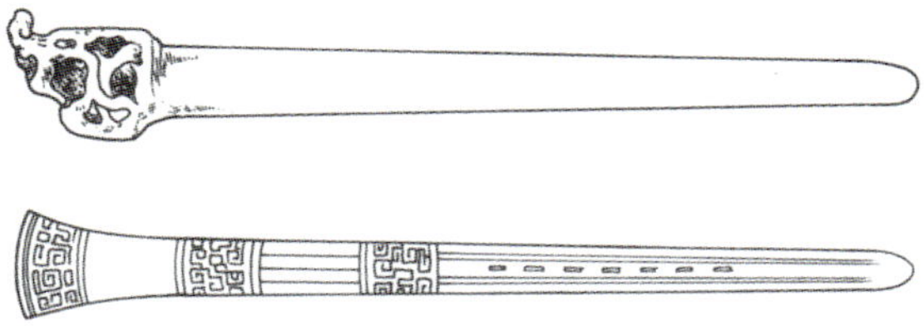

1.

2.

图 5-9. 玉笄。
1. 河南淅川下寺一号墓出土，长 13.5 厘米。
2. 山西长治分水岭女墓出土，长约 15 厘米。

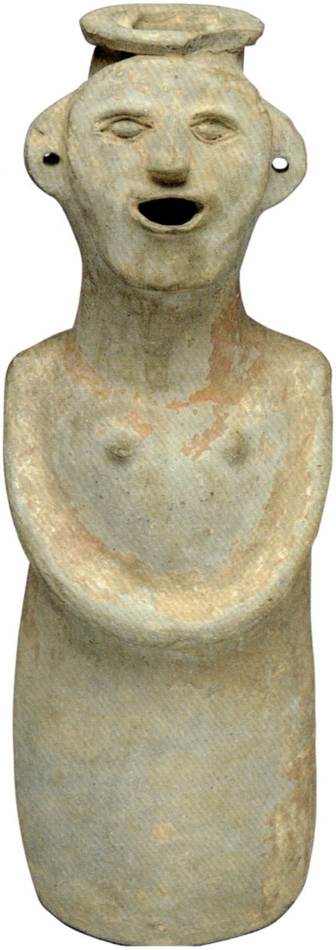

图 5-10. 穿有耳孔的彩绘人形灰陶瓶。甘肃礼县出土。

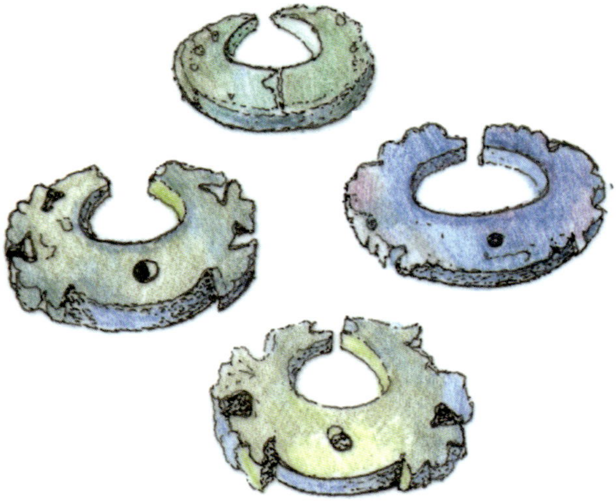

图 5-11. 花棱形绿松石玦。春秋吴国王室窖藏玉器。

三、同时并存的几种耳饰

穿耳仍然流行。甘肃礼县春秋时代穿有耳孔的彩绘人形灰陶瓶，是这种古老风俗的写照（图5-10）。

珥对我们来说已经不陌生了。它多指用珠玉做的耳饰，也叫作“瑱”。《韩非子·外诸说右上》里记载了这样一个故事。孟尝君的父亲田婴到齐国时，齐威王的夫人去世了。而齐威王的身边有十个少女，田婴就想请齐威王立其中的一位为夫人，但却不知齐威王最喜欢她们当中的哪一个，于是他就进献给齐威王十个玉珥，其中有一个十分精美。齐威王把玉珥分给少女们佩戴，且把最精美的那只送给了他最喜爱的那位少女，于是田婴就劝齐威王把这位女子立为夫人。从这个故事中可以看出，“珥”在当时可以单独佩戴。

玦仍有佩戴，发现的耳玦多在春秋早期的墓葬中，说明当时仍继承了商周的风俗。龙纹耳玦比较多见。而春秋时期吴国王室窖藏的玉器中还有很别致的绿松石耳玦。一侧有缺口，周边镂雕花棱，上有一很小的穿孔。两面琢磨得十分光滑，这几件绿松石玦样式相同，只是大小不一，应是悬挂在耳边使用的（图5-11）。

耳环多见于北方草原民族地区。一般是用较粗的金属丝缠绕数圈，很像现在使用的弹簧。在内蒙古伊克昭盟桃红巴拉古墓出土的一对就是这种样式，它由粗金丝做成，一只缠绕成三圈，另一只缠绕成五圈，金丝的两头都被磨尖，以便于穿戴。出土时位于头骨两侧。这是北方游牧民族匈奴人的遗物，时间约为春秋晚期。类似的还有在内蒙古乌兰察布盟毛庆沟古墓出土的耳环，是由铜丝缠绕成四或六圈而成，时代为春秋晚期至战国。另在北京延庆军都山、辽宁昭乌达盟宁城、河北怀来北辛堡等地的春秋战国墓中，都有这类耳环实物。南方地区的这类耳环稍有不同。如在四川茂名战国古墓出土的一种，虽然也用铜丝缠绕，但却绕成圆盘，像一个圆饼，每只耳环分别绕以七圈铜丝，在末端引出一段弯成挂钩，可能是西南部落民族的遗物（图5-12）。

古老的圆环状耳饰仍是当时最普遍的一种耳环。湖北江陵出土的楚墓彩绘木俑，她耳戴圆耳环，腰佩长条玉佩，清丽优雅（图5-13）。

1.　　　　2.　　　　3.

图 5-12.
1. 金丝耳环。内蒙古伊克昭盟杭锦旗桃红巴拉古墓出土。
2. 铜丝耳环。内蒙古乌兰察布盟毛庆沟古墓出土。
3. 铜丝耳环。四川茂明古墓出土。

图 5-13. 戴耳环的彩绘木俑。湖北江陵出土。

1.　　　　2.

图 5-14.
1. 镶嵌绿松石金耳坠。河北易县燕下都辛庄头 30 号墓出土。
2. 金耳坠，两件尺寸稍有差别，此件为较大者，通长约 7.3 厘米。

1.　　　　2.　　　　3.　　　　4.

图 5-15. 耳坠。
1、2. 金片和红玛瑙绿松石。上海博物馆藏。
3、4. 金耳坠。甘肃张家川马家源战国墓地出土。

长耳坠类耳饰是北方民族耳饰中最漂亮的一种。1978年在河北易县燕下都出土的战国晚期燕国王室贵族妇女佩戴的一对金耳坠，是由金丝弯成圆环并用三组金丝包嵌着绿松石和玉珠，是极美丽的耳饰。1992年山东临淄商王村墓地出土的一对战国晚期至秦的金耳饰，由金丝、金环、金片、绿松石和珍珠及骨牙串珠等组成。造型复杂，工艺精巧，使用了很多不同材料。这位墓主是被称为“赵陵夫人”的贵族女子，她拥有非常丰富的随葬品，耳坠被放在棺椁外的漆盒中，是她珍爱的饰物（图5-14）。相对较为简单的耳坠多在环状的金圈下缀着金片珠玉，也是很美的饰物（图5-15）。

图5-16.

1. 云纹玉佩发饰，总长36厘米。河南平顶山叶县旧县春秋墓出土。

2. 四璜连珠组合玉项链，长约45厘米。

3. 夔龙纹玉佩连珠玉项链。周长约58厘米。河南平顶山叶县旧县春秋墓出土。

图5-17. *战国金链舞女玉佩。全长约42厘米。美国弗利尔美术馆藏。*

图 5-18. 玛瑙珠串。张家川马家源战国墓地出土。

图 5-19. 各种各样的珠饰。张家川马家源战国墓地出土。

四、脖子上的饰品

（一）不同地区的项链装饰

春秋战国时期的项链在不同的地域和时期，风格差别很大。春秋早期，地处中原的贵族们的服饰虽有变化，但仍继承了西周的传统。如河南平顶山市叶县旧县春秋墓葬中，墓主人头部的装饰是用玉组成的发带，还有玉笄与耳玦。脖子上的项链和胸饰精美华丽，漂亮的四璜佩饰和长至胸前的项饰都是极为富贵的象征（图 5-16）。

而在河南洛阳金村发现的玉舞人组佩，则是完全不同的特色。这种以玉人来充当佩饰部件的风俗历史悠久。春秋战国时期，开始有了专门从事歌舞伎乐的年轻女子，她们能歌善舞，活动于上层社会，地位虽不是很高，但衣着十分讲究。这种以歌舞玉人作为主要部件的佩饰在春秋末期已有出现。最有代表性的一件，当属传为河南省洛阳金村韩墓 20 世纪 20 年代出土的一件战国早期的双玉舞人饰，她们一手高举及顶，一手下垂，是成组佩玉的一部分。整件玉佩用黄金绳贯穿，再现了战国时期长袖舞女优雅的舞蹈造型。到了汉代，玉舞人佩饰十分流行，在墓葬中也多出于墓主的胸前，成为这一时期项胸佩饰的最大特点（图 5-17）。

西北地区的草原民族从头到脚都有装饰。他们戴着圆环垂珠的耳饰，钟爱用各种不同的珠子杂穿成的一条条串饰；用动物纹样装饰的金片缀在腰带上，金银带钩闪闪发亮。他们的串珠太丰富了。在甘肃东南毗邻陕西陇县的张家川马家源战国墓地发现了玛瑙珠、釉陶珠、各式玻璃珠、肉红石髓珠、绿松石、人面金饰等，颗颗珠饰美不胜收（图 5-18、图 5-19）。

项圈是古代妇女、儿童戴在脖子上的用金属做成的环状饰物。在北方民族地区，成年男子也喜爱戴这类饰物。最早的项圈实物，是 1972 年在内蒙古伊克昭盟杭锦旗阿鲁柴登战国中期墓发现的两件，都是用 0.6 厘米粗细的金条弯制而成，每件残长约 130 厘米，应是古代匈奴人的遗物。与此相同的一件金项圈出于内蒙古西沟畔墓地，只是更长些，出土时绕两圈套在墓主人的颈部，同时在他的头上还戴有精美的头饰和冠饰，应该具有较高的身份。内蒙古准格尔旗玉隆太战国墓还出土一件银项圈。较为精致的当属伊克昭盟瓦尔吐沟墓出土的一件银项圈，它被绕成两圈，在项圈的一端，装饰着猛虎噬羊的图像（图5-20）。

东北地区的游牧民族则喜爱璜形的金项圈，戴着长而垂摆的耳坠，腰间不同纹饰的带钩蕴含着丰富的文化特色（图5-21）。长江以南的贵族串饰看起来虽然较为质朴，但那极为精美的玉石珠饰，体现了工匠们高超的技能，使佩戴者显示出高贵的气质（图5-22）。

（二）精致的饰件

这一时期，复杂而富丽的贵族项胸饰品已较少见到，最为流行的是较为简单的串饰。但一件看似普通简单的玉串饰，每一个小部件都制作

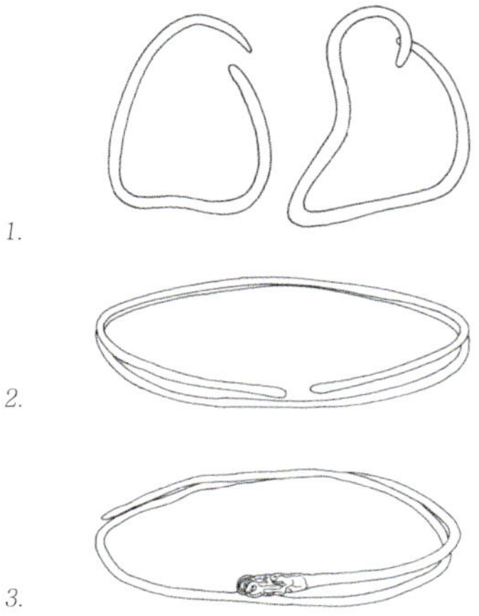

图 5-20.
1. 金项圈。内蒙古伊克昭盟杭锦旗阿鲁柴登战国墓出土。
2. 金项圈。内蒙古西沟畔二号墓出土。
3. 有猛虎噬羊图像的银项圈。

图 5-21. *金项圈。内蒙古准格尔旗玉隆太战国墓出土。*

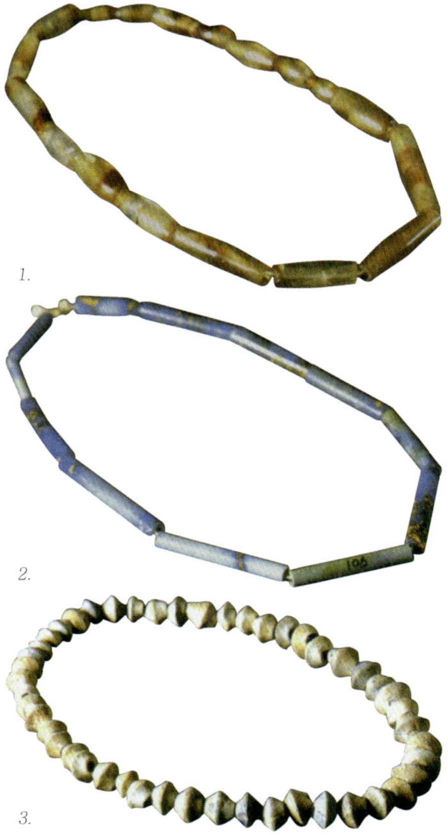

图 5-22.
1. 玛瑙串饰。
2. 绿松石串饰。
3. 松石串饰。

得非常完美。1986年，在距苏州城西20公里的严山东麓出土了一批春秋末期吴国王室窖藏玉器，其中有绿松石管、腰鼓形玛瑙管、绿松石珠项链及一些刻有纹饰的小饰件。都是王族所拥有的玉饰（图5-23）。

材料多样也是这时期串饰的特点。除了以前常用的玉、玛瑙、绿松石外，还有整串以水晶或琉璃珠制成的项链。水晶在古代也作“水精”“水玉”，它是一种透明的石英矿石，古人称之为“水精”，是由于它的莹澈晶光有如水之精英。较早的水晶饰品，有山东淄博临淄郎家庄东周墓出土的无色水晶和紫水晶制成的串珠、河北邯郸市百家村出土的战国时期的水晶项链。而在湖南长沙的战国墓等地也都有水晶饰品出土，这些水晶饰品大都无色透明，清澈似水，有的还间以半宝石，是贵族阶层所拥有的美饰（图5-24）。

在古代的墓葬和遗址中，发现了西周、春秋战国时期的琉璃器约两千多件，其中有许多都是用来做项链的。在湖南、湖北的战国楚墓、曾侯乙墓，河北平山战国中山王陪葬墓，山东曲阜鲁国故城，河南辉县固围村，以及内蒙古自治区等地都发现了许多美丽的琉璃珠，形状有圆形、扁圆形、多角形、管状和管状多角形等，成串的琉璃珠饰也多有见到。

战国的琉璃珠十分独特，典丽迷人。它们多以陶坯为胎，然后在陶胎上用有色玻璃粉绘成图案，再入窑烧制，所以并非全珠都属于琉璃，但烧出来的效果却非常美丽灿烂。战国珠的釉药中，石英的成分较多，所以珠子由于釉料较浓稍有些小泡。琉璃珠大都是以淡绿和淡蓝色为主，为铅、钡和硅酸盐的混合物，纹饰也很丰富。考古发现年代最早、数量最多的是一种叫作“蜻蜓眼”的琉璃珠，这是因为珠上一组组的同心圆纹饰就像是蜻蜓的眼睛凸出在珠子的表面，同心圆圆圈的数量从二三个多至八九个。圆圈的颜色也多为蓝白相间，但也有棕色和绿色的。每颗珠的“蜻蜓眼”，也大多在八至十几个。一些外国的学者指出，这种被我们称作“蜻蜓眼”的琉璃珠，是公元七世纪之前腓尼基人生产的，并在中亚、西亚、北非等地非常流行，时代也比中国早，西方称之为“眼珠”。而佩戴玻璃“眼珠”，主要是为了辟邪，上面的多只眼睛可以帮助人防卫。中国这种类型的琉璃珠是有着外来式样，而中国人自己制造的。在

图 5-23.
1. 玉管。玉色淡青灰黑斑。
2. 夔纹玉管，长 4.9 厘米。
3. 长鼓形弦纹管，长 2.2 厘米，纹饰琢刻如毫发，是一件工艺价值很高的微型玉雕。
4. 竹节形玉管，长 6.1 厘米，宽 1.2 厘米。苏州严山东麓出土。

图 5-24. 水晶串饰，吴国贵族项链。苏州严山东麓出土。

1.

2.

3.

图 5-25. 战国琉璃珠。
1. 球形琉璃珠，直径 6.3 厘米。
2. 蜻蜓眼珠。长 2.7 厘米，直径 2.1 厘米。湖北江陵九店 703 号楚墓出土。
3. 管状琉璃珠。湖南长沙战国楚墓出土。

伦敦的大英博物馆里，也藏有一些我国战国时期的琉璃陶珠。除了制作珠饰外，琉璃制品也常作为装饰被镶嵌在各类器物上。在湖北江陵楚墓中发现的越王勾践自用锦纹剑，剑珥部分就镶嵌有两小粒透明碧蓝色料珠。由于当时美玉稀少难得，人们还常把它当成玉的替代品，如湖南楚墓中常发现有精美的碧琉璃璧、环等。由此看出，中国烧造琉璃的技术，最晚在春秋战国之际已经成熟（图 5-25）。

除此以外，一些地方还出现用青铜为小饰件组成的项链。在四川石棉永和战国墓地中，墓主的随葬品是用铜串珠和玛瑙珠串成的项链。其上身两侧从肩部至盆骨还有用大、小铜泡、球形、长方形及其他铜饰件连缀起来的饰品，别具一格（图 5-26）。

五、别具特色的青铜镯

手串和玉镯仍是中原及长江以南地区的主要手上饰物。当时的玉镯仍多为扁圆环形。如吴王室窖藏玉器中出土的一件玉镯。河南叶县旧县出土的手串则仍具有西周贵族的风格（图 5-27）。

而金属手镯则是少数民族戴得较多，主要以铜为主。四川甘孜藏族自治州出土的四件铜镯是用铜条弯曲而成，两端的接头分开，戴时可调节松紧，年代相当于战国时期。四川普格小兴场墓群发现有各式铜镯 50 件，其中有模具制成的；镯面宽于 0.5 厘米，在镯面中心还有一条凸出的点状花纹，有用厚铜片弯制而成的，一些镯面宽约 1 厘米，两端连接处用铆钉铆合，一些镯面较宽的还装饰着精美的山字纹、云纹、圆圈纹和锯齿纹等。这个地方现在是彝族聚居区，当时在此居住的主要是邛人。墓葬年代约在战国至西汉初期（图 5-28）。

云南的古滇人极喜爱戴镯。云南古代盛产铜，丰富的铜矿资源使古滇国的居民有在手臂上戴筒形铜镯的习俗。在云南昌宁出土的十几件铜镯叠摞在一起像一组臂筒。而云南江川李家山出土的嵌绿松石铜镯，全套八件，出土时四镯为一组，分别佩戴于墓主人左、右手臂上，镯面上都镶嵌着两周小绿松石片，青色的铜与绿松石相互衬托，使单一的青铜色彩有了细腻丰富的变化（图 5-29、图 5-30、图 5-31、图 5-32）。

图 5-26. 铜泡饰。四川石棉永和战国墓地出土。

1.

2.

图 5-27.
1. 扁圆环镯，外径 7.5 厘米、内径 5.3 厘米。吴王室窖藏玉器。
2. 料珠玛瑙组合的手串。河南叶县旧县春秋墓出土。

1.

2.

图 5-28. 铜镯。
1. 宽于镯面 0.5 厘米的纹饰。
2. 带有突出纹饰的镯。四川普格小兴场墓群出土。

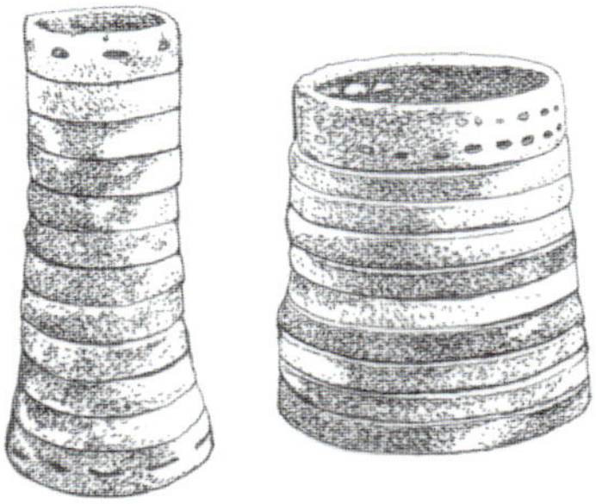

图 5-29. 筒形铜镯。云南昌宁坟岭岗青铜时代墓地。

图 5-30. 嵌绿松石铜镯。云南江川李家山 23 号墓出土。

图 5-31. 戴手镯的猎手。云南江川李家山 13 号墓出土。

图 5-32. 圆筒形金臂钏，内镶肉红石髓和绿松石。2008 年甘肃张家川马家塬战国墓地出土。

六、环佩响叮铛

（一）玉佩饰

1. 佩玉的缘由 春秋战国时期人们仍然崇尚玉，玉成了“天下莫不贵者”。诸侯邦国间交往所赠的贵重礼物，美锦、白璧、黄金、文驷（装饰华美的四马车）都是当时价值很高的。名贵的玉器价值连城，为了得到一块美玉，争战、割地都在所不惜。玉饰的特殊地位使工艺也有更高的发展。成为相玉有专家、治玉有专工的一整套制玉体系。

然而使玉风行的更重要原因：

其一，周初产生神秘的玉的理论，在春秋时期又被附上了更深刻的道德含义。《仪礼·聘礼》记载了孔子和其弟子子贡探讨玉的精神，详细而精辟地表达了儒家用玉的道德观念。将儒家道德中的仁、义、礼、智、信五德都涵盖其中，人臣君子都以玉来表达自己的品德。

其二，战国时期社会动荡，西周严格的礼制观念发生动摇，一些身份较低的士庶亦可以身佩玉组佩，到了后来，甚至婢妾乐伎佩戴玉组佩也不会受到限制，这种既具有道德涵义，又有漂亮装饰作用的玉佩饰受到整个社会的钟爱。以致春秋战国时期的玉器中礼器用玉减少，而佩玉的品种大增。

人们思想的异常活跃也使玉饰的造型显得更加生动活泼，工匠们摆脱了商周时期的那种古拙的造型，掌握了自由灵活的雕刻技法，出现了具有复杂曲线并有镂刻精美的雕刻品。如河北平山中山国出土的三兽圆形玉佩、河北省易县战国晚期燕下都遗址出土的双龙、双凤透雕玉饰件等都是这类作品中的千古绝唱（图5-33、图5-34）。

2. 佩玉的规定 这一时期的身体佩玉多为组佩，即用各种不同的玉饰按照一定的规律，用不同颜色的丝绳组合成一串佩在腰间。当时，帝王、百官、士人的佩玉有严格的规定，并形成了制度。在《礼记·玉藻》中记述了各种礼制。如其中：“君子无故，玉不去身。君子于玉比德焉。天子佩白玉而玄组绶。公侯佩山玄玉而朱组绶。大夫佩水苍玉而纯组绶。世子佩瑜玉而綦组绶。士佩瓀玟而缊组绶。孔子佩象环五寸而綦组绶。”意思是：君子无故佩玉不离身，玉对于君子，是用来象征德行的。天子佩戴用玄色丝绳串联的白玉。玄色即天青色，比黑色浅，像天空的深远

图 5-33. 三兽圆形玉佩。河北平山中山国出土。

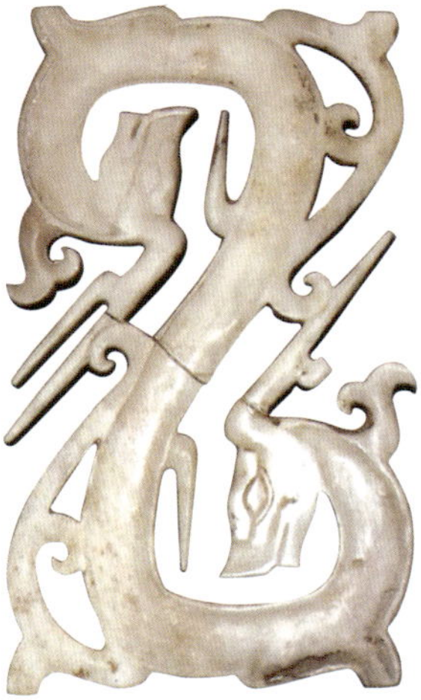

图 5-34.
1. 双龙透雕玉饰。宽 4.6 厘米，双龙身相连，通体呈“S”形。
2. 双凤透雕玉饰。宽 4.1 厘米，双凤连体，身体略成“S”形。河北易县战国晚期燕下都遗址出土燕国遗物。

图 5-35. 穿袍服、佩戴由组绶系结玉饰的女子。河南信阳长台关一号楚墓出土漆绘木俑。

之色。古代帝王、诸侯及卿大夫所穿的上衣用玄色像天，下衣用黄色像地，表示对天地的崇拜。而白玉是诸色玉中档次最高的。公侯佩戴用红色丝绳串联的青黑如山色的玉；大夫佩戴用纯丝绳串联的苍黑如水色的玉；世子则用杂色丝绳串联似玉的美石，士人佩用赤黄色丝绳串联一种称为“瓀玟”的似玉美石。孔子佩戴五寸的象骨环，而系以杂色的丝绳。

串联玉佩的“绶”是古代以丝缕编成的绳带，又称为“组”。组绶除了在屋宇、车舆等处被大量采用外，也用于服饰。人们身边所佩玉饰，就是用组绶相系结。在河南信阳楚墓出土的彩绘木俑的腰间，就可看到由组绶相连的一组玉佩，在玉组佩的上部还露出了一截朱红色的组绶，能够清楚地看到丝线纽绞在一起的样子。组绶的另一种用途是佩系印玺，古人常在身边佩印，那时的印章顶部制有鼻纽用来穿系绳带，外出时则将印章佩在腰间，这种绳带即为组绶。从秦代起，佩戴代表官阶品级的印与绶形成了制度。《史记·蔡泽传》载：“怀黄金之印，结紫绶于要（腰）。”这个时期的印绶，多被织成阔带，以颜色、长度来区别等级。汉代沿袭此制，并对绶带编织的疏密也有规定，官职越高，绶带越长，用色越多，绶带的组织也越紧密（图5-35）。

由组绶系结的组佩是由多种不同形式的玉饰件串连组合成的一长串玉佩饰。春秋中期，这种组佩已经有了一套较为固定的组合方式。按照古礼制，一般成组的佩玉上必须有弯月状的璜，连结着璧或环，中有方形的琚瑀，旁边还要有由野猪牙演变而来的冲牙等，再用彩色丝绳串联珠子点缀其间，下垂彩色丝绦，成为完整的一组。但那些风格多样的组佩，由于年代久远，基本形式已无从知晓，许多学者都对过去的玉佩组合做过详细的考证。其实，古代佩玉制度的标准和规格，也许只限于在礼制上使用。在战乱纷起的春秋战国时期，既然“衣冠各制，各殊习俗”，衣饰也都标新立异，所以当时佩玉也不可能只有一种规范化的形式标准，是在一种大致规范中又各有不同。这种特色使我们在发现的组佩中几乎没有找到形式完全相同的佩饰（图5-36）。

3. 记载中的佩玉 在《诗经》中有许多关于当时佩玉的描写。如《秦风·终南》和《郑风·有女同车》中都有“佩玉将将”，以形容贵族男子身着组佩而发出玉饰相撞击的玱玱之声。在《卫风·竹竿》中“巧笑

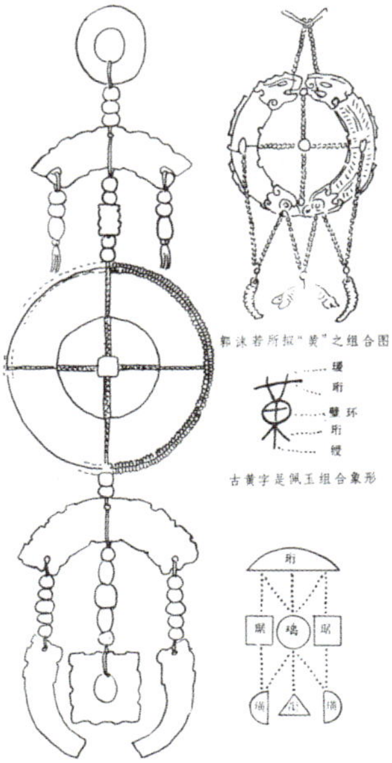

图 5-36. 学者们考证的佩玉形式。

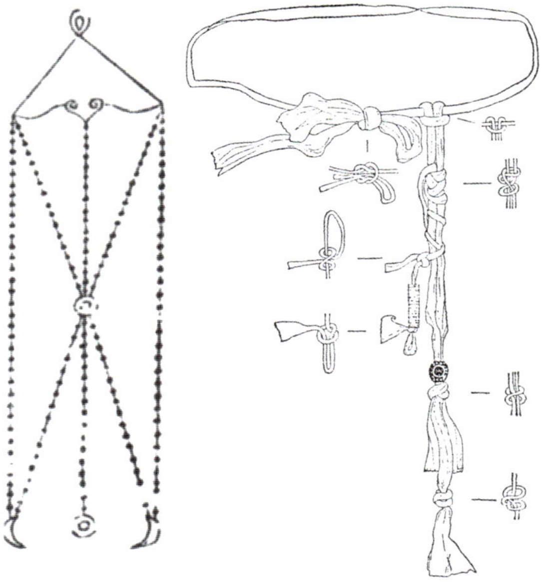

图 5-37. 珠管佩饰。湖北江陵马山一号楚墓出土。

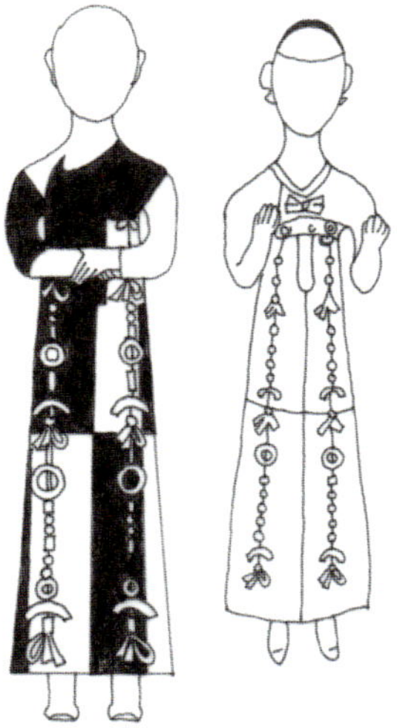

1. 2.

图 5-38. 戴组佩的女子。

1. 湖北江陵雨台山战国楚墓出土木俑。

2. 湖北江陵纪南城武昌义地六号楚墓出土。

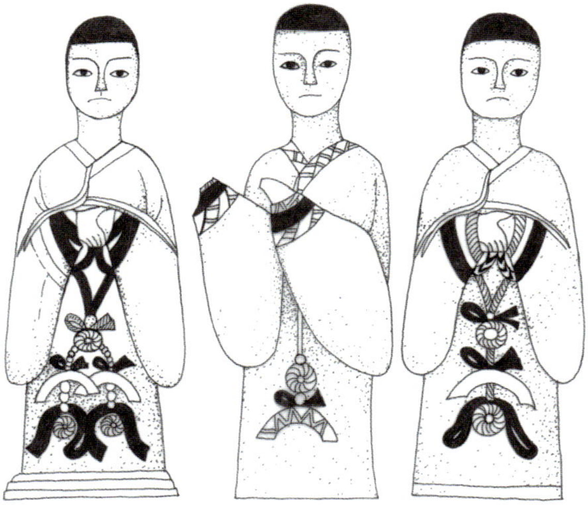

图 5-39. 戴一组玉佩的女子。河南信阳长台关楚墓出土。

之瑳，佩玉之傩”，描写一位卫国的女子出嫁别国，思归不得，想起她年轻时出外游玩，身上挂着佩玉，走起路来腰身婀娜而使佩玉发出有节奏的声响。制作精美的玉佩还可以作为贵重的礼物互相交换或送给亲朋好友。如《秦风·渭阳》就是一首外甥写给舅父的送别诗，诗中有“何以赠之，琼（美玉）瑰玉佩”。而玉佩还是男女的定情之物，《卫风·木瓜》就是一首男女互相赠答的定情诗，其中“报之以琼琚”（杂佩中的一种玉名）、“报之以琼瑶”、“报之以琼玖”（泛指宝石，似玉的浅黑色石）等都是形容用以赠给女子的美玉。在“风”诗中，凡男女定情之后，男子也多以佩玉赠送女子，都是这类风俗的记录。

4. 佩玉方式 佩玉组合与玉组佩的佩戴方法很有讲究，不同的等级、性别、年龄、爱好都会有不同的佩玉。佩戴玉组佩的方式主要有三种：其一，上起颈部，经胸腹部而直垂于膝下。如传河南洛阳金村东周墓出土的金链舞女玉佩就是最有代表性的一种。其二，在腰间正中佩戴一套或两套玉组佩。如湖北江陵马山一号楚墓的女性墓主，腰带上用复杂的方式系结着极为简单的一管一珠，出土时仍保留着原状（图5-37）。湖北江陵纪南城武昌义地楚墓出土的一些战国佩玉木俑，她们的体态修长，衣饰奇特，胸前两组完全相同的佩饰并列而下，编缀形式描绘得十分具体，正如《楚辞》中描写的“灵衣兮被被，玉佩兮陆离”（图5-38）。在腰前正中佩一组佩玉的很多见，可能是当时比较流行的一种。如河南信阳长台关楚墓出土的几件漆绘彩色青年女子木俑，她们的腰前正中都佩有一套别致的玉组佩，都是玉璜、玉环与精美的麻花绞绳和红色丝絛的搭配组合（图5-39）。

5. 不拘于礼的华丽组佩 用丝绳或丝带串连的一组玉佩，挂在腰间，走起路来，各种玉饰因相互撞击而发出有节奏的叮咚之声，十分悦耳。如果玉声一乱，则说明走路之人乱了节奏，有失礼仪。这就是人们佩戴玉组佩的另一种用途，即礼仪。这种玉佩又叫作“节步”。“节步”是因其步履不同，故佩玉不同，“改其步履之急徐长短，改其佩玉之贵贱”。先秦时，越是尊贵之人，他们的行步就要越慢越短，他们的佩玉则要求长度更长且做工更加复杂精致，以显示佩玉者的身份。到了后来，人们抛弃了礼制的约束，玉组佩完全成了贵族们炫耀身份地位的象征。如在安徽寿县蔡侯墓出土的一组玉佩，从人骨头部一直延伸到足部。由玉环、玉管、玉璜、玉冲牙等 21 枚玉件组成。而在山东曲阜出土的鲁国贵族佩戴的玉组佩，上为一只玉璧，联结玉管、玉珠，最下端为一造型生动的龙形饰，威严而华丽（图 5-40）。特别是湖北随县曾侯乙墓出土的一组 16 节龙凤玉佩饰，采用分雕连接的制作工艺，将五块玉料分割对剖成 16 节，各节之间再以玉环连成一体，每节均可活动折卷。它设计精巧，雕刻精湛，折卷自如，是目前所见先秦时代玉器中历史、艺术、科学价值最高的上乘佳品。而对于它的使用时有争论，由于它出土时是位于墓主的颌下，所以有人认为它是冠上的饰物“玉缨”，在文献中也有楚人“琼弁玉缨”的记载，但其形体之长、体量之宽、分量之重又似乎不甚适合。这些组佩皆气势宏大、做工精湛，代表着当时各诸侯称霸一时、不甘人后的气势（图 5-41）。

而战国时期一般贵族阶层的佩饰则材料多样，同时也不失秀丽。如山东临淄郎家庄一座齐国墓中殉葬的 17 个青年女子，她们都佩挂着精致的玉组佩，由玉、水晶和紫水晶等饰件组成，光彩照人，十分典雅（图 5-42）。

这时期的玉佩饰件除了以前充当礼玉较多的璧、瑗、环等之外，又出现了较多的珩、琚、瑀、冲、牙等，也成为组佩中不可缺少的部件。

“珩”（音同“横”），即衡。它的形状按《国语·晋语》韦注：“珩形似磬而小”，磬是一种古乐器。在一组佩玉中，珩是佩玉中最上面横着的玉，珩下有丝绳分三股穿过珠子，连接下面的玉。古文中常提到的“葱珩”，即以葱绿色的玉为横梁。珩在商周时期就有出现，春秋战国时出土珩的种类很多，地域也很广。河北省平山县战国中山墓出土的玉珩很别致。而最具特色的当属在河南省辉县固围村战国墓祭坑出土的一件玉珩，是珩类玉饰中的精绝之品（图 5-43、图 5-44）。

“琚”（音同“居”），佩玉之一，其形状为似圭的正方形，常佩于杂佩的中间，与瑀合称为“琚瑀”。

“瑀”是一种白色玉石，系在杂佩中间的一根丝绳的半截处。古文中“珩璜之外，别有琚瑀，其琚瑀所置，当悬于冲牙组之中央”。

“冲”，形状为方形或璜形。考古中出土的冲有方形的并且中间有圆孔，外边有凹口，此外还有一种蛙形的较为特殊。它的位置一般为组

图 5-40. 玉组佩。山东曲阜出土。

图 5-41. 多节玉佩。长 48 厘米，宽 8.3 厘米。湖北随县曾侯乙墓出土。

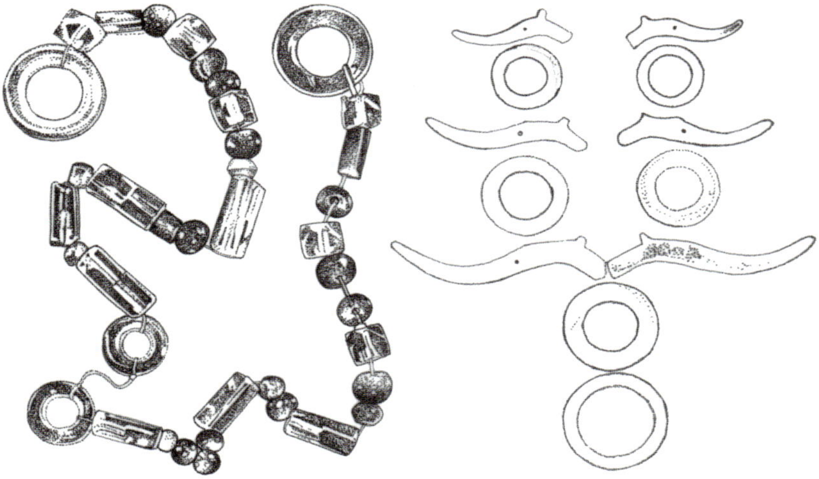

图 5-42. 水晶组佩。玉组佩。

图 5-43. 战国玉珩。河北省平山县中山墓出土。

图 5-44. 战国玉珩。河南辉县顾围村一号墓祭坑出土。

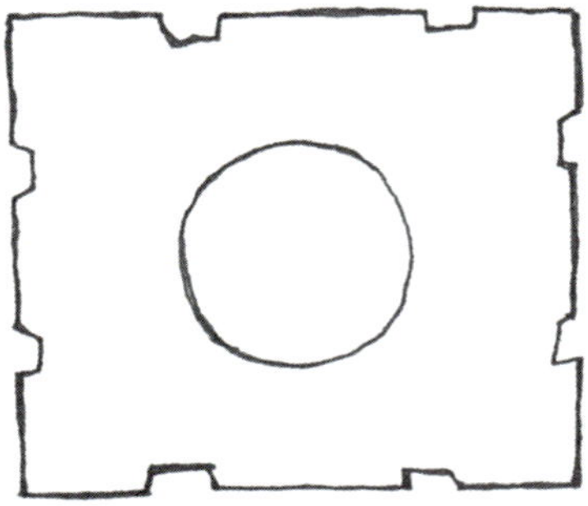

图 5-45. 冲的图形。

图 5-46. 玉牙。长 5.8 厘米，厚 0.35 厘米，吴国贵族佩饰。吴国王室窖藏玉器。

佩最下端的中间，有冲击两边的牙而发出声响的作用。它与两边的牙合称为“冲牙”（图 5-45）。

“牙”，是一种一头尖锐的片状物。多在冲的两边成双使用。这也是与觿的不同之处。觿的佩戴一般是一大一小，并不成双。在组佩中，两边的牙与当中的冲相撞而发出声响。或以衡相配称为“衡牙”。古之组佩一般上面系珩，珩下垂三道穿着珠饰，下端前后，以悬于璜中央，下端系以冲牙。动则左右触璜而发出声响，所触之玉，形状似牙，所以叫冲牙（图 5-46）。

6. 璜形佩 早期的玉璜除了作为礼器和佩饰之中的一个部件之外，也可以单独为饰。形状除了最原始的“形似半璧”外，还有用鱼、鸟、龙等各种动物形象做成弯曲的璜形。其中用龙的形象巧妙制作的双龙首玉璜较为突出。在辽宁省喀左县出土的一件双龙首玉璜是距今五千多年前以龙的形象制作的玉璜。在商周至战国时期，仍沿袭这类玉璜样式。如商代殷墟妇好墓出土的单龙首玉璜，以及一些用龙纹演化而来的蟠虺纹玉璜（“蟠”音同“盘”，盘曲而伏。“虺”音同“毁”，古书上说的一种毒蛇）等都是这类璜形饰中的佳作（图 5-47）。此外，其他形式的玉璜也很多见，如陕西宝鸡益门村二号春秋墓出土的类似商周青铜器纹饰的玉璜，湖北随县曾侯乙墓出土的王族所使用的玉璜，都相当精美（图 5-48）。

7. 龙凤佩 春秋战国时期还流行一种以雕刻龙形、凤形纹饰为内容

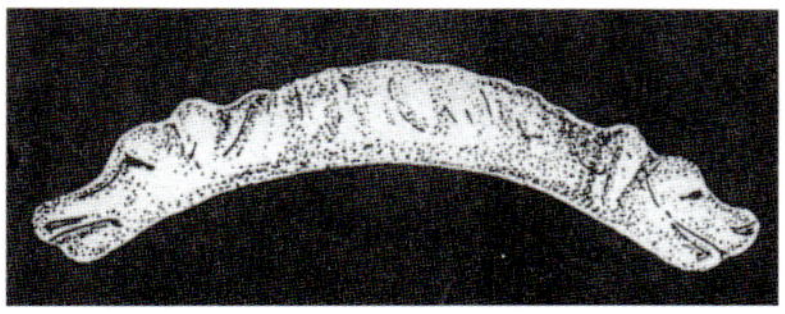

1.

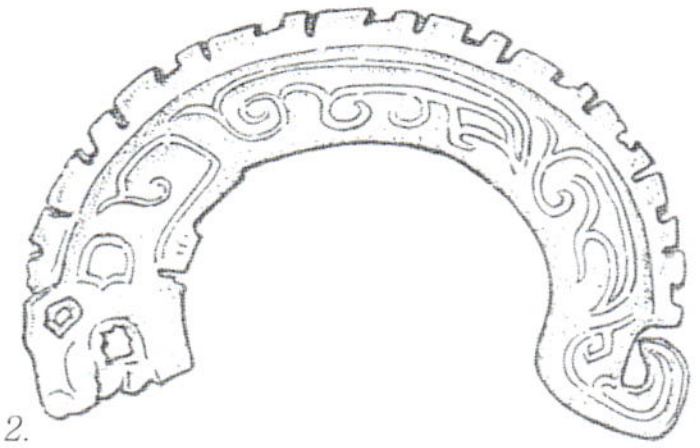

2.

3.

图 5-47.

1. 双龙首玉璜。辽宁喀左出土。

2. 单龙首玉璜。河南安阳殷墟妇好墓出土。

3. 蟠虺纹玉璜。春秋吴国王室窖藏。

图 5-48. *玉璜。湖北随县曾侯乙墓出土。*

的玉佩及龙凤合雕为一体的龙凤佩。这种饰品早在商周时期就已出现。但以龙或凤形象单独出现的年代却相当早。在距今六千多年前的辽西红山文化中,那里发现的十余件玉龙是中国最早的龙的形象。到了原始社会晚期,龙的形象分别出现在不同地区的氏族部落中，其用途也众说纷纭。总之，龙渐渐集合了多种动物的形象特点和多种功能。早期的龙造型简朴，有的甚至像一种幼小的动物。到了商周时，龙的体态特征日益明显，并趋于成熟，龙首似兽头，身躯似蟒蛇，越发成为一种神兽。《说文解字》中，龙是“鳞虫之长，能幽能明，能细能巨，能短能长。春分而登天，秋分而潜渊”。这时的龙已被人们描绘成变化无穷、能上天入海的神奇动物，它的形象也较之以前而狰狞丰满，在当时的各种器物造型中，龙被经常运用,它具有雄性的一切特征,作为佩玉来佩戴,其辟邪的作用十分明显。

凤的出现比龙稍晚，但有关它的记载却很早。《山海经·南山经》中有“丹穴之山……有鸟焉，其状如鸡，五采而文，名曰凤凰”。在商代还有玉雕的凤形佩。到了后来，凤也集中了许多鱼、鸟类动物的特点而成为人们心目中的一种吉祥神鸟。《说文解字》中：“（凤）神鸟也，天老曰凤之象也，鸿前鳞后蛇颈，鱼尾鹳颡（“颡”音同“嗓”。意为额，脑门子）鸳思龙文虎背燕颔鸡喙五色备举，出于东方君子之国，翱翔四海之外，过昆仑饮砥柱濯（洗）羽弱水莫宿风穴，见则天下大安宁。”以凤凰作为装饰的图案常被用在妇女的衣饰上，成为贤明富贵的象征。

而以龙凤合雕的龙凤佩，则更为人们所喜爱。在河南省新郑的一座西周晚期墓葬中就有一件龙凤透雕玉饰，上部是一个回首直身垂尾的龙，下面是一个连体的双凤，组合巧妙。春秋战国时，龙凤佩成为一种形式多样、造型生动的佩饰品，它们组合奇巧，工艺精细，具有非凡的想象力。但从西汉时起，龙凤佩便出土得极少，琢制的工艺也大不如以前（图 5-49、图 5-50）。

龙与凤的形象也单独雕成器物成为佩饰，特别是龙形佩的出土量多于凤佩。战国时，龙形玉佩在造型上，改变了以前传统的“C”形而弯成了“弓”形龙，使之具有强烈的动感。看到它，就使人感到一种刚强的、奔腾向前的雄性力量（图 5-51）。

在殷墟妇好墓中出土的一只玉凤鸟佩是较早的式样（图 5-52）。另见安

1.

2.

图 5-49.

1. 龙凤佩。河南辉县琉璃阁春秋晚期墓中出土。
2. 战国透雕龙凤佩。

图 5-50. 战国透雕龙凤佩。

1.

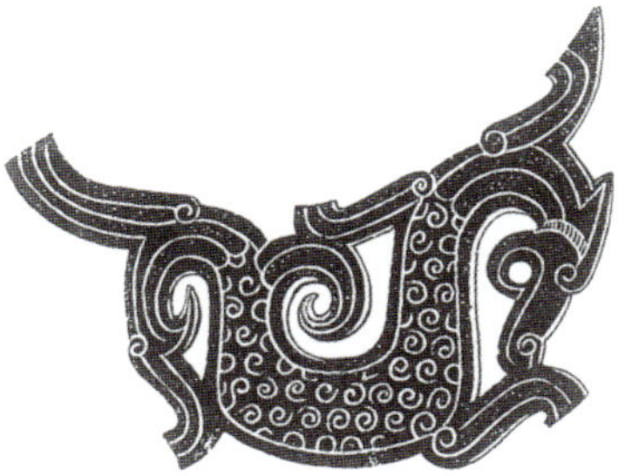
2.

3.

图 5-51.

1. 商代龙形佩。安徽寿县蔡侯墓出土。
2. 战国青龙玉佩。安徽寿县出土，南京博物院藏。
3. 战国双龙玉佩。湖南长沙出土。

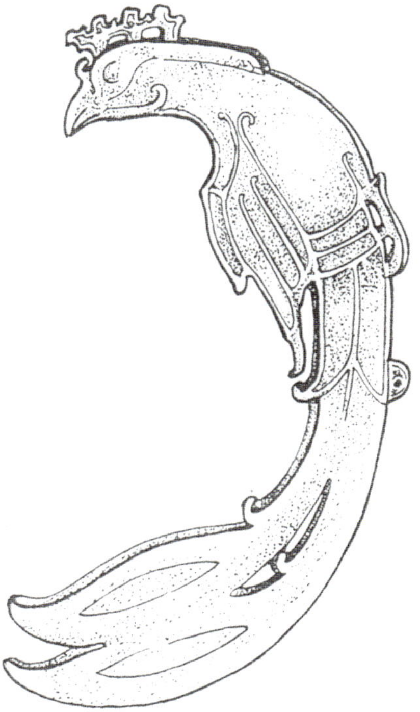

图 5-52. 玉凤佩。河南安阳殷墟妇好墓出土。

阳大司空村出土的玉凤。到了西周，人们对玉凤的崇拜未减更增，玉凤的造型除一部分继承了商代的式样外，其形式较为多变，有弧形玉片雕成的，还有侧立的鸟形。春秋时期，玉凤佩的形态有了很大的改变，大英博物馆藏的一件春秋时期玉凤佩，造型为一只在飞翔中转身回头的凤鸟，具有极强的动感，透雕技艺简练，细长的尾部有鱼尾状的分叉。战国时期，工匠们喜欢用透雕的技法，以巧妙的构思，使造型更加多样化。

8. 虎形佩 商周时期玉虎的形象多一边为虎头，另一边为卷曲的虎尾造型。如殷墟妇好墓出土的玉虎及陕西宝鸡茹家庄西周墓出土玉项饰中的虎形小佩件，造型古朴，身体较为平直。到了春秋战国时期，玉虎形佩出土的较少，身体或卷曲向上，或弯曲向下，多呈“C”形。在陕西宝鸡市益门村二号春秋墓与春秋吴国窖藏玉器中出土的虎形玉佩，都给人一种雄浑勇猛和野性的动感(图 5-53)。

9. 异形璧 异形璧是春秋战国时期出现的一种新式玉璧。它是在璧的外沿与内圈中又加有镂空精美的动物纹饰，如龙凤纹饰等，突破了以往圆形圆孔的传统形式。春秋以前的素璧，在这时几乎都被雕有纹饰的璧所取代。有清一色的谷纹璧（刻有谷形纹饰的玉璧，古人认为谷可以

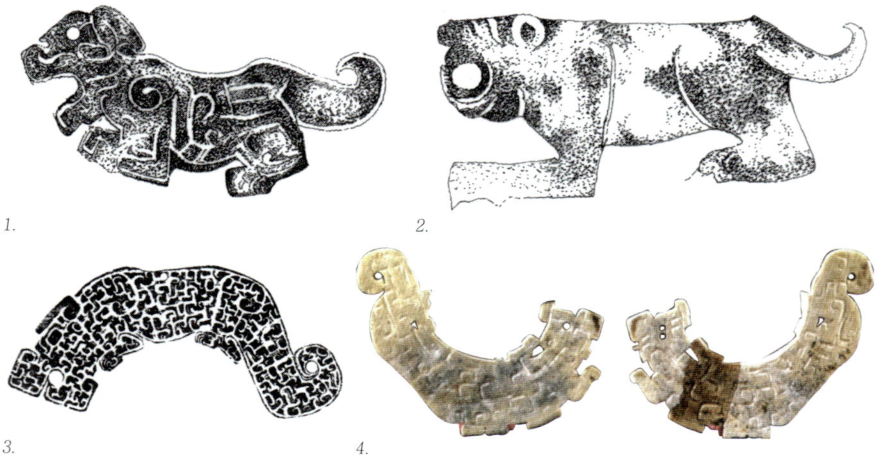

图 5-53.

1. 殷墟妇好墓出土的玉虎。

2. 陕西宝鸡茹家庄西周墓出土玉项饰中的虎形小佩件。

3. 陕西宝鸡益门村二号春秋墓出土虎形佩。

4. 虎形玉佩一对。长 11.9 厘米，宽 3.8 厘米，厚 0.1 厘米—0.3 厘米。吴国王室窖藏玉器。

养人，就刻谷稼之形为饰）、蒲纹璧（刻有蒲草纹饰的玉璧，古人认为用蒲草编的席可以安人，刻以为饰）、乳丁纹璧，也有龙纹、鸟纹、谷纹相结合的混合纹饰璧。纹饰繁缛而富于变化是这一时期玉璧的一大特征。代表性的异形璧有河南省孟津出土的战国龙凤玉璧，它在璧缘外透雕双龙双凤，璧面雕有云纹、蟠螭纹（“螭”音同“吃”。古代传说中一种动物，蛟龙之属，头上无角），小圈内还雕有蟠龙，造型奇特，具有飞旋感。这类异形璧种类极其多样，不胜枚举（图 5-54）。

同时，这一时期其他玉饰件也相当丰富，制作也很精致。如吴国贵族的长方形玉佩，器体中部有贯穿两头对钻的穿孔，上面遍雕繁密的蟠虺纹。河南光山县宝相寺黄君孟墓出土的一对人首蛇身玉饰，是当时佩戴在妇女身上的玉饰。它的外径只有 3.8 厘米，两面雕琢相同的人首蛇身纹，蛇身卷曲为环，尾部与人的头顶相连接，蛇身遍布纹饰，显得华贵精致。觿这时仍作为一种必不可少的饰品被人们经常佩戴使用。这时的玉觿除素面外还有动物的形象（图 5-55）。

（二）形式万千的带钩

带钩是指扎于腰间皮带两端的钩环之物，起连接皮带的作用。在春秋战国时期，那种腰佩革带再使用青铜带钩系束的方式，在中国北方的少数民族地区最为流行。相传赵武灵王为仿照紧身轻巧的西北游牧民族的装束，于战国中期推广“胡服骑射”，使这种青铜带钩流行于中原。其实在此之前的良渚文化中就有玉或骨制的带钩出现。在西周晚期，山东蓬莱村里集古墓也出有带钩。春秋时，在当时的齐、燕、晋、秦、楚、吴等地均有数量有限的带钩发现。到了战国时期，带钩开始普及并盛行。

先秦时，人们腰间往往用一条带子横束。带子分为大带，革带（皮带）。大带又叫“绅”，是丝织的。而“绅”的本意是表示带子末端下垂的部分。《正義》：“以带束腰，垂其余以为饰，谓之绅。”在春秋战国时期的人物形象中，人们的腰间一般都很少使用皮带和带钩。如山西侯马东周青铜冶铸厂遗址出土的一些为铸造青铜器物座承用的立人陶范上，两手高举的人像腰束丝绦，丝带的扣结之处还打着优美的蝴蝶结（图 5-56）。

先秦的文献记载，当时绅的长短尺寸亦有等级差别。这种挽在腰间的丝带，是当时有权势地位的人才能够享用的，直到现在，人们也是把

图 5-54.
1. 异型璧。河南孟津出土。
2. 战国异形白玉龙凤纹璧。北京故宫博物院藏。
3. 战国异形璧。河南洛阳金村古墓出土，原物现在美国。

图 5-55. 形式各异的玉佩饰部件。
1. 长方形玉佩。长 9.5 厘米。春秋吴国王室窖藏玉器。
2. 人首蛇身玉饰。外径 3.8 厘米，厚 0.2 厘米。1983 年，河南光山宝相寺黄君孟墓出土。
3. 龙首青玉觽。安徽长丰县扬公乡战国晚期墓出土。

1.　1.　1.

图 5-56.

1、2. 丝绦束腰，齐膝直裾短衣男子陶范。山西侯马牛村出土。
3. 丝绦束腰，佩短剑的青铜武士。山西长治分水岭出土。

有地位懂礼仪的人称为“绅士”。但是丝织的大带很软，不能佩挂玉佩或刀剑，所以使用大带的人在佩挂东西时也用革带。那时的革带十分简单，一般贫贱之人才只束用熟皮制成的革带，上面也没有任何装饰。这种腰带被称为“韦带”，“韦带”与“布衣”一样成为黎民百姓的代称。而有地位的人往往在革带的外面再束一条大带，既可佩挂饰物，又可显示富贵。在带钩和带扣流行以前，革带的两端大都用很窄的丝绦带系结。

春秋战国时，诸侯各国连年征战，由于胡服的影响和战争的需要，武士们多穿齐膝的长衣和长裤，青铜带钩成为将士甲服上的必备之物。腰间束一条装有带钩的革带是当时流行的服饰。如秦始皇陵中兵马俑里的大批武士就是这种装束[图 5-57]。这时的革带已无需隐蔽在大带之下，朴素的带钩流行于军士和普通百姓中，而王公贵族们就要求露在外面的带钩制作得更加精巧华丽。由于带钩具有十分明显的优越性，被装饰化了的带钩便逐渐代替了丝绦的地位。它的普遍使用使革带的面貌大为改观，带钩也成为贵族王公袍服上的时髦物品开始盛行。除了一般常用的青铜带钩外，用纯金、包金、玉、骨、象牙等精工制作的带钩成为王公贵族的必备。到了后来，又出现了钩与环配套使用的带钩，在实用的同时又成为一种华丽贵重的装饰品。它的造型极为多样，在《淮南子·说林训》中有这样的描述：“满堂之坐，视钩各异，于环、带一也。”

当时的带钩一般由钩首、钩身和钩钮三部分组成，钩首和钩钮分别用于革带两端的连接，使用时先将钩纽卡入革带一端固定住，再用钩首勾结另一端皮带。制作的材料大致可分为玉带钩、纯金或鎏金银带钩、青铜鎏金、鎏银或镶嵌玉或宝石的带钩。在玉带钩中，钩首大多做成螭首。螭是传说中的龙，因此又称为龙钩。带有纹饰的玉带钩十分贵重，其琢制工艺繁复而精致，具有相当高的艺术价值。河北平山县战国中期中山国王墓出土的一件青玉带钩，其首尾各有一个兽头，周身用宛如毫发的细线磨出 12 组各不相同的纹饰。有人说按照当今的技术条件，这件带钩的制作也需要三个月才能完成（图 5-58）。

在战国的鎏金银带钩中，钩的造型多做成兽形。如江苏涟水县三里

图 5-57. *秦始皇兵马俑中武士各种各样的带钩。*

墩出土的一件兽形鎏金银带钩，全身运用了圆雕、浮雕等技法。它的构思是如此巧妙：若从钩首看去，好像是一只蹲坐的怪兽。钩首为头，有着细长的脖颈，钩身为神兽的躯干，并有卷曲的四肢和锋利的钩爪，显示出它威武而安然的神态。若将钩首倒置再看，整个钩身则成为一完整的兽面，上铸鼻眼、大耳，并有双角，兽面的额头上还塑有一对卷曲的夔龙，龙颈相接，龙头左右分开，而钩颈处却犹如神兽口吐的长舌，使人百看不厌（图5-59）。以混合材料制作的带钩，则更加反映出当时工匠艺人无可挑剔的技艺和当时人们极高的审美观念。在河南省辉县固围村战国墓出土的一件“包金镶玉银带钩”，在技术与艺术上达到了极其完美的境界（图5-60）。

在通常情况下，一条腰带仅用一枚带钩，但也有例外。因为在考古发掘中也见有数枚带钩共处于一条腰带的情形。在河南辉县褚邱战国墓中，一人骨腰部的带钩为两枚并列；河北邯郸百家村战国墓有三具人架腰横双钩。在山西长治分水岭一座战国墓中，还见有四钩并列的现象，带钩背部除铸有圆纽外，另外还有一个鼻纽，当为相互穿连之用。数钩并用，为的是增强带钩的承受力，与此共享的腰带也要宽阔，现代运动会中的举重运动员就是使用很宽的腰带。这种带饰在当时也应用于力士、武士的腰间。出于这种原因，当时还出现了一种连体带钩，即一枚钩身并列几个钩首。在河南洛阳战国墓出土的一件包金银带钩，通体呈长方形而略有弧度，它局部包金，钩身做出四条突起的长蛇，钩尾处蛇首外伸，而另一端则饰有两个饕餮头，口中各衔一蛇，回转的蛇头构成钩首，设计巧妙超群（图5-61）。

带钩在战国至秦汉时期是如此之流行。工匠们用不同的材料能够制作出万千种不同的式样，有包金，错银，嵌琉璃、玉、绿松石等加工方法，产生出了不少珍品。特别是各种式样的青铜带钩，造型十分奇特。如山东曲阜鲁城战国遗址出土的一件猴手带钩，表现了极为丰富的想象力（图5-62）。而北方草原地区的带钩，多以牌饰的形状出现，并多以动物形象为主，充满了野性的趣味。如“虎狼搏斗金牌”带扣，造型古朴自然（图5-63）。在南方地区，发现于四川省什邡市战国时期船棺内的昆虫形带钩，造型真实古朴（图5-64）。而云南古滇国出土的各种

图 5-58. 玉带钩。通长 8.2 厘米，宽 5.65 厘米。春秋吴国王室窖藏玉器。

图 5-59. 兽形鎏金银带钩，长 12 厘米。1965 年江苏涟水县三里墩出土。

图 5-60. 包金镶玉银带钩。河南省辉县固围村战国墓出土。带钩为琵琶形，底为银托，面为包金组成的浮雕兽头，两侧绕着两条夔龙，倒向钩端合为一首。口中衔着一雕琢细致状如鸭头的白玉弯钩，两侧夔龙相反方向盘绕着两只鹦鹉。脊背正中嵌有三块白玉玦，上刻谷纹，前后两块的中心，还各嵌一颗琉璃珠。

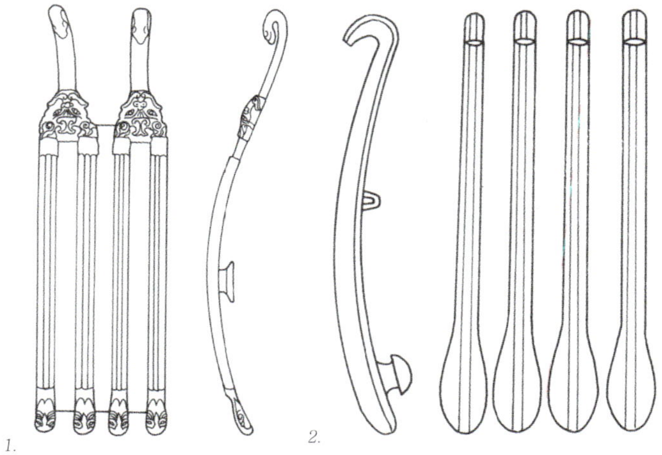

图 5-61.
1. 并列在一条腰带上的四枚带钩。山西长治分水岭战国墓出土。
2. 双钩首带钩，全长 19.6 厘米。河南洛阳战国墓出土。图片出自高春明《中国服饰名物考》。

图 5-62. 猿猴形象的带钩。山东曲阜鲁城战国遗址出土。

图 5-63. 虎狼搏斗金牌。

图 5-64. 昆虫形带钩。四川什邡战国时期船棺内出土。

扣饰虽并不全然是带钩，但也是与此相似的饰品，件件如高山之水，自然流出，真实地反映了他们所观察到的事物，是当时生活的写照（参看汉代古滇国）。

带钩之外还有带饰，即在皮带上等距离镶嵌一些纹饰相同的装饰部件，它们多由金、银、铜、玉等制成，一些带饰上的纹饰很有艺术特色。北方带饰上的装饰多用金片等锤制而成，纹饰多为生动的动物形象。南方的带饰多用青铜制成，纹饰丰富或有花草（图 5-65、图 5-66）。

第二节　中国北方的少数民族

一、北方高原上的狄人

狄人起源于内蒙古鄂尔多斯高原。在夏商时期活跃于鄂尔多斯和陕北黄土高原，当时被称为“鬼方”。商周时期，狄人以游牧为主，自由生活在中国北方的草原上。春秋战国时，中原人又把北方各民族通称为“北狄”。北狄又分为白狄、赤狄、长狄三支，地域分布很广。狄人延续的时间较长，其所处的年代相当于春秋战国时期。在这五百年间，狄人与华夏的诸侯国，如晋国、赵国、燕国毗邻而居。并已经具有发达的工艺技术，特别是武器制作得十分精良，其铸造工艺之精湛能与中原相媲美。

狄人中的白狄部落，原在今陕西东北，后逐渐向山西西北、河北北部与中部一带迁移，后来一直深入燕赵之间，并建立了中山国。拥有兵车千乘，执戈甲数万。

1999 年，内蒙古呼和浩特和林格尔县的新店子乡发现了 56 座战国时期的狄人氏族墓地，出土了很多装饰品。从墓葬中可以看出，狄人氏族内的贫富分化已经很明显，富贵人家的墓中有大量的殉牲，贵族中盛行装饰，在一位男性贵族首领的墓葬中，墓主人的脖子上戴着至今仍闪闪发光的半月形的黄金项圈，铜带饰束在腰间，青铜戈放在左肩上。而在一般男性的墓葬中都埋葬有武器，女性则随葬着陶器、骨针筒，装饰品有铜耳环、玛瑙项链和金项圈。狄人在装饰方面的一些风俗还影响了当时的燕、赵等国（图 5-67）。

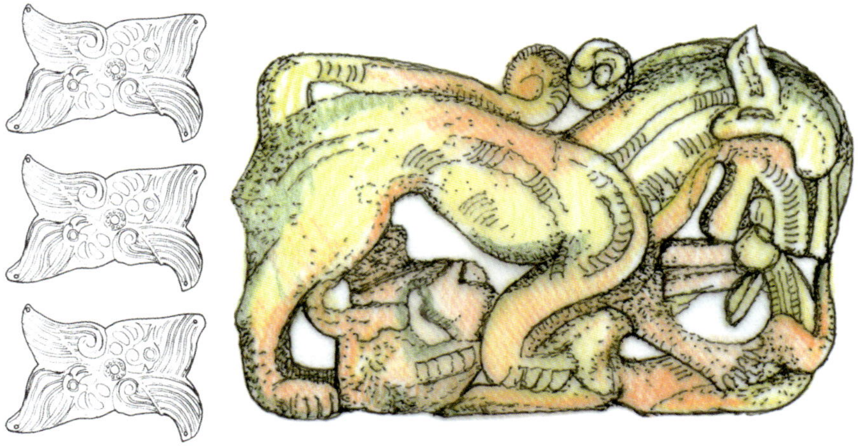

1. 2.

图 5-65. 北方民族的金带饰。

1. 由一组 15 件金饰等距离装饰的腰带。以金片制成，长 6.3 厘米，宽 4.2 厘米。
2. 带饰两头的两件狮噬羊图案纹金牌饰（两头相对）。长 9.7 厘米，宽 6 厘米。

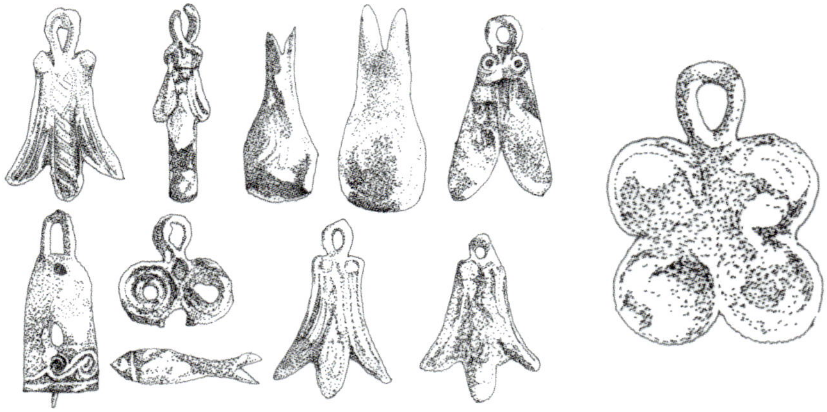

图 5-66. 各种纹饰的青铜带饰。云南昌宁坟岭岗青铜时代墓地。

图 5-67. 战国时期北方狄人的金项圈。

二、古老的东胡族

东胡是中国北方内蒙古东部一个非常古老的游牧民族。早在中原的夏商时期就出现了青铜文明，有十分著名的夏家店上层文化。春秋战国时期，内蒙古地区的游牧民族称为“胡”，主要有匈奴、林胡、楼烦、东胡等。公元前三世纪末，北方许多氏族部落逐渐聚集，形成了匈奴和东胡两个较大的部落联盟。匈奴以阴山为中心统治着大部分蒙古草原及其以西广大地区。东胡则在匈奴以东，战国时主要活动在今内蒙古赤峰市锡拉木伦河和老哈河流域。公元前206年，匈奴击败东胡，使之瓦解。在今天的内蒙古赤峰地区，发现了大量春秋战国时期的青铜器，许多学者认为与东胡有关。其实东胡族并不是一个狭义的民族概念，而是泛指同期活动在匈奴以东的民族，如当时的山戎就属于东胡之中的一个体系。东胡到底包含了多少个小的民族，依据现今的考古资料和文献很难说清楚。从出土的实物看，他们注重装饰，具有很强的民族风格。

在内蒙古赤峰市宁城县小黑石沟，相当于西周、春秋、战国之际的夏家店上层文化中发现的石串珠项饰，由磨光的白、青、绿、黑等色石珠组成，缠绕八周，相接处各有一颗绿松石，是一件美丽的饰品（图5-68）。

东胡族人很注重腰间的装饰，一些作为带扣使用的铜牌和腰带上的装饰品，是中国北方草原早期铜牌艺术的代表。在宁城的南山根、沈阳的郑家洼子、锦西的乌金塘、朝阳的十二台营子等地都有铜牌发现。图案有几何形、人面形、兽面形、动物形等多种。它们造型稚拙、粗放而有生气。晚期的铜牌饰品有辽宁西丰县的西岔沟铜牌饰，题材内容中出现反映社会生活的人物形铜牌。同时他们的带饰也很独特。在赤峰市宁城小黑石沟出土的一组由26件组成的五联珠饰件，每件都为五个圆泡相连，组成了联珠状的装饰品。这种联珠纹在当时的北方草原十分流行，是欧亚草原地区带饰的一个特征（图5-69）。而宁城县南山根战国东胡墓出土的双龙形青铜带饰也很特别，为一曲形双龙，两龙之间用一横条连接，背面有纽，便于穿系（图5-70）。在赤峰市发现的圆形鸟纹金饰牌，用鸟的

图 5-68. *石串珠颈饰。长 92 厘米。内蒙古赤峰宁城小黑石沟出土。*

图 5-69. *五联珠饰件。单件长 3.6 厘米，共 26 件，每件由 5 个圆泡相连。内蒙古赤峰宁城小黑石沟出土。*

图 5-71. *圆鸟形金饰牌。内蒙古赤峰宁城小黑石沟出土。*

图 5-70. *双龙形青铜带饰。带饰长 7 厘米。内蒙古赤峰宁城战国东胡墓出土。*

符号连续环绕，做工精美，有很强的图案效果。另有管形金饰件和指甲形金饰件等都是目前发现的北方少数民族金银器中的孤品（图5-71）。

三、东北的夫余

春秋战国时，在中国的东北地区生活着几支古老的部落，被称为“东北夷”，其中包括女真人的先民肃慎，还有濊貊、夫余等。这时的夫余族是战国时期濊貊族的一支发展而来的，他们主要活动在松花江中游的平原地区。其居住地周围有东胡、东夷和中原诸夏，使他们与其他民族一开始就有广泛的交流，并与匈奴有频繁交往。夫余是中国历史上第一个在东北腹地建立政权的国家。建国之时，夫余就已受到中原文明的影响，形成较为完整的夫余文化。夫余人尚白，以兽皮为鞋，使用殷历，没有自己的文字，汉字的使用也并不普遍，但其礼仪制度带有中原特点。他们与中原的交往一直延续到魏晋时代，到了南北朝时，亡于高句丽。

夫余的贵族喜爱装饰品。1979年，在吉林桦甸横道河子墓葬出土了一些战国时期的玻璃和陶管饰，就是贵族们佩戴的饰品。其中陶管是由当地制造的，而那些以石英为主要原料，掺杂有铜、铝矿物质的原始玻璃当为交换品。这种玻璃烧制精致，数量稀少，在当时是十分珍贵的物品（图5-72）。

图5-72. *夫余贵族的装饰品。吉林桦甸横道河子墓葬出土。*

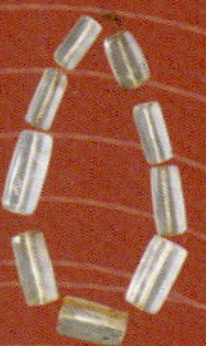

第六章

金玉交错的秦汉首饰

第一节　多元化的发展

整个汉朝，前后延续将近四百年，国家兴旺，人民富足，是中国历史上最辉煌的时代之一。特别是在城市中，文化生活的丰富多彩使人们有时间来注重修饰自身，供人理容的铜镜已不只供贵族们享用，富有的商人和舞女也可拥有。另外，汉朝的丝绸等物品源源不断地输往中亚和欧洲，外国的奢侈品也相继传入中国。各种商业贸易活动的兴盛使中国很早就有了珠宝商人。在《韩非子·外储说左上》中的一个故事说：春秋时期楚国有一个商人到郑国去卖珍珠，用“木兰”做了一个盛珍珠的匣子，并且还“熏以桂椒，缀以珠玉，饰以玫瑰，辑以羽翠”。郑国的一个买主看上了这个匣子，十分喜爱，没买珍珠却把这个盛珍珠的匣子买走了。故事的本意是讽刺一些人做事喧宾夺主，可它却从另一面说明，当时已经有了首饰贸易，并且人们已经很会在装璜上下功夫了。

在汉代，除了与各民族的相互交往外，还有许多对外经贸活动。张骞两次出使西域，使中西方的交往十分频繁，在通往西域的“丝绸之路”上，各国的使者、商人相望于道，络绎不绝。

一、更加规范的冕冠

汉代人习惯称帽子为“头衣”或“元服”。贵族戴的头衣为冕、冠、弁；百姓戴的则为巾、帻等。秦统一中国后，彻底废除了周礼，冕服制度在吸取各诸侯国服饰的基础上实行了新的统一。到了汉代，则做了更加详细的规定。其中冕冠中，冕旒的多少和质料的差异是区分贵贱尊卑的标志。因为在汉代，冕冠并非只有帝王一人可以戴。汉冕为一块长一尺二寸、宽七寸的木板，上为玄色，下为纁色（浅红色），后比前高一寸，有前倾之势，基本形式与周代大体相同。帝王的冕冠用十二旒，即十二条白玉制成的串珠，前垂四寸，后垂三寸。皇帝以下诸侯及各级官吏用九旒、七旒、五旒、三旒，随职位不同而不同。但两汉时间很长，变化大，宫廷中舆服部门所详细记载的各类冠服却多与实物不相符合，也许记载中的服饰是专门为重大场合所制定的。

二、头饰万千

汉代是发髻的奠定时代。从这个时期起，女子髻式日益丰富，变化无穷。在各种形式的女子发髻中，垂髻是比较常见的一种，流行于汉魏，其中包括椎髻、堕马髻、倭堕髻等。

椎髻是汉代普通家庭妇女的日常发式，在汉族妇女中较为流行。“椎”字有两种读音，即可读“椎”（音同“追”）；又可读“垂”。其实椎髻的“椎”字，应该读作“垂”。椎是一种木头做的锤子，头粗柄细，古人洗衣服时，常用它来捶打衣服，所以字形从“木”，而不从“金”。将发髻称之为“椎髻”，是因为这种发髻的形状与木锤十分相像，还有人因其形状称之为“银锭髻”（图6-1）。

（一）笄开始称为发簪

笄在秦汉以后称为簪。在中国古代，人们有“身体发肤，受之父母，不敢毁伤”的观念，男女全都蓄发。所以历来男女对于束发也就格外讲究，男子时常变换束发的巾帻与冠饰，女子则在发型和头饰上花样翻新。以致中国古代妇女仅用在头发上的首饰种类就层出不穷，千奇百怪。

汉代时，在平民百姓中竹木发簪等仍在使用。在居延汉简中，即有“中衣聂带竹簪”之句。在周朝已有的“吉笄”与“丧笄”风俗一直沿用。其中“丧笄”的使用较为复杂。《礼记·丧服小记》是一篇杂记当时丧服制度的文字，极为琐细，上面记载着丧笄的使用。如在“斩衰之丧”中，男女要插丧笄，丧父用筱竹（小竹子）制作的箭笄，丧母则用榛木为笄。插丧笄一直要到三年丧服结束才能去掉。箭笄在湖北云梦睡虎地九号秦墓中出土了一支，是以五根纤细的竹针合并组成，合粗不到一厘米。并在顶端包有一段铜头。西汉的箭笄式样与此基本相同，在湖北襄阳擂鼓台一号墓中出土的实物，也是由数根竹针合成一股，然后在顶端套上一个尖形角质的帽。而“齐衰之丧”则以白理木为笄，笄上有齿数枚，笄首饰以镂刻，很像梳发用的“栉”，所以又叫“栉笄”。普通丧葬则用桑木，取与“丧”同音，样式为两头宽，中间窄，长约四寸。在朝鲜乐浪东汉墓中有类似的这种发笄发现。需要说明的是，吉笄在笄首处可以有装饰，恶笄则不能（图6-2）。

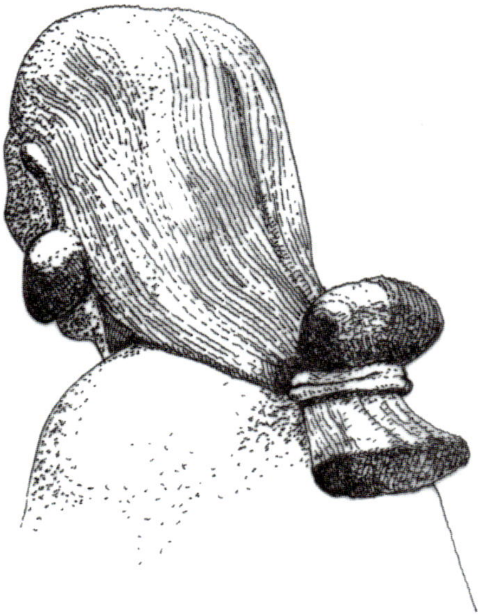

图 6-1. 梳椎髻的女子形象。云南晋宁石寨山出土持伞女俑。

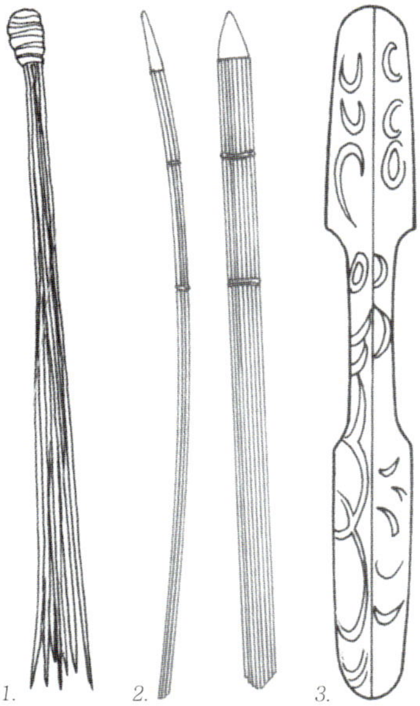

1. 2. 3.

图 6-2.
1. 箭笄。全长 22 厘米。湖北云梦睡虎地九号秦墓出土。
2. 箭笄。湖北襄阳擂鼓台一号墓中出土。
3. 丧笄。朝鲜乐浪东汉墓出土。

图 6-3. 雕有纹饰的玉簪。残长 19.3 厘米。河北满城西汉中山靖王刘胜及王后墓出土。

1.

2.

图 6-4.
1. 河南密县打虎亭汉墓壁画中的女子头饰。
2. 头插多支发簪的东汉舞女陶俑，广州先烈路出土。

这时的簪以玉制成的最为贵重。河北满城西汉中山靖王刘胜及王后窦绾墓葬，出土了一支刘胜所戴的玉簪，玉色乳白，光洁无瑕。簪首透雕着凤与卷云纹，末端刻鱼首，有圆孔可以悬挂坠饰（图6-3）。那时的玉簪还有一个别名，称为“玉搔头”。它的来历是一个趣闻，在《西京杂记》[1]中记述：一天，汉武帝到他所宠爱的舞伎李夫人宫中，忽然头皮发痒，便随手拿起李夫人头上的玉簪搔头。从此以后，宫中嫔妃的簪多用玉制成，玉簪也就成了“玉搔头”，以至于当时的玉簪身价百倍。这个别称一直流行了很久。宋·李邴《宫中词》中就有“舞袖何年络臂鞲，蛛丝网断玉搔头”。

制作精巧的簪，有很多花样，并有美好的名称。在长篇叙事诗《孔雀东南飞》中，女主人公刘兰芝身穿绣花夹罗裙，头上的簪用玳瑁[2]镶嵌。后来又有“莲花玳瑁簪”“双珠玳瑁簪”“金薄画搔头”等。前两者因簪上装饰的图案为莲花并饰以玳瑁，或饰以双珠故名，后者是用金箔剪成彩色花饰装饰在簪上得名。

汉代早期流行的椎髻发饰，没有在头顶束髻，所以很少插戴发簪。到了东汉，一时期流行马皇后的四起大髻，妇女们才开始盛行高髻。《后汉书·明德马皇后记》引《东观记》中说：明帝的马皇后头发又长又多，挽髻于头顶后，还长出许多，于是绕髻三周，这样在头顶上便出现四层圆环，称为“四起大髻”。在当时的京都地区，还流行着一句与高髻有关的谚语：“长安语曰：‘城中好高髻，四方高一尺。’”自此以后，中国古代妇女的发髻都以高髻为主。盛装的女子，头上往往同时插五六支簪钗，袅袅满头。在河南省密县打虎亭汉墓壁画和广州东郊先烈路出土的东汉舞俑等，都有类似的头饰（图6-4）。

汉魏时期，男人所用的簪多称为“导”。另有“枝”或“揥”（音同“地”），其作用如同簪。《释名·释首饰》中，簪、揥、导三物并列。而“枝”，是古人用形象的语言来体现出戴在头上的簪的那种细长而

【1】《西京杂记》旧传为晋代刘歆所著六卷。而《隋书》“经籍志注”谓晋代葛洪所撰，记录西汉时期的遗闻轶事，与《汉书》往往稍有差异，其中夹杂有怪诞轶闻，采辑丰富，后人诗文多取为典故。

【2】玳瑁，是一种爬行动物，跟龟相似。甲壳黄褐色，有黑斑，其甲壳坚硬光滑，可以入药，古人常用它来作装饰品。如玳瑁簪。

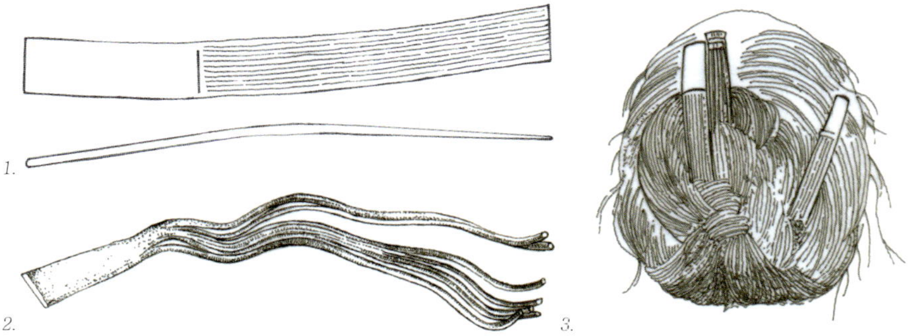

图 6-5.

1. 擿。湖南长沙马王堆西汉墓出土。

2. 角擿。山东日照海曲汉代贵族墓葬出土，由于潮湿而变形。

3. 戴擿的人物形象。湖南长沙马王堆汉墓。

旁出的样子，如同树的枝节，所以又常称为“冠枝”。

（二）妇女发饰“擿”

在一些出土物中，经常发现一种长条状，有齿，外形有些像窄而长的梳子，却又不适于梳发的饰物，与簪钗类也不尽相同。据孙机先生考证，它就是古文献中经常提到的能够搔发、绾发、簪发的“擿”（音同“质”），是女子头上一种类似簪钗的安发之物。在《列子·黄帝》中有：“斫挞无伤痛，指擿无痟痒。”说明擿有搔发的功能。《后汉书·舆服志下》中：太皇太后、皇太后入庙服，“簪以玳瑁为擿，长一尺”。又说“诸簪珥皆同制，其擿有等级焉”。在湖南长沙马王堆一号汉墓中，墓主人的发髻上就插有玳瑁质、角质和竹质的长擿三支。角质长擿长度为 24 厘米，竹擿的长度与之相近。这种擿正兼有搔发、绾发、簪发的几种功能。在山东莱西岱墅西汉墓中也出土了角擿，长 22 厘米，皆约合汉尺一尺。而在山东日照海曲的汉代贵族墓葬中，出土的角质长擿，有数十件之多。马王堆与岱墅的玳瑁擿，均短于一尺，可能是受等级或材料的限制（图 6-5）。

（三）美丽的发钗

现存最早钗的实物应是山西侯马春秋墓出土的骨钗，它以一块完整的动物肢骨做成，在三分之一处分叉，并在分叉的上部烙以火印图案。在黑龙江海林市河口遗址出土的两件骨钗亦由动物的肢骨磨成，其表面光滑，制作精良，是当时当地人们的束发工具。汉魏时期，人们普遍用金、银等金属两端捶尖，于中部扭弯制成并列的双股或三股式的绾发器称为钗。所以钗为“金”字旁（图6-6）。

那时贵族妇女使用的钗，用金、玉、翡翠、琥珀、珠宝等制成。士庶之家的妇女常使用银钗，而家境贫寒的女子，则多用铜、骨之类。在那些价值低廉的铜钗中，却有一种在人们的心目中有很高的地位，即使是后妃贵妾也对它另眼看待，即“鎏金铜钗”。它是在铜钗的表面涂上一层很薄的金液，这样就成为金面铜芯，而“铜芯”与“同心”正好谐音，于是，这种发钗便成了男女的定情信物，取“百年好合，同心永结”的吉祥寓意。在当时的记载中，这类发钗均被写成“同心钗”，如《西京杂记》中的“同心七宝钗”。

能够见到的秦汉时期的发钗都很简单朴素，以至于很多人都认为那时的发钗很单一。其实不然，从各类记载中可以看到有很多种美丽的发钗，人们还用美好的名称命名它。

1. 玉燕钗　秦汉时玉钗较少，常被视作珍贵之物。玉钗被称作“玉燕钗”“玉燕”或“燕钗”，始于汉代，即钗首被做成形似飞燕的玉质钗。在汉代郭宪《洞冥记》中记载：一位神女把一支玉钗赠给汉帝，汉帝又把它赐给爱妾赵婕妤，至昭帝时，打开发匣，突然一只玉燕从匣中飞向天空，后来宫人学做此钗，故名玉燕钗，取其吉祥的含义。到后来，人们也常以玉燕来称呼名贵的玉钗。唐代诗人李白在《白头吟》中有：“头上玉燕钗，是妾嫁时物。”孟郊在《悼王》诗中也有：“泉下双龙无再期，金蚕玉燕空销化。”这里以玉燕指玉钗。

2. 三子钗　三子钗直到20世纪80年代初才被认定为妇女头发上的一种首饰，在北京顺义大营村四号魏晋墓中的一位未被扰动的女性头骨上端，发现了这种发钗。它多为铜制，一般长15厘米—17厘米，当中为长条形横框，两端是对称的三叉形，有的则在中间的一股上再分为两叉，且与两侧的两股分别弯成三个呈“品”字形排列的不封闭的圆弧。

三子钗在考古中常被发现。如北京延庆县颖泽州汉墓、顺义西晋墓、河南洛阳火烧沟东汉墓、洛阳十六工区及沈阳伯官屯魏墓、陕西华阴二号东汉墓、广州西北郊东晋墓中均有此物出土。地点从东北直到岭南，可见在东汉至魏晋时期它是一种风行全国的发饰（图6-7）。

东汉崔瑗在《三子钗铭》中描写道：“元正上日，百福孔灵。鬒发如云，乃象众星。三珠横钗，摄（媄）赞灵。”从文字中可以看出，三子钗名三珠钗，在节日的盛装时使用，而且它应是横着簪戴的。在山东临沂西张官庄出土的东汉画像石中一个人像头上，就发现了与它相似的发钗。这件发钗较长，横贯于额顶（图6-8）。

3. 宝钗与荆钗　所有用名贵材料制成，或嵌以各类宝石的发钗，统称为宝钗。当时名贵的宝钗价值连城，花费千金，只为可以耀首。仅在文字中记载的宝钗就有“金爵钗”“凤头钗”“合欢钗”等。“金爵钗”为钗头上作雀形（爵同雀）。如曹植《美女篇》中有“头上金爵钗，腰佩翠琅玕[1]”，而合欢钗则为钗头上作合欢花形。需要说明的是，这些漂亮的装饰都是钗头部分，插入头发内的双脚，被称为“股”或“梁”，钗股长的称为“长钗”，它多用来挽插头顶的发髻，又叫“顶钗”，短股则为“短钗”，可以用于发髻，更多用于双鬟，则又称为“鬟钗”。

与那些名贵的宝钗形成对比的则是农家妇女们所使用的“荆钗”。最初的荆钗确实是用荆条制成。后来诸如铜、铁之类的发钗，都称为荆钗。《烈女传》中，梁鸿的妻子孟光，就是荆钗布裙。到了后来，人们还用“荆钗”来代称贫苦妇女。旧时男子在尊长面前提及自己的妻子时，往往自谦地称为“荆妇”，即是由此而来。

（四）镊子

我们现在女子美容用的小镊子，一般是用来修饰眉毛等的一种修容工具。而在汉魏时期，镊子除了作为修容工具外，还可以作为头发上的饰物来佩戴。《释名·释首饰》中：“镊，摄也。摄取发也”。实用的镊多以铜铁制成，而用来插发的镊，常用象骨、金、玉制成，呈长条形。用时似簪横插在髻上，也具有约束头发的功能。记载中称皇族妇女盛装时，头上就插有黄金镊。

【1】“翠琅玕”的意思是像珠子一样的美石。翠，青绿色。琅玕是一种传说中的宝树。如江淹《杂体诗·嵇中散》中：“朝食琅玕实，夕饮玉池津。”

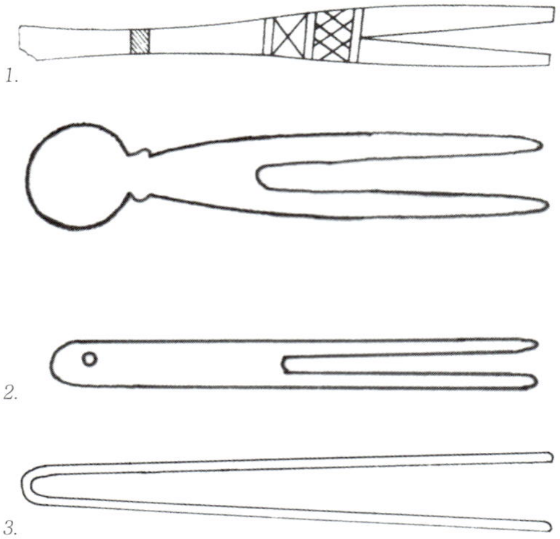

图 6-6.
1. 骨钗。长 12 厘米。山西侯马烧陶遗址出土。
2. 双齿骨钗。早期铁器时代遗物，长度分别为 12.6 厘米和 13.8 厘米。黑龙江海林市河口遗址出土。
3. 金属钗。此种发钗在朝鲜乐浪与湖北宜都等东汉墓均有出土。

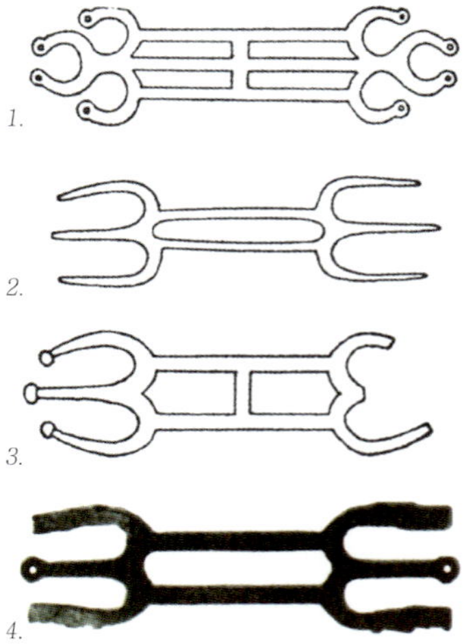

图 6-7. 三子钗。
1. 洛阳火烧沟东汉墓。
2. 北京顺义西晋墓。
3. 广州西北郊东晋墓出土。
4. 北京延庆颖泽州汉墓出土。

图 6-8. 戴三子钗的人像。山东临沂西张官庄出土东汉画像石。

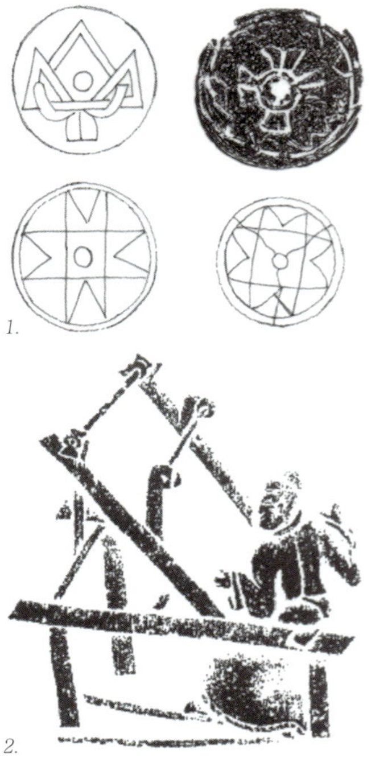

图 6-9.
1. 纺轮上的八角滕纹。
2. 汉代画像石刻织机上的胜。江苏泗洪曹庄汉墓出土。

（五）华丽的头饰“胜”

“胜”是中国古代妇女发饰中常见并且流传久远的饰物。在最早的文字记载中，“胜”是古代传说中西王母所常用的饰物。《山海经·西山经》：“又西三百五十里，曰玉山，是西王母所居也。西王母其状如人，豹尾虎齿而善啸，蓬发戴胜，是司天之厉及五残。”晋·郭璞注：“蓬头，乱发；胜，玉胜也。”可见“胜”是一种十分古老的饰物了。西王母是汉代人信仰的神仙之一。有关她的传说极为悠久，在中国古代最早的文献《山海经》与《穆天子传》中都有关于她的记载。在汉代神话中的西王母曾引起了人们信仰上的狂热，许多地方都设有西王母祠，人们聚众设祭，为之歌舞。很多妇女饰物，传说都曾被西王母使用过而极受喜爱。在汉代的铜镜、画像石及画像砖上都能见到西王母的形象。

西王母还被喻为纺织之神。许多学者认为，“胜”的原型与纺织有关，它的式样和名称都来源于织机的经轴。织机上的经轴在古代甚至现代的民间都叫作“胜”或“滕”（音同“胜”），十字形的木片是经轴上两端的挡板和扳手，又叫“滕花”或“羊角”，搬动它可以将经线卷紧或放松。人们把这个形状装饰化，成为一种十字花的纹饰图样。在新石器时代的陶纺轮上，就可以看到这种漂亮的图案，中部的圆圈表示穿孔，这种象征纺织的纹样，演化为妇女首饰则寓意着男耕女织的分工（图6-9）。有趣的是还有一种叫作“戴胜”的鸟。因它头上的羽冠很像戴着一只胜，当它的冠张开时，扇形的冠上每枝羽端都有一个黑点，连成横纹也像戴着一只胜，而且它总是在春天桑蚕纺织忙碌时出现在人们眼前，人们都叫它织纴之鸟。

有关胜的大量记载、图像以及实物的出土都集中在汉代。它的大致形式，我们可以从两汉的画像中见到。西王母的头上一般都戴有这种饰物，以致这种首饰成了她的标志之一。如四川新都汉墓出土的西王母画像砖，她的头上横插一簪，在其两端就各戴一个胜的饰物。簪与胜相连，即《山海经·海内北经》所说的“胜杖”。另外在山东嘉祥汉墓、山东沂南汉画砖、河南偃师辛村汉墓出土的新莽时期的墓室壁画中，都有被描绘得十分详细的西王母戴胜的半身像，她所戴的胜也都有细微的差别，很像文字记载中称为“珈”的那种饰物。由于西王母被视为长生不老的象征，所以她所戴的饰物被认为是吉祥之物，也有一种标志着神仙之境的意味，把胜装饰在门楣上更有辟邪的意义（图6-10）。

从这些画像上可以看到，当时胜的基本形式和戴法与戴三子钗很相似。它大致是由一根横梁为支撑，横梁的两端各缀有一件对称的小饰物。戴的时候横梁可以架放或穿插在发髻中间的正前面，这样就可以起到支撑发髻的作用，而垂在太阳穴两边的胜也起到很好的装饰作用。《后汉书·司马相如传》中描写：“戴胜而穴处兮。”可以想象，当时女子戴胜的样子是多么端庄美丽。

从制作材料的不同来区分，胜的种类很多，如金胜。在湖南长沙五一路汉墓就有金胜出土，形状与汉画像中的西王母所戴的胜极为相似。而在江苏邗江甘泉镇汉墓中，还出土了几件造型是由三件类似上面的小胜组合而成扁平体的金胜，十分精美。纯金制成的胜表面布满了金珠，在椭圆或圆形的中部，还饰有用金珠编成的花纹（图6-11）。

用玉制成的胜，称为“玉胜”，传说西王母所戴的胜就是用玉制成的。在朝鲜乐浪古墓就出有玉胜，圆心的两面还各嵌一块圆形的绿松石，是一件美丽的饰物（图6-12）。而用布帛制成的胜称为“织胜”，同时还有用花形装饰的胜。在四川成都永丰东汉墓出土的头簪数朵菊花的女俑、四川忠县出土的簸箕女俑和在四川重庆化龙桥汉墓中出土的东汉献食女俑的头部装饰上，都可看到类似胜的那根横梁和两鬓左右对称的花状饰物。不同的是，前额的发髻正中也有数朵菊花，看起来更加华丽。许多中外学者都认为，这正是古时记载的一种称为“花胜”，又称“华胜”的饰物。它是在胜上饰有花样或者直接用花形装饰的。《释名·释首饰》中：“华胜，华，象草木之华也。胜言人形容正等，一人著之则胜。蔽发前为饰也。”关于佩戴华胜的盛状，在《后汉书·舆服志》中也有记载：“太皇太后，皇太后入庙服……簪以玳瑁为擿，长一尺，端为华胜，上为凤皇爵……”真可谓盛装出行（图6-13）。

东汉至魏这一时期，妇女头上戴胜的现象十分普遍。在山东、江苏、湖南、四川甚至朝鲜等地都有出现，可见当时妇女对胜的喜爱程

1. 2. 3.

图 6-10.

1. 绍兴画像镜上的西王母 · 小南一郎《西王母七夕传承》。1991 年平凡社。
2. 山东沂南汉画砖拓片中戴胜的西王母。
3. 西王母极其天庭。河南偃师辛村新莽汉墓出土。

1. 2. 3. 4.

图 6-11.

1. 金胜。长 2.4 厘米，宽 1.5 厘米。湖南长沙五一路汉墓出土。
2. 金胜。长 0.9 厘米，宽 0.8 厘米。江苏邗江甘泉镇 2 号东汉墓出土。
3. 三连金胜。长 2.6 厘米，重 7.3 克。江苏邗江甘泉镇 2 号东汉墓出土。
4. 三联金胜。长 1.5 厘米，重 3.4 克。江苏邗江甘泉镇 2 号东汉墓出土。

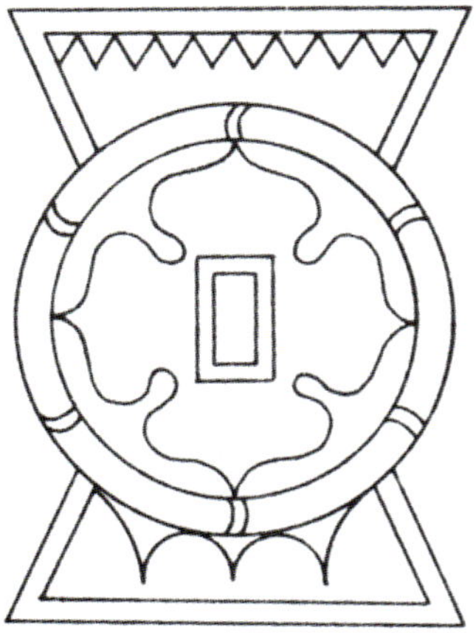

图 6-12. 玉胜。长 0.9 厘米，宽 0.8 厘米。朝鲜乐浪古墓出土。

图 6-13. 戴华胜的女俑。四川东汉墓出土。

度。有趣的是，中国古代还有一种按照节气或节日来戴胜的特殊习俗，如称为“人胜”的就是这样。古代有一种节日称为“人日”，时间在农历正月初七。当时人们认为：正月初一为鸡日，即鸡的诞生日，初二为狗日，初三为猪日，初四为羊日，初五为牛日，初六为马日，初七为人日，即人类的生日。把人日排列在其他动物的生日之后，是说明人类的出现要晚于这些动物。所以，每逢这个日子，古人都要把那些五彩花色的丝织品或者金属箔剪刻成人的形状，挂在屏风或帐子上，妇女们则剪成小人形戴在两鬓，叫作“人胜”。这个节日正逢春节之际，又名“春胜”。这种风俗直至北宋时期仍很盛行，《东京梦华录》中描写道，在正月初七的“人日”节，正月初十的“立春”：“家家剪彩或缕金箔为人，以贴屏风，亦戴之头鬓，今世多刻为华胜，像瑞图金胜之形。”

（六）一步一摇的“步摇”

步摇首饰由来已久，文献中最早出现“步摇”之名的是传为宋玉所作的《风赋》，其中有：“主人之女，垂珠步摇。”时代约在战国至西汉时期。可以看出，“垂珠步摇”中的“垂珠”，是早期步摇最重要的一大特征。在《释名》中也有：“步摇，上有垂珠，步则摇也。”看来当时随着佩戴者步动而摇的是那些挂坠在簪钗上的小珠子。在湖南长沙马王堆一号汉墓出土帛画上的贵妇，头上正中部位插着一枝树杈状的饰物，饰物上隐约出现了多颗圆珠，正符合文献中的记述，应是西汉步摇的样式（图6-14）。

到了东汉，中原地区贵妇使用的步摇饰更加华丽。《后汉书·舆服制》中：“皇后谒（拜见）庙……假髻、步摇、簪珥。步摇以黄金为山题，贯白珠为桂枝相缪，一爵九华，熊、虎、赤罴、天鹿、辟邪、南山丰大特六兽。”在《北堂书钞》及《太平御览》引作“八爵九华”。爵为雀，华即花。由此可知，汉代皇后拜庙祭祀时所戴步摇有一个山形的基座，上有用串了珠子的金丝或银丝宛转屈曲成象树枝状的花枝，考究一些的还在上面缀以花形饰或鸟雀禽兽等，步行时金枝、饰物摇颤，成为受人喜爱的步摇。在《后汉书·舆服制》中描述的步摇，上面还装饰着六种神兽，其中有几种是神话传说中的动物，如其状如狮

图 6-14. *头插步摇饰的贵妇。湖南长沙马王堆一号汉墓。*

1.

2.

图 6-15.
1. 双插步摇的形象。图片出自孙机《汉代服饰文化图说》。
2. 徐州北洞山楚王墓出土的女侍立俑。

（一说如鹿）独角长尾的“天鹿”；外形与天鹿相近，但有两角双翼的“辟邪”；还有神牛“丰大特”等，人们将这些神兽安排在步摇上，也许不仅仅是为了装饰，还含有祛邪纳祥的用意。这种步摇饰常和称为“副”的假髻并用，说明在东汉晚期，步摇已不再是单件首饰，而是同假髻合为一体，成为假髻的组成部分。

两汉时期步摇的插戴多在发前正中部位，同时还有双插步摇的现象。在徐州北洞山楚王墓中，出土了一位身份较高的女侍立俑，在她的左右额发上侧并列的三个小孔，就是插戴步摇等装饰的地方（图 6-15）。

在汉代，妇女发髻上的首饰常用凤鸟来做装饰，这与当时汉武帝尊凤是分不开的。汉高祖刘邦继承了许多楚国人的风俗，楚人就是一个十分崇尚凤鸟的民族，他们认为鸟、鸾能够冲天，鸣声可以惊人。楚庄王就把自己比作凤鸟，说三年不飞，一飞冲天！三年不鸣，一鸣惊人。汉武帝尊凤，穿楚服，戴楚帽，色尚赤，这些都是楚国的风俗。在汉代的画像砖中，许多汉阙和汉代建筑的顶上都装饰着一双凤鸟。大到建筑，小到妇女的装饰，凤鸟优美的飞舞着，而饰有凤鸟的步摇，在中国历代都是妇女们最重要的头上饰物之一。无论怎样变换花样，只有“行则动摇”才符合这种首饰的特征，这也正是妇女们喜爱它的重要原因。

（七）戴在额头上的首饰——山题

“题”的解释为“额”，意思是戴在额前的一种山形饰物，是以提醒戴着它的人们稳重如山。山题多以黄金制成，通常作为一个基座和步摇一起用。魏晋时期鲜卑等民族的步摇冠也许由此而来。汉代步摇的基座多为黄金制作的山题，具体的式样和戴法我们已很难见到，似乎与西周竹园沟古強国墓地出土的一种发饰有很多相同之处。中国的许多古老服饰风俗，往往能从曾受中国古文化影响的韩国、日本等的传统服饰中看到一些影子。在日本传统贵族妇女服饰中，妇女额前发髻上，有一种瓶形束发饰。使用时把前额上的一组头发从饰物背面的卷筒中穿过，再用簪钗固定。这种饰物，是日本奈良时期皇族成员在正式场合身着礼服时佩戴的，它可以和簪钗与梳子同时使用。也许可以从中看出山题的样子和戴法（图6-16）。

（八）巾帼女子

假髻的使用在中国有悠久的历史。随着东汉时期高髻的兴起，方便而漂亮的假髻又逐渐时兴起来。汉代女子的假髻被称为“巾帼”，因常为女性所专用，故引申为女子的一种代称。它是一种以假发制成的形似发髻的帽状饰物，用时只要套在头上即可。头戴巾帼的妇女形象在广州市东郊先烈路东汉墓出土的一件歌舞伎俑的头上可以看到。在她的头上有一个很大的“发髻”，髻上插簪钗数支，髻的正中还有两支“十”字花饰。在其底部近额处有一道明显的圆箍，应是一种假髻。漂亮的假髻还是可以互相赠送的时髦而贵重的礼物（图6-17）。

图 6-16. 日本皇族的妇女头饰。

1.

2.

图 6-17.

1. 戴巾帼的女子。广州东郊先烈路东汉墓出土舞俑。

2. 韩国传统剧中，假髻成为馈赠珍贵的礼物。

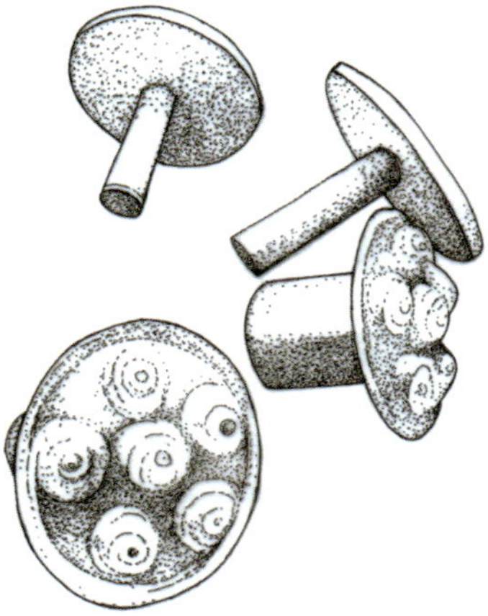

1.

2.

图 6-18.

1. 苗族银耳珰。

2. 戴耳珰的贵州黔东南苗族女子形象。

三、耳饰明月珰

珰在中国已有两千多年的历史，也叫“珥珰”，早在新石器时代就已出现，它一般是用玉、石、木等做成。

秦汉时期，皇后嫔妃皆不穿耳，甚至连一般的贵妇也不穿耳，尽管在她们的耳边也悬挂着耳饰，但耳饰是系缚在簪子上，再穿插于发髻中，就好像充耳一样。这种耳饰也称为“珥”。它一般以玉制成，簪与珥连属一体，所以在取下珥饰时，只能连同发簪一同拔去，所以“簪珥”是它的另一种称呼。还有的则将有穿孔的珥珰，用绳系着挂在耳朵上，叫作“悬珥”，或者“瑱”。这些都是象征性的耳饰，除了漂亮好看之外，还有提醒佩戴者不要听信妄言的寓意。在汉代文献中，那些皇妃、公主就常佩戴这类“簪珥”。《史记·外戚世家》：汉武帝“谴责钩弋夫人，夫人脱簪珥叩头”。《汉书·东方朔传》中记载，馆陶公主私自与董君同居，汉武帝去馆陶家要见董君，馆陶公主“乃下殿，去簪珥，徒跣顿首”。这两处记载，都是说她们把与发簪连在一起的珥珰摘下来，以表示洗耳恭听皇帝对她们的训话。

普通妇女就不同了，她们一般都要在耳朵上穿孔，所戴的耳饰也都要穿过耳孔来佩戴，称为“耳珰”。而这种穿耳任务要由女孩子的

1.

2.

图 6-19.

1. 戴耳珰的女子。河南省洛阳面粉厂西汉卜千秋墓壁画。

2. 饰有珠串的耳珰。广州先烈路三号东汉墓出土陶舞俑。

母亲或其他长辈来执行。如果要戴“珰”这种耳饰，耳朵是必须要穿孔的，但并不是像现在女子耳朵上的一个小孔，而是要穿一个大洞，才能把那种呈腰鼓形的耳珰戴上去，这种穿耳方式与耳珰的样式至今仍为中国的苗族、傣族等少数民族地区的女性所沿用（图6-18）。

以前的珰多为腰鼓形，唯一端较粗，且常凸起呈半球状，戴的时候以细的一端塞入耳垂的穿孔中。在河南信阳长台关一号战国楚墓出土的跪坐木俑，耳垂贯有竹棒，即代表耳珰。河南洛阳西汉卜千秋墓壁画上的一名妇女，耳上则画着朱红色的耳珰。在广州先烈路陶舞俑的两耳均戴着花形并垂有珠串的漂亮耳珰（图6-19）。

古代制作耳珰的材料十分丰富，有玉、玛瑙、琥珀、水晶、大理石、金、银、铜、琉璃、骨、象牙、木等。最值得一提的是在当时称为“明月珰”的琉璃质耳珰。这种耳珰以它缤纷的色彩、透明晶莹如同月光的色泽，赢得妇女们的喜爱。《汉书·西域传》注：“琉璃，彩泽光润，逾于众玉”。这种比玉还美的饰物，在当时的诗歌中常被吟咏。如汉代诗歌《孔雀东南飞》中的焦仲卿妻：她“腰若流纨素，耳著明月珰。”汉·王粲《七释》：“珥照夜之明珰”。人们对它的喜爱也在众多的出土实物中得到证明。1952—1964年，在湖南的汉代考古中，仅长沙市一地，就有数十座汉墓出土了各种类型精美的琉璃耳珰。另在四川、广西、广东、贵州、陕西、山西、河北、辽宁、甘肃、宁夏、内蒙古及朝鲜平壤古乐浪汉墓等地方都有发现，而以湖南、湖北、河南出土为最多（图6-20）。

考古中发现的琉璃耳珰，还有无孔珰和有孔珰之分。无孔珰两端大，中腰较细，一端呈鼓起的半圆珠状。戴的时候以细端插入耳垂的穿孔中。在河南洛阳市烧沟有四座汉墓里发现了七件无孔琉璃耳珰，长1.9厘米—2.6厘米，是透明的白色琉璃。戴上它从正面看，只能见到露在耳垂前面的圆珠，所以当时人们又把它称作“圆珰”。刘歆《西京杂记》中载：汉成帝皇后赵飞燕，曾收到妹妹献给她的一件“合欢圆珰”礼物。在四川成都永丰东汉墓出土陶俑和河南济源市泗涧沟出土的汉代绿釉说唱俑的耳垂上，戴的应该就是这种“圆珰”（图6-21）。另有在其中心钻孔，穿线系坠的有孔珰，也有将坠饰横系在珰腰之用的。这种垂有珠饰的耳珰又叫作“珥”。《苍颉篇》：“耳珰垂珠者曰珥。”

图 6-20. 各种形式的琉璃耳珰。
1. 长 2.1 厘米，大头径 1.5 厘米，小头径 0.1 厘米。
2. 长 1.9 厘米，大头径 1.1 厘米—1.3 厘米，腰径 0.6 厘米，中间穿孔。
3. 长 2.2 厘米，头径 1 厘米。
4. 蓝色耳珰。前四者均出于广西昭平县北陀公社乐群大队东汉墓。
5. 圆形耳珰。
6. 绿琉璃耳珰。辽宁本溪桓仁望江楼西汉墓出土。

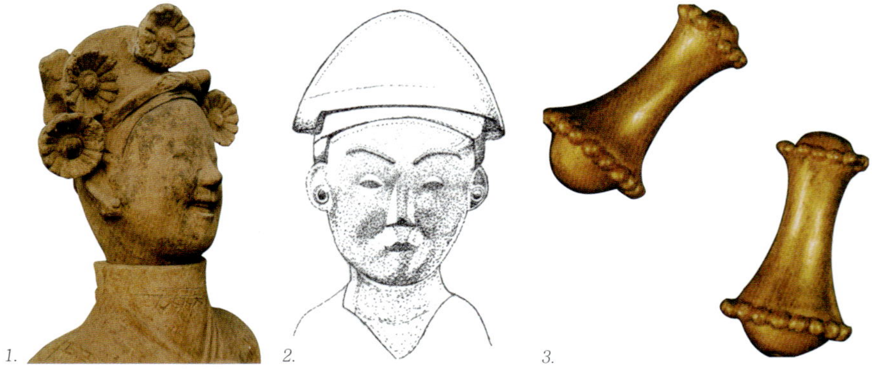

图 6-21. 戴圆珰的女子。
1. 四川成都永丰东汉墓出土陶俑。
2. 河南济源市泗涧沟出土汉代绿釉说唱俑。
3. 金耳珰。

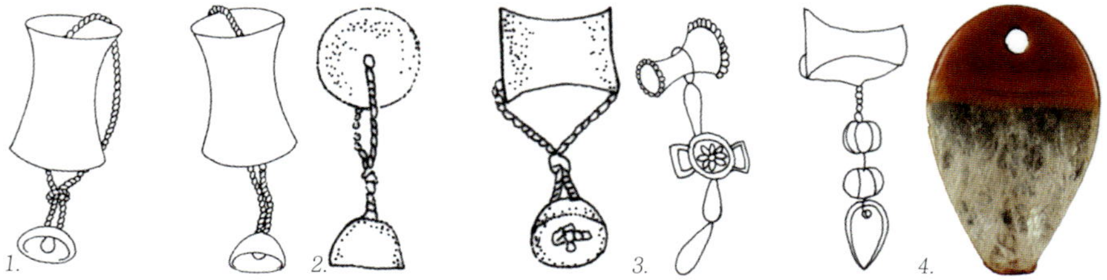

图 6-22. 缀有小铃的耳珰。
1. 原田淑人《汉六朝服饰》。
2. 朝鲜平壤古乐浪汉墓出土。
3. 带有坠饰的耳珰。
4. 玛瑙耳坠饰。陕西西安南郊曲江西汉墓出土。

系在上面的坠饰有琉璃珠、玉珠、珍珠等。在一些少数民族地区，还喜欢在珰中插入应季漂亮的花草作为装饰。在日本学者原田淑人的《汉六朝服饰》一书中，还见有一种缀有小铃的耳珰（图6-22）。

耳珰有双耳戴，也有单耳戴的。考古学者发现，在各地汉墓出土的琉璃耳珰，差不多有三分之一的墓葬中只发现一只。可见，战国秦汉时的妇女有戴单耳珰的习惯，而在洛阳烧沟汉墓的单只耳珰，总在人头左边发现。

在汉代的诗歌中常有描写妇女装饰的诗句。其中，以琉璃珠制成的耳饰经常被提及。在汉乐府《陌上桑》中，美丽的采桑姑娘秦罗敷就双耳戴着光华夺目的“大秦珠”。在东汉诗人辛延年的《羽林郎》中，描写一位反抗强暴的年轻女子胡姬，她头上簪着蓝田名玉，耳朵上也戴着两颗大秦珠。这些诗歌中的“大秦珠”，其实是指在大秦出产的一种琉璃珠。《史记》黄支国传记载汉武帝刘彻派人“入海市明珠、璧琉璃”。在稍后的鱼豢《魏略》中说：“大秦国出赤、白、黑、黄、青、绿、绀、缥、红、紫十种琉璃。”其中的“大秦”是指古罗马，即现在的叙利亚一带。

四、缤纷的串珠

在许多汉墓出土的串珠，珠子的形状并不规则，串法也十分随意。如河北满城汉墓中，中山靖王刘胜的颈下发现了玛瑙珠48颗，应为佩戴的串珠。当时制作珠饰的材料丰富极了，除玉、水晶、玛瑙珠外还有鸡血石珠、柘榴石珠、琥珀珠、珍珠、透明或不透明的各色玻璃珠、蚀花石髓珠、金银珠、煤精珠和陶珠等。形状除球形外，还有橄榄形、扁圆形、六角长条形、圆管形、菱形等多种（图6-23、图6-24）。

琉璃珠 仍是很珍贵的饰品。秦汉时期的琉璃珠与战国时期又有不同，人们首先十分注重它似玉的一面，因其具有玉的外观，甚至还有比玉更加明亮的光泽而受到重视。制造琉璃的最早记载是汉代王充的《论衡·率性篇》：“道人消烁五石，作五色之玉，比之真玉，光不殊别。”这一条是讲仿玉琉璃的制造。其中所谓的“消炼五石，作五色之玉”就是制造五种不同颜色的琉璃，使他们的外观像玉。《禹贡》

图 6-23. 孔雀石珠串。云南晋宁石寨山出土。

1.

2.

图 6-24. 水晶串饰。
1. 广西合浦县望牛岭出土。
2. 玛瑙珠串饰。48 颗，出于河北满城汉墓刘胜玉衣内，应为刘胜佩戴的串饰。

图 6-25. 法门寺地宫出土的随侯珠。

中：“瑬琳皆真玉珠也。然而随侯以药作珠，精耀如真。”这一条是讲琉璃的制造。所谓“以药作珠”，就是当时制造琉璃珠的方法。在当时国内最有名的琉璃珠就是“随侯珠”。王充说，随侯制造的琉璃珠，跟“鱼蚌之珠”“真玉珠”没有什么区别。汉代有很多关于“随侯珠”的记载。《史记·李斯列传》：“今陛下……有随和之宝，垂明月之珠。”其中的“随和之宝”就是指随侯珠与和氏璧，随侯珠因光亮如月，故有“明月之珠”的美称。在班固的《西都赋》中说西汉成帝的昭阳殿：“随侯明月，错落其间。”东汉高诱注《淮南子》中也有：“随侯之珠，盖明月珠也。”经考证，随侯乃是随国的君王，大约在西周晚期，在成周（今河南洛阳）以南，曾有一个随国存在。1978 年在湖北随县城关镇西北郊发掘了一座战国的早期墓葬，即曾侯乙墓。除了肯定了这个随县就是历史上随国的地域，同时在这个墓葬中出土了大量精美的琉璃珠，与以前的所有记载均相符合。在法门寺地宫的发掘中，出土了传说中的随侯珠，更证实了其珍贵程度（图 6-25）。西汉的琉璃珠中，

图 6-26. *各种各样的琉璃珠。*

釉药的成分较少，这与战国琉璃珠有所不同，所以显得比较平滑而细薄。汉珠的釉色较独特的是“汉绿釉”，就是说它的色彩似玉，如在湖南长沙大圹坡西汉墓出土的琉璃珠串，就属于此类。除此以外，汉代琉璃珠的色彩比以前更加丰富鲜艳，有黄、白、蓝、褐色，还有用金箔装饰的琉璃珠等（图6-26）。

瓷珠 是这一时期的新品种。在湖南长沙五家岭汉墓中的陶瓷珠，一枚为多角形，无釉；一枚作瓜形，上有透亮的绿釉。两件饰物的胎质均为纯白色，出土时和十余枚玛瑙珠、十余枚琥珀珠放在一起，珠子的中心均有穿孔，应是同一件串饰上的散珠（图6-27）。

蚀花石髓珠 是一种美丽奇特的珠饰。在现在出售的许多称为“藏饰”的首饰中，可以看到一种石质或玛瑙的珠子，上面有许多美丽的花纹，卖首饰的人会说这些珠子叫“天珠”，上面的花纹是天然形成的，其实不然。这种玛瑙珠的学名叫作肉红石髓，表面的纹饰并不是天然的，而是经过人工用化学腐蚀的方法制成，称为蚀花工艺。汉代人就已经会制作了。其制法是将一种野生植物的嫩茎和石碱捣制成溶液，然后用笔蘸着这种溶液将花纹描绘在已经磨光的石髓珠上，之后再进行热处理，使溶液侵蚀在珠饰中，取出后用粗布一擦，便能得到纹饰各异的珠子了。在云南晋宁石寨山出土了十六件一组的玛瑙珠管，其中就有一颗玛瑙蚀花珠。在李家山墓地也有一件东汉时期的蚀花石髓珠。类似的蚀花石珠，在新疆和阗、沙雅及藏族地区都有发现（图6-28）。

此类蚀花工艺最早出现在西亚和南亚一带，包括巴基斯坦信德省的萨温城、印度的德里和康本拜，以及伊朗、伊拉克等地。早期的蚀花珠，以表面的圆圈花纹为主要特征，仅见于伊拉克和印度河流域的古文化遗址中；其花纹以弦纹为主，它使用的范围很广泛，西到罗马时代的埃及，南达印度南部，东至中国新疆、西藏和云南等地，北抵高加索地区。其中以巴基斯坦白沙瓦附近的坦叉罗遗址发现得最多，这一带的安息和贵霜时期的犍陀罗遗址中也有出土。滇国墓地的蚀花珠可能是本地制造的，而持“外来说”的专家则认为，是从西亚或南亚输入的，其传入的路线很可能是古代四川经云南至缅甸、印度的“蜀——身毒道”，传播者是四川商贾或侨居在云南西部地区的印度、缅甸居民。

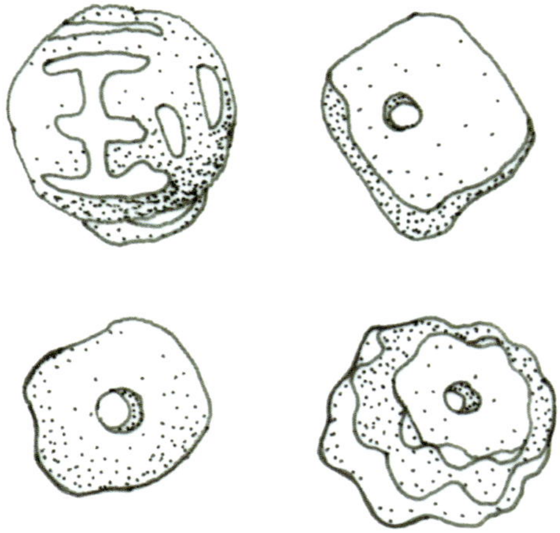

图 6-27. 陶瓷珠。高 0.8 厘米。湖南长沙五家岭汉墓出土。

图 6-28. 玛瑙项链中间一颗绘有十道平行线的即为蚀花石髓珠。云南晋宁石寨山出土。

1.

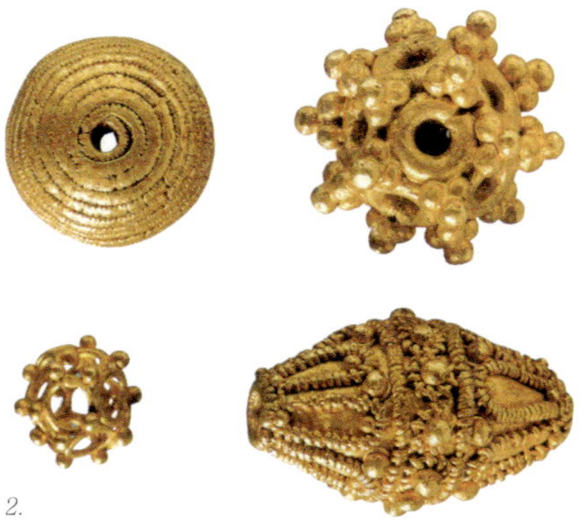

2.

图 6-29.
1. 用作项链的金珠。湖南长沙五里牌东汉墓出土。
2. 金珠。直径 0.4 厘米—1.9 厘米。广西合浦县九只岭东汉墓出土。

图 6-30. 王冠形金饰。直径 1.5 厘米，重 2 克。为束发器上的装饰，大小如指环，形状像西方的王冠。江苏邗江甘泉山出土。

图 6-31. "宜子孙"篆文金坠饰。安徽合肥蔡大郢子乌龟墩东汉墓出土。

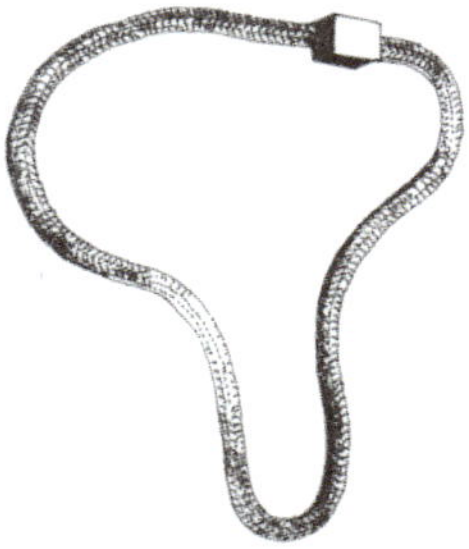

图 6-32. 金丝项链。

琥珀珠 在汉代也有不少发现。在湖南长沙、零陵，内蒙古察右后旗等地的汉墓，均见有琥珀珠实物，出土时大多位于死者颈部，除珠形、椭圆形、圆管形等常见形状外，有的还被加工雕刻成兽形。

珍珠 做成的首饰在汉代很少提到，在文字中提到的“珠”多是指玉珠，珍珠在当时多被装饰在衣服上，但珍珠之饰确有存在。较早的珍珠实物出现在陕西扶风强家村的西周中期墓中。在河北满城西汉窦绾皇后墓中，还出土了大小不一有穿孔的珍珠。在辽宁旅顺鲁家村西汉墓也出有以 22 颗珍珠、69 节陶管和琉璃管等串成的项链，在串饰的底部，还有一件琉璃质的桃形坠饰。

在中国，有关珍珠的记载可以上溯到三千多年以前。据《战国策》记载：濮阳人吕不韦在邯郸做买卖，见到秦国的人质异人，回到家中对他父亲说：耕田能获得几倍的利润？其父答：十倍。卖珍珠能获利几倍？其父答：百倍。可见在当时专门经营珍珠的商人获利是很高的。在司马迁《史记·李斯列传》中有：“傅玑之珥。”就是在珥上悬挂不是很圆的珍珠。

到了汉代，一些生活和装饰品的贸易都有了专门的集散地。《史记·货殖列传》介绍汉朝统一后全国各地的商埠情况时：“番禺亦一都会也，珠玑、犀、玳瑁、果、布之凑。”可见当时的商品集散地不止一个，广东的番禺只是其中之一。而其中的珠玑就是指珍珠。古人称珍珠圆者为珠，不圆者为玑。中国自古就产珍珠，主要产区是广西的合浦。那儿地处北部湾，气候温暖，海水咸性稳定，浮游生物很多，给珍珠贝提供了很好的生活与繁殖环境。因此，在汉朝时便以产珍珠出名。另外还有广东省的雷州，古书上把靠近合浦和雷州的海域叫珠池，即廉州珠池和雷州珠池。贩卖珍珠的商人也随处可见，因此珍珠饰物的出现也是不足为奇的了。

金珠和金坠饰 是最能代表汉代非凡金属工艺的饰物。1958 年，考古学者在湖南长沙五里牌汉墓的发掘中清理出了一批金饰，有三种不同形式的金珠 93 颗，其中有以小米细粒般的小金粒粘聚三圈而成的金珠，有用小管压制成 1—5 粒不等的珠联管，数量最多的可能是模制而成的八方形珠。除此而外，还有一个金质的花穗形坠饰。若将这些金珠串联，并配上花穗坠饰，正是一条精美的金项链（图 6-29）。这类金饰在广西合浦丰门岭汉墓、江苏邗江县等地均有出土（图6-30）。

这一时期的坠饰，除见有湖南长沙五里牌汉墓的金珠、金坠外，还有一种很像现代的项链坠子。如安徽发现的一件“宜子孙”篆文金坠饰。当时的贵族们还佩戴金丝项链，金丝编制的工艺十分精细，具有很高超的技艺（图6-31、图6-32）。

玉舞人 是这一时期最漂亮的项链装饰了。在河北满城二号西汉皇后墓中，墓主玉衣内，相当于胸部的位置上，发现了玉舞人及蝉形、瓶形、花蕊形和联珠形玉件，和这些玉饰共出的还有水晶、红玛瑙与乳白色石珠等。因串绳朽失，珠饰散乱，考古学者根据想象予以复原，其中白玉透雕的玉舞人，以阴线刻饰细部，两面纹饰相同，上下各有一圆形小孔（图6-33）。而广州市象岗西汉末南越王墓中右夫人墓出土的七件一套的玉佩饰中，亦穿插有玉舞人饰（图6-34）。自春秋战国至秦汉人们非常喜爱一种长袖舞蹈。《西京杂记》载：“高帝戚夫人善为翘袖折腰之舞。”这种“翘袖折腰”的舞姿正是当时常见的玉饰造型。1983年，陕西西安市郊三桥镇西南西汉墓，出土了七件一组的玉佩，其中有白玉舞人片饰一对。表现出动作相同、左右相反的一对舞女的优美舞姿，阴刻细线自由流畅，它上下有孔，可系绳佩戴。从出土的位置看，这七件玉器的组佩，是戴在墓主胸前的。西安东郊动物园北西汉窦氏墓中，也出有两组玉组佩。其中有片状玉人八件，是整组玉佩中的部件，其中一件双人舞的玉人造型生动有趣，一人左臂绕头，手拉另一人左手，右手牵另一人右手踏歌起舞。北京大葆台西汉广阳倾王刘建墓中，也出土了一件小小的玉舞人饰。可惜这座帝王墓已经被盗得十分厉害，这件优雅的小舞女似在诉说往日的辉煌。可以看出，这类玉舞人饰都是作为整体佩饰中的一个饰件使用的，它大多出于帝王墓，佩戴者也多为妇女，汉朝以后这类玉饰也就极少见到了（图6-35）。

五、臂饰与手饰

（一）具有迷信色彩的臂饰

汉代的宗教信仰极其庞杂。人们崇尚礼仪，求仙、祭神、厚葬之

图 6-33. 玉舞人颈饰。玉舞人高 2.5 厘米。河北满城 2 号西汉皇后墓出土。

风弥漫全国。西汉时盛行长生不老之说，到了东汉又出现了种种神信之物，一些大型的迷信物品一般用于随葬，而一些具有某种特殊意义的小型饰品用于平时佩戴，以便护身驱邪。在各地的东汉墓中，考古学者经常发现一种带孔的、用琥珀琢成的小兽形饰物，既可以充当坠饰，也可以穿绳系在臂膀上。与《急就篇》中“系臂琅玕琥魄龙”“射

1.

2.

图 6-34.

1. 右夫人墓出土的七件佩玉。

2. 小玉舞人饰。广州象岗西汉末南越王及夫人墓出土。

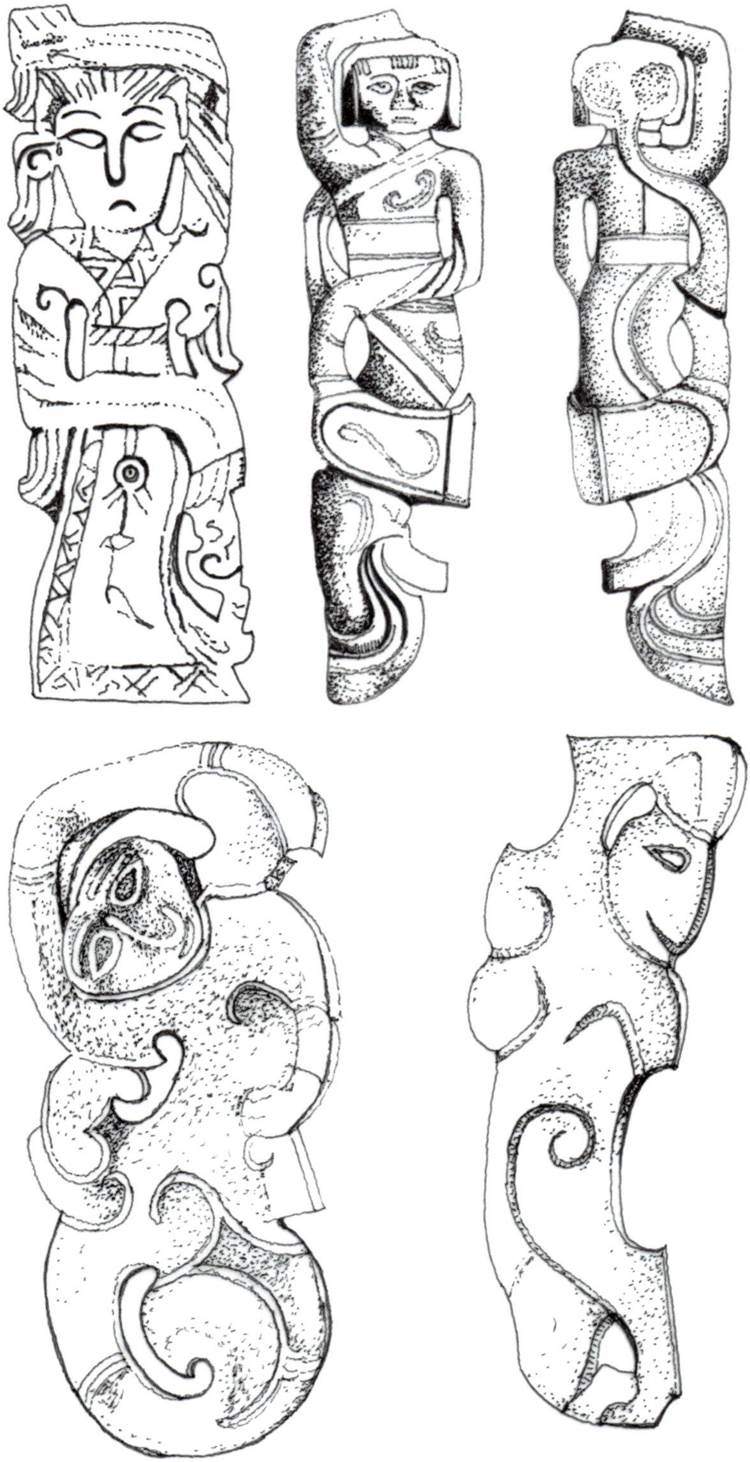

图 6-35. 形式各样的玉舞人玉饰。这些玉舞人饰件都很小，是整件串饰的一部分。

魁辟邪除群凶”之句相对照，可以看出这些小兽其实就是简化了的辟邪之物。在四川成都天回山东汉墓出土的一件击鼓说唱陶俑的臂上就系有一串臂饰。珠饰之中确有一件雕刻饰件，也许就是这类辟邪饰物。而另一件说唱俑的臂上，也系有类似饰物。在安徽合肥大型东汉砖室墓群中的二号墓中，墓主的身边即发现有这种琥珀辟邪（图 6-36、图 6-37）。

这类臂饰中还有一种与时令有关的“长命缕”。在当时人们认为，每年的阴历五月是“恶月”，五月五日更是一个危险的日子，不但饮食受到限制，甚至此日生子也可能给家人带来灾难。到了这天，家家户户都以“朱索五色桃印为门户饰，以止恶气”，这里的朱红色和桃木都被认为是可以辟邪的。同时五月五日以五彩丝绳系在手臂上也是这一规避行为的重要组成部分。在记载中有“五月五日，以五彩丝系臂者，辟兵及鬼，令人不病温”“五月五日续命缕，俗说以益人命”等。除辟邪功能外，也与屈原有关，这也是后世端午节的开端（图 6-38）。

（二）臂钏、臂筒与手镯

汉代妇女从手臂到手腕上的装饰有“绾臂”的金臂环、绕腕的“双跳脱”等饰物。汉代时所称的跳脱，在以后常被叫作“臂钏”。

臂钏，别名又称“跳脱”“条脱”或“挑脱”。古代称手臂上戴的环为“钏”。《说文解字》：“钏，臂环也。”它为多环状，即将几个手镯，按照大小不同的顺序佩戴在一起或合并制作在一起，成为一套或一件饰物。这种饰物就叫作“臂钏”。制作臂钏的材料，多以金、银、铜为主。其长度可以从手腕直戴到手臂，无论从什么角度看都是数道环，是中国古代最有特色的一种手上饰品。繁钦《定情诗》中：“何以致契阔，绕腕双跳脱。”因其被盘成数圈，戴的时候是缠绕在手臂上，所以“绕腕”形容得生动具体（图 6-39）。

臂钏在传说中是少数民族的一种饰物。出土的实物也以中国北方和西南地区的民族为多。现存较早的臂钏实物，当为河北怀来北辛堡战国墓出土的一件金钏，整件饰物以极细的金丝盘绕成三圈，如同弹簧（图 6-40）。在内蒙古扎赉诺尔一座东汉末期鲜卑族女子墓葬中，也有用铜丝盘旋而成的此类饰物。与这类轻巧的跳脱形成对比的则是沉重粗犷的青铜臂筒。在东北吉林榆树大坡老河深 56 号墓出土的汉代东部鲜卑族墓中，发现了一对以九个青铜手镯合为一体的臂饰。此类风格的臂钏，在云南地区亦有发现（图6-41）。

西汉时期，少数民族地区铜镯的佩戴较为普遍，同时一些金、玉、石等手镯也常能见到。东汉至魏晋时期，中原地区则多使用玉镯和金、银镯。

图 6-36. 戴臂饰的击鼓说唱陶俑。四川成都天回山东汉墓出土。

图 6-37. 琥珀辟邪。安徽合肥东汉砖室墓出土。

图 6-38. 现代人们手上的彩色丝绳编结饰物源于汉代的长命缕。

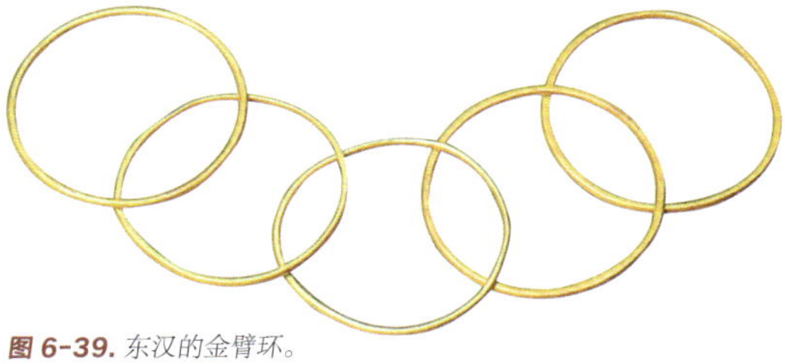

图 6-39. 东汉的金臂环。

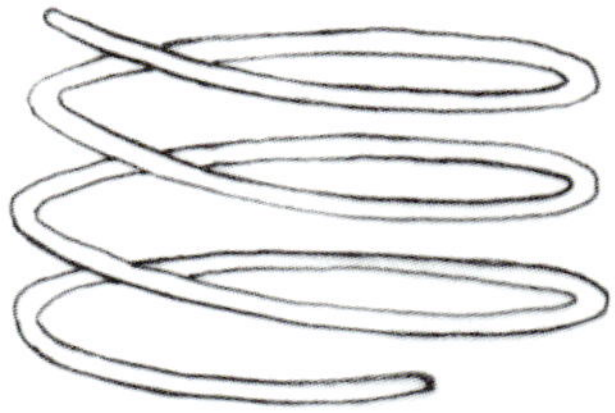

图 6-40. 金钏。河北怀来北辛堡战国墓出土。

（三）定情的约指

约指是秦汉魏晋时期人们对“戒指”的一种称呼。它一般都是金质或银质的环状物，所以戒指的原名是“指环”。关于它的来历很多传说，其中有一种流传很广。当时古代帝王的后宫有许多妃妾，这些女子由女使每晚轮流带进帝王的寝宫。带到后，女使先给那位妃妾一只银指环戴在右手上，等待房事结束后，又将指环从这些女子的右手换到左手，并记下房事的日期和时间。当以后证实哪个妃妾已经怀孕，女使再给她戴一只金指环。那时的指环，是作为一种受宠的标记。当然这只是一个传说，其实早在原始社会就已有指环出现了。

东汉时期，中国民间已普遍佩戴指环，并且将它作为定情之物，相传这种风俗是受当时胡人的影响。《胡俗传》中记载：“始结婚姻相然，许，便下同心指环。”在汉代的民间诗歌中，指环也是青年男女在热恋中相互馈赠的具有象征意义的礼物之一。汉代指环的实物极多，式样也很丰富（图6-42）。

（四）指甲套

一看到名字，人们可能马上就会想到慈禧太后手上的那种尖而长的指甲套。其实，这种饰物出现很早。在古代，女人们除了美丽的容颜、婀娜的身姿外，纤纤玉手也是相当重要的。妇女手指纤细秀美，除了肤色白，还要手指细长，若将指甲蓄长，可以使手指显得更加纤细秀丽。这种蓄甲之风早在一千多年前就已有出现。一般来说，蓄留一根数寸长的指甲，要花上年把工夫。指甲长了，稍不留神，就会折断。为了保护精心蓄留的长指甲，人们便想办法在手指上加一个指套，俗称“护指”。制作护指的材料，最初仅用竹管、芦苇，后来发展到了用金银宝石。

年代较早的护指是在内蒙古准格尔旗战国墓出土的，它以金片迭压后卷曲而成，也可能是古人套在手指上的一种射猎工具。真正确定为护指的，是在吉林省博物馆陈列的一对实物，整件饰物制作简单，只用一块极薄的金片，按照指甲的长短剪制成一个类似指甲的甲片，在甲片的尾部，再留出一个狭条，然后将狭条弯曲成螺旋状。使用时可根据手指的粗细任意调节，不仅简易实用，而且具有一定

图 6-41. 臂钏。东北吉林榆树老河深东汉墓出土。

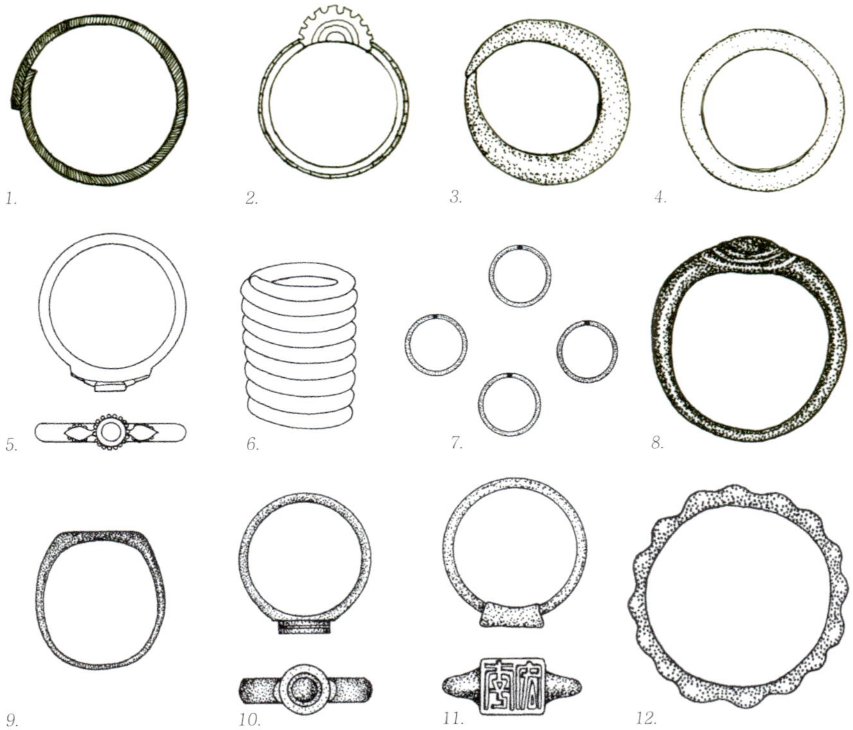

图 6-42. 指环。

1. 铜指环。四川宝兴陇东东汉墓出土。
2. 铜指环。四川宝兴西汉墓出土。
3. 铁指环。四川凉山喜德拉克西汉墓出土。
4. 银指环。湖北房县城关东汉墓出土。
5. 鎏金银环。湖南零陵造纸厂东汉墓出土。
6. 圆簧形铜指环。四川宝兴陇东东汉墓出土。
7. 金指环。湖北宜都陆城东汉墓出土。
8. 髹以黑漆的银指环。广东合浦杨家岭东汉墓出土。
9. 马镫形金指环。湖南长沙五里牌汉墓出土。
10. 金镶珠指环。广东广州市郊东汉墓出土。
11. 印章形银指环。湖南资兴东汉墓出土。
12. 银指环。河北阳原三汾沟汉墓出土。

的装饰效果（图 6-43）。

六、腰饰

（一）传统玉佩饰与组佩

玉佩饰从商周时期起一直盛行。到了汉代，孔子创立的儒家学派受到了重视。在西汉武帝时期，学者董仲舒提出了“罢黜百家，独尊儒术”的理论，被统治者采纳利用。于是儒家所提倡的“君子比德于玉”的这种用玉观，一直影响着整个中国的封建社会。

汉代十分重视扩大对外交往。在张骞出使西域回到长安时，带回了许多西域的特产，其中就有于阗的美玉。“于阗”是中国汉、唐至宋、明时西域的一个地名，元代称斡端，它在今中国新疆西南部的和田，这里自古以来以盛产美玉闻名，所以这里出产的玉又称为“和田玉”。“和田”在当地维吾尔语中的意思是“玉石村镇”。这里主要的产玉地就是东部的一条称为白玉河（今玉龙喀什河）和西部的一条称为绿玉河，也叫乌玉河（今喀拉喀什河）的两个重要水域（图 6-44）。这两条河均为塔里木河的支流，它们发源于昆仑山，每年由冰川及洪水将一些大大小小的玉块从昆仑山上冲下来，散布在河床和河滩上，因此，自古以来人们就下到河水中采捞这些美丽的玉石。它们洁白润泽，如油脂一般，人们又称它为“羊脂玉”。“丝绸之路”开通以后，汉统治者在敦煌西部的戈壁中，设置了两座关隘，其中一座称之为“阳关”，另一座则成为西域美玉进入中原的重要路口，名为“玉门关”。唐代诗人王之涣的《凉州词》形容塞外的玉门关：“黄河远上白云间，一片孤城万仞山，羌笛何须怨杨柳，春风不度玉门关。”而王昌龄的《从军行》中也有“青海长云暗雪山，孤城遥望玉门关”之句。数量众多的于阗美玉从这座遥远而荒凉的玉门关运进了中原内地，使内地的玉雕业迅速发展起来（图 6-45）。

这时期玉饰的雕刻手法多样，精雕细刻的玉器十分常见。透雕与阴线刻的技术更加成熟。在内容上，工匠们还运用了许多神话故事和人物题材，无论是流动的云纹和奔腾的飞禽走兽，都充满生机。丰满的构图和夸张的形体，体现了秦汉特有的时代风貌。这种在玉饰上的

图 6-43. 金护指。吉林榆树老河深汉墓出土。

1.

綠玉河

2.

白玉河

图 6-44.

1. 古人在绿玉河中采捞软玉的情况。

2. 白玉河。根据明朝宋应星的《天工开物》。

图 6-45. 洁白润滑的羊脂玉。

艺术特征同时也在其他形式的艺术品上显现得淋漓尽致。这是继史前文化玉器、商代玉器、战国玉器之后的第四个高峰。

东汉时又恢复了曾一度被废弃的“大佩制度”，祭祀大典时必须佩戴各种玉饰合成的组佩。在这些组佩中，以前的璧、瑗、环、冲牙等玉佩饰仍占有主要地位，并且制作更加精美别致（图6-46）。

西汉的玉璧除了保持传统的形状外，雕刻有龙凤纹饰的“异形璧”被设计得更加奇特，如河北满城一号汉墓出土的西汉双龙纹异形璧，造型优美，完全突破了“璧圆像天”的礼玉传统。广州市象岗山西汉末南越王墓出土的一件透雕龙凤涡纹玉璧，雕琢精致。出土于南越王墓主的棺室，是墓主人组玉佩的一部分。这些都是这类玉饰精品的代表（图6-47、图6-48、图6-49）。

到了东汉，还出现了许多做工更加精美的刻有吉祥文字的玉璧，即“宜子孙璧”。“宜子孙”是汉代流行的吉祥祝辞，在汉代的铜镜、铜印、铭文中屡见不鲜。与商周时期青铜器铭文结尾的“子子孙孙永宝用”的意思相同，代表着中国传统的祝福后代兴旺、延绵不断的含义。除此之外，还有雕刻“长乐、益寿”等多种吉祥语的玉璧，这种玉璧直到清朝还有制作。它主要用于陈设、佩戴或悬挂在帏帐、绶带之上（图6-50）。

除玉璧外，玉环也毫不逊色。南越王墓出土的青玉透雕龙螭纹环为双面透雕，三龙首尾衔接组成环状。龙首造型各异，其中一个张口露牙，颌下有须，其余仅雕出眼睛，雕工极为精致（图6-51）。

秦汉时期佩饰的组合多样。为了佩戴方便，一般的组佩都较为简单随意，称作“环佩”，可能是由于组成佩饰的部件常常是环与瑗。《说苑》：“经侯往适魏太子，左带羽玉具剑，右带环佩，左光照右，右光照左。”在陕西临潼秦始皇陵出土的铜御官俑，革带上便佩有玉环与剑（图6-52）。江西南昌东郊西汉墓所出土的牙雕舞女像上所刻出的玉佩，也只由一环、一菱形玉饰和一组冲牙组成，简洁大方（图6-53）。而贵族阶层的组佩则完全不同，其华丽程度令人惊叹。不仅单个玉饰件精美无比，其串联组合的方式也非同一般。在广州象岗山南越王墓出土的几组佩玉中，其玉饰的组合与技巧都已达到登峰造极的地步。由于盗墓的原因，像这样成套的组佩出土的很少，大多的出土物只剩下

图 6-46. 传统形式的玉璧被制作的十分精美。

图 6-48. 双连玉璧。青玉，长 12.4，宽 7.6 厘米，璧外径 6.2 厘米，厚 0.4 厘米。广州南越王墓出土。

图 6-47. 异形璧。河北满城一号西汉墓出土。

图 6-49. 透雕龙凤涡纹玉璧。广州南越王墓出土。

图 6-50. 宜子孙璧。

图 6-51. 青玉透雕龙螭纹环。直径 7.4 厘米，孔径 3.8 厘米，厚 0.3 厘米。广州南越王墓出土。

图 6-52. 带环佩的铜御官俑。

图 6-53. 佩玉佩的牙雕舞女。江西南昌东郊西汉墓出土。

组佩中的一个部件而已，使我们无法得知当时更多的组佩原貌（图 6-54）。

（二）韘形佩

韘形佩是战国至秦代特别是汉代十分流行的佩饰。商周时期的韘是人们射箭时的必备之物。兵卒、猎户和普通人一般用坚韧细密的枣木制成，而帝王将相则用玉、象牙、骨、角等做成（图 6-55）。

古人在不射箭时，扳指戴在手指上总是显得十分笨重，于是便佩在身边，以备不时之需。到了秦汉时期，原先较为笨重的扳指，在制造的时候便将伸拇指的地方改薄使它更加好用。后来一些贵族又让工匠们在扳指的周围雕琢上蟠螭或雕以花边，挂在腰间好看又实用，这就是早期的韘形佩。久而久之，一些玉韘完全成为礼仪性的佩饰。韘形佩又称为鸡心佩或心形玉佩。当时除了组佩之外，韘形佩也是一种可以单独佩戴的玉佩。在湖北江陵扬场一个战国墓主所系组佩上，穿结着一枚琉璃珠和一枚骨韘。实物中韘形佩出土的很多，形式极为多样。在广州南越王墓、江苏徐州北洞山西汉墓、河北满城中山王刘胜墓、满城中山王后窦绾墓和山东巨野红土山等汉墓出土的韘形佩都是

1.

2.

图 6-54.

1. 广州南越王墓出土的组佩。

2. 南越王右夫人玉组佩。

难得的佳品。西汉中期以后，韘形玉佩还出现了韘璧合体、韘觿合体，以及一种像扇面形的韘形佩，都是玉佩中的新品（图6-56）。

（三）玉觿

精美的玉觿仍是汉代贵族们喜爱的饰物。在广州南越王墓出土的淡黄色云纹龙形玉觿，在墓主人玉衣的手套中发现，是握在手中的陪葬品。在北京大葆台汉墓所出的一对透雕凤纹玉觿，应是佩饰中的饰件。这时候的觿以龙首为多，造型十分灵巧，大都是皇族的佩饰（图6-57）。

（四）小玉人饰——翁仲

汉代的人们仍然喜爱各种玉人佩饰，它们一般都被作为辟邪物来使用。其中称为“翁仲”的小玉人饰就是一种避邪饰物。关于翁仲传说很多，其中之一是说翁仲姓“阮”，为越南人，大约在秦朝时来到中国。他身材高大魁梧，作战时十分勇敢，战无不胜。其实“翁仲”本来是匈奴人称呼其祭天神像的词汇，可能与突厥、蒙古族语的“鬼神”一词有关。因为多用青铜铸造，所以又称为“金人”或“铜人”，形象非常高大，古人还称之为“金狄”、“长狄”或“遐狄”（“遐”有长的意思，“长”“遐”都是形容其高大，其中“长狄”是古人所称身材高大的一支狄人）。翁仲在秦代和西汉时期被汉族地区引入，当作宫殿装饰物。在《淮南子·汜论训》中有：“秦之时……铸金人，汉高诱注：秦皇帝二十六年，初兼天下，有长人见于临洮，其高五丈，足迹六尺，放写其形，铸金人以象之，翁仲君，何是也。”由于翁仲高大无比，东汉以来的帝王都在自己的陵墓前或神道两侧放置这种高大的铜人，用作仪卫的石刻武士像以驱不祥。渐渐地，在民间人们也把翁仲做成小玉人的形状佩戴在身上，用来驱魔辟邪

图6-55. *曾侯乙墓出土玉韘。*

图6-57. *龙形玉觿。广州南越王墓出土。*

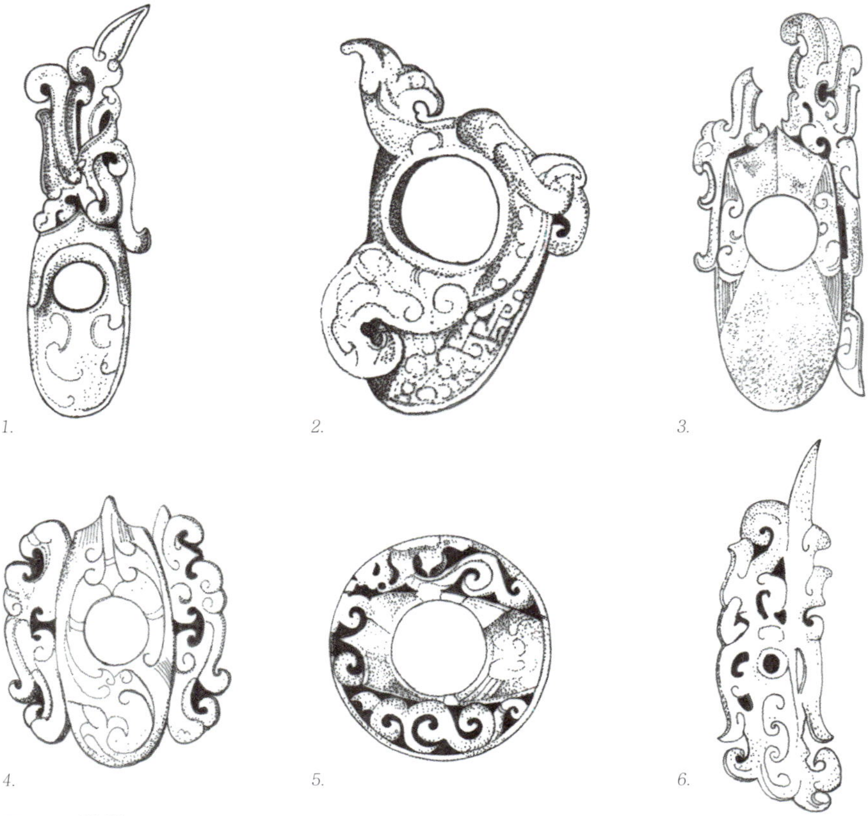

1.　　2.　　3.　　4.　　5.　　6.

图 6-56. 韘形佩。

1. 河北满城中山王及王后窦绾墓出土。2. 山东巨野红土山出土。3. 广州南越王墓土。4. 江苏徐州北洞山西汉墓出土。5. 韘、璧合体形佩。6. 韘、觿合体形佩。

1.　　2.

图 6-58. 石瓮仲。

1. 山东兖州金口坝石人。
2. 北京丰台永定河石人。

图 6-59. 现代仿制的翁仲玉人饰。

以保平安。汉代的这种玉翁仲一般用三寸长、一寸见方的玉柱刻成，多为扁身，刀法极其简洁刚劲却略显粗糙。到了魏晋时期，由于西方的佛教传入中国，这种小玉人佩改成了玉佛，形象古朴的玉人饰已极难见到了（图 6-58、图 6-59）。

（五）刚卯、严卯

西汉时期的人们还常在腰间成双成对地佩一对称为“刚卯”“严卯”的辟邪性饰物，呈长方柱形，中间有孔以供穿绳佩戴。在《汉书·王莽传》中有“正月刚卯金刀之利，皆不得行”。服虔注曰：“刚卯，以正月卯日作佩之，长三寸，广一寸，四方，或用玉，或用金，或用桃，著革带佩之。”意思是刚卯，是在正月卯日制成，一般长三寸，广一寸，呈四方形，材料多用玉、金或桃木做成，当中穿孔佩戴在革带上。在刚卯上面还刻着两行铭文：“正月刚卯既央，灵殳四方，赤青白黄，四色是当。帝令祝融，以教夔龙，庶疫刚瘅，莫我敢当。”共 34 个字。而严卯则刻 32 个字：“疾日严卯，帝令夔化，慎尔固伏，化兹灵殳。既正既直，既觚既方，赤疫刚瘅，莫我敢当。”他们最后一句的意思都是：所有的瘟疫和灾害，只有我才敢抵挡。当时的人们，认为随身携带这种刻有铭文的刚卯、严卯可以避邪去灾，逢凶化吉。到了王莽当政时，王莽因“劉”字上有卯，下有金，旁又有刀，故下令禁止佩戴刚卯、严卯及使用金刀钱币。所以它只流行了很短的一段时期。在安徽亳州凤凰台 1 号东汉墓出土的一对玉刚卯和玉严卯，刻文与上面所记的大致相同（图 6-60）。

除此之外，汉墓中还常出土一种铸出“辟兵莫当，除凶去央”的圆形铜佩饰，是当时的“辟兵符”，这是在战场上兵将用以壮胆自强的佩饰（图 6-61）。

（六）司南佩

东汉时期人们还喜爱佩戴一种“司南佩”，这要从汉代盛行占卜之风说起。司南是我国古代发明的利用磁场的指南性做成的指南仪器，它可以用来正方向，定南北。早期的司南像一个小勺，下面有一个平盘，无论勺如何转动，最后总是指向南方。除了这一用途，汉代人还常用它来测算凶吉。人们在底盘上刻上天干、地支或八卦，算卦的人根据

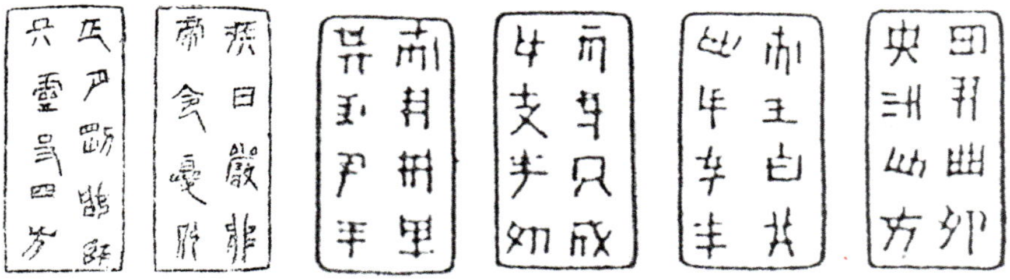

图 6-60. 玉钢卯。各长 2.2 厘米，面积 1 平方厘米。

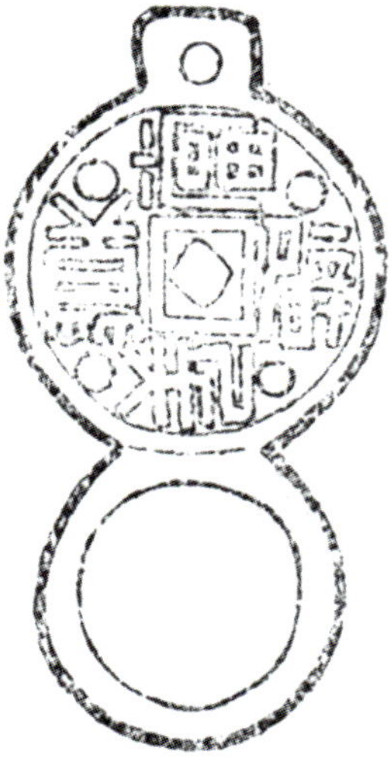

图 6-61. 辟兵符。

图 6-62. 绿松石司南佩。长 0.35 厘米，宽 0.28 厘米。陕西咸阳博物馆藏。

勺的指向做出测算，甚至赴任的官员都要用司南来算定乾坤。不久，人们又仿制司南的形状用玉做成佩饰戴在身上，用于辟邪，同时佩戴司南还有出门做事指引正确方向的吉祥用意。司南佩很小，一般只有两厘米左右。在江苏、河北、安徽等地的汉墓中都有做工精致的司南佩出现，应是当时很流行的饰物（图 6-62）。

（七）带饰种种

1. 带钩　秦汉时代的带钩已是革带的必备之物。北至吉林榆树，南至云南昆明，西经河西走廊抵达新疆，东传朝鲜日本都有带钩实物的发现。常见的式样有：琵琶形、曲棍形、兽形、鸭形、人物形和各种各样的异形钩。

其中琵琶形带钩的钩身阔于钩纽，外形如同琵琶，是春秋至西汉很常见的一种钩饰。汉代的琵琶形带钩的钩身还要狭长一些，与春秋战国时的稍有不同。它们造型挺拔，纹饰勾金错银，十分精美。在江苏丹阳东汉墓出土的琵琶形银带钩，钩身还有错金银花纹，背面的铭文写有："永元十三年五月丙五日钩"。这种带钩上铭文中的"丙五"字样屡见不鲜，是因为当时人们认为五月丙五为纯火精之日，利于铸造带钩、铜镜、剑器等。其实并非所有铜铁器的铸造都在丙五日那天制成，只是当时人们喜爱的一句吉祥套语罢了。汉代人普遍在饰物或器物中刻有吉祥用语，是这一时期的最大特色。

曲棍形带钩与琵琶形的较为相似。它钩身细于钩钮，长而纤细，钩体中部朝外拱出，弯曲如弓，钩身表面多素面无纹饰，长度一般在10厘米—12厘米左右。实物在河北定县中山简王墓、江苏丹阳东汉墓等地都有实物出土。琵琶形与曲棍形带钩在战国时已广泛流行，但其钩纽都靠近钩尾。汉代的这类带钩，钩纽上移至钩身中部或接近中部（图6-63）。

兽形带钩是最有特色的钩饰之一。钩体常被制作成各种动物的形状，除了现实生活中的一些动物外，神话中的动物也是常见的题材，如龙、蟠螭、蚩尤、四神等。如四川昭化宝轮院西汉墓出土的一件错金银犀牛铜带钩，可能是巴人的遗物；贵州威宁中水西汉墓出土的水牛形带钩，造型别开生面（图6-64）；广州象岗南越王墓出土的四件式样别致的带钩，皆精美华丽，出自主棺室，出土时均外裹丝绢，可见对它们的珍视程度。其中青玉质圆雕龙虎拥环带钩、青玉质八节铁芯玉带钩等无论在造型、工艺方面都属上乘之作（图6-65）。

在江苏三连水三里墩以及河北石家庄东岗头东汉墓中还发现了一种蚩尤形带钩，作五兵状，造型十分生动。它的实物在美国华盛顿弗利尔美术馆藏有一件。蚩尤不仅手足均持刀斧，口中还衔一利刃，一只举盾的手臂充当了钩首。蚩尤钩的来源是中国古代蚩尤造兵器的传说。汉代大将起兵之时，一般都要"祠黄帝，祭蚩尤"，视之为五兵之神，所以铸其形象为带钩，并认为服之可以辟兵。而精美的蚩尤钩，还可赐赠勇猛的将军。《太平御览》卷三五四辑《东观汉记》中就有"诏令赐邓遵金蚩尤辟兵钩一"，指的就是这类带钩（图6-66）。

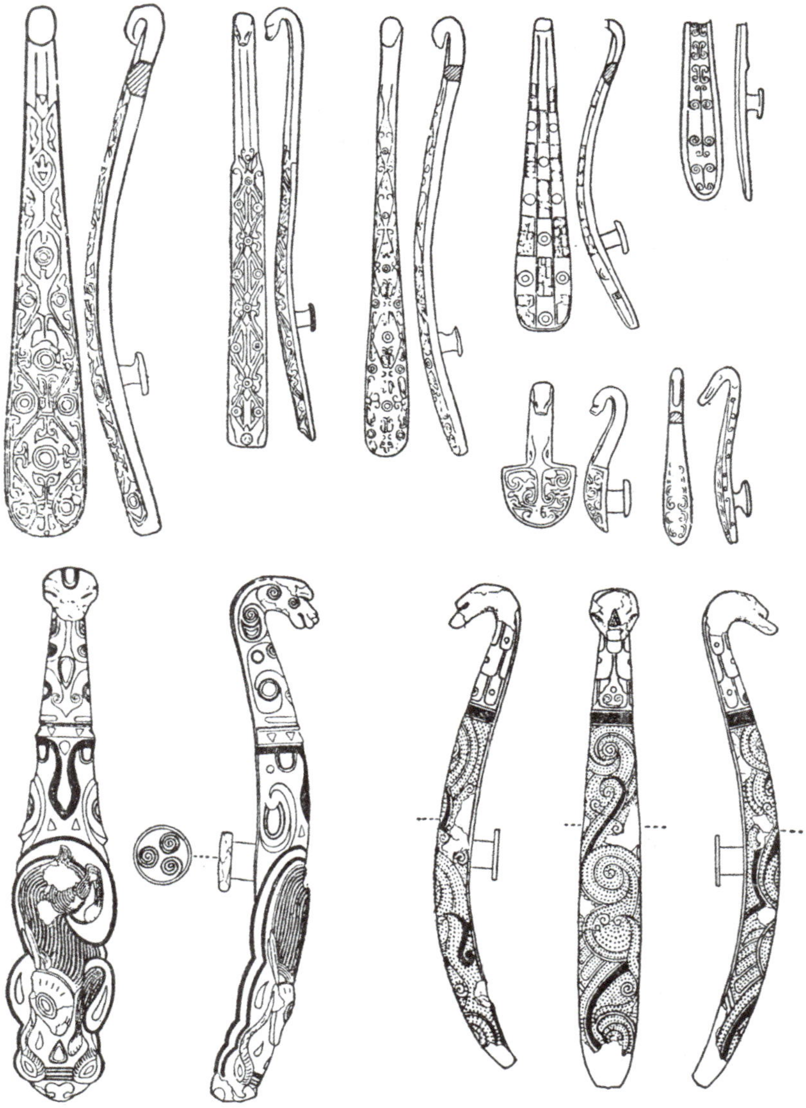

图 6-63. 汉代的琵琶形与曲棍形带钩。

1.

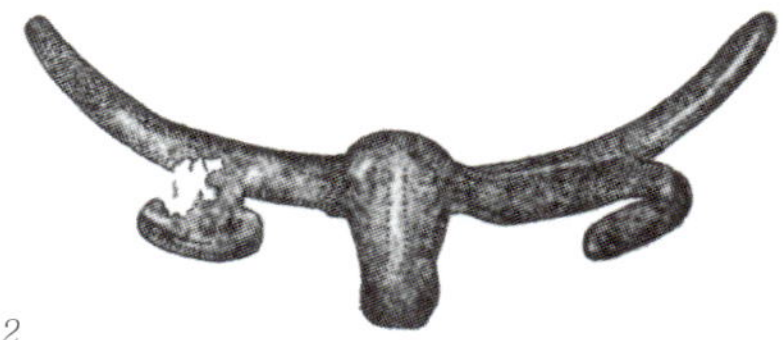

2.

图 6-64.

1. 错金银犀牛铜带钩。1953 年四川昭化战国墓出土。
2. 水牛形带钩。贵州威宁中水西汉墓出土。

1.

1.

图 6-65.

1. 玉龙虎拥环带钩。由一整块玉雕成，钩首呈虎头形，末端为龙首，龙虎双体并列弯曲成“S”形。长 18.9 厘米，广州南越王墓出土。

2. 八节铁芯玉带钩。园雕成龙头虎尾，共分八节。钩首尾的龙虎头两节做出圆卯，中间六节有圆孔贯通，中心用铁条将八节串联而成，长 19.5 厘米。广州南越王墓出土。

钩体被做成鸭形的带钩使用得十分广泛。它一般长颈短身，回转的鸭头正好成为钩首。有的素面无饰，仅少数镂刻有鸭翅或眼目，鸭嘴扁平，尺寸也比其他带钩小。在曾侯乙墓中发现了四件金质与八件铜质的鸭形带钩（图 6-67）。

人物形带钩的造型十分有趣。其钩身被铸造成人形，常见的有武士、童子等，但以武士为多。其中有一种款式很特别：人物手持的一件棍棒之物恰好构成钩首。在陕西咸阳秦都故城遗址、陕西西安临潼秦所出兵马俑的腰间都有这种钩饰，显然是当时较为流行的一种。

带钩的使用方法，大多是将钩附缀于革带之首，起着扣联腰带的作用。这种用于束腰的带钩一般比较大，曲棍形、琵琶形、兽形和人物形都属此类。其钩结方式也较为统一，一般是将钩纽嵌入右手一端的带孔，钩首朝外；左手一端的带头也有一个圆孔，使用时两相勾连，即可固结。河北易县燕下都战国墓出土的铜人、河南三门峡上村岭战

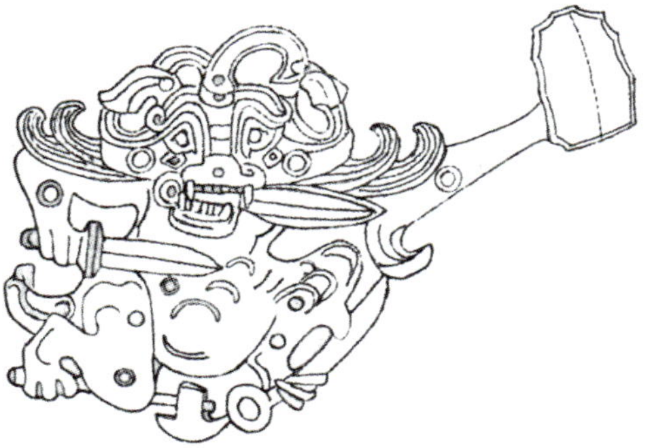

图 6-66. 蚩尤钩。

图 6-67. 鸭形带钩，湖北随县擂鼓墩曾侯乙墓出土。

图 6-69. 金钩玉龙。龙长 11.5 厘米，厚 0.5 厘米，钩高 2.6 厘米，长 5.9 厘米。广州象岗南越王墓出土。

1.

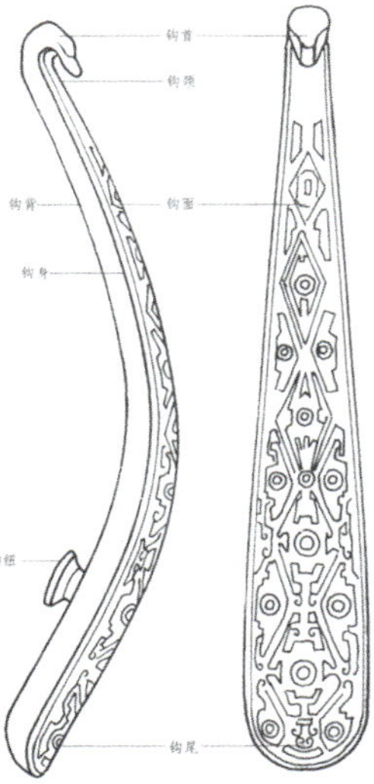

2.

图 6-68.
1. 带钩的结构。
2. 带钩的扣结方式。河北易县燕下都战国墓出土铜人。

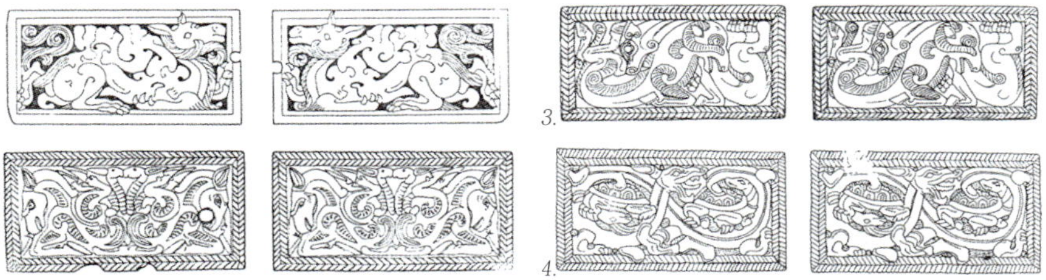

图 6-70. 内地出土的带头。
1. 云驼纹玉带头。湖南长沙汉墓出土。
2. 双马纹鎏金铜带头。宁夏同心倒墩子 19 号墓出土。
3. 虎噬羊纹鎏金铜带头。广州登峰路西汉墓出土。
4. 蟠龙双龟纹鎏金铜带头。广州象岗南越王墓出土。

国墓出土的漆绘铜灯中的人物等，腰间的革带就是用的这种方式。值得一提的是，一件奇特的金钩玉龙搭配带钩，它是由一条青玉雕刻的龙和一个金质的虎头带钩组成，出土于广州象岗南越王墓（图6-68、图6-69）。

另一种束结方式，是在革带的左手端先做好一铜、玉或骨质的小环，使用时直接将钩首套在小环上，以免损伤带孔。在考古发掘中经常可以看到这种钩、环同时出现的现象，如河南汲县山彪镇五号墓出土的铁带钩与骨环、六号墓的铜带钩与玉环、山西孝义张家庄汉墓出土的玉带钩与玉环同出等。在河南洛阳烧沟战国墓出土的人骨腰部，还见有带钩与环相勾连的实例。在记载中，《淮南子·说林训》中“满堂之座，视钩各异，于环带一也”，说的就是这种状况。

2. 带头 西汉初年，匈奴人使用的一种带头传入内地。为长方或前圆后方的牌形，表面有浮雕花纹，以两枚为一组，其中一枚常在其前部有扁圆孔，也有的两枚皆有孔。带头装在革带两端，用缝在带鞓上的细皮条穿过牌上的孔以系结。这种带头在内地的广州、徐州、长沙、成都、陕西、山东等地都有发现。它的使用，在一定程度上为从带钩向带扣的过渡起到了中介作用（图6-70、图6-71）。

3. 带鐍 “鐍”（音同“绝”）是一种有舌（或称喙状突起）的，可以括结带子的扣具。其“鐍”之名，源于《说文·角部》“环之有舌者”。环形的带鐍，当中有供穿革带用的孔，前部有“喙”（音同“会”，指鸟兽的嘴）状突起之物，尾部有钮孔。这种带鐍每条革带上只用一枚，系结时将革带末端自下而上穿过鐍环，再折回来用喙状突起勾住，而将剩余部分压在前一段带子底下。其实同现今的皮带扣基本相同，这类带饰的出土大都在中国北方的少数民族地区，特别是内蒙古一带。带鐍的出现晚于带钩，由于它有可以活动的扣舌，使用起来更方便牢固，所以受到普遍的欢迎。三国以后，中原地区革带中使用带鐍的逐渐增多，并逐渐完全取代了带钩（图6-72）。

4. 带扣 带扣的出现明显受到匈奴带鐍的影响。内地最早的应用首先是从马具开始。秦始皇陵2号兵马俑坑中出土过的一件陶鞍马腹带上的带扣，是我国已知最早的活动针带扣的形象，不过马具用的带扣一般都比较小。腰带上使用的带扣则较大些，它们中有的纹饰极为丰富，

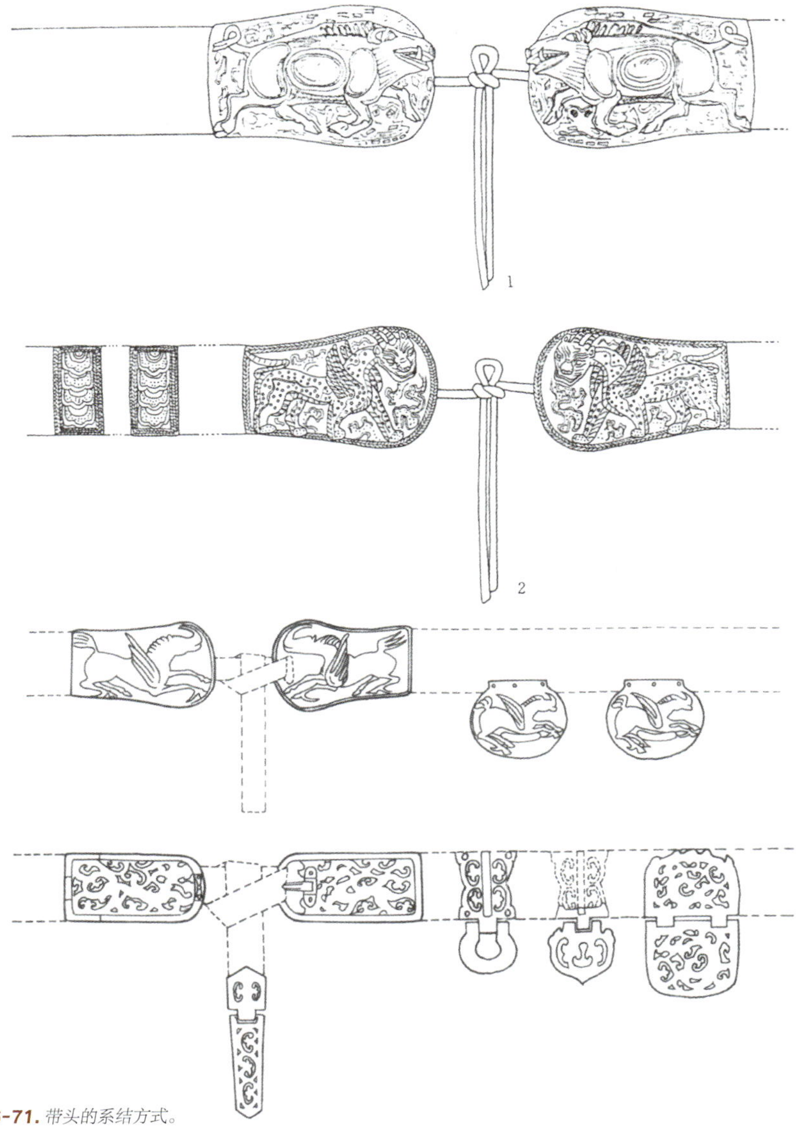

图 6-71. 带头的系结方式。

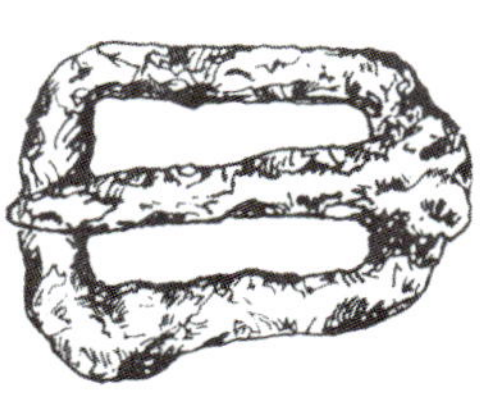

图 6-72. 铁带鐍。吉林吉安高句丽古墓出土。

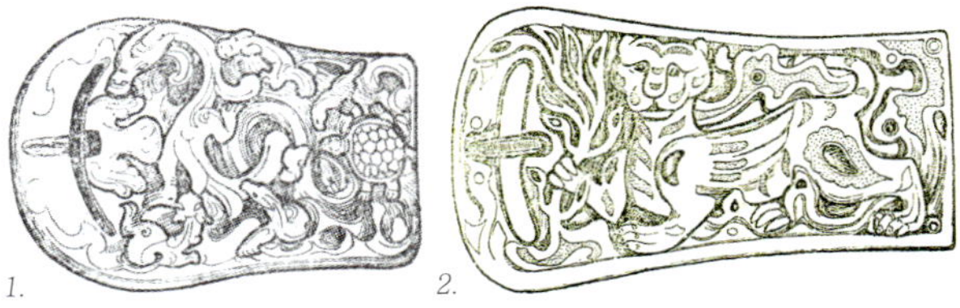

图 6-73.

1. 玉带扣。洛阳东关夹马营东汉墓出土。
2. 错金虎纹银带扣。长 10.1 厘米。云南晋宁石寨山 7 号西汉墓出土。

可见当时人们对艺术和生活的热爱，使他们对生活中的每一个小部件都不肯轻易放过。制作这些带扣的材料有玉、铜和金质的。实物有云南晋宁石寨山 7 号西汉墓出土的错金虎纹银带扣，纹饰极为精美。这类带扣的外轮廓基本上都是前圆后方，扣针也比较短，穿腰带的孔呈扁弧形，这是汉代腰带扣所保持的一贯特点。古乐浪及新疆焉耆博格达沁古城出土的东汉龙纹金带扣，十分豪华富丽，其造型也是如此。此类带扣还见有洛阳东关马营路东汉墓出土物与台北故宫博物院所藏的玉带扣（图6-73）。

第二节　少数民族的首饰风俗

一、纵横驰骋的匈奴

匈奴之名，最早见于《逸周书》《战国册》等先秦文献，直至《史记》始定称为“匈奴”，并详细记载了它的早期历史。记载中的匈奴异名繁多，这是因为匈奴部落的民族成分很不单纯，甚至有人认为“匈奴”有数百上千种。其实原始匈奴部落的人口很少。贾谊说，匈奴之众，不过汉一大县，可能就是指其本族而言。它的迅速强大，是在陆续并吞其他许多部落的过程中实现的。原始匈奴部落在蒙古草原的北部及南西伯利亚一带，以后逐渐向南迁移。20 世纪 70 年代，在内蒙古巴彦淖尔盟乌拉特中旗、乌拉特后旗和伊克昭盟杭锦旗、准格尔旗发现的战国时期的匈奴古墓，证明了河套和阴山是战国时期匈奴人的活动地域。到了后来，中国的陕西、山西、河北诸省的北部，也成为他们的游牧之地。到了春秋末期，匈奴与中原的汉族逐渐接触，并以和亲保其安宁。汉代时赵武灵王还提倡胡服骑射，建立中原骑兵。

到了冒顿单于时（公元前 209—公元前 174），匈奴强大起来，他们乘中原楚汉相争的时机，兼并了众多的部落，并不断侵扰汉地。自汉武帝时起，中原与之不断征战，至公元前 51 年，南匈奴呼韩邪单于降汉，又过了 15 年，北匈奴郅支单于战死，中原形势才有好转。至公元 47 年，匈奴又分裂成南北两部，北匈奴薄奴单于据于漠北，坚持与汉为敌。于是东汉联合南匈奴迫使北匈奴向西方远遁，他们从

图 6-74. *金鹰匈奴王冠饰。内蒙古杭锦旗阿鲁柴登战国墓出土。*

此也就在中国古代史上不知去向了。而南匈奴则入居中原边郡，久而久之，匈奴人或直接与汉人融合，或融合于其他少数民族，经过这样的反复融合，在南北朝以后的史籍中就再也没有匈奴之名了。

这些不可一世的，具有强大生命力的天之骄子，不仅没有在广阔的草原上留下什么历史纪念物，甚至连早于汉代的匈奴墓葬也很少发现。匈奴人喜爱装饰，首饰的种类也很丰富。20 世纪 80 年代，在宁夏同心发现了一批汉代匈奴墓，其中有金器、海贝、料珠等，使我们看到这个民族非同一般的风貌。

二、匈奴头饰

（一）非凡的冠饰与头饰

在内蒙古杭锦旗阿鲁柴登出土了迄今最为珍贵的匈奴遗物。金器品种十分丰富，其中金鹰匈奴王冠是匈奴文化遗存中最有代表性的艺术珍品。鹰形冠顶为半球形，上面凸起着四狼噬四羊浮雕图案，冠顶有一只圆雕的雄鹰展翅欲飞。鹰的头颈、嘴和眼睛均用绿松石镶嵌，如展翅翱翔的雄鹰鸟瞰着群狼食羊。金冠带由三条半圆金带组成，两端浮雕卧马、虎及羊。造型生动，是典型的匈奴黄金镶嵌工艺品（图6-74）。

匈奴贵族妇女的盛装头饰也相当华丽。她们很可能在头上包有头巾，再在上面装饰饰物。内蒙古准格尔旗西沟畔四号墓的墓主是一位女子，在她的头上饰有云形金片、四叶形金片、包金贝壳、金属珠和水晶珠。这些饰物上都有小孔，以便缝系在头巾上。耳朵上还有大耳饰，颈部有用水晶珠和玛瑙珠制成的大项链。这是一套珍贵而完整的头饰（图6-75）。

（二）夸张的耳饰

1. 大耳环 匈奴人的耳饰一般有两种：一种为金属耳环；一种为耳坠。长期以来，穿耳贯环是少数民族的装饰习惯。这种环状的耳饰在当时称为“鐻”，即用金、银或铜制作的环状耳饰。在《山海经·中山经》中有“穿耳以鐻”的记载。《后汉书·张奂传》中也有：“先零酋长又遗（赠送）金鐻八枚，奂并受之。”

早期的匈奴耳环，在春秋战国时期的匈奴墓葬中就有发现。在内蒙古阿鲁柴登发现的一具人骨架头部，就有一只很大的耳环。他的腰间饰有金带扣和短剑，应是一位贵族男子的装束（图6-76）。内蒙古伊克昭盟桃红巴拉古墓出土的一对，以较粗的金属丝缠绕数圈，形似弹簧。金丝的两头磨尖，以备穿戴。耳环出土时位于头骨两侧。类似的还有在内蒙古乌兰察布盟毛庆沟古墓出土的用铜丝绕成的耳饰。从出土的情况来看，戴这类耳饰的多为男子，因为除耳环外，还有不可缺少的带扣和刀剑。

汉代时，匈奴的耳环，仍以金属丝弯制为多。在宁夏同心倒墩子匈奴墓出土的数件耳环，均用一毫米粗的圆金丝扭成，一端尖锐，另一端则捶打成扁圆形，形式较简单（图6-77）。

2. 华丽的耳坠 精美华丽的耳坠多是王者和贵族的饰物。1972年在内蒙古杭锦旗阿鲁柴登以南的沙窝子中，当地农民发现了一批珍贵的金银器和宝石串珠等，其中的一对金耳坠饰，上部为粗金丝弯成

1.

2.

图 6-75.

1. 匈奴贵族妇女头部装饰饰。

2. 头饰。内蒙古准格尔旗西沟畔 4 号墓。

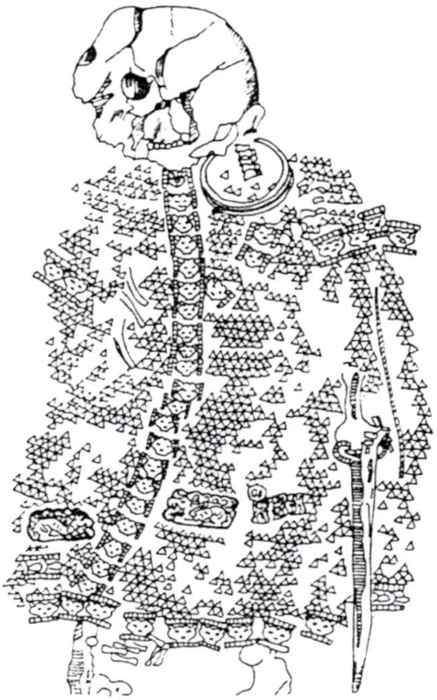

图 6-76. 耳环出土的情况。

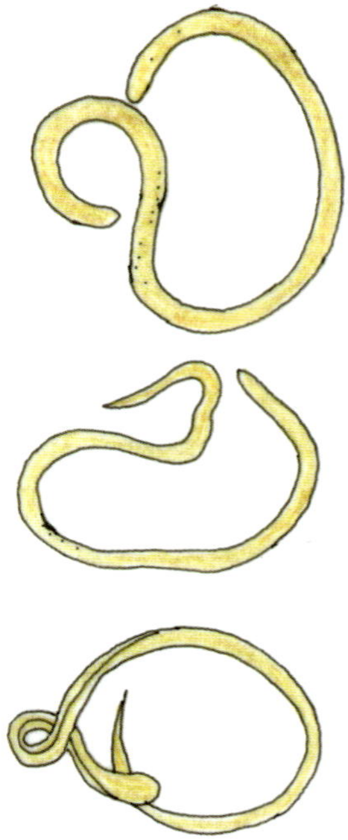

图 6-77. 汉代匈奴金丝耳环。宁夏同心倒墩子匈奴墓出土。

圆形耳环，环下有一组坠饰，坠饰的上部由两头包金的绿松石组成，下垂三枚一组的三角形金片，戴起来一定动感十足。同在阿鲁柴登，还发现了珍贵的匈奴王遗物。其中的两件金耳坠结构相当复杂，它的上部也是用粗金丝弯成圆形耳环，下垂的一组坠饰，则用二三件金片累绕金丝而成的三角形筒状体连缀在一起，其中的一件还穿插了一颗绿松石，是迄今发现最精美的早期耳饰之一（图 6-78、图 6-79）。

秦汉时期的匈奴耳饰在造型与风格上与前期有很大的差异。如辽宁西丰乐善乡西岔沟西汉时期匈奴墓中，出有一批拧丝穿珠耳坠，长 6.8 厘米—8 厘米，是由一根约一毫米粗的金丝拧成双股绳状，中间穿插各色玛瑙或琉璃管状饰件，顶端再穿以小珠。而在挂耳朵上的一端，两绳分开，一股扭曲成钩状，用来悬挂在耳上，另一股则被捶扁成阔叶形，用来遮蔽耳孔。件件饰品金玉交映，灿烂夺目。据考古发现，在一些男性墓主的墓葬中，耳饰每墓只出土一件，可得知佩此种金耳饰的主

图 6-78. 绿松石金耳坠。全长 8.2 厘米。内蒙古杭锦旗阿鲁柴登出土。

图 6-79. 金耳坠。内蒙古杭锦旗阿鲁柴登出土。

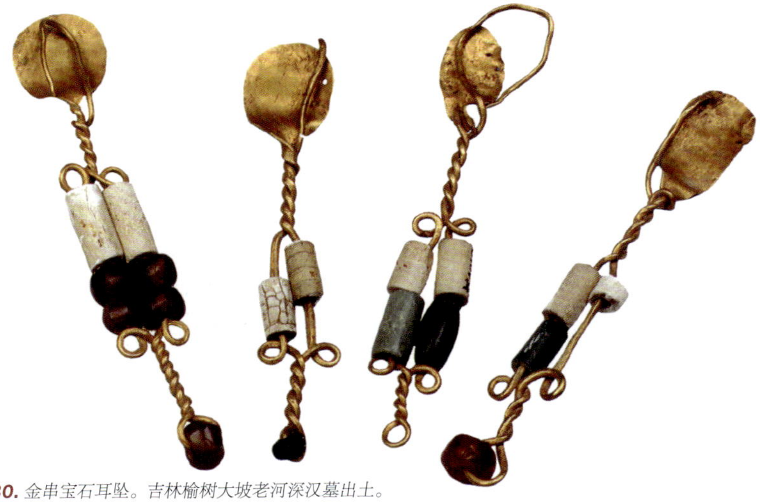

图 6-80. 金串宝石耳坠。吉林榆树大坡老河深汉墓出土。

1. 2.

图 6-81. 金丝坠珠耳坠。
1. 吉林榆树大坡老河深汉墓出土。
2. 新疆巴里坤东黑沟遗址出土。

图 6-82. 金串宝石耳坠。吉林榆树大坡老河深汉墓出土。

要为男性，并且多只佩戴一枚（图 6-80）。这类耳饰使用广泛，在新疆巴里坤黑沟遗址也有类似的耳坠发现（图 6-81）。而在吉林榆树大坡老河深汉墓出土的耳坠，在造型上与此近似，但却穿插了许多金片，较为特别（图 6-82）。

在内蒙古准格尔旗西沟畔四号墓的一套贵族女子头饰中，还有一对精美的耳坠，与中原及其他民族的珰与鐻极为不同。耳坠分上下两部分：上部为凸字形金牌，是匈奴传统的镶嵌绿松石的鹿纹牌饰。下部为包金玉牌坠饰，纹饰则为中原风格的蟠龙与螭虎图案，是草原文化与中原文化的结合体（图 6-83）。

三、古朴自然的珠石项链

匈奴是一个喜爱项链的民族。他们的项链多由各色玉、石、琉璃等珠管串成。在内蒙古准格尔旗西沟畔四号墓出土的一套贵族女性头饰中，她的珠石项链由三条组成一组，十分华丽。而在辽宁西岔沟墓地也发现了用大量的红色玛瑙、绿色石珠、白色石珠与彩色琉璃等组成的项链（图 6-84）。

图 6-83. *金玉耳坠。1979 年内蒙古准格尔旗西沟畔汉代匈奴墓出土。*

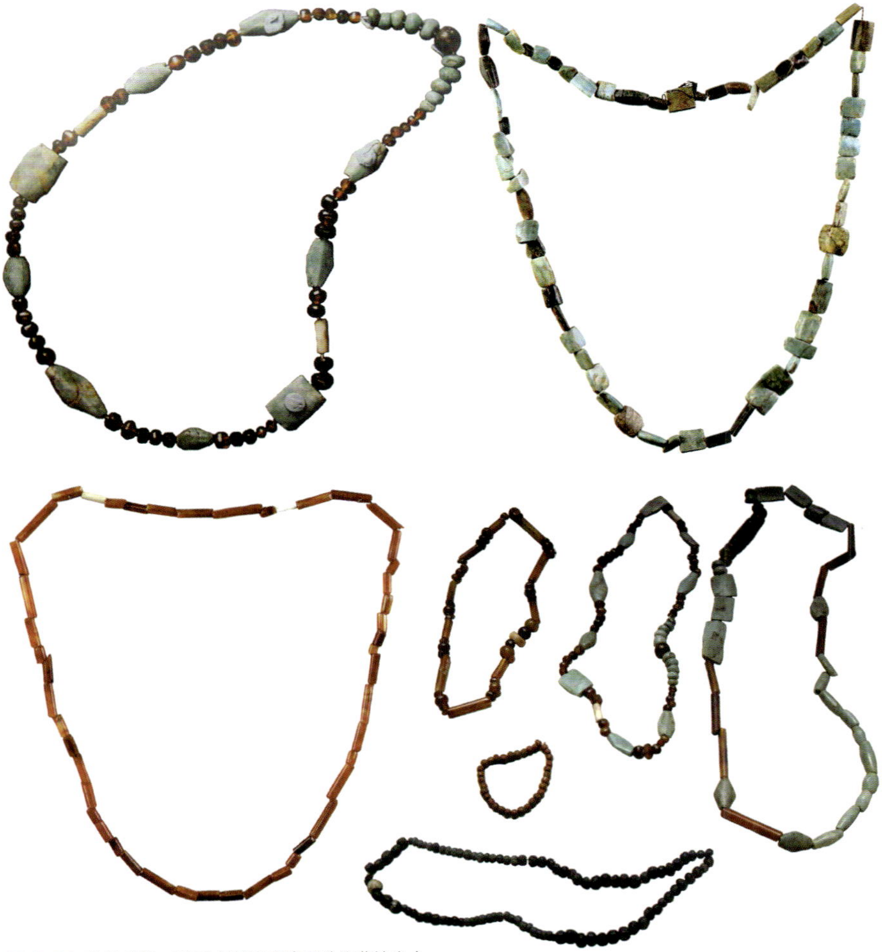

图 6-84. 珠饰项链。1956 年辽宁西丰西岔沟墓地出土。

图 6-85. 骑士铜带钩。

四、纹饰丰富的腰饰

匈奴的金属带具、腰间带钩和铜牌是一项十分重要的内容。这种来自于北方游牧民族的腰间饰品传入中原，汉代人称为“师比”或“犀毗”，它从此改变了中原地区的服饰面貌。精明的工匠艺人用不同的材料做成千百种不同式样的精美腰饰，把它逐渐转化成中原一种特别的高级工艺品和礼物转赠匈奴君长。在《史记》《汉书》记载中，常有赐匈奴族君长“黄金师比”之事。

由于游牧生活的需要，人们的腰带、车马的带扣变得很重要，而作为这些带子连接处的带扣、铜环和作为带头的牌饰则经人们之手被赋予极强的装饰效果。匈奴带钩发现得不多，如一件“骑士铜带钩”，表现了善于征战的匈奴骑兵形象（图6-85）。

而作为腰带两端的带头，人们通称为铜牌的带饰则出土较多，时代从西周至西汉时期。匈奴铜饰牌代表着中国北方草原铜牌艺术的较高水平。因大多出土于内蒙古鄂尔多斯草原及其临近地区，又以描绘动物内容为多，故又称为鄂尔多斯动物饰牌。这些饰牌可分为浮雕、透雕和圆雕三类。动物纹饰中家畜有马、牛、羊、驼；野生动物有鹿、虎、豹、狼、野猪、刺猬和鹤、鸭等。材质除了铜制品外，还有铁、金、银等，金银制作中又有镶嵌、抽丝、嵌金银等工艺技术。式样除方形外，还有圆形、刀把形、前圆后方形等。

匈奴早期的铜牌饰品，风格比较粗犷。中期作品中，以内蒙古准格尔旗西沟畔、杭锦旗阿鲁柴登等地出土的（时代约战国末期至西汉）匈奴金饰牌，以及玉隆太、速机沟和瓦尔吐沟等地发现的遗物为代表。这时期的动物形饰牌增多，制作精美而生动。特别是刻画了大量的猛兽相斗和厮咬的场面，令人难忘。如阿鲁柴登与有名的金冠成套出土的一件“虎牛纹金饰牌”，是匈奴王的遗物。用浮雕的手法表现了匈奴人对虎的崇拜。纹饰丰满有力，具有十足的野性意味。准格尔旗西沟畔出土的“虎豕咬斗金饰牌”，赤峰市巴林左旗出土的“驼虎咬斗铜牌”等都是此类的代表（图6-86、图6-87）。这种虎咬动物的饰牌与带鐍是匈奴带饰中最有特色的一种（图6-88）。大量的表现动物的饰牌采用镂空的方式（图6-89）。

图 6-86. *虎牛纹金饰牌。内蒙古阿鲁柴登出土。*

图 6-87. *虎豕咬斗金饰牌。西汉，长13厘米，宽10厘米。内蒙古准格尔旗西沟畔出土。*

图 6-88. 驼虎咬斗铜牌。西汉，长 12.5 厘米，最宽 7 厘米。内蒙古赤峰巴林左旗出土。

1. 2. 3.

图 6-89.

1. 虎咬羊纹饰牌。内蒙古和林格尔县范家窑子春秋晚期墓葬出土。

2. 鹰虎争斗纹饰牌。陕西省汉墓出土。

3. 虎咬狼纹金饰牌。

人物形饰牌是研究当时匈奴的绝好材料。如残缺不全的“匈奴辫发人物铜饰牌”，十分清晰地反映出当时人物的衣着形象，弥足珍贵。类似的“骑马武士纹铜牌”“骑士捉俘虏铜牌”等饰牌，在方寸之间，运用自然风景衬托出人物的活动，生动地反映出当时北方草原人民生活的各个方面。这些成熟期饰牌的特点是装饰与写实手法的巧妙结合。匈奴中期的铜饰牌标志着中国北方草原铜牌艺术的鼎盛（图6-90）。

除带头饰牌外，还有专门用于装饰腰带的带饰。内蒙古乌兰察布盟凉城县毛庆沟60号匈奴墓，展示了一位匈奴武士的葬俗。在他的腰间除装有金属带鐍外，还在革带上并列排缀着一些牌饰，上铸镂空纹样，少则几块，多则十几块。像这样的带饰在当时当地十分多见，如联珠兽

1.

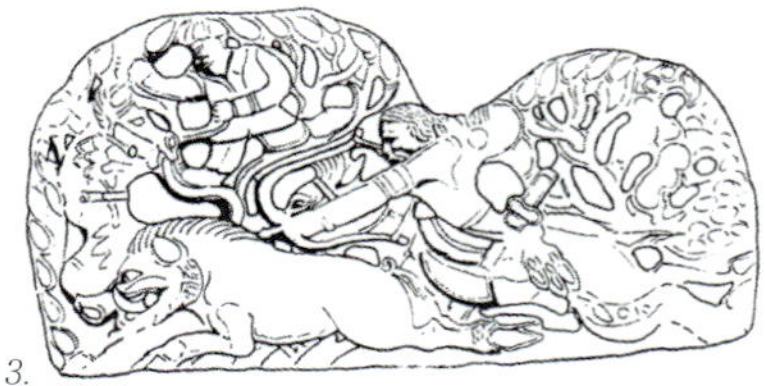
3.

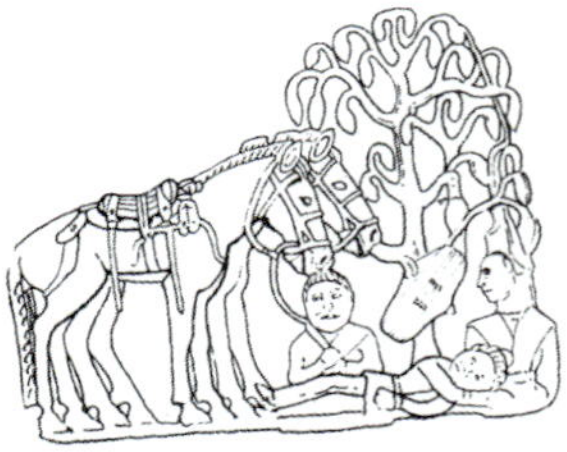
4.

2.

5.

图 6-90.

1. 匈奴辫发人物铜饰牌。辽宁平岗地区。

2. 骑士捉俘虏铜牌。高 6 厘米。辽宁西丰县西岔沟墓地出土。

3、4、5. 表现日常生活的人物铜牌饰。

1.

3.

2.

4.

图 6-91.

1. 四驴纹铜牌。高 4.7 厘米，宽 2.5 厘米。伊盟地区征集。

2. 鹰虎熊猪纹铜饰牌。高 7 厘米，宽 13 厘米。辽宁平岗地区出土。

3. 线描辽宁西丰西岔沟出土。

4. 双驼纹青铜镂空饰牌。内蒙古博物馆藏。

头形铜带饰，每件饰品都由两个相连的球状物加一对兽耳组成，是一种抽象化的动物形象。与此类似的还有征集自伊克昭盟的兽头形饰、青铜牛头饰、双豹形带饰等，时代都在春秋晚期（图6-91、图6-92）。从战国时代开始，这类带饰多为金饰，在阿鲁柴登战国墓出土的“三鸟纹金扣饰”，整体为三鸟形图案，鸟头居于中央，鸟身纠结在一起，形成漂亮的涡纹（图6-93）。到了秦汉时期，这类带饰制作得愈发精美，材料也多用金、铜。如1979年准格尔旗东汉匈奴墓所出的“盘羊角包金带饰”，高浮雕的羊身底面衬以花草纹，具有草原游牧民族的特色（图6-94）。

令人惊奇的带饰还有阿鲁柴登出土的一组“镶宝石虎鸟纹金饰牌”，每件饰牌以伏虎形饰为主，虎身镶嵌红、绿色宝石七块；虎头上附加火焰状鹿角纹，外围有只突出鸟头的八鸟图案。这组饰牌直接反映了匈奴人对虎的崇拜。匈奴人把虎当作他们的族星、国星。“虎”取意于天上的昴星团，由七颗星组成。这就是虎身上镶有七块宝石的用意。星光使古人认为它的周身都是火焰，故虎头上布满了火焰纹，周有八鸟，共计12件。《史记·天官书》中：“昴，胡星也。”“胡”即是匈奴，匈奴民族就是按照昴星团的运行确定四时八节十二月的生产与生活。匈奴人爱虎，这在他们的装饰品和饰牌中表现得淋漓尽致（图6-95）。

第三节　丝绸之路上的西域民族

西出阳关、玉门关，就进入了古代西域的世界。公元前的古希腊人听说丝绸产自东方某个遥不可及的国度，称为“塞里斯”，即“丝国”。古希腊历史学家希罗多德在他的《历史》一书中，通过同样是游牧民族的斯基泰人对极其遥远的东方的转述，得知生活在哈萨克丘陵、伊犁河、楚河、阿尔泰山麓一带的牧人部族。19世纪70年代，德国著名地理学家李希霍芬在其《中国》一书中，首先提出了“丝绸之路”这个词。在他们心中，丝绸之路是代表着财富的极其令人迷幻的地方，以至于在它消失了几千年后，许多探险家，不畏生死闯进这片地域。在丝绸之路形成之前，不仅东西方各国之间相互所知甚少，对居于其间的西域各族，也只有神话般的传闻。

图 6-92. 各种各样的带饰。
1. 双豹形带饰。高 4.5 厘米—5.5 厘米。春秋晚期。
2. 联珠兽头形铜带饰也称双尾铜饰。高 4.5 厘米—5.5 厘米。
3. 兽头形饰。高 2.1 厘米—2.6 厘米，背部有纽可以缝缀。青铜牛头饰，高 2.8 厘米—3.2 厘米。
4. 青铜牛头饰。高 2.8 厘米—3.2 厘米，均背有小孔可以穿系缝缀。均征集自内蒙古伊克昭盟。

图 6-93. 三鸟纹金扣饰。内蒙古伊克昭盟杭锦旗阿鲁柴登战国墓出土。

图 6-94. 盘羊角包金带饰。准格尔旗东汉匈奴墓出土。

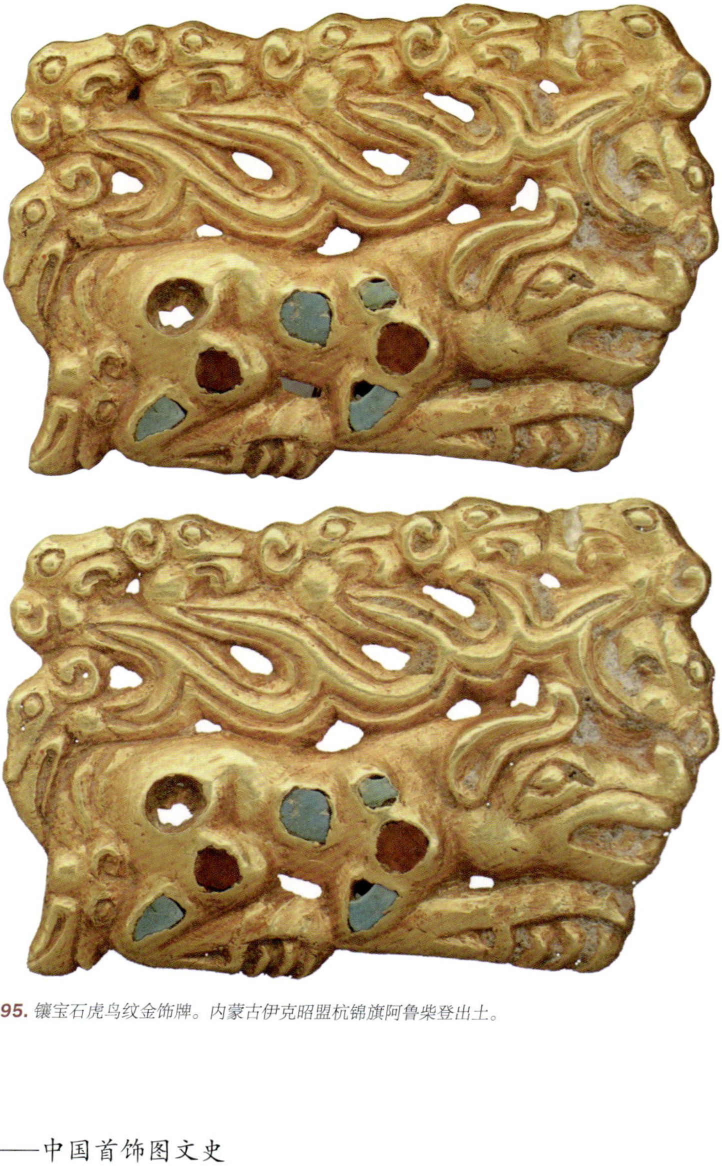

图 6-95. 镶宝石虎鸟纹金饰牌。内蒙古伊克昭盟杭锦旗阿鲁柴登出土。

中国先秦古籍《穆天子传》是记述西周穆天子西征的故事，讲述了西域诸国的奇异风俗，西域诸国在当时中国人的心目中也是令人不断产生幻想的极西之地。

新疆以天山山脉为界，形成了不同特色的两大区域，天山以南，气候干燥，以定居农耕为主；天山以北至阿尔泰山区，水草丰茂，是广阔的草原游牧地带，也是横贯东西的欧亚大草原的重要区域。古代塞人、月氏、乌孙、匈奴、鲜卑、柔然、突厥等游牧民族都曾以天山以北为活动中心。西域与中原很早就有联系。河南安阳殷墟古墓出土的玉饰中就有出自新疆和田的美玉。汉武帝时，是中原官方史籍中正式记载的开端。汉宣帝建立西域都护府，保护了中原与西域贸易及与中亚、欧洲转手贸易通道的畅通。

作为东西方文明交流的桥梁，丝绸之路各地的文化通过民族迁移、商队传播等相互影响，成为各地文化的综合地，其装饰风俗既有中国西北游牧民族的特点，又有着中原地区文化的影响，而域外风格也极为浓厚。

一、漂亮的额带

西域各族人民的发饰以编发为主，由于西域气候的因素，冠饰极为少见。人们普遍头戴毡帽，或以额带丝绢裹头。在毡帽和额带上进行装饰在当时是很普遍的现象。1995 年考古工作者在新疆尉犁县营盘发掘了很多墓葬，那里的人们比较注重装饰，特别是女性，各部位都有饰品出现。如在一个老年女性的墓葬中，墓主前额系一条贴金印花绢带，下缘缝缀着珠饰和铜片饰，耳戴耳饰，左右手都戴有戒指。在两座年轻女子的墓葬中，她们也都头缠丝帛，一位在前额系贴金绢带，另一位在前额系缝着六枚金箔，十分漂亮。还有的在她海蓝色的帽子上缝缀着两朵用小珠子组成的梅花装饰，还用石珠、植物草籽珠串合成两种坠饰缀在额绢带的下缘。一些装饰用的金箔还被使用在衣领、衣袖上，少则一枚，多则十几枚，多横向排列。这样的装束还见于新疆民丰尼雅遗址（图 6-96、图 6-97、图 6-98）。同时，头戴簪钗的风俗也很常见。

图 6-96. 帽子上的装饰。1995 年新疆民丰尼雅遗址出土。

图 6-97. 缀在头带上的金花饰。

1.　2.　3.　4.　5.

图 6-98. 发簪。

1、2、3. 铜簪。新疆尼勒克别特巴斯陶墓群出土。汉晋时期。

4. 金鸟铜簪。全长 12.5 厘米，鸟体高 5 厘米。1976 年新疆哈啦图拜 2 号墓出土。

5. 金圆球形铜簪。汉晋时期。新疆恰普其海墓群出土。

二、风格独特的耳坠

西域无论男女都喜戴耳环、耳坠。1985 年在新疆且末县扎滚鲁克墓地发现的一位男子墓主，他的耳朵上就有耳孔，那是在公元前 800 年。在汉代胡人的青铜雕像上，也都留有耳洞（图 6-99）。而在新疆鄯善吐峪沟县洋海墓出土的男性木乃伊，头戴羊皮帽，额上系着彩色毛绦带，上缀海贝，耳朵上也戴着铜、金耳环。在新疆尉犁县营盘墓地发现的耳环多以铜条圈成环形，两端较细，不闭合。需要说明的是，这些铜耳环很多是用黄铜做的，其实在我国考古发现的黄铜实物极少。公元前黄铜冶炼技术在欧洲就已出现，而在我国则迟至 11 世纪以后。从晋代开始，黄铜才出现在我国的文献中，被称为鍮铜或鍮石。营盘的发现表明汉晋时期西方的黄铜已随着东西方文化的交流传入西域，并逐渐成为丝绸之路贸易中的重要商品（图 6-100）。

发现的耳坠饰物，每件都很漂亮别致。比如在新疆天山西段伊犁河谷的特克斯一牧场古墓中出土的一件金耳坠，很像一串成熟的葡萄，可能是塞人的装饰物，时代在西汉以前（图 6-101）。而在吐鲁番交河沟西，与一个金项饰同墓出土的汉代镶绿松石金耳饰，整体像一抽象的牛头形，并按不同的部位将其分隔成若干金框，牛角、鼻等框内镶嵌绿松石，额、耳框内镶嵌白色石料，嘴框内嵌物缺失。背面焊有弯曲状的细钩，用于穿耳系挂，这样的耳坠应是外来的产物（图 6-102）。在新疆尉犁县营盘墓地发现的两件金、银耳饰属于汉晋时期。金耳饰分成上、下两部分，两部分之间用金丝穿坠着一颗多棱形的白色玻璃珠。每部分都是用细而窄的金条掐制成各种花蔓等形状，然后再焊接成一个完整的花饰框架，内嵌漂亮的玻璃。银耳饰看起来像一朵带枝、蔓、叶的花。这些耳饰一墓只出一件，似乎有单耳佩戴的习俗。同时两耳戴不同风格的耳饰也是很常见的现象（图 6-103）。在营盘墓地一位老年女性的墓葬中，她左耳戴镶嵌宝石、玻璃饰的银耳坠，右耳则戴用姜黄色丝线串连的三颗蓝色玻璃珠、三颗珍珠和一枚长方形蚌壳组成的耳坠（图 6-104）。而在新疆伊犁发现的耳饰也是单只，与它同出的还有类似的戒指，应是一组一套的首饰（图 6-105）。

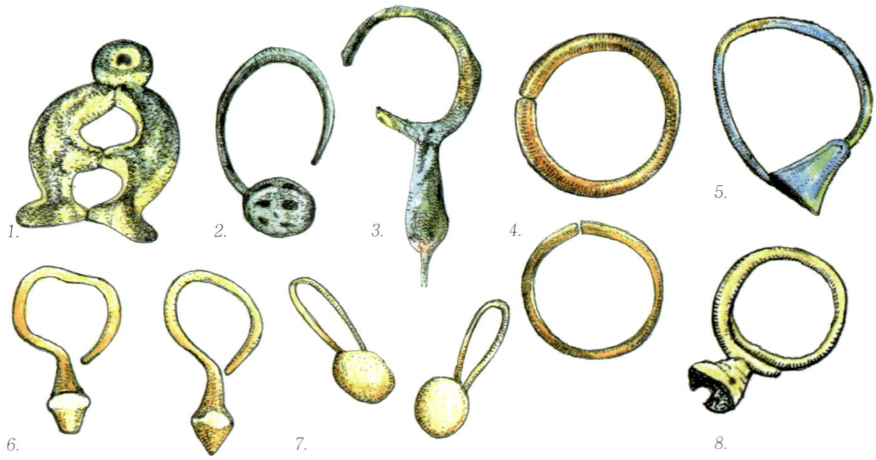

图 6-100. 耳环。

1. 双鱼铜耳坠。新疆洛普热瓦克佛寺遗址采集。
2. 铜耳环。和田地区皮山县牙布依遗址。
3. 铜耳环。新疆巴里坤黑沟梁墓地。
4. 金耳环。直径 2.6 厘米。新疆哈密天山北麓墓地。
5. 喇叭状铜耳环。新疆尼勒克汤巴勒萨伊墓群出土。
6. 金耳坠。新疆于田县流水墓地出土。
7. 金耳饰。新疆额敏县库尔布拉克布拉特墓地出土。
8. 金耳饰。新疆尼勒克加勒格斯哈因特墓群出土。

图 6-101.

1. 金耳坠。新疆特克斯牧场古墓出土。
2. 铜耳坠。新疆尉犁营盘墓地出土。
3. 三羊金耳坠。新疆特克斯恰普其海墓群出土。
4. 金耳坠。新疆东塔勒德墓群出土。
5. 金耳坠。新疆乌鲁木齐乌拉泊墓葬出土。

图 6-99. 有耳孔的汉代的胡人。

图 6-102. 镶绿松石金耳饰。长 2.4 厘米，重 2.34 克。1996 年新疆吐鲁番市交河沟西 1 号墓地 1 号墓出土。

图 6-103. 金耳饰、银耳饰。通长 4.7 厘米。新疆尉犁县营盘墓地出土。

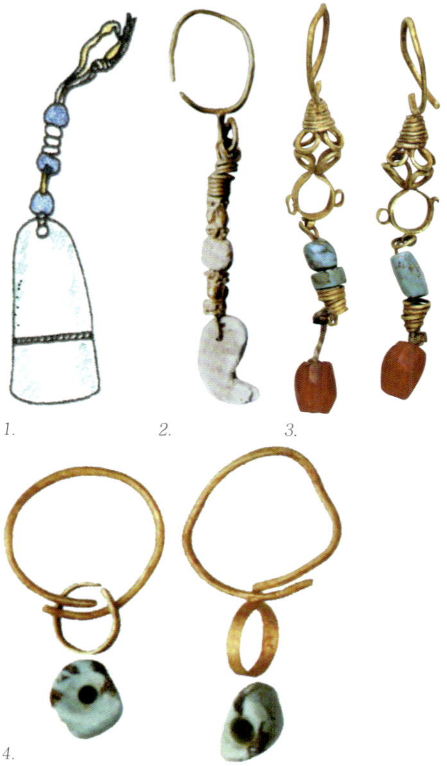

图 6-104. 耳饰。
1. 老年女性戴的玻璃珠蚌壳耳坠。新疆尉犁县营盘墓地出土。
2. 金耳坠。春秋战国时期。新疆阿合奇库兰萨日克墓群出土。
3. 金耳坠。全长 6.2 厘米。新疆巴里坤东黑沟墓葬出土。
4. 金耳坠。新疆巴里坤东黑沟墓葬出土。

图 6-105. 耳饰与戒指。新疆伊犁别特巴斯陶古墓群出土。

图 6-106. 金颈饰。直径 14 厘米，宽 1.9 厘米—4.1 厘米，重 77.7 克。吐鲁番市交河沟西一号墓地一号汉代墓出土。新疆文物考古所藏。

三、金项饰与流行的玻璃项链

1966 年吐鲁番交河西的汉代古墓出土了一件金项饰，是由四条中空的扁管相互叠压成半圆形，其上下两条金扁管，捶揲出半浮雕式的虎噬动物图案。出土这件金饰的一号墓为两人合葬，随葬品还有金戒指、

图 6-107. *新疆和田尼雅遗址南部作坊采集的珠子。*

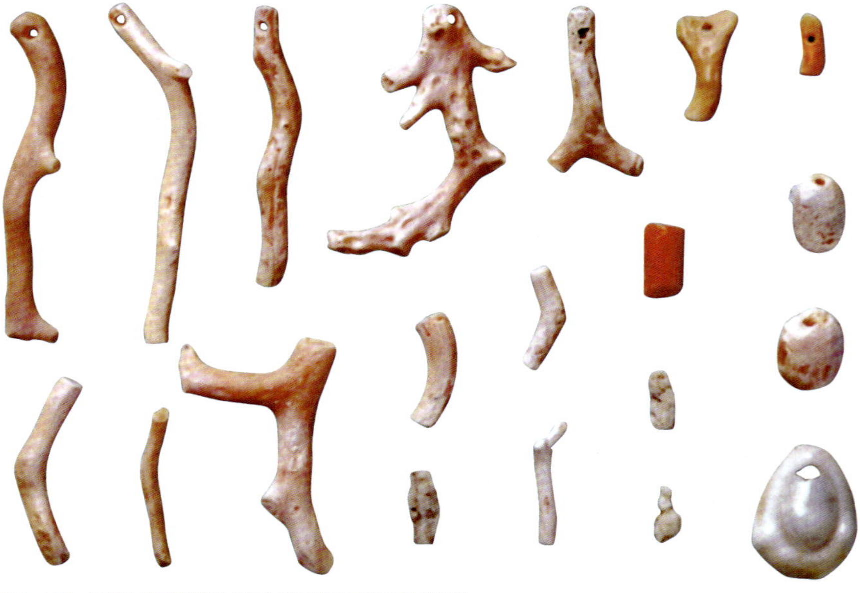

图 6-108. *新疆和田尼雅遗址南部作坊采集的珊瑚和贝类饰物。*

图 6-109. 骨珠项链。新疆民丰尼雅遗址出土。

镶宝石耳饰、星云纹铜镜等，显示出墓主人高贵的地位和身份（图6-106）。

项链在西域各民族中是很常见的装饰品。材料有骨、玛瑙、绿松石、各种不同类型的石质珠、贝壳、珍珠、珊瑚、金银珠、玻璃珠、料珠等等（图6-107、图6-108）。在新疆民丰尼雅遗址出土的汉晋时期的骨珠项链，是由 400 多颗长度在 1 厘米—2 厘米的穿孔骨珠组成，珠多链长，共盘成四圈，经过磨制的珠粒使得整条项链光滑圆润（图6-109）。而品种繁多的玻璃珠、料珠等组成的项链则是当时西域民族备受喜爱的首饰。如民丰尼雅遗址出土的由 115 颗料器和珊瑚组成的料珠项链中，还有四颗圆鼓形的“蜻蜓眼”珠，是非常流行的饰品。新疆不同地域出土的串珠项链，都是用色彩和珠子的形状来表现出层次，珠饰的大小也错落有致，每一件都是极漂亮的首饰（图6-110）。

四、简洁的腕饰与戒指

西域民族在手腕上的装饰较为简单。手腕上最多只不过是用玉珠、石珠、琉璃珠等串成的手串儿和铜丝弯成的手镯。如当时的楼兰人，

1.

2.

3.

4.

5.

6.

图 6-110. 料珠项链。

1. 由琉璃珠和珊瑚组成，汉晋时期新疆民丰县尼雅遗址出土。
2. 由 33 颗琉璃珠穿系而成。1984 年新疆洛甫县山普拉墓地出土。
3. 两串项链一大一小、一粗一细形成对比。
4. 琉璃珠项链。1984 年新疆洛浦县山普拉一号汉墓出土。
5. 蚀花玛瑙串珠项链。
6. 项链和手链。

图 6-111. *各种各样的珠石手串。*

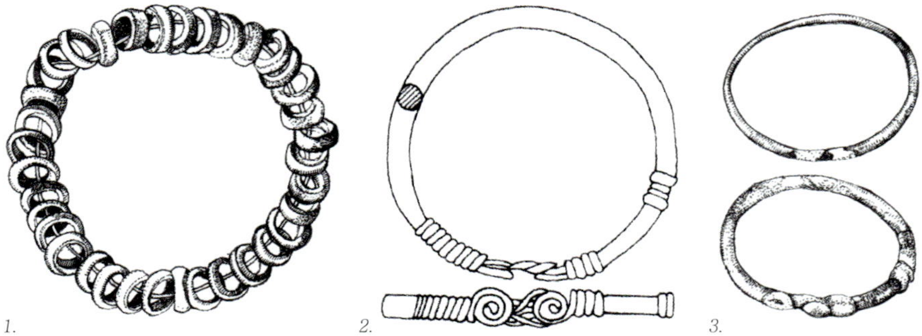

1. *2.* *3.*

图 6-112.

1. 铜手链。新疆尼勒克汤巴勒萨伊墓群出土。

2. 环形铜镯。新疆尉犁县营盘墓地出土。

3. 铜镯。黄铜铸成。直径 6.5 厘米。1995 年新疆尉犁县营盘墓地出土。

常在腕部佩戴石珠、蚌珠或玉珠（图 6-111）。新疆尉犁营盘古墨山国居民则喜欢铜镯。这种环形铜镯是以铜丝扭成相对的螺旋纹，其外再用铜丝缠绕，呈箍状活扣，使镯可随意紧松，便于佩戴（图 6-112）。戒指相对于腕饰来说就丰富多了。一些极为简单的金、铜指环出土的很多，有的还戴着皮质的指环。一些具有异域特点的镶宝石戒指在古墓中也较常见到，在尉犁县营盘墓地中出有三枚戒指，戒面圆形底座上镶嵌着透明度较好的白色宝石（图 6-113）。1997 年在伊犁哈萨克自治州昭苏县波马南北朝时期的古墓和别特巴斯陶古墓群中，都发现了镶嵌红宝石的金戒指，非常精美（图 6-114、图 6-115）。

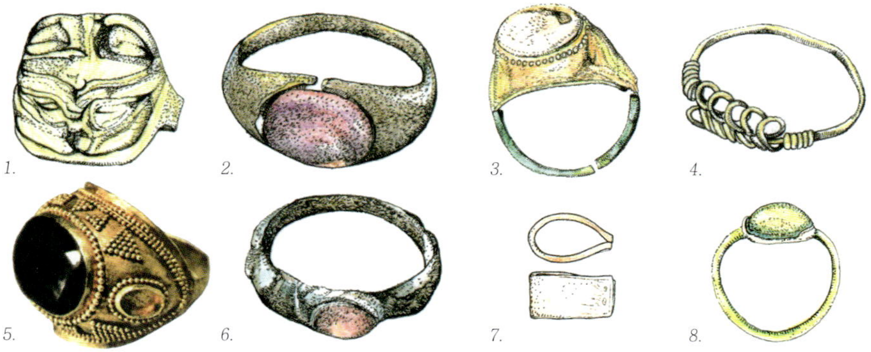

图 6-113.

1. 虎头纹金戒指。汉代。1996 年新疆吐鲁番交河故城沟西墓葬出土。
2. 嵌宝石铜戒指。汉代。直径 1.9 厘米—2.1 厘米。新疆若羌县罗布泊地区采集。
3. 金面铜环戒指。新疆尼勒克奇仁托海墓出土。
4. 金戒指。汉代。直径 1.8 厘米，戒面宽 0.6 厘米。新疆若羌县罗布泊地区采集。
5. 镶宝石金戒指。战国至西汉。指孔径 2.2 厘米。新疆邵苏县夏特墓地出土。
6. 嵌宝石铜戒指。汉代。新疆若羌县罗布泊地区采集。
7. 皮指环。新疆民丰尼雅遗址出土。
8. 宝石戒指。新疆尉犁县营盘墓地出土。

图 6-114. 镶红宝石金戒指伊犁哈萨克自治州昭苏县波马南北朝古墓出土。

图 6-115. 金戒指。（正、侧面）高 4.8 厘米，宽 2.8 厘米。红宝石戒面上阴刻坐在椅子上的戴冠持花女子。新疆尼勒克一棵树墓地出土。

五、衣服和腰带的装饰

西域民族的腰带装饰与中国北方草原民族的腰饰极为相似。在楼兰一座已被盗空的墓室中，只空留了一幅残破的壁画，画中手持杯、碗的贵族人物，其腰带与内蒙古乌兰察布盟和林格尔县另皮窑、内蒙古呼和浩特市土默特左旗讨合气出土的两件带具的系结方式完全相同。即腰带的两端在腰前会合对齐，各端再接续出一段窄带，用以打结系扣，这是当时斯基泰人便装“饰牌”的腰带。可以看出壁画中的腰带上装饰着饰牌(图6-116)。在装有带扣的带饰出现后，带扣这种饰品在西域地区也有发现。1976 年焉耆县博格达沁古城黑圪达遗址出土的“八龙纹金带扣”令人赞叹。金带扣靠前端有穿孔，并装有活动的扣舌，用以扣住腰带(图6-117)。

能够在衣饰上进行装饰的大都是草原民族的上层人物或有财有势的商人。他们多在自己的衣服、腰带，甚至鞋上钉缀精美的装饰品来显示自己的地位。1977 年，在乌鲁木齐市南山阿拉沟墓地出土了一批金饰，葬在此地的墓主，就属于这类人物。这批装饰品中有“狮子形金牌饰”“对虎纹金箔带”“虎纹金牌饰”等，造型多为虎、狼、鹿、牛、羊等。从古至今，活动在新疆地区的大型食肉猛兽有新疆虎和豹，却没有狮子。但此墓中的“狮子形金牌饰”中的动物造型乍看像虎，但颈部却有浓密的鬃毛，因此学者认为应是从西方传过来的狮子。天山阿拉沟墓葬人种以欧洲人种为主要成分，也有少量的蒙古人种或欧洲与蒙古人种的混合。这些装饰品有可能是《史记》《汉书》中记载的游牧于天山东部的姑师或车师人的遗存(图6-118、图6-119)。

1994 年，在吐鲁番市交河沟北一号台地一号汉墓也出有几件金牌饰，其中有“骆驼形金牌饰”和一件“怪兽啄虎纹金牌饰”，一只布满鳞甲、身躯似龙的怪兽呈腾身跃起状用勾嘴啄住老虎的脖子，腹下利爪抓住虎头，凶悍无比(图6-120)。

除此以外，在身体各部位和腰间悬挂饰物和实用物品是古代各民族的普遍习俗。西域民族除在腰间佩挂刀、觿外，喜爱装饰的楼兰人还在腰部佩戴石珠、蚌珠或玉珠作为装饰(图6-121、图6-122)。

图 6-116. 楼兰古城遗址王陵墓壁画中系腰带的贵族。

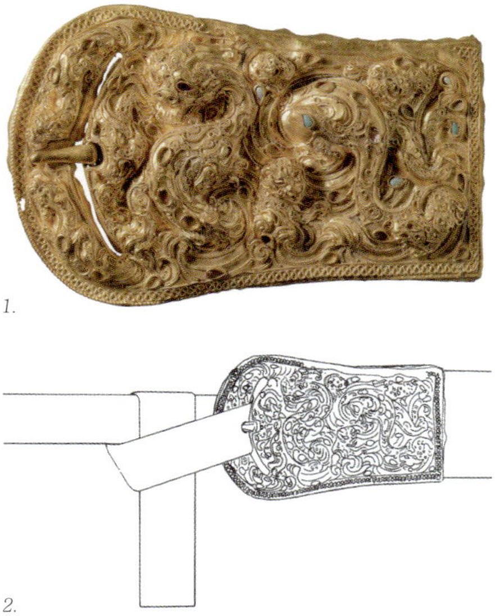

图 6-117.
1. 八龙纹金带扣。
2. 扣结示意图。捶揲成型，凸现出一条大龙和七条小龙，群龙在如云似水的纹饰中翻腾跳跃，或隐或现。龙身多处镶嵌绿松石，花纹和云气纹用纤细如发的金丝焊接而成，其间满缀小金珠。工艺极其精湛。焉耆县博格达沁古城黑圪达遗址出土。

图 6-118. 狮子形金牌饰。长 21 厘米，宽 11 厘米。

图 6-119. 对虎纹金箔带。长 26 厘米，宽 3.5 厘米。

图 6-120. 怪兽啄虎纹金牌饰。高 5.75 厘米。宽 8.4 厘米。吐鲁番市交河沟北一号台地一号汉墓出土。

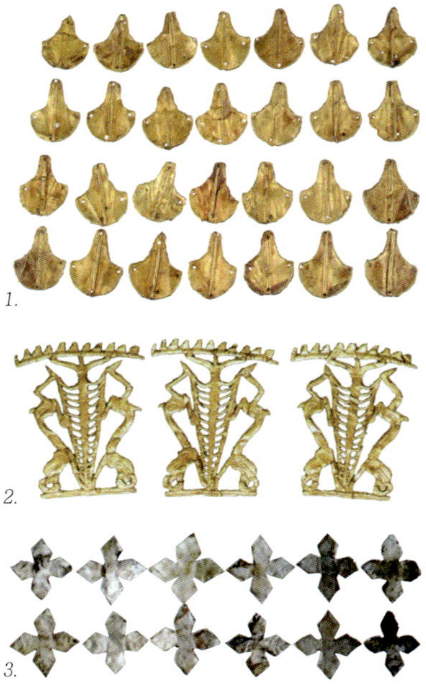

图 6-121. 袍服上的装饰。
1. 阔叶形金饰片。长 2.7 厘米，宽 2.2 厘米。1997 年新疆昭苏县波马古墓出土。
2. 金饰件。2002 年新疆乌苏四棵树墓群出土。
3. 金花饰。新疆巴里坤东黑沟墓葬出土。

图 6-122. 袍服上的装饰。形态各异的金饰件多为金箔。新疆阜康三工河四工村墓葬出土。

六、靴子上的饰物

西域民族喜爱穿靴，结实的皮靴既可阻挡风雪又适于行走在广袤的草原和沙漠中。贵族们除了在身体上进行装饰外，也不忘在皮靴上加以饰品。在吐鲁番交河沟西一座汉代贵族墓中，发现了两件大小不等的“兽纹金牌饰”，上端弧形，下端平齐，边缘留有穿带子的小孔。出土时均位于遗骸的踝骨旁，估计是缚结靴子的带扣。

新疆鄯善县吐峪沟洋海墓地位于吐鲁番盆地北部的火焰山脚下，周围是广袤的戈壁沙漠。这里的墓地从青铜时代晚期一直延续到早期铁器时代，即公元前1500年至公元前1000年后。从出土物中可以看出，这里的人们喜爱装饰（图6-123）。

在此出土的一男性木乃伊，全身一副萨满巫师的装束。他头戴羊皮帽，额上系着缀有海贝的彩色毛绦带，耳戴铜、金耳环，颈下有绿松石项链，内穿翻领彩色毛布大衣。最引人注目的是，他脚上的皮靴帮上捆绑着毛绦带，上面系着由五个铜管，并各连接一个小铜铃组成的“胫铃”。可以想象，在他生前不论走到哪里，脚下的铃声都会召唤着周围的人们（图6-124）。

第四节　彩云之南的神秘古滇国

“滇”国是我国西南边疆古代民族建立的古国之一。其疆域主要在以滇池地区为中心的云南中部及东部地区，是中国古代越系民族的一支。战国初期，滇国已经形成。战国末至西汉中期，是滇国最繁荣的时期。西汉武帝时，张骞出使大夏（今阿富汗），建议开辟由西南地区从身毒（印度）到大夏的道路。古滇国没有自己的文字，关于云南及古滇国的最早记载，是司马迁的《史记·西南夷列传》。当时云南以滇池区域为中心是滇国统辖区，其东部为夜郎国，北部有邛都国，西部是以洱海地区为中心的昆明国。西汉王朝几次派使臣探求身毒之道，都因云南西部昆明国的阻拦而未能成行。于是在公元前112年，汉武帝先征服了两广的南越，又灭夜郎与邛都，最后于公元前109年发兵并降服了滇国，建立了益州郡，同时赐“滇王王印”，并允许滇王继续管理他的臣民，

1.

2.

3.

图 6-123. 坠饰。
1. 金饰件。战国至西汉。新疆精河县墩墓出土。
2. 镶宝石与镂空三叶金饰。1997 年新疆昭苏波马古墓出土。长 5.5 厘米—5.6 厘米，宽 3.5 厘米—5.3 厘米。
3. 金坠。坠上镶嵌宝石。宽 2.2 厘米，高 1.65 厘米。新疆和静县拜勒其尔墓地出土。

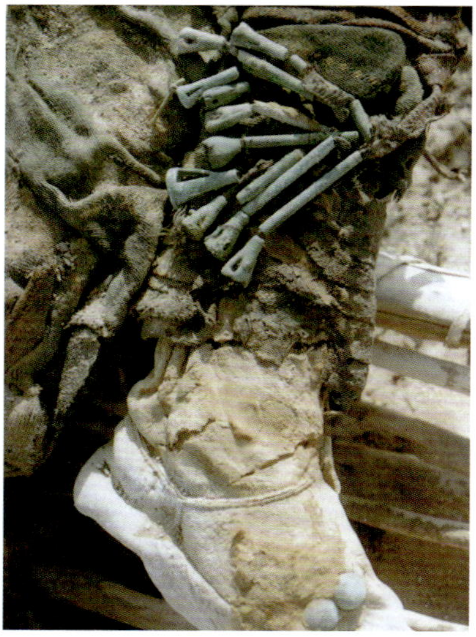

图 6-124. 脚上的装饰。新疆鄯善县吐峪沟洋海墓地出土。

图 6-125. 戴发簪的女子。云南晋宁石寨山 18 号墓出土持伞女俑。

滇池地区正式纳入了汉王朝的版图。东汉中期，随着汉王朝郡县制的推广、巩固以及大量汉民族人口的迁入，滇国最后终于消失了。

滇国存在大约五百年，由于特定的历史条件和特殊的地理位置，滇族创造了独具地方和民族特色的“滇文化”。滇文化主要是由春秋中后期从楚地迁来的濮和战国末期从秦地迁来的氐人和当地的土著居民这三种不同背景的文化相互渗透、借用、融合、同化而来。多种民族不同文化的交流、融合，使滇国居民的服饰十分丰富多彩。

古代云南盛产铜矿及各种有色金属，在海内外享有“有色金属王国”的美称，古代史籍《汉书・地理志》《后汉书・郡国志》中都有记载。丰富的铜矿资源和高水平的青铜冶铸技术，使滇族能够制作各种类型的青铜器和众多精美的青铜饰物。

一、奇异的头饰

簪　在司马迁的记录中：西南滇皆椎髻，或是以在头顶梳发髻为主。所以簪钗是他们常见的首饰。在云南晋宁石寨山出土的一件西汉“持伞女俑”就是高髻插簪的形象（图6-125）。而在云南江川李家山发现的两对很长的金簪，十分特别。一对长 30.6 厘米，是用煅薄金片剪成形，簪首向上弯折，很像银杏叶。它沿中线分作两股，煅成细圆长条，且水波状上下弯曲，股端渐尖，便于插带。它含金较多，色泽艳丽。另一件长 40.9 厘米，与前一件十分相似，只是通体长条，簪首上弯。这件含银较多，具有极好的韧性和弹性（图6-126）。在江川的李家山还发现了一件奇特的铜锥形物，球内中空，上面有着极为精美的孔雀衔蛇纹饰。有人认为它是加工皮革制品的工具，更多的则认为是古滇人的发簪，这么美的饰物真的应该是装饰品（图6-127）。

杯形金饰　在江川李家山发现有一对很小巧的圆锥形金饰，高只有 2.8 厘米，像一只倒扣着的小酒杯，表面阴刻着卷云纹，背空。其中一件背面近顶处有一个横梁供穿缀佩戴，另一件背面相应的位置凿有两个小孔，孔旁附着铁锈痕。出土时反扣在死者头部的两侧，说明它们是两件一组对称使用的头饰。同在李家山出土的“四舞俑铜鼓像”，其中两

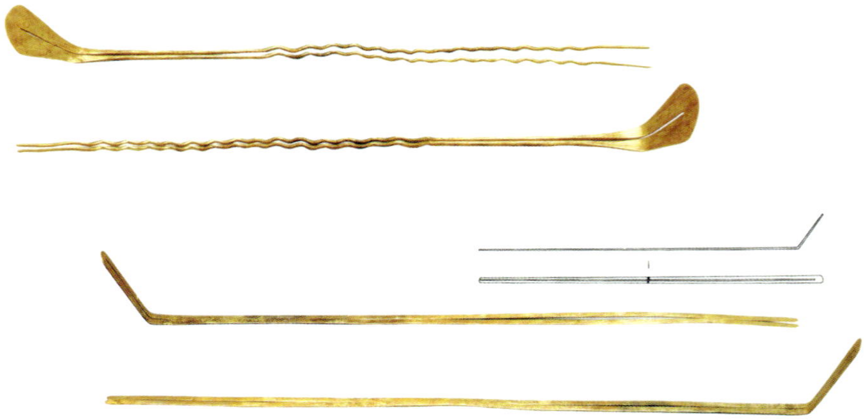

图 6-126. 金簪。云南江川李家山 51 号墓出土。

图 6-127. 孔雀衔蛇纹铜锥形簪。长 13.8 厘米。云南江川李家山 24 号墓出土。

1.

2.

图 6-128. 杯形金饰。直径 5.5 厘米。
1. 平视。
2. 顶视。云南江川李家山 68 号墓出土。

个俑的头部额角就戴有类似的饰品，很像中原地区所戴的“胜”（图6-128）。

二、大而长的耳饰

古滇国的居民无论男女都喜欢戴大而长的耳饰，而那种称为“鐻”的圆形耳环使用相当普遍。如石寨山滇国青铜器上“滇人负锄”中的平民百姓，“八人猎虎铜扣饰”中勇猛的男性猎手、武士，以及巫师、侍从等都无一例外地戴着这样的耳饰。石寨山和李家山墓还发现了玉制的大耳环，整体似玉镯，两侧有穿孔，便于佩挂。在现今云南的一些民族中，仍有很多戴这类耳饰的形象（图6-129、图6-130）。当地有一种古老的风俗叫“儋耳”，意思是“垂耳”，即在一个耳孔中悬垂大而重的耳饰，造成耳垂向下搭垂，以至“下肩三寸”。在《山海经·大荒北经》有“儋耳之国”，郭璞注：“其人耳大，下儋垂在肩上。”后《华阳国志·南中志》和《后汉书·西南夷列传》记载，云南古代有“儋耳蛮”，“其渠帅自谓王者，耳皆下肩三寸，庶人则至肩而已”。滇人的这种耳环，一组中最大者直径6厘米，最小者则2厘米—3厘米，以绳索系挂于耳，势必要下垂至肩，这与文献所载的称云南有“儋耳蛮”的记载相吻合（图6-131）。

玦也是古滇人喜爱的耳饰。这类耳饰既可以单独佩戴也可以成组佩戴。在晋宁石寨山许多写实人像的耳上，都戴有这种玦类耳饰（图6-132、图6-133）。

在石寨山13号墓中，出土了一组奇特的玦形耳饰。一套共28件，它们表面光洁平滑，大小相依有序地排列着，有几件还附着织物痕迹。环的上端有缺口，两端钻有细圆穿孔。这套玉耳饰为1956—1966年石寨山古墓群发掘出成组玉玦中数量最多、最完整的，出土时相迭为一组，对称置于墓主左右耳部（图6-134）。

三、项链不可少

古滇国的项饰主要有三种。一种是由许多圆形的金珠穿在一起的金项链。人们把它系于颈项并下垂至胸前，有的戴一两条，还有的同时戴

1. 2.

图 6-129. 戴大耳环的古滇人。
1. 喂牛铜扣饰中的兽医。
2. 纳贡场面贮备器中戴耳环的酋长。

图 6-130. 戴大耳环的云南女子。

图 6-131. 下垂至肩的大耳环。三骑士铜鼓中的骑马武士。云南江川李家山 51 号西汉墓出土。

图 6-132. 玉玦。

图 6-133. 戴玦的女子。

图 6-134. 成串的玉玦耳饰。云南晋宁石寨山 13 号墓出土。

图 6-135. 孔雀石串饰。长 94 厘米。云南晋宁石寨山 12 号西汉墓出土。

1.　　2.

图 6-136.
1. 玛瑙珠。云南晋宁石寨山 12、13 号墓出土。
2. 蚀花石髓珠。长 6.1 厘米，经 2.2 厘米—2.3 厘米。

图 6-137. 颈戴多串珠链的持伞铜男俑。

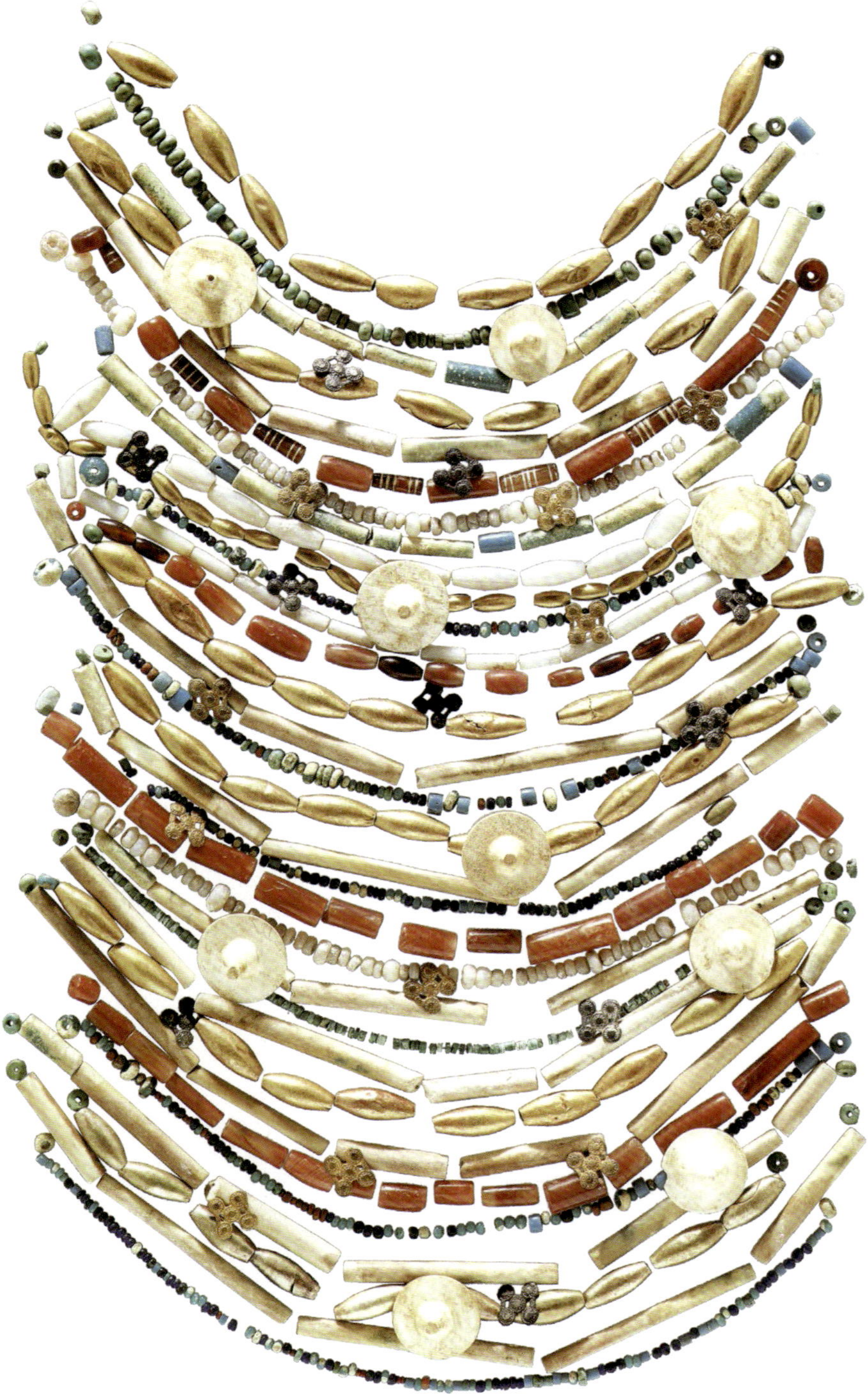

图 6-138. 华丽的珠襦。局部。云南江川李家山 47 号墓出土。

四五条。这类金项链大多出自滇国的大墓中，是贵族使用的装饰品。

另一种就是出土最多的孔雀石和绿松石项饰了。这类串饰经抛光磨平的孔雀石珠粒组成，是漂亮的装饰品（图6-135）。在石寨山和李家山墓地的许多小墓中，尽管随葬品很少，但一串孔雀石小珠是少不了的。而用玛瑙珠管组成的项饰，在当地也很常见。漂亮的玛瑙珠饰做得很规整，还有珍贵的蚀花石髓珠，应该是西亚或南亚的舶来品（图6-136）。戴项链的人物形象如“持伞铜男俑”，他双腿跪坐手持一伞，颈戴多串珠链，背面还详细刻画着珠串的挂扣。这类俑出自大型墓内，应是贵族的高级侍从（图6-137）。古滇国的串珠搭配式样很丰富，从一件极其华丽的覆盖珠被就可以看到这样的风貌（图6-138）。

四、衣服上的装饰

滇人很重视衣服上的装饰，但大多是用在葬服中。在石寨山6号墓出土的六片一组形体怪异的西汉“兽形金饰片”，可两两相对，其边沿有可供穿系的小孔。出土金饰的这座墓为滇王墓，根据摆放的位置似为古滇葬服珠褥上使用的饰品。一些带扣和衣服上的小饰品也都

图6-139. 旋纹金饰。长6厘米，宽3.1厘米。云南江川李家山47号墓出土。

图6-140. 玛瑙扣。云南江川李家山68号墓出土。

图 6-141. 金带与带扣。带长 96.5 厘米，宽 5.8 厘米。扣饰直径 20.5 厘米。

1.

2.

3.

4.

图 6-142. 圆形铜扣饰。

1. 圆形猴边鎏金铜扣饰。直径 13.5 厘米。云南晋宁石寨山 6 号西汉墓出土。
2. 圆形镶石卷云纹铜扣饰。直径 17.5 厘米。云南晋宁石寨山 15 号西汉墓出土。
3. 圆形铜扣饰。直径 9.2 厘米。云南江川李家山 68 号墓出土。
4. 镶石舞人圆形铜扣饰。云南江川李家山 24 号战国墓出土。

做得分外精美，不管装饰在什么地方都会让人眼前一亮。如李家山 47 号墓发现的一对金饰，是用较粗的金丝扭曲成双旋卷云纹，为滇文化墓葬中首次发现，似为衣饰，可左右对称地缝制在衣服的两侧，表现了滇人贵族的奢华（图 6-139、图 6-140）。

五、种类丰富的腰饰

丰富的腰饰中，有腰带、铜扣饰及少量的带钩和短剑。

腰带　从许多扣饰和佩剑的人物形象上看，扣饰与剑都悬挂在一条宽宽的腰带上。有的腰带上还带有花纹。在江川李家山 51 号、47 号墓中，出土了一条用黄金锻打成的金腰带和一件圆形铜扣饰，很清楚地表明了腰带与扣饰的关系。同时在 47 号墓主的腰部，还出有用薄金片制成装饰在带子上的圆形金饰片和金夹，出土时还夹在金腰带上（图 6-141）。

扣饰　扣饰是滇族腰间最有特色的一种装饰品，有圆形、长方形和不规则形三种。它们的背面均有一个矩形的钩扣，便于悬挂在人的身体或器物上作为装饰。扣饰之名也由此而来。与中原地区和北方游牧民族既实用又有装饰功能的带扣不同的是，它是纯粹的装饰品。扣饰中的圆形、方形为腰间的装饰，而一些少量的不规则形扣饰中，大一些的可能是装饰在棺椁或其他竹木器上使用的。考古学者发现，这些铜扣饰主要集中在晋宁石寨山和江川李家山两大墓地中，其他滇国墓葬数量较少，说明当时铜扣饰的使用并不十分普遍，多限于滇国上层社会。

出土于李家山 68 号墓的“圆形铜扣饰”，正面如浅盘，中嵌红色玛瑙，其外用黑漆绘出尖角光芒，芒间及周围镶嵌着绿松石小细珠片，而外围预铸的环形浅槽内，还嵌有穿小孔的圆形绿松石小细珠。整个扣饰色彩鲜艳夺目。这类扣饰出土的很多，其中不乏精美之作（图 6-142）。腰戴圆形扣饰的人物形象也常能见到，如持伞铜男女俑，他们腰束宽带，腹部正中就装饰着圆形扣饰。而舞蹈人物的装饰则“全副武装”，项链、手镯、扣饰一应俱全，非常华丽（图 6-143）。

在晋宁石寨山还见有方形铜扣饰，如长方形“狐边铜扣饰”，在长方形的框中又分左右两格，每格内镶嵌三支玉管，外面镶嵌着孔雀石小

1.

2.

图 6-143. 戴圆形扣饰的人物形象。
1. 持伞铜男俑。
2. 四舞俑铜鼓中的舞者。

1.

2.

图 6-144. 方形铜扣饰。
1. 狐边铜扣饰。长 9.2 厘米，宽 5.7 厘米。西汉。云南晋宁石寨山采集。
2. 鸡边铜扣饰。长 15.2 厘米，宽 12.2 厘米。云南江川李家山 47 号西汉墓出土。

图 6-145. 二豹噬猪鎏金铜扣饰。长 14 厘米，宽 5.4 厘米。云南晋宁石寨山 71 号墓出土。

图 6-146. 二人盘舞铜扣饰。长 18.5 厘米，宽 12 厘米。云南晋宁石寨山 71 号墓出土。

珠，边沿透雕着 15 只首尾相接的狐狸。另见江川李家山的“鸡边铜扣饰”“孔雀边铜扣饰”与昆明官渡羊甫头墓地出土的“方形扣饰”等（图6-144）。

而一些各种不规则形铜扣饰，则多表现现实生活中的人物或动物场面，但却很少发现它们在人身上佩戴，或许它们只适用于某种特殊的场合中。如晋宁石寨山发现的“二豹噬猪鎏金铜扣饰”“二人盘舞鎏金铜扣饰”等都极为生动，具有相当高的历史和艺术价值（图6-145、图6-146）。

在滇国的一些墓地中还见有带扣，这种连接革带或金带两端的带扣，其功能与带钩相同。其实滇国居民极少使用带扣，能够见到仅有的几件很可能都来自内地，北方游牧民族或域外。如昆明官渡羊甫头采集的金带扣，是由金片模压凸起变形的龙纹式样，晋宁石寨山七号墓出土的“有翼虎纹银带扣”，都具有与古滇民族完全不同的风格（图6-147）。而一些造型奇特的带扣，表现了古滇人不拘一格的艺术风格（图6-148）。

花形腰饰　在云南昌宁坟岭岗战国至西汉初期的墓地中，发现了几十件长度在 4 厘米—5 厘米左右的铜质小饰件，其中有较多的花形饰、铜铃、蝶形饰和少量的双环形饰，以及动物的造型。这些花形装饰品出土时常常几十件串联在一起，在墓中环状排列在死者的腰部，显然是一种花形带饰。这种别致的装束是云南青铜文化及其他地方所不见的，应归属于怒江、澜沧江、金沙江上游青铜文化的古巂、古昆明族的风俗。

六、沉重的臂饰与手饰

沉重的筒形镯　多由四五件镯重叠，戴时布满整个手肘，相当于钏。在江川李家山 23 号墓出土的一套八件镯面镶嵌两周绿松石的铜镯，出土时四镯一组分别佩戴于墓主人左右手臂上（图6-149）。类似的筒形镯还见于古昆明人的妇女装饰中。在云南昌宁坟岭岗墓地中，也出有戴在女性手臂上成组的随葬铜镯，看来是云南民族的普遍装饰。在晋宁石寨山还出有一组 30 件的金钏，用薄金片打制而成，外表有一道压印的瓦纹，上下边沿有锥刺圆点纹，出土时也是成组套在墓主手臂上。这一时期的金钏全部出自石寨山和李家山西汉中期至东汉早期的大墓中。这类镯饰还有玉制的。如江川李家山发现的一组极为美丽的弦纹

1.

2.

图 6-147.
1. 金带扣。云南昆明官渡羊甫头 113 号墓出土。
2. 有翼虎纹银带扣。云南晋宁石寨山 7 号墓出土。

图 6-148. 不同风格的带扣：鹰面扣饰、人面扣饰、螺形扣饰、 牛头扣饰。

图 6-149. 嵌绿松石铜镯。直径 7.5 厘米。云南江川李家山 23 号墓出土。

图 6-150. 弦纹玉镯。直径 6.5 厘米—7 厘米。云南江川李家山 69 号墓出土。

1.

2.

图 6-151. 戴宽边玉镯的人物形象。
1. 叠鼓形狩猎纹铜贮备器上的武士。
2. 骑士猎鹿铜扣饰。

玉镯，表面光洁滑润，有着玻璃般的光泽（图 6-150）。

体量很大的宽边玉镯 是滇国臂饰中最特殊的一种。由于它的形式类似中原的玉璧或玉瑗，曾使人们对它的用途有所误解，没想到这种大玉环真的是戴在人的手臂上的。在江川李家山墓出土的“骑士猎鹿铜扣饰”上可以看到，一骑士头裹包头，其上有两块片状饰物，右臂戴着硕大的宽边玉镯。晋宁石寨山的“叠鼓形狩猎纹铜贮备器”中的骑马武士手腕也有这种饰物。有人认为这种宽边镯原本是用来挡住衣袖不使它滑下来，也许是防止武器不小心伤到手臂，也许制作精美的玉环纯粹为贵族炫耀的装饰（图 6-151）。在实物中，这种玉镯也大多出自墓主的手臂上，有的还和铜镯同时使用。它们的边沿都有突起的唇边，是为加大与手臂的接触面，不致在戴的时候磨破皮肉。在江川李家山 47 号墓出土的一件宽边玉镯是古滇文化墓葬中最大的一件，整体作玉璧形，内孔沿起一唇边，上有玉质本身自有的浅褐色与灰白绿色等形成的天然花纹，而昆明官渡羊甫头墓地出土的棕黑色玉镯也是这类镯饰（图 6-152、图 6-153）。

一组奇特的金镯 出土于晋宁石寨山 1 号墓中。它分上下两段套合而成，用于装饰臂腕，上段为镯，下段如筒状臂箍，十分别致。（图 6-154、图 6-155）。

图 6-152. 宽边玉镯。外径 20.6，内径 6.7 厘米，唇高 1.2 厘米。江川李家山 47 号墓出土。

图 6-153. 黑玉镯。直径 9.5 厘米。昆明官渡羊甫头 113 号墓出土。

图 6-154. 金镯。上段镯高 9.5 厘米，口径 6.6 厘米—7 厘米；下段高 5.3 厘米。云南晋宁石寨山 1 号墓出土。

图 6-156. 金臂甲。长 18.7 厘米。云南晋宁石寨山 12 号墓出土。

图 6-155. 戴筒形镯的舞蹈人物。

臂甲 是一种很特殊的臂饰。晋宁石寨山12号墓出土的一件圆筒状臂甲，臂口宽，腕口窄，与人的手臂相合，筒侧开口，口沿有用以系索紧束的穿孔，出土时还保留有残断的金丝。这件沉重的金臂甲制作精美，似乎已超出了实用的范畴（图6-156）。同地3号墓出土的金臂甲共有三片，穿联组合后正好与人的手臂相吻合，可以认定为是三片组合形臂甲，是臂甲的另一种形式。而江川李家山发现的一件“虫兽纹铜臂甲”，材料虽不是金质，却是最美丽的一件。因为它的表面刻有大到老虎小到甲虫等十余种动物纹饰，线条纤细流畅，形象生动有趣，虽然时隔两千多年，仍不失艺术魅力（图6-157、图6-158）。

与前面那些沉重的手镯相比，单件的花形镯就是很轻便的饰物了。这样的镯有齿形、绞索形、圆环和扁环形等（图6-159）。

极少数的金扳指 出自江川李家山68号墓中。这里的两件金扳指呈束腰圆管状，是纯粹的装饰品（图6-160）。

知识链接　首饰的材料和工艺——金银饰品

中国采集黄金的时间很早，并对所采集黄金的大小种类有固定的名称。如明代科学家宋应星《天工开物》中所记：“凡中国产金之区大约百余处，难以枚举。山石中所出，大者名马蹄金，中者名橄榄金、带胯金，小者名瓜子金。水沙中所出，大者名狗头金，小者名麸麦金、糠金。平地掘井得者名曰面沙金，大者名豆粒金。皆待淘洗后冶炼而成颗块。”

中国早在商代时就已出现了许多的黄金饰品，到了春秋战国时期，金饰的制作技术有了极大的发展，其中以北方少数民族的制品最为精美。如在内蒙古杭锦旗阿鲁柴出土了金器218件，品种十分丰富，有鹰形冠顶与冠带、长方形饰牌饰片、金串珠、金项链及耳坠等。制作方法包括：锤揲、錾刻、焊接、模压、浮雕、抽丝、包金、编累、掐丝、镶嵌等，几乎使用了制金工艺中的一切技术。

到了汉代，国力强盛，统治阶级拥有大量的黄金，甚至铸造金饼、马蹄金等投入流通领域。除了充当货币外，汉代的金银主要是制作各种装饰品。1980年在江苏省邗江县出土了大批的黄金首饰，其中有金胜七件，

图 6-157. 虫兽纹铜臂甲。长 23 厘米，口径 7 厘米—10 厘米。云南江川李家山 13 号墓出土。

图 6-158. 戴臂甲的持伞铜男俑。

图 6-159. 齿形铜镯。

图 6-160. 金扳指。长 3 厘米—3.1 厘米，孔径 2.2 厘米—2.5 厘米，云南江川李家山 68 号墓出土。

制作精美。而出土的一件王冠形金饰，为头发上的装饰，直径1.5厘米，重2克，大小如指环，形状似西方的皇冠。上部由八个“山”形组成，“山”形的两边饰鱼子金珠，内掐金片；中心嵌水滴形绿松石；下部以掐丝和小金珠焊饰双龙纹。几乎集中代表了汉代制金工艺的各种方法。

在汉代的金器制作技术中最有代表性的是使用了金粒焊缀工艺。这是将细如小米粒儿的小金粒和金丝焊在金器表面构成装饰。在这类金器上，有的还嵌以绿松石、红宝石等。在湖南长沙五里牌东汉墓出土的用作项链的金珠，就是汉代金粒焊缀艺术的典范。另外还有一种掐丝工艺。它是在金属器的表面焊以细条作花纹的边框，然后填入各种宝石使各种色块形成鲜明的对比。而极为精制的金银错工艺也经常使用在带钩上。

至于银，它在自然界的储量比金多，但中国银器的出现却比金还晚。战国时代已有了银制品。到了汉代，银器的使用范围已较广，作为首饰有银指环、银钏等。

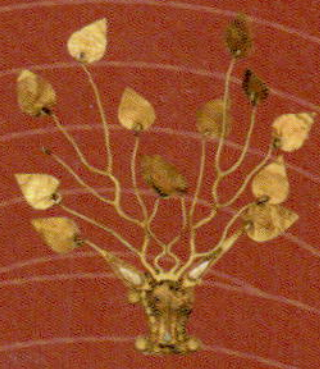

第七章

繁杂善变的三国两晋南北朝首饰

第一节　五彩缤纷及域外风格

三国、两晋、南北朝历经近四百年之久，先后建立了三十多个政权，是继春秋战国之后又一个社会动荡的历史时期，也是一个最富于变化的时代。在这段漫长的历史中，战乱的局面打破了中国自古以来制定的许多“礼制”，古时佩戴“礼玉”的观念也被抛到九霄云外。

这时候，统治阶级显示富贵的已不仅仅是玉器，而是金银。其他领域的可供人研究观赏的艺术品种的逐渐增多，也在很大程度上冲淡了人们对玉的独爱。另外，艺伎职业的兴起使服饰更加华美。

创始于印度的佛教，在两汉时期从西域传到中国，在南北朝时盛行全国。据说，当时全国僧尼四百万人，寺院四万多所。在这种浓厚的佛教气息中，外来文化也同佛教一起传入中国，使这个时期的装饰艺术发生了很大的变化。由于佛教是由新疆、敦煌等地传入内地的，在它到达中原时已融合了中国西北地区的民族文化，使首饰艺术既融汇了北方民族，又有西方印度等的风格。

在北方十六国初期，汹涌南下的草原民族进入了汉族人长期占据的中原地带，并统治了整个黄河流域，其民族风俗极大地影响着整个中原地区，促使北方的社会生活和习俗发生了很大的变化。数百万胡人入居中原，也迫使北方人口的大量南迁，加快了中原风俗与江南风俗的文化交流。这种人口的大流动与民族关系的大变动，也给当时的服饰风尚带来了很大的变化。

这个时期的首饰需求量大，种类丰富，礼制的佩玉减少。佛教的传入，使一些名贵宝石等材料相继传入中国。在首饰的造型与制作上，域外风格隐约可见。而一些佛像饰物和作为佛家象征的莲花、忍冬等植物花卉图案开始出现，并逐渐成为装饰上的突出题材。

一、多样的头饰

（一）插梳的风俗

中国古人认为头发是表现仪容极为重要的部分，所以对梳子的重视程度是不言而喻的。春秋战国时，男女梳头的用具分为梳、篦两种，统称为“栉”，多以实用为主，并有专门的作坊进行生产。《考工记》记述当时手工业和家庭小手工业的主要工种中就有“栉人”[1]，即专门制作梳、篦的工匠。在汉魏时期，人们似乎格外重视梳篦，梳头篦发使头发整洁亮丽是礼仪的一部分。在晋人傅咸的《栉赋》中说：“我喜兹栉，恶乱好理。一发不顺，实以为耻。”东晋的《女使箴图》中，也绘有古代妇女梳理长发的画面，并在旁边写着妇女应该遵守的格言。制作精美的梳篦既有专门的清洗工具，还用专门的盒子来存放（图7-1、图7-2、图7-3）。

有人说插梳的风俗始于魏晋时期，是因为能看到一些插梳人物的具体形象。2001 年在陕西咸阳发掘了一批十六国墓葬，在一位身份较高的墓主随葬品中，出土了一批女乐俑和女侍俑，她们头戴十字形或蝶状发冠，前面的额发由中间整齐地梳向两端，两侧鬓发垂过耳际，脑后的发髻中由下往上插着小梳。这种发式在一些墓葬的壁画中也有出现，应是当时较为普遍的头饰（图7-4）。

材料和做工精致的梳篦是当时妇女的珍贵财物。人们甚至还为珍贵的梳篦起了名字，如三国时吴国国君孙亮的夫人洛珍，就有一把梳子命名叫“玉云”。而清洗这种梳篦的器物称作“郎当”。玉梳、金梳、象牙梳都被视为珍贵的饰物。

（二）微动步摇瑛

“珠华萦翡翠，实叶间金琼。剪葆不似制，为花如自生。低枝拂绣领，微动步摇瑛。但令云鬓插，蛾眉本易成。”这是南朝梁代女子沈满愿的一首《咏步摇花》的诗，对步摇的制作及女子戴后的姿态描写得十分详细生动。汉代的步摇首饰仍为妇女们所喜爱。晋代的步摇名叫“珠松”，或称为“慕容”。这一时期的步摇饰，在中原和北方民族，特别是鲜卑族中均十分流行。

这时的步摇有两种，一种呈花枝状，属于单件的首饰，使用时直接插在发髻上，是中原女子喜爱的饰物。它纤细的金枝纠结呈树枝状，有的上

【1】栉人是琢磨的五种工官之一。《考工记》中，栉为梳篦的总称。古代梳篦的原料包括木、骨、角、牙等。栉人就以这些原料琢磨成梳篦。

图 7-1.《女使箴图》。传东晋顾恺之绘。

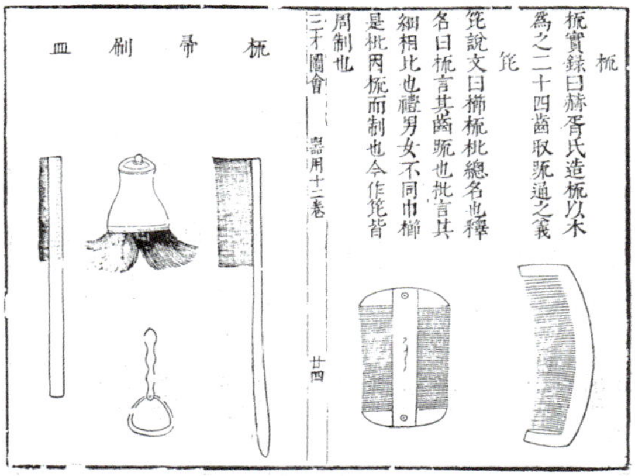

图 7-2. 清洗梳篦的工具《三才图绘》。

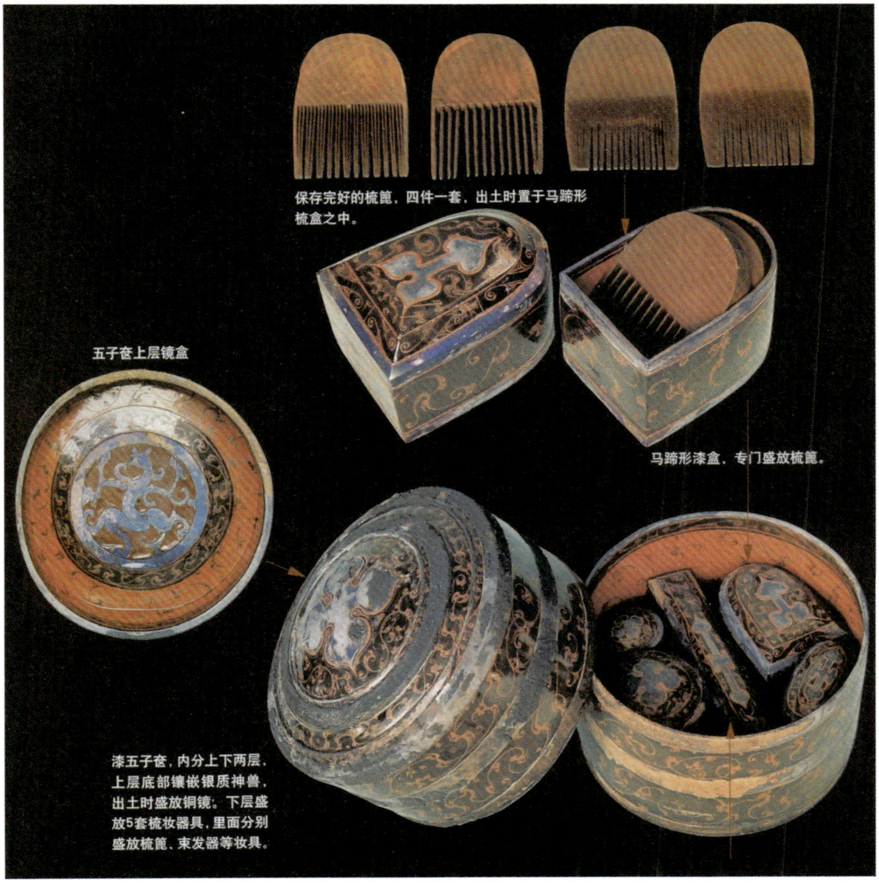

图 7-3. 盛放梳篦的漆盒。山东日照海曲东汉墓出土。

饰鸟雀，走路时金枝与鸟雀随步而摇，我们现在称它为“金雀步摇”。这种形式的步摇，可以在魏晋时期的绘画中见到。在《女使箴图》中的贵族妇女，有的高髻后倾，有的椎髻结鬟于背上，长发飘垂，头顶饰有两个一组的朱红色金雀步摇，看上去飘之若仙。而另一幅《列女仁智图》中的女子也有类似打扮（图7-5）。而被称为“珠花”的步摇，是以珠穿缀为花形，其制始于六朝。《通俗简·服饰》：“按《释名》首释类云，华象草木华也，妇饰之有假花，其来已久，其以珠宝穿缀，则仅着于六朝，今珠花所谓颤须者，行步摇动，既步摇所以名也。”在山西大同北魏司马金龙墓中出土的“漆画彩绘人物图”屏风中所绘女子，就是头戴这种珠花步摇的形象（图7-6）。

在这一时期的诗歌中，常有吟咏妇女插步摇的诗句。晋·傅玄《有女篇》中，“头安金步摇，耳系明月珰”就是当时女子的通常打扮。沈满愿的另一首《系萧娘》诗中提到了女子“清晨插步摇”的芳姿。王枢《徐尚书座赋得可怜》诗中亦有：“红莲披早露，玉貌映朝霞。飞燕啼妆罢，顾插步摇花”等。可见，头插步摇还是魏晋南北朝时女子晨妆的一项重要内容。

鲜卑族的步摇饰还常做成特定的冠饰，如在辽宁北票房身前燕墓出土的一件鲜卑族的金步摇冠，是迄今为止所见到最完整、最华丽的步摇冠。它上呈树状、蔓状金花，二枝为一组，下有山形基座，也许就是记载中的“山题”。其上有金枝纠结，枝上挂着用金片或金箔剪成叶状的步摇花。将这种步摇花加在冠顶，即步摇冠。史载鲜卑慕容部领袖因喜爱戴步摇冠，被诸部呼为“步摇”，因讹而成为“慕容”，这也是慕容部得名的由来。这件步摇冠正是在冠顶出一枝步摇花，使我们见到这种闻名已久的饰物。北燕文化与鲜卑慕容部有传袭关系。十分多样的步摇出土于鲜卑墓中，之后谈论鲜卑民族的首饰中将再详细论述（图7-7）。

（三）珍贵的簪

魏晋南北朝时期的簪有玉簪、金银簪、翡翠簪、玳瑁簪、犀簪、铜铁簪等等。从汉代开始，玉簪就一直是贵族男女头上的主要装饰品。俗话说：黄金有价玉无价。一支好的玉簪，价值无可比拟。

金银簪很流行，式样众多。简单的簪就是一根金银丝，一头磨尖，另一头盘扭成一个小结，就算是簪头。北京通县城关金墓出土的银簪就是这个样子。这类簪虽然简单却很精巧。元·龙辅《女红余志》中

1.

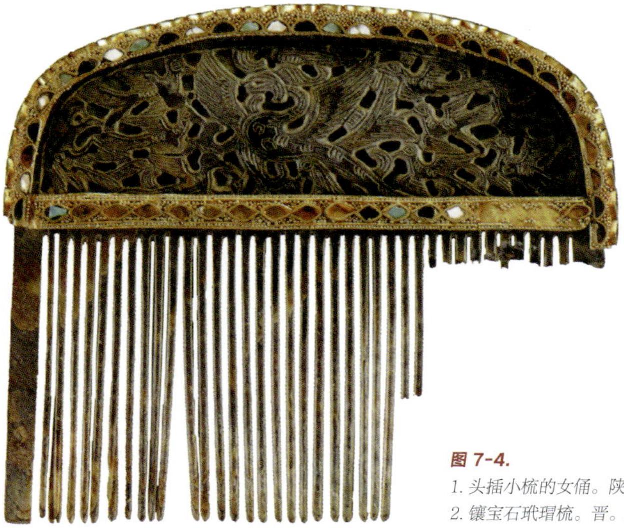

2.

图 7-4.

1. 头插小梳的女俑。陕西咸阳十六国墓葬出土。
2. 镶宝石玳瑁梳。晋。辽宁文物考古所藏。

1.

2.

3.

图 7-5.

1.《烈女图》局部。
2.《女史箴图》局部。
3. 戴步摇示意图。

的一个故事说：魏文帝的宫人陈巧笑挽髻的时候，不用别的首饰，只用一支圆顶金簪插在发髻中。魏文帝十分欣赏她的装扮，赞赏说：真像是在浓黑的云雾里出了个金星（玄云黯霭兮金星出）。在山东临沂洗砚池晋墓中发现了两件这样的金簪，簪首为球形，这种精致简洁的簪饰常被叫作金顶簪。

金银簪中还有一种耳挖形，是一种兼带挖耳勺的发簪。早期锦州北魏墓发现的一件银耳挖簪，前端为耳勺，勺部呈螭口吞勺形。在江西南昌火车站东晋墓中，也有一件银耳挖簪。它一端呈斗状，另一端渐细，上面錾刻有龙纹及竹节状弦纹。

动荡的魏晋时期，人们还把簪首做成各种兵器的样子，认为它有辟邪的作用。在《晋书·五行志》中："惠帝元康中的妇人之饰有五佩兵。又以金银象角玳瑁之属，为斧钺戈戟而载之以当笄。"在南京象山晋王丹虎墓出土的金簪就是将金丝的上端捶压成弯钩状，形成斧钺。这种兵器形发簪在现在的苗族妇女头饰中仍能见到（图7-8、图7-9）。

式样复杂些的金簪，簪首精美。在江苏宜兴晋墓发现的一支金簪，只存有圆球形的簪首，它的四周镂刻着繁缛的花纹，周围还有镶嵌用的小孔，是一件别致的簪饰（图7-10）。

魏晋唐宋时期的诗文中时常提到"玳瑁簪"。晋·张华《轻薄篇》中："横簪雕玳瑁，长鞭错象牙。"南朝梁·刘孝绰《赋得遗所思》诗："遗簪雕玳瑁，赠绮织鸳鸯。"看来用雕琢着纹饰的玳瑁作为簪首，是当时比较流行的一种。可惜诗中描述的玳瑁簪，却难得在出土物中见到。

用犀牛角加工做成的簪称为犀簪。据说戴这种发簪，头上不会积有尘土。带有犀角本身纹理和斑纹的簪要比素面无纹的贵重得多。从文献记载中看，早在汉魏时期，犀簪就是名贵的首饰了。晋·干宝《搜神记》："南州人有遣使献犀簪于孙权者。"可见犀簪还是南国相当珍贵的贡品。

到了南北朝时期，传统凤簪的使用仍十分流行，簪头上的凤鸟，由于凤尾多做成翻卷上翘的样子又称为"凤翘"，而以铜铁制成的发簪则用于贫民百姓中。在宁夏固原北魏墓出土的一支很长的铜簪横插于发髻后，是当时头插簪饰的一种形式（图7-11）。

图 7-6. 插戴步摇的女子。山西大同北魏司马金龙墓中出土"漆画彩绘人物图"屏风。

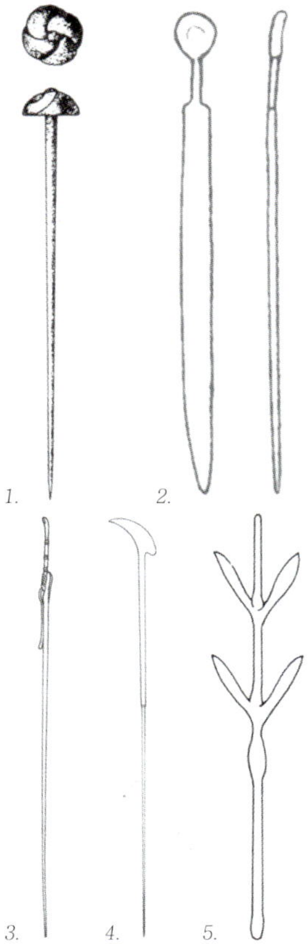

图 7-8. 纤巧的发簪。
1. 圆顶金簪。
2、3. 耳挖形簪。
4. 斧钺形兵器发簪。
5. 枝杈式银簪。

图 7-7. 步摇冠。辽宁北票房身前燕墓出土。

图 7-9. 苗族女子的兵器形发簪。

（四）头上金钗十二行

“**头上金钗十二行，足下丝履五文章**”是梁武帝《河中之水歌》里的诗句，描写当时贵族妇女的华丽装饰。簪钗的插戴方法多成双成对，甚至插戴满头，有如孔雀开屏样的华贵。在贵州平坝马厂东晋墓出土的妇女首饰情况就是如此。甘肃酒泉东晋十六国墓出土的壁画中也绘有满头簪钗的妇女形象，在魏晋时期的漆盘画中，还能看到对镜梳妆与满头簪钗的女子画像，这也是汉代风俗的延续（图 7-12）。

当时的首饰有等级之分。贵族妇女的头饰可用金、玉、翡翠、玳瑁、琥珀、珠宝等制成，而一般贫民妇女则用银、铜、骨类等制成。在传说中有一种称作“辟寒钗”的金钗十分贵重，清·徐震《美人谱·七之饰》中即提到此钗。传说魏明帝时，昆仑国献上一只嗽金鸟，这只鸟能吐出如粟米一样大小的金粒，但冬天怕冷，于是魏明帝专门造了一座辟寒台养这只鸟。宫中妇女争相用鸟吐出的金粒打造钗佩，称之为“辟寒钗”。从这个传说中可以看到，在百姓的眼中，皇宫制作首饰的材料都是十分贵重的。在《钗子志》中：“**东昏侯为潘妃作一双琥珀钗，值七十万。**”和《晋书·元帝纪》中：“**永昌元年，将拜贵人，有司请市（买）雀钗，帝以烦费，不许。**”可知当时名贵发钗的价格相当高昂，并已有了专卖首饰的店铺。

从考古中发现的钗多呈“U”字形，并有长钗、短钗之分。在四川昭化石桥乡六朝墓出土的铜钗，全身无纹饰，长 27.5 厘米，显然是一种长钗。江西南昌火车站东晋墓中，一墓同出了四件银钗，上端起脊，下端为尖锥状，长度在 11 厘米左右，属于中等。河南巩义站街晋墓出土的一对银钗，长度为 9.9 厘米。而山东临沂洗砚池晋墓出土的两件弯成双股的金钗，长度只有 4.2 厘米、宽度 1.6 厘米，与现代女性的发夹相近，是当时典型的短钗。广东曲江南华寺南朝墓出土的银钗，长度也只有 5.2 厘米。从出土的地域来看，这种形式的发钗遍及中国南北，是风行全国的首饰（图 7-13）。

在贵州平坝墓葬中的头骨部，除一些常用的簪钗外，还发现许多造型奇特的金银饰物小部件。一些银饰有的制成单股，中间有丫叉；有的分为双股，形如发钗；还有的钗骨之间的距离很大，顶部朝下弯曲成一

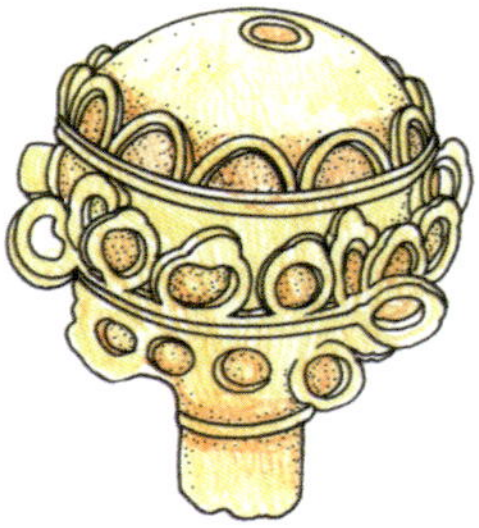

1.

2.

3.

图 7-10. 各种各样的金簪首。
1. 球形金簪首，高 1.5 厘米，直径 1.4 厘米，江苏宜兴 3 号晋墓出土。
2. 金簪首。江苏宜兴周墩晋墓出土。
3. 金龙簪首。甘肃高台地埂坡魏晋墓出土。

图 7-11. 戴铜簪的女子。宁夏固原北魏墓出土。

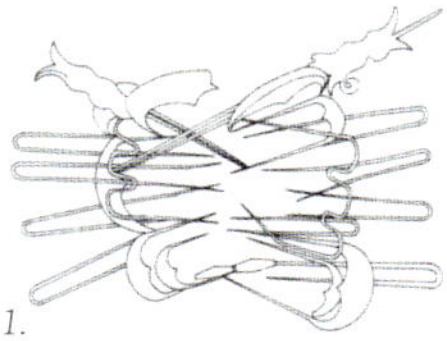

1.

2.

3.

4.

图 7-12.
1. 妇女首饰插戴状况。根据贵州平坝马厂东晋墓出土情况绘制。
2. 头插簪钗的妇女。甘肃酒泉东晋十六国墓出土的壁画。
3. 头饰簪钗的女子。河南洛阳永宁寺汉魏故称遗址出土。
4. 贵州平坝马厂出土的银钗。

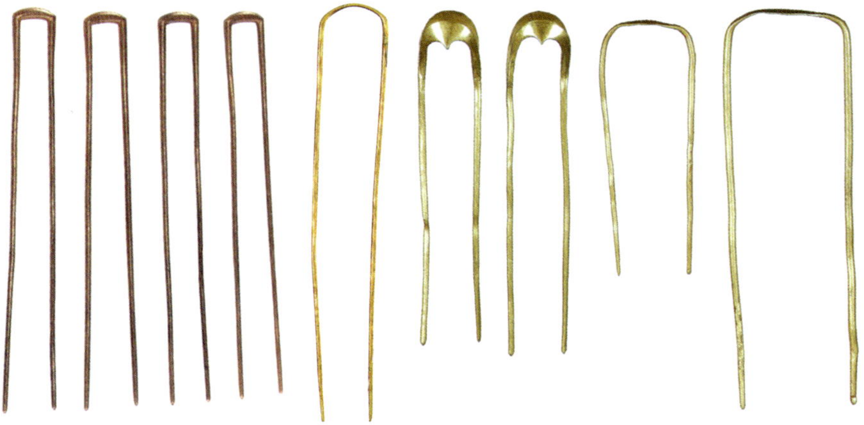

图 7-13. 各种形式的"U"形发钗。

1.　　2.

图 7-14.
1. 金饰件。江苏省丹阳市南齐陵墓中出土。
2. 金头饰。通长 5.8 厘米，重 17.6 克。山西大同迎宾大道北魏墓群出土。

图 7-15. 三子钗。长 14.1 厘米，两端宽 4 厘米，中部宽 2.6 厘米。河南巩义站街晋墓出土。

个或两个豁口，可能是用来承受支撑发髻，以便搭成各种形状的框架。而在江苏省丹阳市南齐陵墓中出土的一些金饰件，有人、叶及鸟等造型，高度不超过 2 厘米。山西大同北魏墓群发现的花冠形金头饰等小巧玲珑的饰品，应是头上的装饰，只是不知它具体的位置和用途（图 7-14）。

这一时期的钗饰中，还有从汉代至魏晋都十分流行的三子钗。在河南巩义站街晋墓出土的一支三子钗，两端呈三叉形。中部长方形框内透雕龙纹，三叉中部端首有圆孔，两侧又作兽头状装饰（图 7-15）。

（五）梳发与插发的拨

“拨”的实用性大于装饰性，它是魏晋时期的妇女们在梳理头发时经常使用的一件工具。唐·宇文氏《妆台记》中“梁简文诗：‘同安鬟里拨，异作额间黄’拨者，捩（音同“列”，扭转）开也，妇女理鬟用拨，以木为之，形如枣核，两头尖，尖可二寸长，以漆光泽，用以松鬟，名曰‘鬟枣’。竞作万妥鬟，如古之蝉翼鬟也”。它的大意是：南朝梁代简文帝的诗中说的“拨”是扭转的意思。妇女们在盘发鬟时要用到“拨”，它是木头制成的，其形如枣核，两头尖尖中间粗，又称为“鬟枣”。尖的地方，大约有两寸长，用漆把它漆出光泽来，女子们梳头盘发时，就用鬟枣挑转鬟发使之蓬松，好让它形成“万妥鬟”，形状犹如古代的“蝉翼鬟”一样。拨除作为梳发工具外，也常被安插在发髻中，作用类似簪钗。

（六）花钿

钿是用金银珠翠和宝石等做成花朵形，所以又叫作花钿，也可以看成是一朵朵单独的假花饰物。宋·陈彭年《玉篇·金部》：“钿，金花也。”六朝妇女酷爱花形饰物。《通俗篇》中“妇饰之有假花，其来已久。其以珠宝穿缀，则仅着于六朝”。花钿在魏晋南北朝时使用得极为普遍。很多诗文中都有对它的描述。梁·邱迟《敬酬柳朴射征怨》：“耳中解明月，头上落金钿。”吴均《采莲曲》：“锦带杂花钿，罗衣垂绿川。”沈约《丽人赋》：“陆离羽佩，杂错花钿。”

金钿很流行，大致有两种：一种是在金花的背面装有钗梁，使用时可以直接插在头发上作为装饰。如南京北郊东晋墓出土的一件金花，以六片鸡心形花组成，每片花瓣上还镶有金粟，在花蕊的背面，缀有一根小棒状物用以插发。另一种是金钿的背后没有棒状物，而在花蕊部分留有小孔，用时才以簪钗固定在发髻上。湖南长沙市东郊晋墓就出有这种金钿，位置在女性头骨附近。在金钿上镶嵌宝石的花钿极为精美，有的金钿还被做成镂空的花式，这样既可以减轻重量还有那种玲珑的美（图7-16）。1981年，在山西太原市北齐墓出土了一件金饰，残长15厘米，虽不属于花钿，但从此物上可以窥见当时宝石花钿的华美。它以多种技法和材料做成。先在金片上用压印和镂刻的方法做出花底，然后再镶嵌珍珠、玛瑙、蓝宝石、绿松石、贝睿和琉璃等，各种色彩交相辉映，精美至极。到了唐代，这种金钿的种类更多，使用也更加普遍（图7-17）。

（七）簪花风俗

在任何首饰没有产生之前，鲜花是最早最现成的饰品，它无需工匠

图 7-16.

1. 无脚金钿。湖南长沙市郊晋墓出土。
2. 有脚金钿。江苏南京北郊东晋墓出土。
3. 金镶宝石花钿。台北历史博物馆藏。
4. 金镶宝石金钿。新疆尉犁县营盘墓地出土。
5. 镂空团花金钿。东汉。直径 2 厘米，重 6.8 克。圆圈和花瓣内原嵌有绿松石，现已脱落。
6. 金箔花钿。湖南长沙晋墓出土。
7. 金花。甘肃高台地埂坡魏晋墓出土。

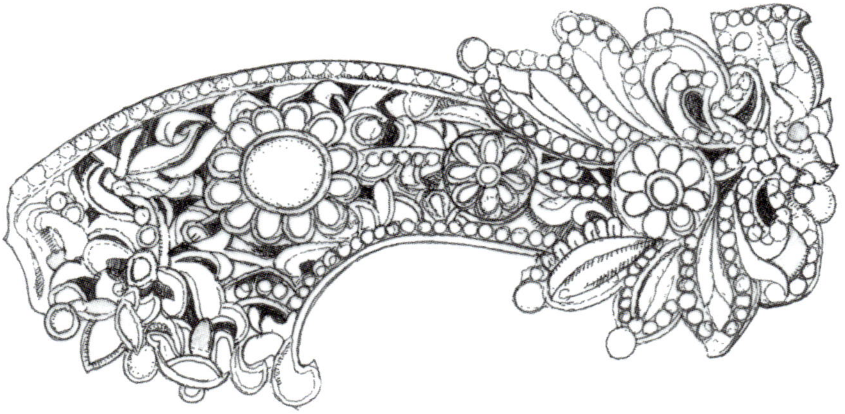

图 7-17. *嵌有各种珠宝的金饰。残长 15 厘米。山西太原北齐墓出土。*

制作却可以千奇百样任人挑选。插花之俗古已有之，四川重庆化龙桥东汉墓的“献食女陶俑”、四川成都永丰东汉墓的女陶俑的头上都戴有大大小小的花朵，清新而美观。可见簪花在当时已经很普遍了。魏晋南北朝时期还有关于插花风俗的记载。由于插戴鲜花保持的时间不能长久，并且有季节的限制，且也不易插戴，人们使用一种名叫“通草”的植物制作成各种颜色的假花作为装饰。

在宇文氏《妆台记》中：“晋惠帝令宫人梳芙蓉髻，插通草五色花。”龙铺《女红余志·桂宫》一则中也有：“陈后主为张贵妃丽华造桂宫于光昭殿……丽华被素袿裳，梳凌云髻，插白通草、苏朵子……”这两则记述中提到的通草又名灯心草。它的茎体轻，空心，过去人们常用它来做油灯的灯芯。通草多产于四川、台湾、贵州等地，古人将它剥皮取杆，晾干后加工成通草片，巧制成各种花朵。魏晋时代的妇女们除了在发髻上簪花，还喜欢戴花冠。在北魏的绘画《帝后礼佛图》中就有各种簪花戴花冠的女子，看上去妩媚动人（图 7-18）。

（八）男子头上的饰物

1. 通天冠上的金博山与近侍冠上的金珰 通天冠是春秋战国时期楚国的一种冠饰。秦统一中国确立服饰制度时，将它确立为天子的首服，主要用于祭祀、明堂、朝贺及宴会，仅次于冕冠。东汉时，沿用“通天”

之名，但对冠饰做了改进，成为皇帝专用的朝冠。这种冠的样子，是以铁丝为梁，外蒙细绢，冠梁正竖于顶而稍微前倾，梁前以山、述为饰。《后汉书·舆服志》中："通天冠，高九寸，正竖，顶少邪却，乃直下为铁卷梁，前有山，展筩为述，乘舆所常服。"其中的"前有山"是指附缀于冠前的一种牌饰，形状像高山而得名。由于这一显著特点，这种冠饰还被称为"高山冠"。山东嘉祥武氏祠汉画像石上的齐王、吴王、韩王等帝王形象，在他们的冠前都有高高突起的牌饰，就是山形饰，文献记载中称为"金博山"或"金颜"。古人在冠前用山形作为装饰，隐含着戴冠之人要像山一般的稳重与持重，遇事镇定如山，当时皇后冠前的"山题"，也有同样的寓意（图7-19）。

同时，通天冠前部高起的金博山上，还装饰着一种昆虫"蝉"的纹饰，即史料中所记述的"附蝉"。装饰着蝉的形象或以蝉形饰冠，也是秦汉时期形成的制度。它的目的是以提醒戴冠之人高洁清虚，识时而动。"蝉"在中国古代被认为是"居高食洁""清虚识变"的昆虫。晋·崔豹《古今注》："蝉取其清虚识变也。在位者有文而不自耀，有武而不示人，清虚自牧，识时而动也。"晋·陆云《寒蝉赋》中说："蝉有五德……加以冠冕，取其容也。君子则其操，可以事君，可以立身。岂非至德之虫哉！"从中可看出古人对蝉的推崇备至（图7-20、图7-21）。实物中的附蝉金博山之饰，在山东阿鱼台魏曹植墓、甘肃敦煌晋墓均有出土。在山东曹植墓中出土的一件长约寸余的盾形金饰，用吹管滴珠法做成，镂空作出云纹缭绕状。敦煌晋墓出土的一件，以金箔制成山形，高5厘米，宽4.2厘米，器身中部镂饰蝉形，蝉的双眼突出，蝉体及四周花边上粘有大小金粟，边上还镶嵌着宝珠。出土时位于墓主人头部，冠体已不存。这时的金博山，已不是冠前高高的突起物，而是变成"圭"形，并且逐渐缩小。唐代有时在其中饰以"王"字，明代更在其旁饰以云朵。一些小型蝉饰则装饰在冠的两旁。

"述"则是一种以细布制成的鹬形饰物。鹬为水鸟，成语中"鹬蚌相争，渔翁得利"指的就是此鸟。传说它有一种神奇的功能，即"见天雨则鸣"，古人认为它能知天时，故用作帝王冠饰。太子、诸王不履其职，故不用这些饰物。

由于通天冠是皇帝专用的首服，在皇帝戴通天冠的时候，太子、诸

1.

2.

图 7-18. 插花的女子。
1. 汉代插花女俑。
2. 山西大同北魏司马金龙墓出土木板漆绘。

图 7-19. 汉代画像石中帝王头上的山形冠饰。

图 7-20. 玉蝉。西汉新莽时期。广西合浦环城黄泥岗 1 号墓出土。

图 7-21. 头戴山形附蝉冠饰的帝王。

王要戴“远游冠”。“远游冠”的样式与通天冠相同，只是不用山、述等装饰。这也是汉代定下的制度，并为历代所遵循。但也有少数特例。如南朝梁武帝为太子萧统举行冠礼时，特别下诏在太子所戴的远游冠上加金博山，史载：“旧制，太子着远游冠，金蝉翠緌缨；至是，诏加金博山。”此后，通天冠饰虽被继承，但变化较大。

与金博山极为形似的一种冠前饰物是“金珰”。汉代武官将军们的冠饰叫作“武弁大冠”，虽然早在商周时就已有金属头盔，但职位较高的武将中却很少用到，即使是在战场上，将军们也戴着武弁大冠上阵。到了东汉晚期，这种本来结扎得很紧的网巾状的弁，变成了一个笼状硬壳嵌在帻上，即《晋书·舆服志》中所称的“笼冠”。南北朝时，南北双方都使用笼冠，在当时的绘画和出土陶俑中常能见到。而最高级的武冠与笼冠是皇帝的近臣，如侍中等人所戴。这类冠上装饰着貂尾和蝉饰。《汉书·谷永传》中有：“戴金、貂之饰，执常伯之职者。”意思是：戴着加附蝉饰的金珰和紫貂尾巴的人是任常伯、侍中之职的。而这些饰物还都各有寓意，《艺文类聚》卷六七引应劭《汉官仪》：“侍中左蝉右貂，金取坚刚，百陶不耗。蝉居高食洁，目在腋下。貂内劲悍而外温润。”在皇帝近臣的冠上加一个“目在腋下”

图 7-22. 金珰附蝉。高 7.1 厘米。辽宁北票西官营子北燕冯素弗墓出土。

图 7-23. 步摇与步摇冠。辽宁北票西官营子北燕冯素弗墓出土。

图 7-24. 金珰附蝉饰。甘肃高台地埂坡魏晋墓出土。

图 7-25. 方形镂空四凤纹金珰。高 7.8 厘米。辽宁北票西官营子北燕冯素弗墓出土。

图 7-26. 龙纹金珰。长 4.9 厘米，宽 4.6 厘米，重 5.6 克。

1.

2.

图 7-27. 金珰附蝉饰。

1. 正面。

2. 背面，高 6.8 厘米。辽宁北票西官营子北燕冯素弗墓出土。

而又“清虚识变”的蝉形徽记，目的是让这些近臣既善于韬晦，又通达政治上的权变之术。附蝉金珰的实物在辽宁北票西官营子北燕冯素弗墓中出土的山形金片，镂孔作蝉纹，蝉目用灰石珠镶嵌而成，又加金粟饰边，是一件名副其实的金珰附蝉。在这件附蝉背后还垫着一件大小相同的金片，所谓金珰，疑指此物。而冯素弗为当时的北燕主冯跋之弟，又官为侍中，正有戴用金珰的资格。与此同出的还有步摇冠，可想当时官员头戴这类冠饰的形象（图7-22、图7-23）。2003年发现的山东省临沂洗砚池西晋的两座墓葬中，一墓出土了五件金珰，另一墓也出有四件金珰，显示了墓主人高贵的身份（图7-24）。

在辽宁北票房身前燕墓出土的一件“方形镂空四凤纹金珰”，时代较早，出土时原来不知是何物，至日本新泽千冢古墓出土了一件同样的饰片，才确定为额前的饰品，始知它原为金珰，方形是较为原始的式样（图7-25）。冯素弗墓另外的一件金珰附蝉饰，珰的正面为坐佛等图像，背面缀步摇金叶，是北燕地区佛教兴盛的反映，是中原文化、佛教文化和鲜卑的北方文化相融合的饰物。同时也知除附蝉外，金珰还有其他装饰的图案。金珰还有一种桃形式样，如晋代一件龙纹金珰是极为少见的珍稀饰物（图7-26、图7-27）。

2. 簪导 从晋代开始，男子武官头上所戴的武冠，是由汉代梁冠去梁后改进而成的。这时的冠缩小于头顶，称“小冠子”，只在顶部横别一个小小的簪导，绾住发髻，并且用不同的材料区别等级。簪导以玉、金、犀角、象牙等制成，成为男子发髻的重要饰物。

二、极少数的耳饰

在两晋南北朝时期，中原地区的汉族穿耳戴饰之风日渐衰落。特别是贵族在六朝至唐朝这一阶段似乎很少见到穿耳之俗。因为无论是从绘画、雕塑，还是考古发掘中都极少见到耳饰。甚至后来，有许多人对穿耳的历史都提出了怀疑。元·陶宗仪《南村辍耕录》称：“或者谓晋唐间人所画仕女多不带耳环，以为古无穿耳者。然《庄子》曰：‘天子之侍御，不爪揃，不穿耳。’则穿耳自古亦有之矣。”

但在民间就有所不同，汉魏时期西南地区的士庶女子仍然喜爱戴珥珰。而北方的少数民族地区的男女却都喜欢佩戴耳坠，特别是以鲜卑族为代表的北方民族。耳坠实物，也以鲜卑民族尤其是慕容鲜卑墓发现的较多。到了南北朝以后，民间妇女挂耳坠的现象比较普遍，除北方地区的少数民族外，汉族妇女受其影响也开始佩戴。

三、璎珞与项链

璎珞（又写作“缨珞”），有时也称为“华鬘”。据说产生于印度，在佛教传入中国时，这种项饰也随之而来。因为璎珞本来是佛像颈间的一种装饰，后来才进入人们的日常生活中，成为妇女最美的一种项饰。从文献来看，最早佩戴璎珞的是一些少数民族居民。《梁书·高昌传》在记述高昌地区的民俗风情时称：“女子头发辫而不垂，著锦缬璎珞环钏。”《南史·林邑国传》：“其王著法服，加璎珞，如佛缘之饰。”事实上，在两晋南北朝之时，佩戴璎珞的人极为少见，我们在绘画与雕塑中常看到的男女皆素衣素服，飘逸如仙，除妇女的发髻上有些饰物外，其他如颈饰以及手臂上的装饰都十分少见，人们崇尚清高、雅致。直至到了唐代，璎珞的使用才达到了一个高峰（图7-28）。

项链在北方的草原民族中较为常见，其制作也很独特。特别突出的是北魏的金奔马项饰，就是一件极具特色的饰品（图7-29）。

四、金银环形钏与指环

这时期的镯，多用较粗的金、银丝弯曲成环状，接头部分互相连接。以素圈或略带简单纹饰的居多。在江西南昌火车站东晋墓，一墓就出土了八件粗细不一的圆环形银镯。山东临沂洗砚池西晋墓也出土大小相近的四件金镯，外缘装饰着密集的齿轮纹。在内蒙古右察后旗赵家房古墓群及扎赉诺贝古墓群出土的手饰中，除齿轮纹样外，还有些被捶压成花瓣状。广东罗定鹤咀山南朝晚期墓出土的一件，以纯金锤制而成，镯身为弧形，中部鼓出，绕镯面一周装饰着四只神兽纹，神兽之间衬以忍冬，

图 7-28. 魏晋时期佛像颈间的璎珞。

图 7-29. 北魏的金奔马项饰。

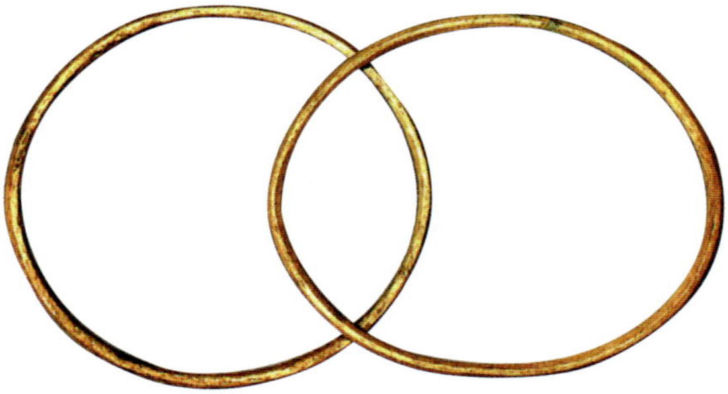

1.

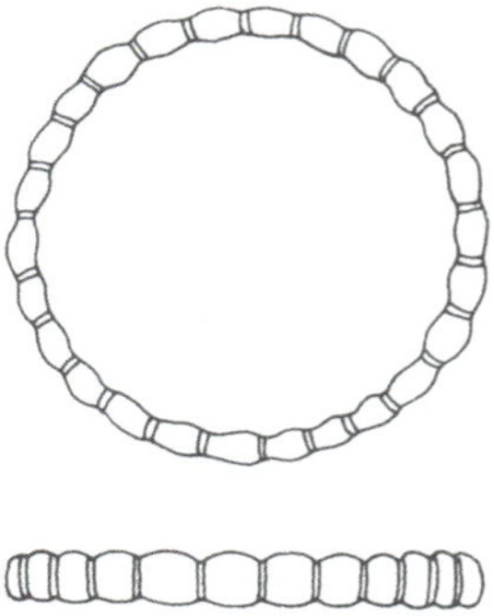

3.

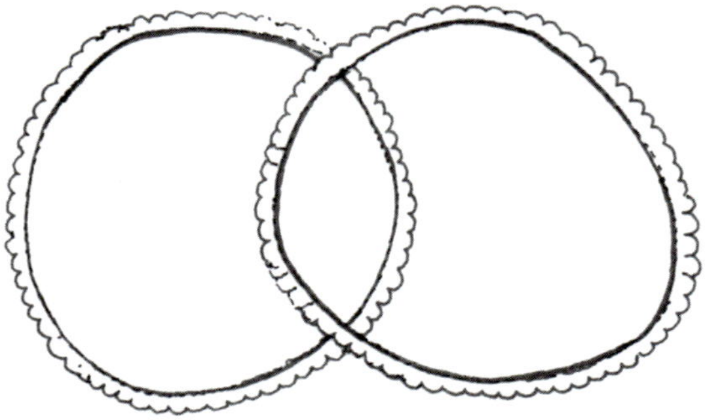

2.

4.

图 7-30.

1. 圆环形金镯。
2. 齿轮纹圆环形金镯，直径 5.5 厘米—6 厘米。山东临沂洗砚池西晋墓出土。
3. 铜镯。内蒙古扎赉诺贝古墓出土。
4. 有四神兽及忍冬纹饰的金镯。直径 7 厘米，宽 1 厘米。广东罗定鹤咀山南朝晚期墓出土。

每一神兽的姿势各不相同，神情各异，身首鳞爪清晰可辨（图 7-30）。

指环除了常见的单纯的环状外，还有在上面嵌以宝石的。在南京东晋王氏墓群出土的首饰中除了金环、金簪钗外，还有镶金刚石的金指环。据考证，当时的金刚石是从外国传入的。魏晋时期佛教兴起，使一些带有佛像的饰物出现。江西南昌火车站出土的四枚环形金戒指，上面采用模压和錾刻的方法制成小佛像，是这一时期饰品风格的一种。

五、小铃铛饰

魏晋时期出土了相当多的小玲铛装饰。一般一墓一次就会出现 8—10 只不等。有的出在手腕处，有的在腰间，还有的是作为脚踝部的脚铃。制作这些铃铛的材料有金、银、铜，其中以银铃最为多见。最基本的样式为圆球形，内置铃核，顶部有系纽，可以用在身体的各个部位。在山东临沂洗砚池西晋墓中，出土了 8 只圆球形银铃，顶部有一扁圆形系纽。中央有一宽弦纹接痕，内有铃核。腹部有分布均匀的九个环纽，又分别下连一个小银铃。铃上饰有纹饰并有镶嵌物，但已脱落。这种造型小巧的掐丝镶嵌银铃，十分完美精致。贵族们时常身佩这种精美的小饰物，走路时，银铃还可以发出声响。1957 年在辽宁省北票房身二号墓，出土了两晋十六国时期的圆球形金铃 21 只，是以两金片压成半球形后对合接成，铃顶有环形鼻，底部有一长条形开口，内以铁丸为胆，琅琅作响，应是串连成环，系在踝部的脚铃（图 7-31、图 7-32）。

六、蹀躞带

在进入了南北朝以后，中原地区带饰发生了重大变化。那种称为鐍的有活动扣舌的小带扣已在腰带上广泛应用，形状极为简单。腰带也变成前后一样宽的一整条。延续了将近千年之久的纹饰复杂的大带扣逐渐成为历史。

如果想在腰上系挂各种东西，就在皮带上钉挂一个小环再系一个皮条，用皮条把饰物绑紧，这样的皮带就是蹀躞带了。“蹀躞”（蹀

图 7-31. 掐丝镶嵌银铃。山东临沂洗砚池西晋墓出土。

图 7-32. 金铃。铃径 3 厘米。辽宁省北票房身 2 号墓出土。

图 7-33. 复原后的蹀躞带饰。吉林省博物馆藏。图片出自高春明《中国服饰名物考》。

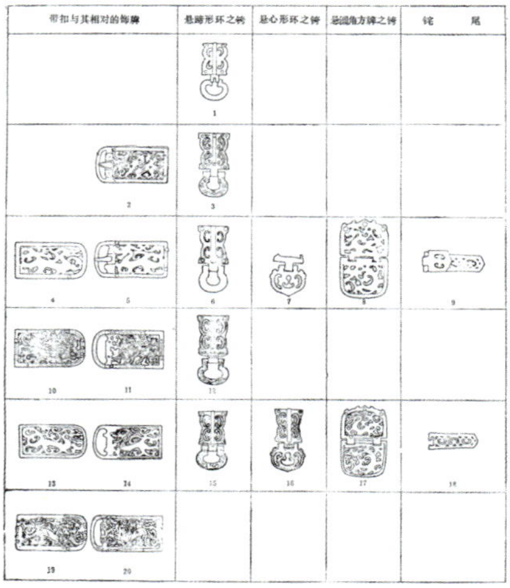

图 7-34. 晋式带扣。图片出自孙机《中国古舆服论丛》。

图 7-35.
1，腰佩蹀躞带的高昌回纥贵族。新疆高昌木头沟佛寺壁画。
2. 腰佩蹀躞带的西域男子。唐李贤墓壁画《蛮夷职贡图》。

音同“叠”，躞音同“谢”），在这里指皮带上垂下来的系物之带。垂着蹀躞的革带称为蹀躞带。在吉林和龙八家子渤海遗址出土的实物是典型的蹀躞带饰物（图 7-33）。它与金镂带的区别主要是在饰牌上。金镂带上的饰牌一般只是用来装饰，而蹀躞带上的饰牌则具实际用途，即在这种饰牌的下端，连接着一个铰链，铰链上连着一个用金属铸成的小环。这种小环是专门为系佩各种杂物而预备的，还有的则在牌饰

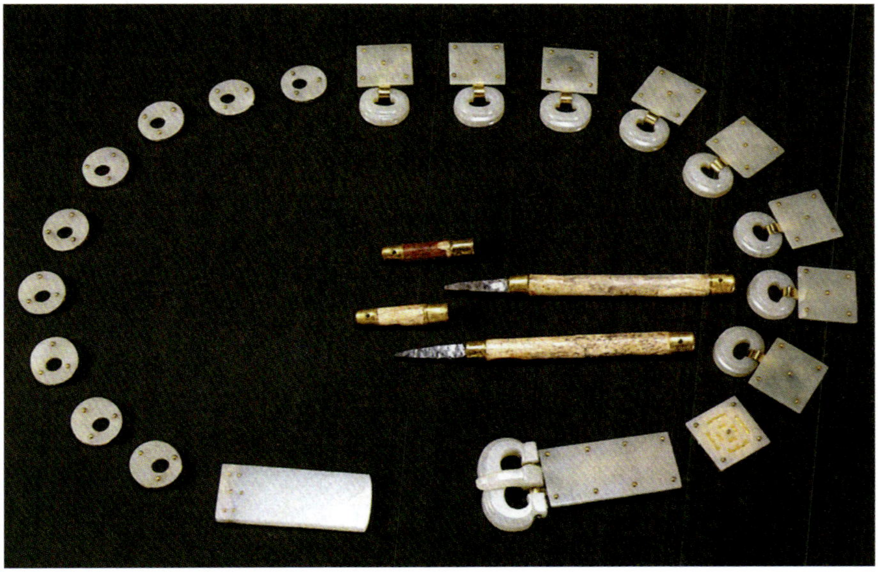

图 7-36. 九环白玉蹀躞带。北周。整条带饰由玉扣 1 枚、附环方銙 8 枚、未附环柿蒂纹方銙 1 枚、扣眼 9 枚、铊尾 1 枚、蹀躞 2 枚，牙鞘小刀两把及鞓组成。玉饰均以白玉雕琢而成，衬以鎏金铜板，金钉铆接。陕西咸阳国际机场若干云墓中出土。

1.

2.

图 7-37.
1. 蹀躞铜带具。复原长 110 厘米。
2. 局部。陕西咸阳陈马村北周武帝孝陵出土。

下开一横置的长方形小孔，以承受皮条的穿过，称为“銙”（音同“垮”）。宋代沈括在《梦溪笔谈》中写得很清楚：“带衣所垂蹀躞，欲佩带弓剑、帉帨（手巾）、鞶囊（放东西的小皮包）、刀砺（小刀、磨刀石、打火石）之类。自后虽去蹀躞，而犹存其环，环所以衔蹀躞，如马之秋根，即今之带銙也。”（图7-34）

蹀躞带源于中国北方的少数民族地区。在新疆高昌木头沟佛寺壁画中的高昌回纥贵族和唐李贤墓壁画《蛮夷职贡图》的西域男子腰间，都戴有用以悬挂腰间饰物的蹀躞带。这些地区的游牧民族，居无定所，平时生活中的所有用具基本都随身携带。大型的器物，一般都拴在马上，而小型的常用之物则被佩戴在腰间。这种带饰受到汉人的喜爱，尤其是一些武士，不久也成为贵族们的时髦装束（图7-35）。

到了北朝，在此基础上还发展出了九环及十三环的带饰，前者用于贵戚近臣，后者则专用于皇帝。《周书·熊安传》：“高祖大悦，赐帛三百匹，米三百石、宅一区，并赐象笏及九环金带。”《北史·李穆传》：“（李穆）乃遣使谒隋文帝，并上十三环金带，盖天子之服也，以微申其意。”1988年，在陕西咸阳国际机场若干云墓中出土了一条北周时期的九环白玉蹀躞带，整条玉带长约150厘米，鞓（带体）为皮制，外裹麻织品，出土时已朽坏，但残迹可见。带扣等饰一应俱全，是我国目前发现最早的一条玉制蹀躞带（图7-36）。而1994年在陕西咸阳市陈马村北周武帝孝陵出土的一条蹀躞铜带具，保存完整，排列组合十分清楚，弥足珍贵（图7-37）。

第二节　喜爱装饰的鲜卑族

鲜卑是中国古老的民族之一。关于它的起源，文献记载的十分复杂。较为统一的说法认为他们是东胡的一支。东胡在战国时就活动于燕、赵的东北方。西汉初年被匈奴冒顿单于击败，部落分散北迁。其中一部分逃到辽水上游的乌桓山一带居住，称为乌桓；另一部分逃到乌桓山东北的鲜卑山一带居住，称为鲜卑。所以乌桓与鲜卑在语言习俗等方面都大体相同。

东汉初年，鲜卑的势力已发展到今辽河上游西拉木伦河流域。史料中记载的鲜卑是东部鲜卑。

另一支称为拓跋鲜卑的祖先居住在大鲜卑山中。史籍中记载，鲜卑“以山为号”，即他们居住在鲜卑山，并以此而得民族的名称。大兴安岭北段即是文献中的大鲜卑山。在此座山中，他们共历六七十代，直至在西汉武帝时，随着匈奴力量的衰弱，鲜卑开始南徙。但因他们地处乌桓之北，与西汉无来往，故史籍中没有提及。

东汉初年，鲜卑与东汉发生交往，公元91年匈奴被迫第二次西迁，于是鲜卑代之而起，北方各少数民族纷纷自号鲜卑，趁机填补了匈奴人西迁留下的空白，控制了北方的大草原，当时的鲜卑实际上也是包括许多部族的部落联盟。西晋末年，鲜卑各部继续内迁，中原地区大批流民北上，与鲜卑人杂居。逐渐强盛的鲜卑各部先后建国，成为“五胡十六国”的重要组成部分。不久拓跋部族建立了魏，史称北魏，至439年，北魏统一了中国北方，结束了北方十六国的混乱局面。从此到杨坚建立隋朝为止，北方尽管分裂成许多国家，但鲜卑一直是北朝的统治民族，他们统治中国北方长达140余年。鲜卑族人的首饰文化十分独特，中原地区的许多首饰风俗都源自鲜卑。

一、造型奇特的冠饰

（一）步摇与步摇冠

鲜卑男女喜戴步摇冠，在晋代鲜卑部建立的三燕时期，步摇装饰十分普遍。考古发现，辽宁北票章吉营子房身村晋墓、西官营子北燕冯素弗墓及朝阳十二台子、西团山子、西营子等地都发现有花枝、金叶等金饰件，金枝上的金叶动则摇晃，是步摇冠上的步摇。这种步摇装饰除用于头冠外，同时也用于马具（图7-38）。

据《晋书》记载：“莫户跋，魏初率其诸部入居辽西，从宣帝伐公孙氏有功，拜率义王，始建国于棘城之北。时燕代多冠步摇冠，莫户跋见而好之，乃敛发袭冠，诸部因呼之为‘步摇’；其后音讹，遂为‘慕容’焉。”意思是说，当时的鲜卑慕容部领袖莫户跋，因看见燕地多戴步摇冠而十分喜爱，于是也敛发戴起步摇冠，被其他部族称

图 7-38. 各种铜鎏金步摇饰。

图 7-39. 步摇冠饰。高 13 厘米，宽 14 厘米。辽宁北票房身二号前燕墓出土。

1. 2. 3.

图 7-40.

1. 马头鹿角金冠饰。北朝。马头形宽 12 厘米，高 18.5 厘米，重 70 克。内蒙古达尔罕茂明安联合旗西河子乡出土。
2. 牛头鹿角金冠饰。牛头形宽 14.5 厘米，高 19.5 厘米，重 92 克。内蒙古达尔罕茂明安联合旗西河子乡出土。
3. 马头鹿角金冠饰局部。

呼为“步摇”，音讹而成“慕容”，也就是慕容部得名的由来。早期的步摇冠形质古朴，在凤鸟形的尾部，缀饰着金叶，可以达到步则摇动的效果。而实物中最精美而完整的步摇冠，是辽宁北票房身二号前燕墓出土的一件。类似的还见于同墓中的另一件花树状饰（图7-39）。在辽宁北票西官营子北燕冯素弗墓出土的一件金步摇冠，是以两条狭窄的金片弯成弧形，两相交叉，在金片的交叉处装有扁圆形的钵体基座。座上伸出六根枝条，每根枝条上又弯有三个金环，上系着可以摇曳的金叶。这件步摇冠在使用时必须固定在下面的冠上，但冠身现已无存。虽是残件，却可以看到辽西慕容鲜卑步摇冠的大致形制。

鲜卑贵族女子戴的步摇冠，有在内蒙达尔罕茂明安联合旗西河子乡出土的牛头鹿角金步摇冠和马头鹿角金步摇冠。该墓共出土金饰五件，其中四件为树枝状，每根“树枝”的尽头各卷成一个小环，上面悬有一片金叶。与以往步摇不同的是，这些饰物的底部不是透雕的饰牌，而是动物的首级，看上去既像马又像鹿，面部的中部凸起似浮雕，内镶有白色料石，具有北方民族装饰特色（图7-40）。这种金步摇，后来逐渐流传到朝鲜和日本。1921 年，在日本奈良县新泽千冢古墓出土了两种类型的金步摇饰件，总数达 382 件。相似的金步摇饰件，在韩国庆州的金冠冢、天马冢和公州的武宁王陵等古墓也有发现（图7-41）。

（二）金博山

参看前文“通天冠上的金博山与近侍冠上的金珰”。

（三）发箍与冠饰

除步摇冠外，鲜卑人其他冠饰亦十分独特。在内蒙古呼伦贝尔盟扎赉诺尔出土的一件东汉时期的骨冠饰，是用扁平的骨片磨成，形似牛角，在两杈内侧的边缘上，有 24 组横列的小孔，每组两孔，可能是为了附缀某种装饰品的（图7-42）。而在吉林省集安市出土了一件鎏金铜冠饰，呈三叉形，上面满缀着步摇叶片，两侧如大鸟展开的双翼饰于冠顶，样子威猛，极具民族特点（图7-43）。

而在辽宁义县保安寺刘龙沟晋墓出土的一件银饰，下部呈一圆箍状，箍腰上有凸出的三周弦纹。在圆箍的两侧，还伸出两根长 13 厘米的弯钩，酷似动物的两角。它出土时正位于死者的头部，应为冠饰。经考证，它

图 7-41. 金步摇饰件。

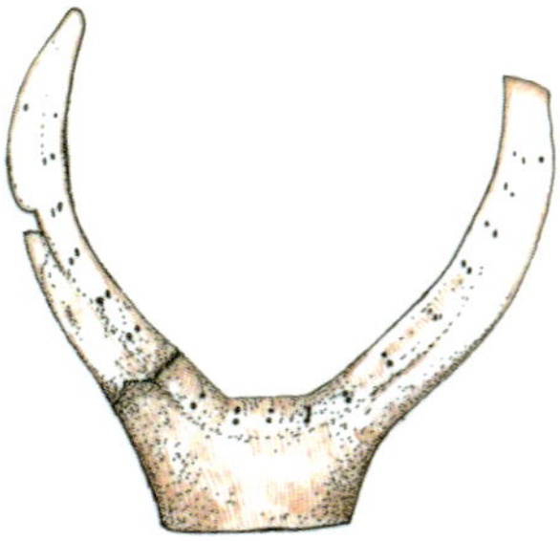

图 7-42. 骨冠饰。最高处 17 厘米，最宽处 15 厘米。内蒙古呼伦贝尔盟扎赉诺尔出土。

图 7-43. 鎏金铜冠饰。高约 40 厘米。吉林省集安市出土。

图 7-44. 银发箍。高 3.8 厘米，枝长 13 厘米。辽宁义县保安寺刘龙沟晋墓出土。

图 7-45. 金花坠头饰。

的正式名称叫“句决”。《后汉书·乌桓鲜卑列传》：“妇人至嫁时乃养发，分为髻，着句决。”说的就是这种冠饰。该墓还出土了金饰牌和耳饰，入葬年代在东汉晚期（图 7-44）。

二、美丽的头饰

鲜卑族妇女的头饰形象在内蒙古呼伦贝尔盟完工镇的鲜卑古墓群中有所发现。墓主人头裹一圈红绸子，在前额部分钉缀着连珠形铜饰，头顶后部也有圆形铜饰，并插有用鱼肋骨制成的针状器一束。头顶前部有螺旋形铜饰，其上还佩着鱼脊椎骨制成的串珠。头部右侧尚存一条扎结的发辫，这是拓跋鲜卑与其他鲜卑的重要区别，据此，拓跋鲜卑又被称为“索头”或“索虏”。在吉林榆树老河深鲜卑墓中，那里的男女则有头饰玛瑙珠的习俗。在 18 座墓葬中的墓主头部，都发现有一颗至数百颗的玛瑙珠饰。除此之外，两鬓似有像步摇的装饰，如发现的几件花坠金饰应该是头上的装饰品（图 7-45）。

鲜卑男女均戴簪。特别是鲜卑族男子在北魏时已开始束髻，簪当然是必不可少。在宁夏固原北魏墓中，墓主的发髻上就横贯一支很长的铜簪。钗的实物有在辽宁北票十六国时期的鲜卑三燕墓地中出土的一支金钗，钗的顶端还装饰有一只飞鸟（图 7-46）。

三、具有动感的耳饰和美丽的耳环

鲜卑人非常喜欢戴耳饰，这与匈奴族人的习俗相同，共同点都是强调耳饰下坠部分的装饰，使之具有一定的摆动感。在早期的鲜卑文化中，就有好看的耳饰，如秦汉时期的吉林榆树老河深鲜卑墓中，出有七种不同样式的耳饰。其中一种是用金丝或银丝扭结制成的，有的还穿有红色的玛瑙珠，漂亮极了（图7-47）。而那种金丝扭环带叶金耳饰则较为复杂，除了用金丝扭结或挂珠外，还分层悬缀着极薄的圭形叶片，这种耳饰的金质较为纯净，制作也很精细。同样的耳饰在辽宁西丰西岔沟古墓群中也有发现。说明这种耳饰是鲜卑早期遗存中较为典型的一种，是属于东部鲜卑的首饰，而我们所熟知的拓跋鲜卑当时还在大兴安岭的深山之中。

此外，老河深鲜卑墓群中还有用较厚的金片弯成环形的金耳饰：用一薄片微弯成半筒状，上端用一细丝作挂钩的弧片形金银耳饰。另有形体为薄片的葫芦形涂漆铜耳饰，上面压制成大小不同的圆泡，并涂有漆，一件为深绿色，另一件为淡蓝色。同时墓葬中还有一些耳珰出土，出土时均位于死者的耳孔中，许多珰上还挂有坠饰。一座墓中出土多为两件，质料有骨与琉璃两种，以骨制为多。琉璃的色彩有蓝色与淡黄色（图7-48）。

这里的人们佩戴耳饰很随意，无论男女都可单耳或双耳戴金耳饰，有些成年女子墓中，墓主一耳戴金耳饰，另一耳戴着骨质耳珰。而出土金耳饰的墓一般都比较大，随葬品丰富。让我们看看当时当地贵族妇女的装扮：在全墓群中最大的一座是一位女性墓主，她的颈部佩有一串磨制精细、质地上好的玛瑙珠与金管组合的项链，双耳戴着金丝扭编缀有金叶的耳饰，手指上分别戴着金银指环，腕部也有银制的腕饰，随葬品非常豪华。

当南下的鲜卑各部纷纷建立政权后，鲜卑占有的财富迅速增长，北方民族所喜爱的黄金饰品也相应地增多。在内蒙古凉城小坝子滩曾发现了包括金耳饰在内的一批金银器，是西晋时期拓跋鲜卑首领的物品。1988年在山西大同南郊发现了一批可能属于拓跋鲜卑的墓葬，其中出土了一对华丽的金耳坠。山西大同是北魏早期的都城“平城”，考古学者们认为这是北魏孝文帝迁都洛阳之前的遗存（图7-49）。

而在河北定县华塔遗址北魏塔墓中出土的金耳坠，出土时略残却仍是精美的一对。它的造型与中原地区风格完全不同。这对耳饰是在一个石函中被发现的，函上刻有北魏孝文帝太和五年（48年）的年款，内藏货币和金银器几千件，其中仅此一对耳坠。戴上它，走起路来可以发出轻微的声响。这对耳坠的拥有者具有比大同南郊墓主更高的地位。与此

图 7-46. 金钗。高 10 厘米，宽 2.6 厘米。辽宁北票十六国时期的鲜卑三燕墓地出土。

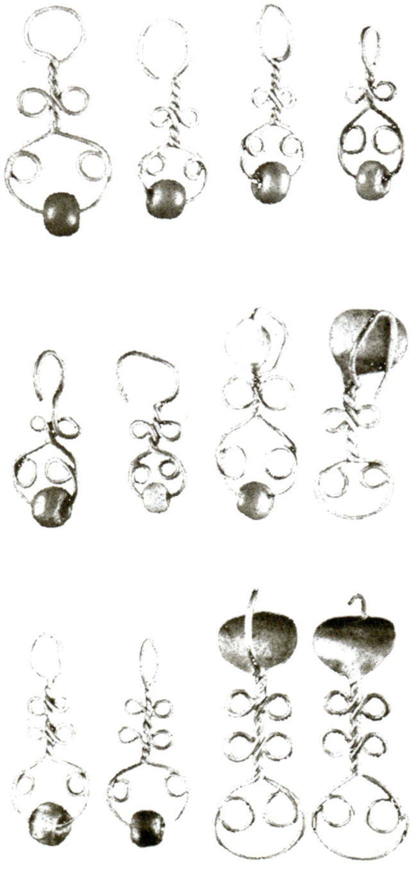

图 7-47. 金丝扭穿珠耳饰。吉林榆树老河深鲜卑墓出土。

图 7-48. 各种耳饰。

1. 金丝银丝穿珠耳饰。最长的 8.3 厘米，最短的 4.3 厘米。
2. 片状葫芦形涂漆铜耳饰。
3. 金丝扭编带叶耳饰。全长 6.2 厘米，最宽处 2.8 厘米。
4. 弧片形金银耳饰。长 1.7 厘米，宽 1.4 厘米。吉林榆树老河深鲜卑墓出土。

图 7-49. 金耳坠。山西大同南郊北魏墓出土。

图 7-50. 金耳坠。通长 9.2 厘米，重 16.6 克。河北定县华塔遗址北魏塔墓中出土。

图 7-51. 金耳坠。长 14.2 厘米，重 3.7 克。它们的最下方几乎完全相同。

图 7-52. 流行北方民族的金耳饰。长 13.8 厘米，重 32.2 克。

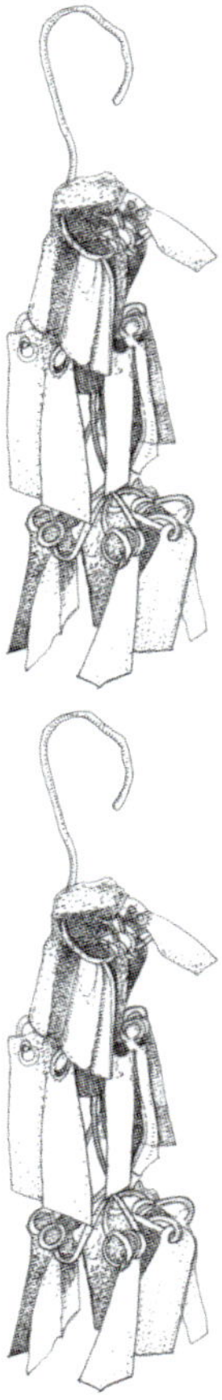

图 7-53. 金耳坠。辽宁北票喇嘛洞鲜卑墓葬出土。

图 7-54. 金耳坠。全长 8.9 厘米。辽宁义县刘龙沟保安寺鲜卑古墓出土。

1.

2.

图 7-55. 镶松石的金耳环。

1. 直径分别为 3.4 和 2.9 厘米。1987 年宁夏固原寨科乡北魏墓出土。

2. 直径 4.8 厘米。1981 年宁夏固原三营镇化平村北魏墓出土。

极为相似的耳坠具有明显的北魏鲜卑族风格（图7-50、图7-51）。这一时期北方民族的耳坠大多相互通用，一种耳饰可能出现在不同的地区（图7-52）。

喜爱黄金首饰的慕容鲜卑是东部鲜卑分化后的一支，也是目前考古学所能比较清晰辨别的一种鲜卑遗存。他们的首饰风格同其他鲜卑遗存有着较大的差别。史载慕容鲜卑在崛起之初，曾征伐夫余并灭其国，所以其许多风俗也可能来自夫余。在辽宁北票喇嘛洞鲜卑墓葬中，出土的一套金耳坠饰是由金丝拧成框架，与耳朵连接部分呈弯钩状，其下层用金丝拧成枝杈，每个枝杈前端穿有薄金片制成的坠叶或珠状宝石。而在辽宁义县刘龙沟保安寺鲜卑古墓出土的纯金制成的耳饰，是在金环上缀有一块半圆形的金片，其下部钻有圆孔并穿以金链，链下垂有长条形金片，很是特别。喇嘛洞和保安寺鲜卑墓葬的年代大体在魏晋至十六国阶段，都属于辽西的慕容鲜卑（图7-53、图7-54）。

除耳坠外，美丽的耳环也能够见到。在宁夏固原寨科乡北魏墓、宁夏固原三营镇化平村北魏墓等地出土的镶嵌松石的金耳环，均在椭圆形的外表镶嵌绿松石、珍珠等小饰件，看起来很华丽（图7-55）。

四、华贵的项饰

早期的鲜卑部族以狩猎和畜牧业为主，手工艺品多用兽骨制作。在内蒙古等地出土的东汉时期骨串珠，就是这一时期的饰品。同时期的吉林榆树老河深鲜卑墓中，金耳饰与颈间的玛瑙珠是这一地区的装饰特点。这里的人们无论男女与贫富，都要或多或少地在脖子上戴着玛瑙珠，几颗、几十颗，或上百颗，依贫富而定。在此墓群中最大的一座女性墓中，女主人戴着一串由266颗磨制精细、质地上好的橘红色玛瑙珠串成的项链，其间还间隔六只金管，红黄相映，显得典雅富贵（图7-56）。另见有戴少量白色骨珠和红、黄色料珠的现象。同时不同种类的珠饰项链都为人们所喜爱（图7-57）。

随着鲜卑民族的发展壮大，首饰的制作多用金银，工艺也更加精细。在宁夏寨科乡李岔村出土的一件北魏时期的金项圈，用0.5毫米的金皮弯成“U”字形，它素面空心，两端又各卷成直径约0.3厘米的小圆环，

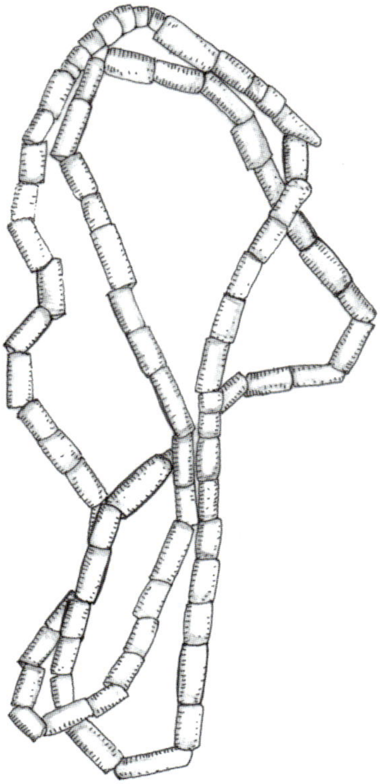

1.

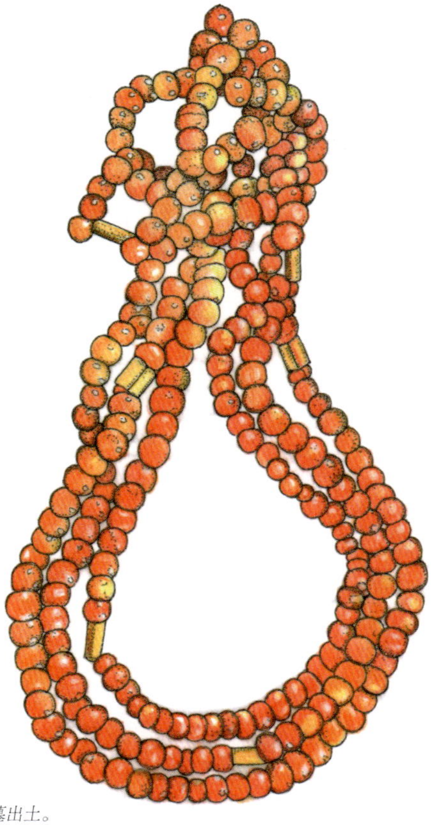

2.

图 7-56.
1. 骨串珠。内蒙古呼伦贝尔盟陈巴尔虎旗完工索木东汉墓出土。
2. 玛瑙项链。吉林榆树老河深鲜卑墓出土。

1.

2.

图 7-57.
1. 玉石串饰。
2. 琥珀串珠。山西大同迎宾大道北魏墓群出土。

图 7-58. 金项圈。宽 12 厘米，径 0.9 厘米，两端径为 0.2 厘米。1987 年宁夏固原寨科乡李岔村出土。

1.

2.

图 7-59.

1. 金龙项链，全长 128 厘米，重 200 多克。

2. 局部。内蒙古达尔罕茂明安联合旗西河子乡出土。

以便穿连悬挂（图 7-58）。在内蒙古达尔罕茂明安联合旗西河子乡出土的一件晋代金龙项链，整个龙身用金丝编缀，环环相套，盘曲自如。两个相同的龙头，用一龙头嘴含挂钩，一龙头嘴含衔环，为扣系项链之用。有趣的是，龙身上还有七件附加的装饰，分别为斧、剑、盾牌、戟等兵器和梳形坠，是当时“五兵佩”的一种（图 7-59）。它结构复杂，做工精致，与乌克兰鄂尔基诺金链极为相似。1990 年，在乌克兰赫尔松州鄂尔基诺公元前五世纪的斯基泰墓出土的一条金项链，也是用金丝编结，两端装有马头而非龙头，马口外各附金环，马颈后部也有一圈花纹带。其所缀的五枚坠饰虽不存，但安装它们的纽座与个别纽座脱落留下的孔洞都很清楚，说明这类工艺通过北方草原之路很早就传入我国。在新疆乌鲁木齐南山矿区阿拉沟出土的战国金链也是编织成的，只是两端已残，不知原来是否装有兽头，但链上保存着六枚以松石珠或白玉珠和金珠组成的缀饰（图 7-60）。龙的形象，不仅在中原地区备受宠爱，在古代北方草原民族中的匈奴、鲜卑也被视为最高权力的象征。

在辽宁北票房身村墓出土的一件新月形嵌玉金饰很特别。其用金片剪成新月形，中心一长方形框中嵌一片青色玉石，两侧刻有对凤纹。金片的两端各钻出四个圆孔，可以穿绳悬项为饰，是鲜卑慕容部的饰物。他们的金饰常以龙凤装饰，这件项饰制法少见而别致，很像商周时期中原流行的璜形玉饰（图 7-61）。

1.

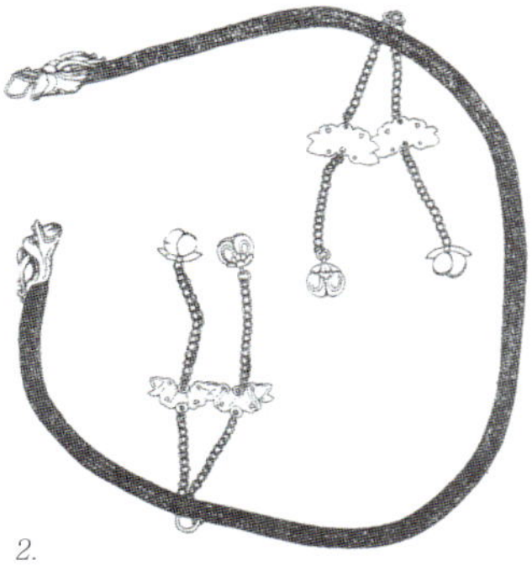

2.

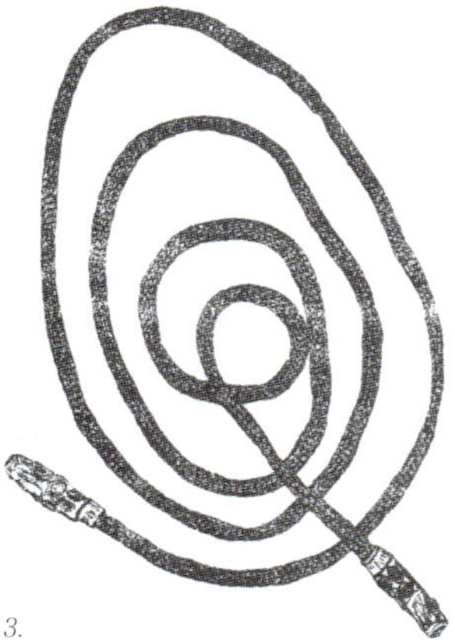

3.

图 7-60. 项链。
1. 长 39 厘米。
2. 内蒙古博物馆藏龙头银链。
3. 切尔尼戈夫出土鎏金银链。

图 7-61. 新月形嵌玉金饰。宽 14 厘米，高 5 厘米。辽宁北票房身村 2 号墓出土。

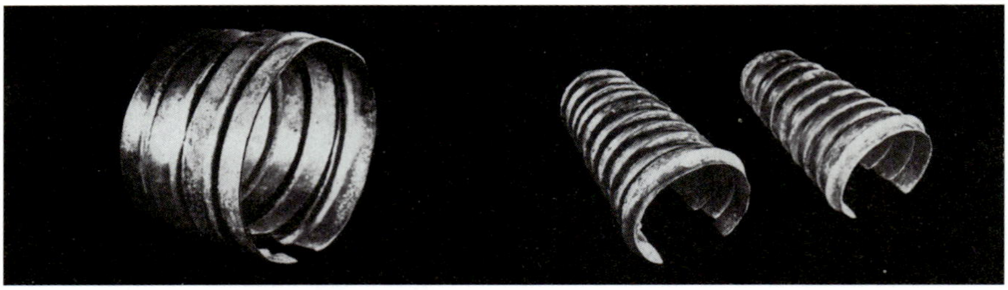

图 7-62. 铜腕饰。吉林榆树老河深鲜卑墓出土。

五、金属手镯与戒指

鲜卑族女子喜爱戴手镯，在吉林榆树老河深鲜卑墓群的女性墓葬中，最富有特点的就是铜质或银质的腕饰。这种扁宽近似环形的腕饰，有一节或多节。在一座墓葬中，发现最多的一组达十节，由细到粗，逐节套接，戴在腕部。可以发现，腕饰节数的多少与死者的地位、财富有关。一般节数多的，随葬品也很丰富。如一成年女性墓中，她的右腕有五节铜腕饰，左腕有四节。还见有女子两腕各有六节铜腕饰。此外还有筒形镯，这种镯饰在西北和西南地区的民族中十分多见（图7-62）。

戒指中，早期常见的是素圈指环，之后各种不同风格的戒指相继被发现，令人耳目一新。不论是兽面金戒指、立羊金戒指或其他一些嵌宝石戒，相当多的都镶嵌着青金石、绿松石等蓝绿色的宝石。宁夏固原李贤夫妇合葬墓中发现的一枚嵌有青金石的金戒指还是从中亚萨珊传来的（图7-63）。

六、金光灿烂的鲜卑腰饰

鲜卑与匈奴一样，他们许多腰间饰牌是作为带扣使用的。拓跋鲜卑的早期铜牌，以飞马纹饰牌为代表。出于内蒙古呼伦贝尔盟满洲里市扎赉诺尔，年代约为战国至西汉时期的鲜卑墓群，是拓跋鲜卑出山后留下的。这里出土了有鲜卑风格的铜带鐍，其中有飞马纹、马纹、鹿纹和羊纹等。而最有特色的带鐍当属饰有神马纹的，它们成对出现，两端各有圆孔，上面铸着凸起的飞马，它两翅上展，用力奔跑着。这种纹饰蕴涵着鲜卑族特有的传说。据说当鲜卑祖先带领部族从森林走向草原的过程

图 7-63. 各种不同风格的戒指。
1. 兽面金戒指。高 3 厘米，戒面为一兽头，双眼嵌绿松石。乌盟凉城县小坝子滩晋墓出土。
2. 晋兽面纹金戒指。
3. 金镶蓝宝石戒指。直径 2.4 厘米，重 10 克，1983 年宁夏固原西郊乡深沟村北周李贤夫妇合葬墓出土。环状指环正中镶嵌圆形青金石，上面微雕手执弧形花环的裸体人物，原产地应在萨珊或中亚地区。
4. 金顶针。辽宁北票房身村晋墓出土。
5. 金镶绿松石指环。内蒙古呼和浩特美岱北魏墓出土。

图 7-64. 鎏金神马纹铜牌饰。长 11.3 厘米，宽 7.2 厘米。吉林榆树老河深鲜卑墓出土。

图 7-65. 虎犬纹金饰牌。

中，曾迷路失去了方向，整个民族濒临灭亡。这时，有一匹外形像马、声音似牛的神马把拓跋鲜卑族带出了大鲜卑山。值得注意的是这种神马纹带鐍也见于吉林榆树老河深鲜卑墓（图 7-64）。

早期的鲜卑饰牌造型简练粗放而生气勃勃。在内蒙古陈巴尔虎旗吉布胡郎鲜卑古墓出土的“马狼相斗”、内蒙古博物馆藏的“虎纹金饰牌”等，内容较为凶猛，是鲜卑吸收了匈奴文化后的产物（图 7-65）。

中期的饰牌艺术以乌兰察布盟二兰虎沟墓群出土的铜牌为代表，图案有三鹿纹、双龙纹、两网格纹等，其中三鹿纹金饰牌是拓跋鲜卑的典型饰牌。如乌察盟右后旗井滩村与辽宁义县保安寺所出的“三鹿纹金牌”，内容虽相同，风格却迥然（图 7-66）。后期以乌兰察布盟凉城小贝子滩鲜卑墓葬中出土的实物为代表，时代为西晋。其均以动物为图案纹样，用锤炼的技法制成，其中狼狐成群的形象是过去铜牌所没有见到过的。这时期构图非常简约和抽象化，如“人面形金饰牌”（图 7-67、图 7-68）。

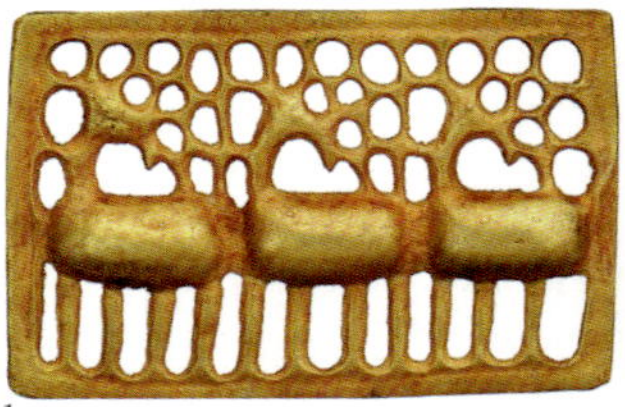
1.

2.

3.

图 7-66. 三鹿纹金牌。
1. 长 6.7 厘米。内蒙古乌察盟右后旗井滩村晋墓出土。
2. 长 8.5 厘米，宽 7 厘米。辽宁义县保安寺古墓出土。
3. 卑五轮金羊饰牌。

图 7-67. 人面形金饰牌。

图 7-68. 四兽纹金饰牌。盛乐古城出土。

第八章

自由富贵的隋唐五代首饰

长达三百年之久的唐代是中国历史上最辉煌的朝代之一。无论是在政治、经济，还是在文化上，当时的中国都无疑是世界上最伟大的帝国。唐代思想的开放程度是令人难以想象的，这来自于当时频繁的对外交往。据《唐六典》记载，当时与唐朝政府不断往来的大小国家有三百多个。在西域的丝绸古道上，商旅来往不绝，波斯的纺织品与金属工艺，突厥的服饰与习俗、西域的音乐与舞蹈，以及印度的宗教与天文学等对唐朝都产生了很大影响。

经济的繁荣，使首饰贸易十分兴盛。唐朝的大都市除了长安、洛阳两地外,以广州和扬州最为繁华。广州是南海主要对外贸易港口，大批的外国珍珠、宝石都由此进口。《唐大和上东征传》中描写广州海面的景象说：江中有婆罗门（印度）、波斯（波斯湾一带的阿拉伯国家）、昆仑（马来半岛）、印度尼西亚等东南亚国家的船只，不计其数，船上载有香药、珍宝积载如山。而扬州不仅为长安以外的政治中心，还是中外的商业中心。当时人们的最大愿望都是“腰缠十万贯,骑鹤上扬州”。中外商旅汇集在此相互贸易,珠宝商人很多。除中国人开的首饰店外，还有外国商人开设的珠宝店。在城市里，手工业者成立了各种专业作坊。生产相似产品的作坊往往集中在同一条街道里，这种同行业的集中称为“行”。在当时的都城长安就有二百二十行。

在首饰作坊中，工匠们无论是在设计，还是在材料方面都达到了登峰造极的地步。它摆脱了魏晋时代的“空”“无”的宗教理想境界，使首饰艺术重新回到现实生活中来，设计内容开始面向自然与生活。首饰中除了多以团花为主题外，还流行庄重对称的结构。纹饰花样繁密，形态丰满，线条起伏近乎于圆形饱满的弧线，再配以不同方向卷曲的花叶，那种生动、华丽而丰满的视觉感受，具有很强的生命力。

唐朝的都城长安（今陕西西安），是亚洲最大的经济文化中心之一，被中国其他城镇甚至一些国外的城市争相效仿。当时艺伎的存在已成为一种社会制度，无论是长安还是在其他城市，都是人们风雅生活中不可缺少的一部分。这些时髦的唐代艺伎，是使唐代的服饰业发展的一个重要因素。

图 8-1. *头戴鸟形装饰的西王母。山东微山汉画像石。*

从首饰的佩戴上来看，初唐妇女喜着胡服、胡帽，钗梳等首饰用得较少，装饰较为朴素。盛唐至晚唐，贵族们崇尚各种外来奢侈品的风气从宫中流传至民间。五代服饰继承了晚唐遗风，只是愈加繁复，如西北地区的贵妇，或薄鬓或高髻，插花钗、花树、大梳子，面妆鸳鸯花钿，戴项链成为当时的盛装。

一、吉祥的凤冠

喜爱凤鸟的古人，早在汉代就喜欢在头上装饰凤鸟或戴凤冠，山东汉代画像砖上就有头戴鸟形装饰的西王母（图8-1）。文字记载中，汉代的皇族妇女，在重要的祭祀场合要在头上戴用凤凰装饰的冠，称为“凤凰爵”。王嘉在《拾遗记》[1]中，明确提到了“凤冠”的名称。不过戴凤冠在当时还没有形成制度。唐朝时期的凤冠也只是贵族妇女在举行重要庆典时戴的，其冠饰的造型都是以凤凰为主，辅以其他种类的吉祥鸟兽。

在隋唐至五代时期的敦煌壁画中，常能看到妇女们头上饰以花样繁多的凤鸟画面，不论是盛唐的贵妇、西夏的公主，还是于阗的王后，在她们的头顶都戴着一只精致欲飞的凤鸟，旁边又插戴着各式簪钗，可见当时妇女对凤凰的喜爱。妇女们头戴凤冠，除了具有极强的装饰作用外，最重要的还是希望它能给自己带来吉祥、长寿和富贵。正式将凤冠确定为一种礼冠，并将其收入冠服制度，是在宋朝以后。明清时，帝后的龙凤冠集珠宝之大成，发展到了极致（图8-2）。

到了后来，凤冠也可以作为普通妇女的头冠，但一生之中只戴一次，就是结婚那一天。凤冠成为新娘出嫁时娘家的陪嫁饰物，因为在中国，男女结婚是大喜大福的象征。

除凤冠外，异常精美的冠饰也有发现。2001 年震惊世人的唐代公主李倕墓[2]被发现，这位年仅 25 岁的公主墓中拥有十分丰富的随葬品。其中有一件装饰华丽的冠饰，头冠由绿松石、琥珀、珍珠、红宝石、玻璃、贝壳、玛瑙、金银铜铁等四百多件小饰物组成。很多金饰下还有点翠工艺。它色彩绚烂，极为奢华，是中德专家精心修复成功的世界上唯一一件完整的唐代公主冠饰（图8-3）。

【1】《拾遗记》传为晋代王嘉撰，或为梁代萧绮录，共十卷。前九卷记上古庖牺氏、神农氏至东晋各代的历史异闻，末一卷记昆仑等九个仙山，多为神话传闻、杂录和志怪故事，但也有许多真实而宝贵的资料，特别是秦汉部分的遗文轶事，可以补史为阙文。现本为齐治品校注，中华书局出版。

【2】李倕墓位于西安市东郊的西安理工大学新校区建筑工地，是该墓葬群中规模最大、等级最高的墓葬，发现于 2001 年。墓主唐公主李倕，字淑娴，唐高祖李渊第五代后人，病卒于开元二十四年（736 年），时年 25 岁。

1.

2.

3.

4.

图 8-2. 敦煌壁画中头戴凤鸟的女子。
1. 西夏 409 窟供养人。
2. 盛唐 130 窟供养人。
3. 五代 98 窟于阗王李圣天皇后曹氏。
4. 五代 98 窟曹义金夫人像。图片出自常沙娜《中国敦煌历代服饰图案》。

图 8-3. 李倕墓公主冠饰。

1. 2. 3.

图 8-4.
1. 高髻盛装的陶俑。
2. 木质义髻。新疆吐鲁番阿斯塔纳唐张雄夫妇墓出土。
3. 纸质义髻。新疆吐鲁番唐墓出土。

二、发饰

（一）假髻饰物——义髻

唐朝妇女的假髻称为“义髻”。在《杨太真外传》中：“又妃常以假髻为首饰，而好服黄裙。天宝末，京师童谣曰‘义髻抛河里，黄裙逐水流’。”即指此。一些墓中出土的泥俑也有头戴义髻的模样，髻上还描绘着精致的花纹。在新疆吐鲁番阿斯塔那唐代张雄夫妇墓中，除出有戴义髻的女俑外，还发现了一件以木料做成的义髻实物。它的外表涂成头发的黑色，上面也描绘有各种花纹，并且在髻的底部制有小孔，可以插戴发簪等装饰物。与这种较为沉重的木质假髻相比，在新疆吐鲁番唐墓中还出有一种用纸糊成的义髻，它外表涂黑漆，髻上绘有繁缛的纹饰，其造型特征与江苏南京南唐二陵出土的两件陶俑极为相似（图 8-4）。

（二）簪

这一时期制作簪的材料有竹、骨、角（多指犀牛角）、玉、金、银、翠羽、象牙、玳瑁等。传统的“搔头”玉簪仍为唐代妇女所喜爱。在陕西唐李贤墓壁画中就描绘一个女子在用簪搔头，唐代绘画《树下人物图》中的贵妇头上也斜插着这样的簪。唐·李商隐诗句中“倭堕绿云髻，危敧红玉簪”。其中“敧”（音同“起”）是倾斜、歪向一边的意思。从诗人的描写和绘画中看，这种簪的插戴方法多为斜插，由于簪首装饰比较沉重，以至于歪斜的程度看上去十分危险，好像就要掉下来的样子。

还有一种装饰性很强的发簪，是仿照弹奏乐器的工具“拨”制成的，所以也叫作拨形簪。龙辅《女红余志·玉拨》：“隋炀帝朱贵儿插昆山润毛之玉拨，不用兰膏而鬓鬟鲜润。”唐朝的“拨”形簪，形状像扇子，簪首造型复杂。工匠们开始在簪的顶部雕镂纹饰，有花朵状、龙凤形，还有以树木、山水甚至人物形象来装饰，为了能够承受沉重的簪首，簪体也逐渐加长（图8-5）。

在唐永泰公主李仙惠墓石椁线画中的一个女子，双手拉着一条柔软的披肩，脑后斜插着一支簪头饰有纹饰的长簪（图8-6）。类似这样的美丽长簪在河南洛阳离隋唐东都不远处的地方被发现，它们一组两件，有着极为精美的簪首，是中唐时期的首饰（图8-7）。

在当时骨簪也很常用，在江苏扬州唐城遗址发现了多处手工作坊遗址，其中骨制的簪钗十分精致美观（图8-8）。

在众簪中最为精美的当为翠羽簪。唐·孟浩然《庭桔》的诗中“骨刺红罗被，香黏翠羽簪”，即指此簪。它是由一种叫作翠鸟的羽毛制成的。湖蓝色的羽毛与金银宝石相搭配，色彩极为艳丽。由于它美丽的色彩和精美的做工，到了明清时期更加受到妇女们的喜爱，并有很多精美的传世品（图8-9）。

（三）凤凰与步摇

隋唐五代的步摇使用极为普遍。从其式样和插戴方式来看，大概可分为三种。

第一种是以单支的步摇斜插于发髻之前。在陕西干县唐李仙惠墓出土的石刻上，左边的一个女子手持鲜花，一只精美的花朵状步摇斜插于发髻之前。在永泰公主墓、陕西长安韦洞墓出土的壁画中都有表现。这种步摇的形式多样，而以凤鸟口衔珠串较为多见（图8-10）。

第二种步摇成对地出现，左右对称地插在发髻或冠上。一般是以金玉制成鸟或凤凰、荷花等形状。在凤鸟口中，挂衔着珠串，随着人的走动，珠串便会摇颤。陕西懿德太子墓石刻上的唐代宫装妇女就头

1.

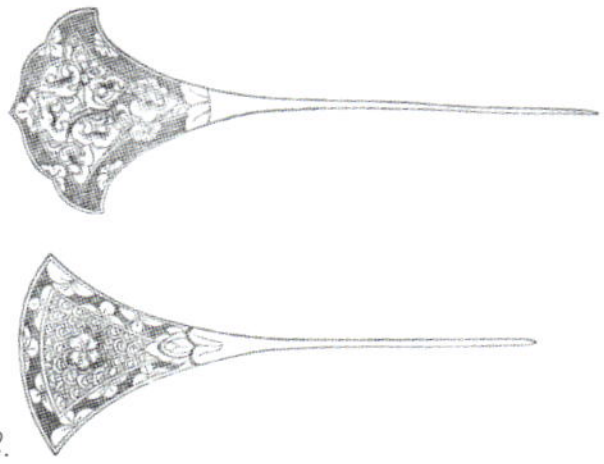

2.

图 8-5.

1. 用拨弹奏乐器的唐代伎乐。

2. 拨形发簪。陕西西安郊区唐墓出土。

图 8-6. 插长簪的女子。唐永泰公主李仙惠墓石椁线画。

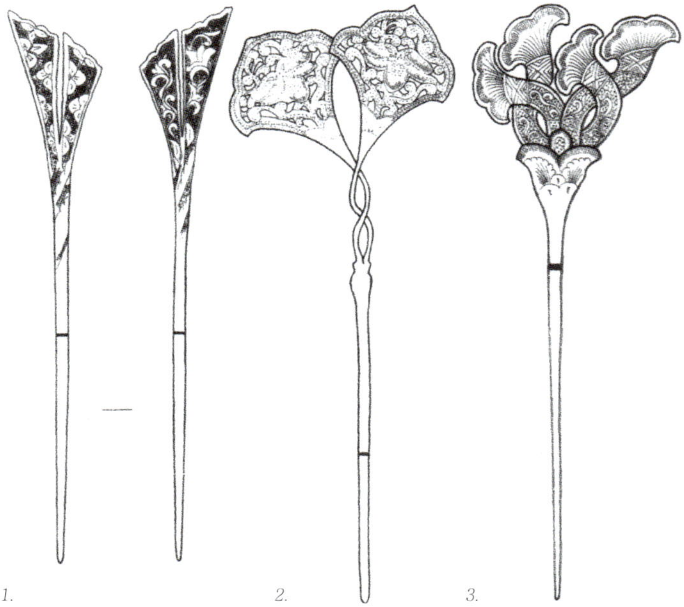

1. 2. 3.

图 8-7. 鎏金银簪。

1. 一组两件，簪首分叉有纹饰的发簪，通长 22.5 厘米。

2. 花叶形簪。两件相同，通长 24.5 厘米。

3. 绶带形簪。两件相同，通长 25 厘米。河南洛阳龙康小区唐墓出土。

图 8-8. 骨簪。江苏扬州唐城遗址出土。

图 8-9. 翠羽簪。

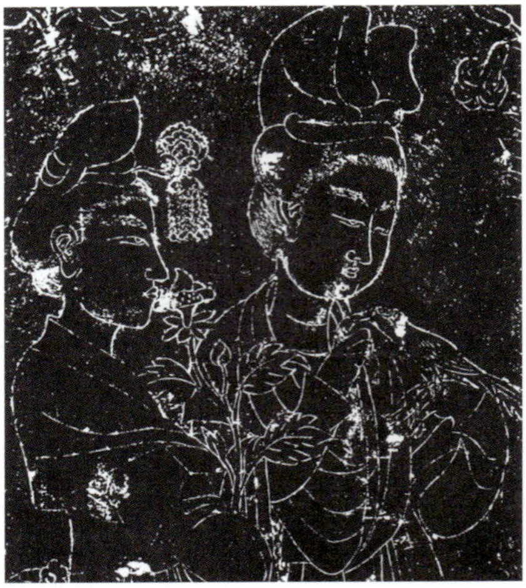

图 8-10. 斜插于发髻之前的步摇。唐永泰公主李仙惠墓出土石刻。

1.

2.

图 8-11.

1. 双插步摇的唐代宫装女子。陕西唐懿德太子墓石刻。
2. 双插步摇的女子。唐·传吴道子《释迦降生图卷》局部。

图 8-12. 发髻正中插戴步摇的女子。唐·周昉《簪花仕女图》局部。

1. 2.

图 8-13. 金丝镶玉步摇两件。

1. 高 28.3 厘米。
2. 通长 19 厘米。安徽合肥西郊五代墓就出土。

戴这样的步摇。另在《释迦降生图卷》中的贵妇和敦煌莫高窟中所绘的五代妇女都是这样的打扮（图 8-11）。

第三种则是把步摇插在额前的发髻正中。周昉《簪花仕女图》中的妇女，其步摇的形式就是如此。这类步摇一般用金银丝制成，梁多为钗。在安徽合肥西郊五代墓的两件均以纤细的金银丝编成，一件是四蝶状，蝶下垂着用银丝编成的坠饰。在鎏金的钗子上，用金丝镶嵌着玉片，做成一对蝴蝶展开的翅膀，下面和钗梁的顶端也有以银丝编成的坠饰，盈盈颤颤，精巧别致（图 8-12、图 8-13）。

梁为簪钗的步摇，有时还被做成步摇冠。我曾在画册中看到一件有趣的步摇冠，在一个镶满珠饰的桃形底座上伸展出用各种复杂的金丝绕成弹簧一样的装饰，上面还穿插着珍珠和条形金片，乍一看倒像是一只螃蟹（图 8-14）。

（四）丰富的发钗

隋唐时代，高髻盛行，发钗因而比簪更具有实用性和装饰性。唐代妇女的发髻式样种类极多。段成式的《髻鬟品》中就记有“高祖宫中有半翻髻、反绾髻、乐游髻。明皇帝宫中：双环望仙髻、回鹘髻。贵妃作愁来髻。贞元中有归顺髻，又有闹扫妆髻。长安城中有盘桓髻、惊鹄髻，又有抛家髻及倭堕髻”，这么多种类的发髻，当然需要许多安发的饰物来支撑。但唐初以来，宫廷妇女的装饰比较朴素。发式虽种类多样，但发间使用珠翠却极少，也无耳环及手镯等饰。这种状况直到开元初期，风气仍无大变。到了盛唐和五代，簪钗的使用逐渐增多，种类也很多样（图 8-15）。

从两晋以来，用于安插发髻的钗大致有五种形式，其中的四种都是不同种类的“U”形发钗。这类发钗一般比较简单，即使有些装饰，也只是在钗首做些造型简单的花样，具有很强的实用性，使用也极为广泛，妇女们一头插戴八九支都是很常见的。

第一种是早期的“U”形钗，一般较为短粗，两股之间的距离分得很开。在湖南长沙隋墓出土的一件玉首银钗就是这样（图 8-16）。第二种是在钗首做出各种形状的花朵，尤其在中晚唐之后更加显著，是这时期的一个特点。在江苏扬州唐城遗址出土的骨钗就是这种类

图 8-14. *金步摇冠。长 20.5 厘米，重 116.1 克。*

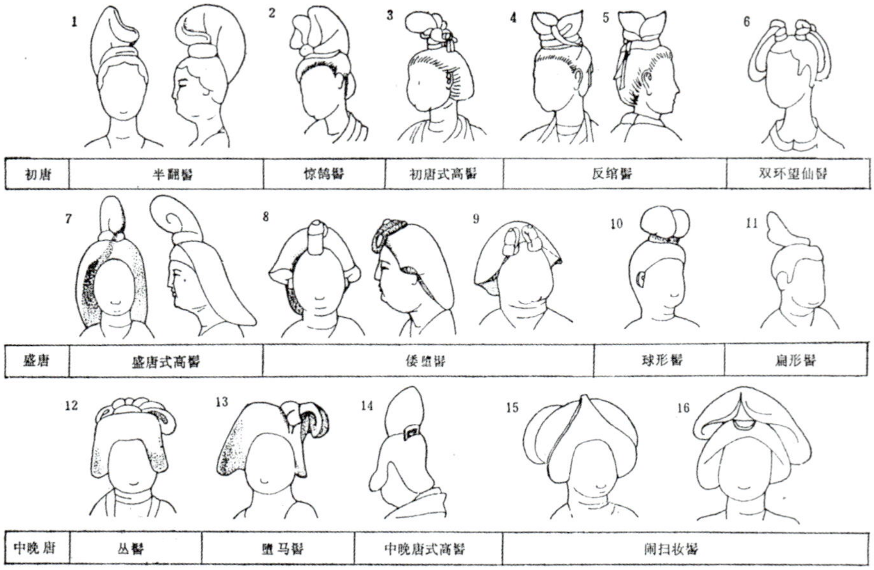

唐代妇女髻式

1、9. 北京大学考古教研室藏女俑　2、4、5. 永泰公主墓石椁线刻画　3. 西安出土开元四年石墓门线刻画　6. 西安羊头镇李爽墓壁画　7、10. 西安长郭 50 号史思礼墓出土俑　8. 西安中堡村唐墓出土俑　11. 莫高窟 217 窟壁画　12. 西安郭家滩张堪贡墓出土俑　13. 西安王家坟唐墓出土俑　14. 《捣练图》　15. 西安路家湾柳昱墓出土俑　16. 唐女俑，据 A. Salmony, Chinesische Plastik, Abb. 74.

图 8-15. *种类多样的发髻。图片出自孙机《古舆服论丛》。*

图 8-16. *玉首银钗。湖南长沙隋墓出土。*

图 8-17. *骨钗。江苏扬州唐城遗址出土。*

型（图8-17）。第三种是比较华贵的“U”形钗，多在钗梁的一部分做成一段镂空的装饰花样，有很美的装饰效果（图8-18）。第四种是以纤细的金银丝制成的极长样式的发钗，钗首很少再另外装饰花样，只是在钗梁上刻有纹饰。在陕西西安、浙江长兴以及江苏丹徒的唐遗址中都有这种钗式发现，仅丹徒一地就出土七百多件，长度多在30厘米以上，有的还达到40厘米（图8-19、图8-20）。《簪花仕女图》中，无论贵妇还是仕女在头上均插有这种发钗，或三支一组，或两支一组，黑发中时时露出这些弯曲的金银丝，显得特别优雅别致（图8-21）。

还有一种称作“环钗”的，也是当时妇女衬垫发髻的饰品。《北堂书钞》卷二三六引《东宫旧事》中：“太子纳妃，有金环钗。”唐·元稹《离思》诗中也有：“子爱残妆晓镜中，环钗漫篸绿丝丛。”在广州皇帝岗唐墓出土的一件银制鎏金的环钗，中部为一叶形薄片，叶的两端延伸出一长条，尾端又分成两股，金器被弯曲成椭圆形（图8-22）。

最华丽的就是一种较大的花钗俗称为“花树”。这是中唐以后，后妃、命妇头上所流行的发钗。它一式两支，图案相同，方向相反，以多枚左右对称地插戴。钗头上装饰多为花朵和飞禽走兽，有的还镶有宝石或花形饰片。在广州皇帝岗唐墓出土的钗，钗头上有栖于其上的小鸟形象，正如诗中所说的“金为钿鸟簇钗梁”和“水精鸚鹉钗头颤”之句。

湖北安陆王子山唐代吴王妃墓所出土的花钗分为12瓣，嵌以宝石，背部有小钮，钗股插于钮中，所以容易脱落，但插戴起来却十分美观，并且钗骨很长，便于固定发式。这样的发钗在浙江长兴唐墓、安徽合肥西郊五代墓等地均能见到，是这一时期最有代表性的饰物（图8-23）。

这时期插钗法常见的有横钗法，如唐·阎选《虞美人》：“小鱼衔玉鬓钗横。”还有斜插法，如隋·罗爱《闺思诗》中“金钗逐鬓斜”。还有由下朝上反插的倒插法，或是像《簪花仕女图》中插在发前正中，甚至向晚唐五代那样满头簪钗。发钗安插的数量也视发髻的高低而定，高则多，反之少。而花钗则对称插，一左一右，正好成对。在江苏邗江五代墓出土的插发钗的木俑女子很形象地展现了当时的一种插戴方法（图8-24、图8-25）。

贵重的金钗不论何时都是妇女最珍贵的饰物之一。陕西西安李静

图 8-18. 在钗梁装饰纹样的"U"形钗。

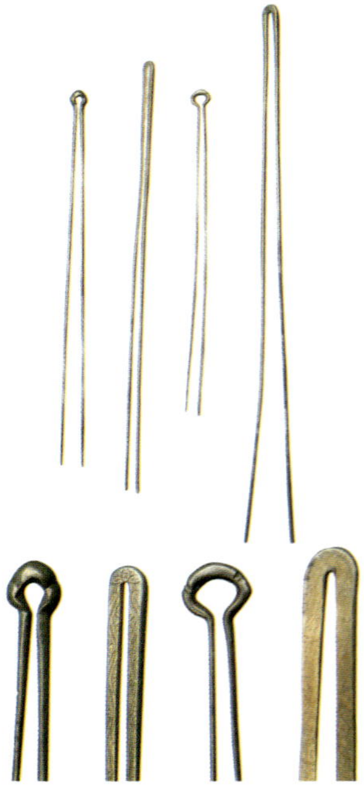

图 8-19. 刻花长银钗及局部。江苏丹徒丁卯桥唐代银器窖藏。

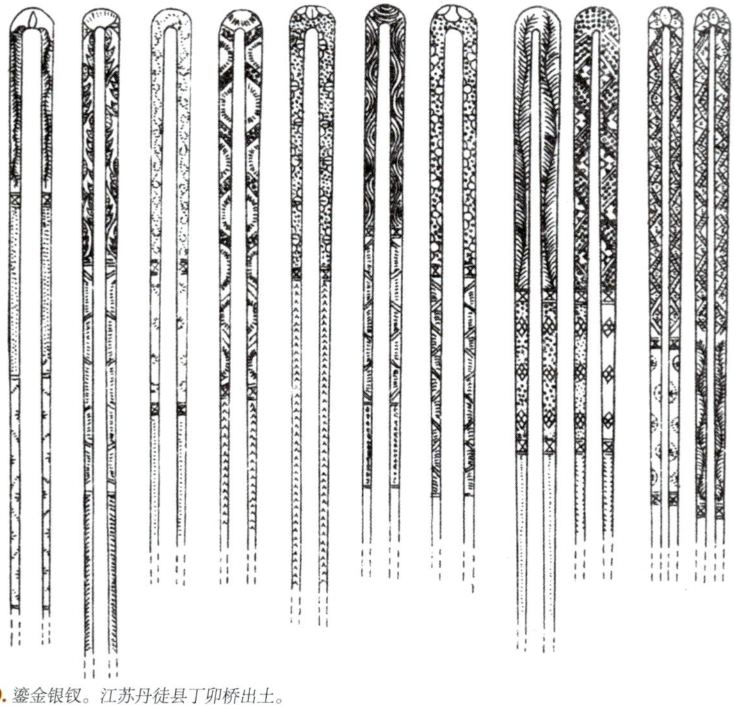

图 8-20. 鎏金银钗。江苏丹徒县丁卯桥出土。

图 8-21. 插银丝长钗、金丝镶玉步摇和花枝长钗的女子。唐·周昉《簪花仕女图》。

图 8-22. 叶形环钗。

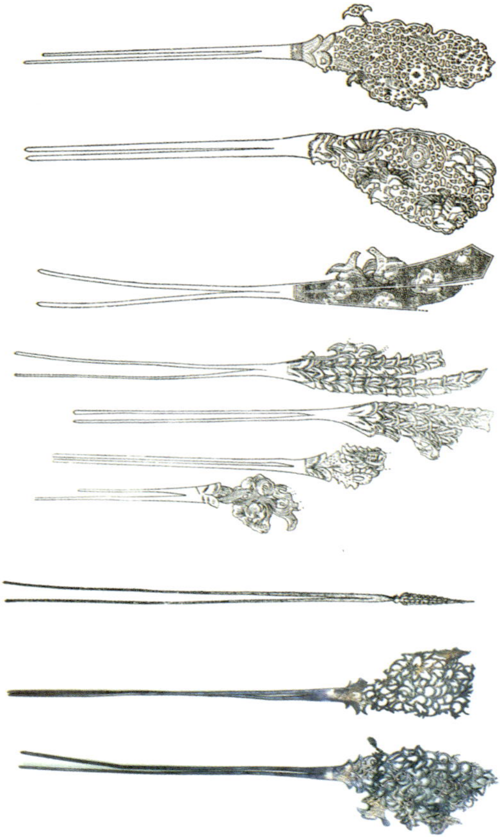

图 8-23. 各种式样的花钗与花树。

1.

2.

图 8-24.
1. 插发钗的女子木俑。
2. 银钗首。江苏邗江蔡庄五代墓出土。

图 8-25. 单只发簪的插戴方法。

训墓出土的“闹蛾金钗”是金钗中的精品。据出土墓志记载，墓主是一个贵族的小女孩，她随葬首饰中的“闹蛾金钗”，实为一件工艺价值极高的饰物（图8-26）。

银钗在当时更为多见。在江苏丹徒丁卯桥唐代窖藏银器中的刻花银钗和浙江长兴唐墓的鎏金银花钗都是这类的代表。另外，在诗文中还记述了许多以奇珍异宝制作的发钗。如司空图《游仙》“碧空遗下水精钗”中的水晶钗，薛逢《醉春风》“坐客争吟云碧句，美人醉赠珊瑚钗”中的珊瑚钗，《妆台记》“炀帝令宫人梳迎唐八鬟髻……插翡翠钗子作日妆”中用翠鸟羽毛制成的翡翠钗。还有玳瑁钗、象牙钗以及镶有琥珀的发钗等（图8-27）。

这些贵重精美的发钗多为贵妇所拥有，而民间女子则多用琉璃钗。唐朝初年的法令规定，民间婚娶不许用金银首饰，只能用琉璃作钗。同时也因为当时的佛教兴盛，朝廷特别颁布了一项法令，在主持全国陶瓷生产的部门下设立了一个专门烧造琉璃珠子的冶局，以供天下庙宇装饰佛像而用，因此民谣中有“天下尽琉璃”的传唱。

（五）富贵的花钿

花钿又叫花子、媚子，是一种花形的薄片，女人们常用它来装饰面容，如将它贴在眉心，或将它施于面颊两边，称为“花黄”。有关它的来源，众说纷纭。在《事物纪原》卷三引《杂五行书》说：南北朝时宋武帝的女儿寿阳公主于正月初七“人日”这天，在含章殿檐下休息，当时正逢梅花盛开，微风吹过，一朵梅花飘落在她的前额上，渍染出一朵五瓣的小花印，擦不掉拂不去，洗了三天方落去。寿阳公主的梅花妆使宫中女子惊羡不已，争相效仿。而唐代段公路在《北户录》中则说：武则天当政时，上官婉儿为了掩盖自己脸颊上的刀痕，自制了一种漂亮的花片来掩盖，一时成为时髦的“花子”。又有专家考证花钿的出现兼受印度与中亚西方的影响，是模仿佛像额前的装饰而来。不管怎样，美丽小巧的花钿被女人贴在额头、两颊，挂在簪钗上或安上一支细柄插在发髻里，有时还用在衣服和鞋子上作为装饰，几乎成了妇女装饰中必不可少的饰物。流行于魏晋南北朝时期的花钿，在唐至五代达到了一个高潮。

当贵族妇女盛装时，发髻上的金玉花钿使用得极多。在陕西咸阳国

图 8-26. 闹蛾金钗。

1. 正面俯视图。

2. 侧面。长 11.47 厘米，宽 8.3 厘米。钗首为椭圆形，由各种金银丝丛花和两个花蕾及飞蛾组成。1957 年陕西西安隋李静训墓出土。

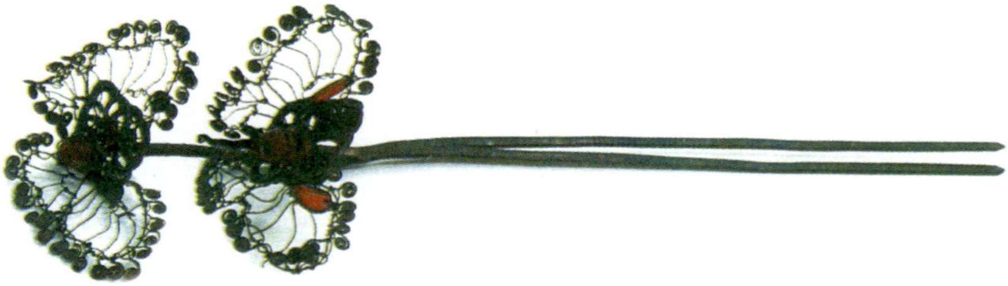

图 8-27. 银镶琥珀双蝶钗。安徽合肥西郊五代墓出土。

图 8-28. 金银宝玉头饰。陕西咸阳国际机场唐代贺若氏墓出土。

图 8-29. 唐·李倕墓公主冠饰局部。

1.

2.

3.

图 8-30. 戴花钿的女子。

1.《捣练图》局部。

2. 头上、脸上都饰以花钿的女子。敦煌壁画 130 窟。

3. 插翠钿的唐代女子。新疆吐鲁番阿斯塔纳唐墓出土的《弈棋仕女图》局部。

际机场唐代贺若氏墓中，发现了一套金头饰，出土时仍戴在墓主头上，但丝绸织物已全部腐朽。金头饰中有金腾托、金花钿、金坠、金花等各种饰件和宝石、珍珠、玉饰等三百多件连缀而成。其精美豪华，世所罕见，是目前发现最完整的唐代头饰（图8-28）。而唐代李倕公主的冠饰上，竟由八九种不同材质、几百件大小不等花饰组成，极为奢华（图8-29）。这些金玉宝钿小巧轻薄，无怪唐代诗人白居易在《长恨歌》中有“花钿委地无人收，翠翘金雀玉搔头”之句。在发鬓上，花钿多装饰在前额的头发中，并对称插戴。在《捣练图》中可以看到女子头上除插梳，还有明显的花钿装饰。在敦煌壁画中有很多女子戴花钿的形象，而在新疆吐鲁番唐墓出土的《弈棋仕女图》中，女子的发髻正中插戴着精美的翠钿（图8-30）。

唐代的钿有金钿，还有嵌着宝石或直接用宝石制成的宝钿，用螺壳做成的螺钿以及用琉璃制成的琉璃质宝钿。描写花钿的诗也不少，如唐代戎昱的“宝钿香娥翡翠羽”和张柬之“艳粉芳脂映宝钿”等等。

唐代的花钿形式多样，且制作十分精美。在江苏海州东门外的一座五代墓中，发现了两片琉璃质的牡丹花钿片，出土时位于墓主的枕旁。而在广州皇帝岗发现的一件金花由四枝花朵组成，外加花叶，薄薄的金钿上用模子压印出高低不同的花纹，花叶处镂空，显得格外玲珑剔透。这类花钿一般都戴在发髻的正中。而不规则形状的折枝花宝钿在许多地方也有发现，有的还在钿花背面装有钗梁，用时可以直接插于发髻。另一种金钿无脚，只在花蕊部分或花瓣上留有小孔，用时才以簪钗固定在髻上。这种方法，钿很容易脱落，当那些贵妇盛装出行时，经常可以看到掉在地上的钿片，诗中“花钿委地无人收”即是指此（图8-31）。

这时的花钿主要是团花的形式，从发现的种种花钿来看，件件都是造型完美的图案（图8-32）。

（六）盛极一时的插梳风俗

插梳的风俗虽然起源很早，但盛极一时是从唐代中晚期开始的。这一时期的妇女不仅插梳，而且插篦。梳篦的制作不仅讲究，材料也更加丰富。如薛昭蕴《女冠子》“翠钿金篦尽舍”中的金梳篦，花蕊夫人《宫词》“斜插银篦慢裹头”中的银篦，元稹《六年春遗怀》“玉

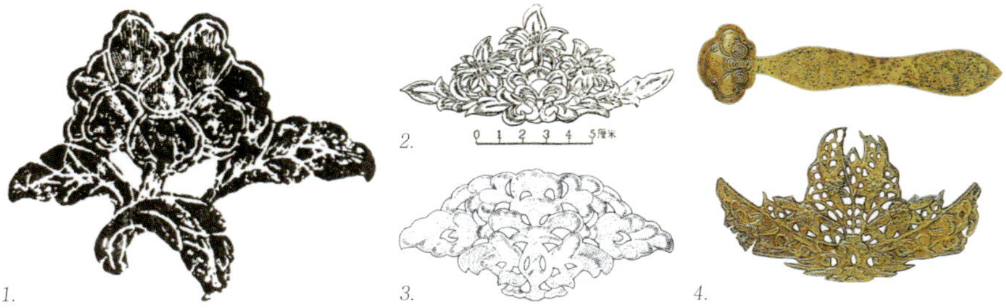

图 8-31.

1. 琉璃质宝钿。江苏海连市海州东门外五代墓出土。
2. 折枝花形金钿。广东广州皇帝岗唐墓出土。
3. 雕花金钿。《古董首饰》。
4. 折枝花形金钿。河南洛阳龙康小区唐墓出土。

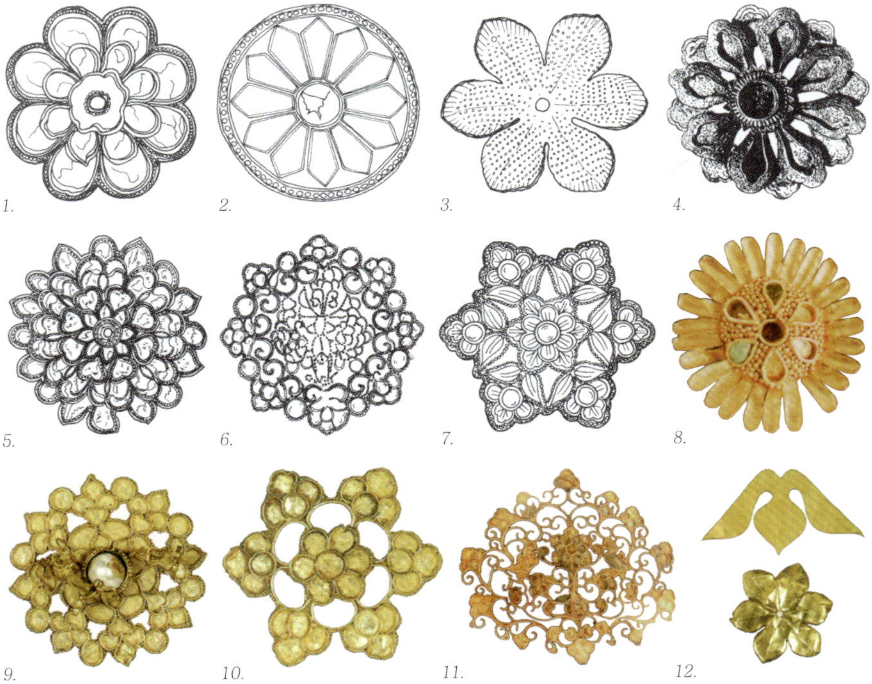

图 8-32.

1、2. 隋代团花金钿。陕西西安东郊隋舍利墓出土。
3. 唐金钿。陕西西安西郊唐墓出土。
4. 唐金钿。日本大和文华馆藏。
5. 唐金钿。广东电白唐墓出土。
6. 唐金钿。陕西西安韩森塞唐雷宋氏墓出土。
7. 唐团花金钿。吉林和龙唐墓出土。
8. 唐团花金钿。直径 3 厘米，重 0.9 克。
9. 唐团花金钿。直径 4 厘米，重 9.8 克。承训堂藏金。
10. 团花金钿。直径 3.1 厘米，重 1.4 克。承训堂藏金。
11. 金钿钗头。长 10.7 厘米，重 16.6 克。背后残存“U” 字形钗骨一段。唐代称之为“钿头钗”。
12. 小花钿。直径 1.9 厘米，重 1.4 克。承训堂藏金。

图 8-33. 横插梳子的女子。新疆唐墓壁画。

图 8-34. 满头小梳的女子。
1. 张萱《捣练图》。
2. 吹箫女子。

图 8-35.
1. 唐《调琴啜茗图》。
2. 湖南长沙咸家湖唐墓出土女俑。
3. 现今苗族女子的插梳。

图 8-36. 上下对插发梳的妇女。敦煌莫高窟 196 窟的供养人壁画。

梳钿朵香胶解”里的玉梳，唐人诗“斜插犀梳云半吐”中的犀角梳，以及罗隐《白角篦》“白似琼瑶滑似苔”中的白角制品等。

中唐至五代时期，妇女发间插梳风及一时。梳篦的插戴方法也很多，随各人的喜好或插一把、几把，或满头小梳，并和其他的簪钗鲜花等首饰同时使用。其插戴方法有横插法，如在唐代壁画中，妇女头梳高髻，髻前横插一把梳篦，梳篦的背梁露出发外（图8-33）。

而张萱《捣练图》中的妇女，头上同时插几把小梳篦，使人想起了“满头行小梳”的诗句。这种装饰的方法始于盛唐，中晚唐时仍很流行，梳子插戴的数量不一，描写满头小梳的诗句也很多，如王建《宫词》中“归来别赐一头梳”。还有温庭筠词中的“小山重叠金明灭”都是形容当时妇女头上金银牙玉小梳背在头发间重叠闪烁的情形（图8-34）。

另外还有斜插法，就是在发鬓上斜着插梳，或单独插一把，或对称斜插两把。另有背插法，即在发髻的背后插梳一把。这类形象在绘画《调琴啜茗图》和湖南长沙咸家湖唐墓出土的瓷俑中都可看到，并在现今的许多少数民族地区仍有沿用（图8-35）。中唐以后，插梳的方法更为奇特，在周昉的《挥扇仕女图》及敦煌莫高窟196窟的供养人壁画中的妇女喜欢同时插两把大梳，梳齿上下相对，已经接近宋代“冠梳”的样式。看似沉重的插梳其实并不沉重，因为很多的金银梳都是用薄金片剪成的，专为插或者贴在头上使用，并不能真的梳头（图8-36）。

这时的梳篦，多做成梯形或半月形，做成半月形的梳子常常被诗人们以月亮来比喻，如“月梳斜”。以前很高的梳背高度也明显降低，其质料和装饰也因用途而有所区别，如用来梳发的大多用牛角、象牙或玉制成，造型比较简单（图8-37）。而用于插发的梳篦就很讲究，装饰也较为复杂。它们通常用金、银、铜片制成，上面装饰着很精致的花纹。如江苏扬州三元路唐墓出土的镂花金梳，梳把的中央透雕成双凤纹，周围还饰有数层花边（图8-38）。

由于时代久远，一些梳齿已不复存，只留下了精美的梳背。在陕西咸阳贺若氏墓出土的“双鹊戏荷纹金梳背”，用纯金制成，两面为不同的图案，一面中部为双鹊戏荷，另一面中部为荷花双梅图，其间镶嵌各色宝石，梳身系象牙制作（图8-39、图8-40）。

（七）簪花仕女

无论首饰的种类怎样丰富，鲜花以它特有的生命力而不亚于任何首饰。佩戴它亦无贫富贵贱之分，所以历代妇女对鲜花的喜爱有增无减。

在《簪花仕女图》中，许多贵妇梳高髻，上戴一枝牡丹，有的还

图 8-37. 形制简单的角梳。江苏丹徒丁卯桥唐代银器窖藏。

图 8-38.
1. 镂花金梳。江苏扬州三元路唐墓出土。
2. 鎏金银梳《古董首饰》。
3. 唐牡丹纹骨蓖。安徽隋唐大运河通济渠遗址出土。
4. 半圆形金梳。长 4.5 厘米，宽 1.7 厘米。一般体型较大的往下插，较小的往上插，图案也因此倒置。承训堂藏金。

图 8-39. 双鹊戏荷纹金梳背。长 5 厘米，宽 1.5 厘米（左）双鹊戏荷纹（右）荷花双梅纹。1988 陕西咸阳贺若氏墓出土。

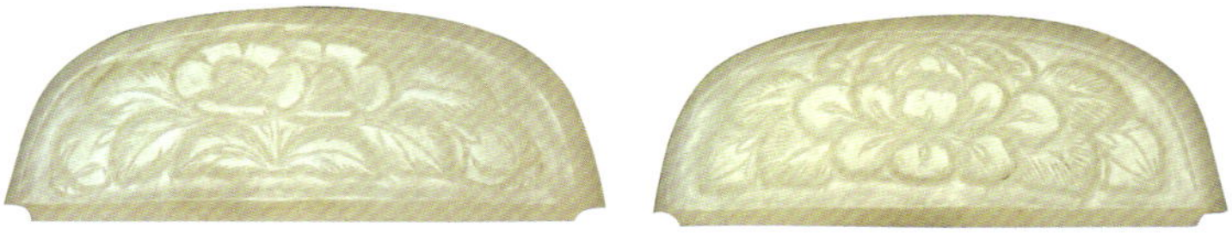

图 8-40. 玉梳背。

把荷花戴在头上，显得富丽华贵。在敦煌壁画中也有许多描绘妇女们头戴鲜花、手持鲜花的画面（图 8-41）。

除了插花外，还有戴花冠。唐代的花冠多为罗帛制成，如同一顶帽子一样套在头上，直到发际。上面的花饰也多为绢花。那时的绢花已经制作得很漂亮了。在新疆的出土物中，还保存有一束唐代的五彩绢花，可见一斑。在传世绘画中描绘女子戴花冠的形象很多，如《宫乐图》《倦绣图》中都反映得很具体（图 8-42）。

三、量少而精美的耳饰

唐代中原地区妇女的耳饰出土极少，这也许是因为唐代妇女不崇

1. 2. 3.

图 8-41. 插花女子。
1. 敦煌莫高窟 130 窟供养人壁画。
2.《簪花仕女图》中插戴鲜花的女子。
3. 敦煌莫高窟的插花女子。

1. 2. 3. 4.

图 8-42. 戴花冠的女子。
1、2.《宫乐图》。台北故宫博物院藏。
3. 唐・周昉《调琴啜茗图》。美国纳尔逊・艾京斯艺术博物馆藏。
4. 五代《浣月图》。台北故宫博物院藏。

尚穿耳。即使有一些，也多是少数民族的遗物。汉族妇女戴耳坠者日益减少，尤其是贵妇，一般都不穿耳戴耳坠，但并非没有。从出土物来看，不仅出有带耳孔的陶俑，并有十分精美的耳饰发现。在陕西咸阳贺若氏墓中，除出土一组华丽贵重的头饰外，还有一对镶嵌宝石梅花纹的金耳坠，造型典雅。而在西安何家村唐代窖藏文物中，也有精美的白玉刻花耳环等。在四川忠县佑溪村墓群出土的一对金耳环，作球首垂钩状，造型虽然简单，但却很精美（图 8-43、图 8-44）。

四、颈饰重重

（一）具有域外风格的项链

晚唐至五代无论贵妇与仕女，项链都是不可缺少的，特别是盛装的贵族妇女，每人都在脖子上戴各种颈饰有五六条之多，华丽而繁复。在敦煌壁画中的许多供养人妇女就是如此打扮。唐代妇女还十分喜爱佩戴的一种叫作“瑟瑟珠”的串饰，这是从域外进口的一种较贵重的宝石“天青石”。“瑟瑟”这个词是用来指各种深蓝色的宝石，比如类似长石类的“方纳石”或“蓝宝石”。在古代文献资料中，天青石与方纳石是很难区分开来的。在唐朝，天青石是很贵重的赠品。这一时期的天青石大多都是在当时的于阗买到的，那里不仅盛产玉石，也是当时宝石贸易的中心。几个世纪以后，“天青石”在中国就开始以“于阗石”知名。当时项链的风格也十分多样，即使是式样简单，一下子戴上四五条也是相当华丽的打扮了（图 8-45、图 8-46）。

与以前不同的是，无论从材料或式样上来看，这些项链都在很大程度上受到外来因素的影响。许多具有域外风格的菩萨及佛教男女所戴的项饰，多是源于印度的佛教饰物。这种带有域外风格的项链中，最有代表性的当属在陕西西安玉祥门外发现的隋代光禄大夫李敏之女李静训墓中的一条嵌珠宝金项链。这件复杂的项链制作技术十分高超，采用了多种工艺手法，从各方面看都明显源于西方，根据当时的情况，这件嵌珠宝项链很可能来源于西域，后传入中原，但也可能是由留住在中原的西域工匠所制造（图 8-47）。

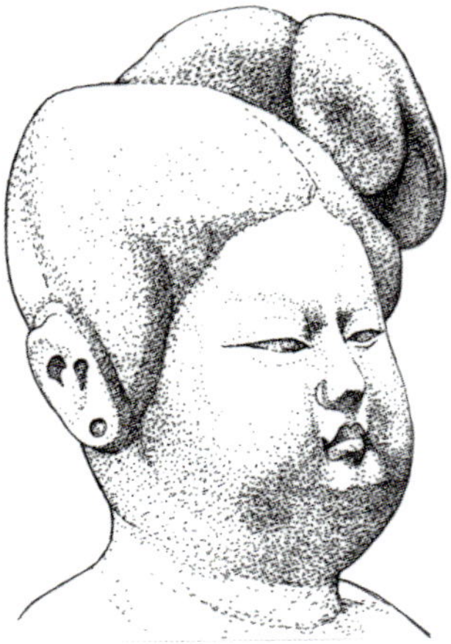

图 8-43. 有耳孔的唐代女子。

1. 2.

图 8-44.
1. 嵌宝石梅花纹的金耳坠。长 3.6 厘米，坠身似橄榄，上有小环。中间饰一周联珠，上下饰梅花，其间还嵌满各色宝石，坠钩呈 U 字型。1988 年陕西咸阳贺若氏墓出土。
2. 嵌宝金耳坠。由金丝、珍珠、红宝石、琉璃珠组成。

图 8-45. 戴多重项链与“瑟瑟珠”的唐代妇女。敦煌莫高窟第 61 窟供养人壁画。

图 8-46. 水晶项链。由水晶珠、蓝色琉璃珠、金扣和紫水晶与绿松石组成。2002 年陕西长安郭杜镇唐墓出土。

图 8-47. 嵌珠宝金项链。陕西西安玉祥门外李静训墓出土。

（二）华美的璎珞

在早期的中国佛教中，璎珞和华鬘似乎是菩萨级造像的专用饰物。其实璎珞是古代印度等地的人们用来装饰身体的首饰的梵文意译。早在佛教兴起之前，古代南亚次大陆的人们就已经开始使用这类饰物了。特别是贵族，不分男女经常用它来装饰自己的身体以显示身份。唐代僧人玄奘在《大唐西域记》卷二中，记录了他在南亚次大陆的亲眼所见：无论男女都可“首冠花鬘，身佩璎珞”，特别是“国王、大臣，服玩良异：花鬘宝冠，以为首饰：环钏璎珞，而作身佩。”这里的“花鬘”（鬘音同“漫”）又作“华鬘”，是指一种环形的装饰性花环，主要由鲜花编织而成，作用大约和璎珞差不多，只是多用于头饰和挂在脖子上作为装饰。它与璎珞的不同之处在于，璎珞主要是用珍珠、宝石和贵重金属串连制成的首饰，华鬘则是植物的花朵类。

在佛教中，佛和罗汉等出家人是不佩戴璎珞、花环等饰物的。因为佛教摒弃世上一切荣华富贵。但僧人在作为贵宾时受人敬重而被戴上颈饰性的花环，亦为戒律所允许。而正规的菩萨形象全都佩戴各种各样的璎珞与华鬘，并可以接受这种馈赠。这是因为，释迦牟尼在得道之前属于菩萨级，特别是他在当王子的时候曾是“璎珞庄严身”的人物（图8-48）。

华美的璎珞包括属于项圈的颈饰，从脖子上一直挂到胸前的华鬘和

图 8-48. *具有印度贵族风格的璎珞。*

图 8-49. *敦煌莫高窟中身佩璎珞的彩塑菩萨。*

串珠，另有从左肩斜挂的“半璎珞”，甚至还有腰间的宝带与手上的臂钏，极为繁复。这种饰物大约在魏晋时期随佛教传入中国（图8-49）。不久，这种美丽的饰物演变为现实生活中的首饰。早期的璎珞多为少数民族男女所喜爱，约在南北朝以后，汉族妇女也佩挂起璎珞，不过多用于宫廷妇女，具有一定地位的贵妇、侍女也都经常佩戴。由于它的装饰效果华美，也多为歌舞伎所用。据说唐代最著名的舞蹈“霓裳羽衣舞”，就要身佩璎珞而舞。晚唐诗人郑瑀在他的一首诗中，写过如下按语：“（皇）上始以诞圣日为千秋节，每大酺会，必于勤政楼下使华夷纵观。有公孙大娘舞剑，当时号为雄妙……又令宫妓梳九骑仙髻，衣孔雀翠衣，佩七宝璎珞，为霓裳羽衣之类。曲终，珠翠可扫。”这种镶有金、银、琉璃、砗磲（音同“车渠”）、玛瑙、珍珠及玫瑰七种宝物的“七宝璎珞”，原先也是佛家做法。而佩挂璎珞的舞伎形象，在敦煌壁画上也有描绘。

璎珞的形式复杂多样，在各种图像中很少见到有相同的璎珞，但它的基本样子却脱离不了以一个项圈为主，在项圈周围饰以用珠宝玉石组成的各种花形装饰，并在正中挂有坠饰等这一基本形状。唐代以后，一些少数民族地区的男女，仍有佩戴这种饰物的习俗。精美的璎珞还被皇帝作为礼物赠送它人。如《旧五代史·唐明宗记》：“赐契丹王锦绮银器等，兼赐其母绣被璎珞。”（图8-50）。

五、腰间饰品

（一）腰间宝带玉带

匈奴、鲜卑等少数民族常用有带鐍的腰带，一般称为“钩络带”。“钩络”又称“郭络”，在这种钩络带上，除了装有金属搭扣外，有时还附有一种金属饰牌，上面铸有镂空纹样，出土时往往排列在人骨腰间，少则几块，多则十几块，是钉在革带上的一种装饰。这种缀有金属饰牌的革带在魏晋南北朝期间也称“镂带”，它不仅为男子使用，妇女也经常佩戴（图8-51）。

隋唐五代，中原地区腰带有用金、玉、犀角、银、铜、铁以及各种宝石等装饰。一条贵重的腰带经常成为其他国家进贡大唐帝国的珍

图 8-50. 四川绵阳碧水寺唐代摩崖造像的项链。图片出自《文物》2009 年 2 期，总 633 期。

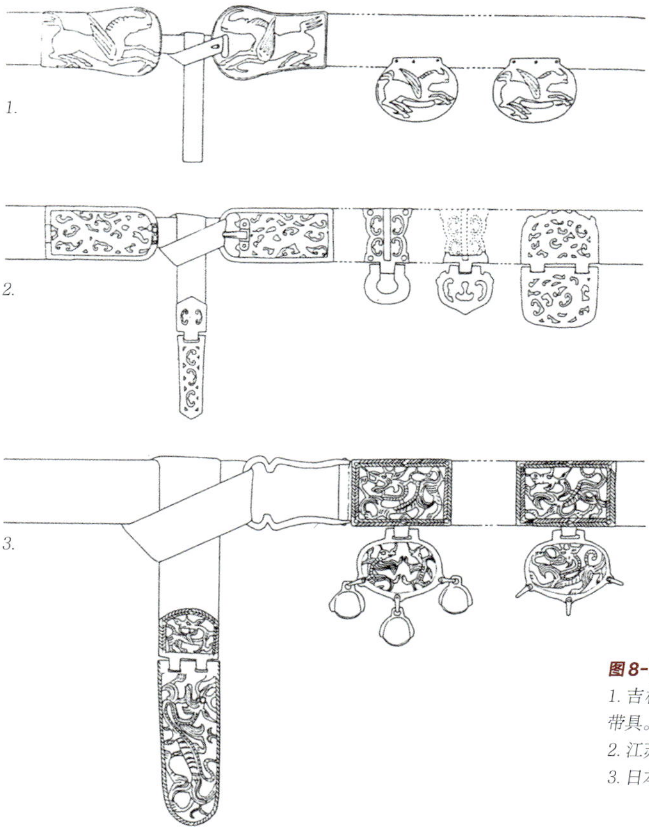

图 8-51. 饰有金属饰牌的钩络带。
1. 吉林榆树老河深 105 号墓出土带具。
2. 江苏宜兴周处墓出土带具。
3. 日本京都谷冢古坟出土带具。

图 8-52. 团花鎏金铜带銙及铊尾。陕西长安县南里王村韦洵墓出土。但唐朝的贵族，最重视的却是玉带銙。有钱的贵族把那种镂空的金属饰牌变成为一种雕有纹饰的玉饰板镶在革带上，还有的则直接用玉饰板制成腰带，称之为“玉带”。

图 8-53. 玉带片上的雕龙。五代。四川成都王建墓出土。

图 8-54. 金筐宝钿玉带。陕西长安县南里王村窦皦墓出土。

贵礼物。史书中记载：武德二年（619 年）罽宾献宝带，贞观元年（627 年）西突厥可汗献宝钿金带，约先天元年（712 年）一位大食使臣献“宝钿带”等。可见名贵腰带在当时的地位。1988 年在陕西长安县南里王村韦洵墓出土了一套精美的团花鎏金铜带銙（图 8-52）。

玉带的大致形式是由玉片镶钉在革带上，它由若干块比较厚的方形小玉片组成，其中镶在带子末端的圆首矩形的玉片称为“铊尾”。腰带周围的玉片叫“带距”或“銙”，它有的开孔或附环，以供悬物时用。玉銙以素面的居多，也有琢出各种图案的，其中有人物纹饰的，如辽宁辽阳出土的浮雕抱瓶童子纹的带銙；有动物纹饰的，如西安何家村出土的白玉銙雕狮子纹；也有飞禽，如李廓诗“玉燕排方带”。而最为精致的当属雕有浅浮雕的龙纹玉带片。在四川成都的前蜀皇帝王建墓[1]中就发现了一条由七块玉饰板组成的白御带，玉饰板上雕刻着龙的形象（图8-53）。另外，还有在玉带板内镶嵌宝钿花饰的。1992 年，在陕西长安县南里王村窦皦墓，出土了一条长 150 厘米的“金筐宝钿玉带”。带为皮制，绲以丝绸，出土时已朽坏。带上的各种饰物均以玉为缘，下衬金板，金板之下又为铜板，三者以金钉铆合。金板中均以鱼子纹为底，用各种纹饰做成金筐，内嵌珍珠及红、蓝、绿三色宝石，精巧豪华，弥足珍贵（图8-54）。

装有玉饰的腰带饰是贵族男子的重要腰间饰物。在唐代还有严格的玉带制度，三品以上的官员才能佩有十三銙的金玉带。在西安何家村唐代窖藏物品中，一次就发现玉带 10 副，其中有一副完整的白玉九环带。另外在四川成都王建墓和吉林与龙八家子渤海遗址中都出土有完整的玉带。贞观六年（632 年），于阗王曾经向唐太宗献玉带，玉带的 24 块玉饰板，巧妙地表现了圆月和新月的形态。九世纪时，吐蕃也曾几次向唐朝进献玉带。

（二）蹀躞带

唐代的蹀躞带已成为男子常服中的必备之物。不过隋与初唐时革带所系的蹀躞较多，盛唐以后渐少。中晚唐时期，许多革带上已不系蹀躞。可见，在整个唐代的两百多年间，蹀躞带的流行时间并不太长，大部分时间里，人们只系一种缀有带銙的革带。所谓带銙，即带上的饰牌，它舍去了蹀躞带上垂下的那些狭窄的皮条，仅留圆环，后来干脆连圆环也去掉了，只存有饰牌，这种饰牌就被称之为銙。史籍中有“金带”“玉带”之名，都是根据带銙的质料而定名的。

【1】在 907 年，梁太祖开平元年，唐朝灭亡前后曾统治过四川。

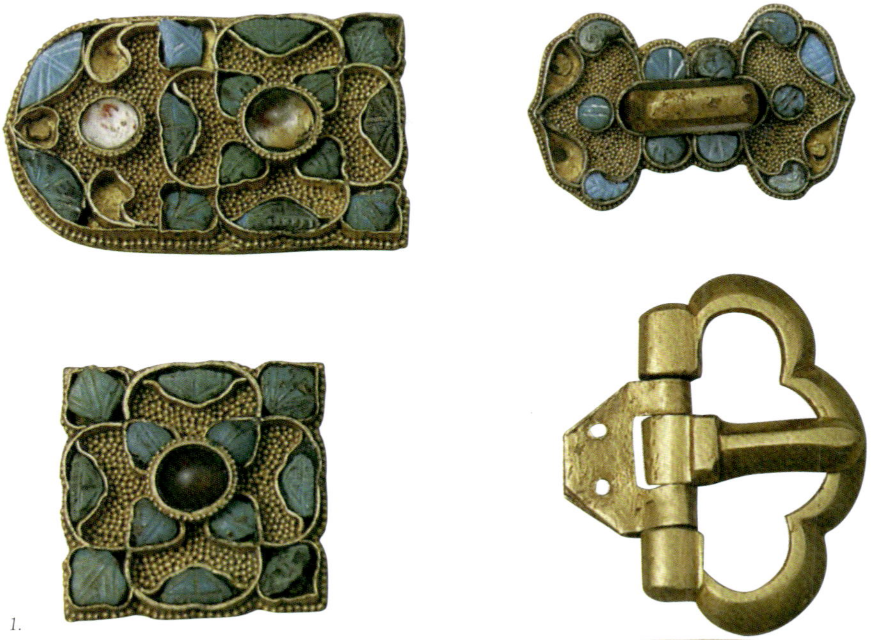

1.

2.

图 8-55.

1. 蹀躞带饰四种。吉林和龙八家子渤海遗址出土。
2. 复原后的蹀躞带。吉林省博物馆藏复制品。

在南北朝后期与隋代，最高级的蹀躞带装有 13 个环。如《周书·李穆传》中：“穆遣使谒隋文帝，并上十三环金带，盖天子之服也。”现今出土的实物中还没有发现过装有十三环的腰带。在陕西西安何家村、吉林和龙八家子渤海遗址中都出土有白玉九环带。陕西西安郭家滩隋代姬威墓所出与日本白鹤美术馆所藏的玉带具均非整副，各有七环。而在唐代的绘画中未见过有装环的腰带。北齐和隋代的石刻线画中的人物虽然腰下有环，但也只能看到寥寥几枚。唐代一般都将蹀躞直接系在腰带的带有扁形穿孔的尖拱形銙上（图 8-55）。

人们喜欢佩戴这种腰带的目的当然是为了在上面悬挂各种物品。以记载的十三环来看，人们最多在身上挂 13 件小物品。在《礼记·内则》中描述男女之佩时写到：男女常佩各种漂亮的手巾如“纷、帨”，还有常用的刀、觿，打火用的木燧与金燧，磨刀用的“砺”，装杂物的小袋和针桶，等等，真是应有尽有。这些东西都被制作得十分精巧，既可实用又可作为装饰。到了唐代，腰间佩各种小物品的习惯形成了一种特殊的装饰风俗。如唐代韦端符《卫公故物记》中对玉带的所佩之物有很详细的记载：“佩笔一，奇木为管，韬刻，饰以金，别为金环以限其间韬者；火镜二；大觿一；小觿一；笇囊二；椰盂一。盖常佩于玉带环者十三物，亡其五，有存者八。”由此可知，记载中的十三环之带确有其事，但实物中却从没有见到，身佩十三件饰物的更是少有。一般人们的腰间最多也就是七件物品，当时俗称“蹀躞七事”。当时的唐代妇女喜着男装，所以也常有这类装束。《新唐书·五行志》中记载：“高宗尝内宴，太平公主紫衫、玉带、皂罗折上巾，具纷砺七事，歌舞于帝前。帝与武后笑曰：‘女子不可为武官，何为此装束？’”在武则天的孙女永泰公主墓所出女俑，就身着男装，腰部也有这种带饰，只是腰带间应悬挂的饰物则代之以若干条下垂的皮革。在陕西长安韦炯墓出土的石椁画像也有作此装束的。而在敦煌壁画中反映少数民族地区人物的画像中更是极为常见。其实，人们并不全都挂着这么多种物品，男子最多也都只挂着刀、鱼袋和香囊，女子也只是佩擦手与擦物的手巾“纷帨”和香囊、玉佩之类而已（图 8-56）。

（三）佩香囊、香球

唐朝人喜欢在腰间佩戴香囊，在初唐的《凌烟阁功臣像》和《步辇图》中的官员革带上系挂的蚕豆形的小袋就是香囊。

而与香囊有异曲同工之处的饰品就是香球了。它与香囊的不同之处是，香囊多为丝织物制成的小袋子，而香球则以银质为多，它遍体镂空，并饰有十分精致的花纹。其基本结构是两个半球，上半部的顶部装有一个鼻钮，并缀以链条和小钩用来佩挂。聪明的匠人在球的内部，则装有两个同心圆环，环上缀有活轴，大环的活轴上，装有一个

1.

2.

图 8-56. 腰间蹀躞带。

1. 唐永泰公主墓壁画。

2. 少数民族的腰饰。

1.

2.

图 8-57.

1. 银香球。

2. 打开时的香球。陕西西安沙坡村唐代遗址出土。

图 8-58. 博山炉。河北满城中山靖王刘胜墓出土。

半球状的小盂。这样做的目的，是将香料放在小盂之中，即使挂在身上也可以使它点燃熏香。因为小盂是装在两个活轴上的，所以重心在下，无论球怎样翻转，两个环形活轴都会随之转动，使小盂始终保持水平的状态，内装的香料也不会将衣服点燃。这种平衡装置的结构十分科学，直至现今航空航海中使用的陀螺，仍是运用这种原理。这种香球，唐代的妇女使用较为普遍（图8-57）。

香球的产生源自古人喜欢熏香的习俗。熏香对于当时的人们来说，就像人要吃饭喝水一样必不可少。香料放入火中熏烤，香气四处飘溢，不仅可以驱虫除秽，还有一种保健作用，所以受到普遍重视。而用来熏香的器具也被制作得十分精美。一种专供室内使用的，体积较大，人称熏炉或香炉。早在汉代就有许多制作精美的香炉出现，如称为“博山香炉”的，这种香炉的炉身上部和炉盖合成尖锥形状的层层上迭的山峰，最多达九层。峰峦间点缀着树木、神兽、虎豹，还有肩负弓弩追逐野兽的猎手等。其间开有许多出烟的小孔，若于炉内焚香，青烟飘荡，缭绕炉体，呈现出一种山景朦胧、群兽似动的神秘效果。

到了魏晋时期，在皇室贵胄中使用铜质博山香炉的习俗仍旧不衰，在江苏常州南郊戚家山发现的南朝晚期画像砖墓中有一块侍女画像砖，她长裙大履左手托有一只博山香炉。唐朝人使用的香囊、香球正是这类风俗的延续，他们平时多挂在身边，即可以用来熏衣，又可以当作佩饰，但香球这类物品到了后来仍为香囊所取代（图8-58）。

（四）佩玉之风又盛行

佩玉之风在唐代又开始盛行。除了官员按品级的不同佩戴不同质地和不同组合的玉佩外，在贵族妇女与舞女中也常有佩玉出现。当时比较有名的玉佩是一种制作精致的“飞天佩”（图8-59）。

“飞天”是佛教中飞歌神和天乐神的合称，又称“飞天乐伎”。东汉末年传入中国后和道家融合产生了飞仙，原型为道家羽人，受佛教影响去掉了双羽，披长帛，据说是造福人类的神仙。在唐代的壁画中特别是敦煌莫高窟中，有大量姿态优美的飞天形象。而玉质的飞天佩大约在唐代开始出现，是一种牌状的饰物，后来多称为玉牌。在北京故宫博物院藏有一件唐代飞天佩，用镂雕加阴线刻，表现出一个飞

图 8-59. 戴环佩的女子。唐懿德太子墓壁画。

1.

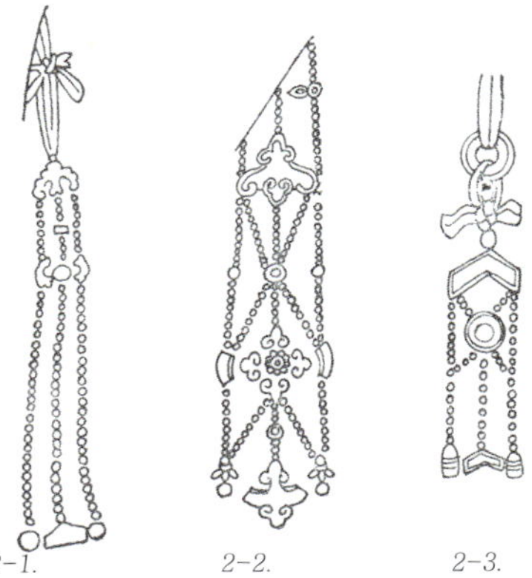

2-1.　2-2.　2-3.

图 8-60.
1.《送子天王图》帝王的玉组佩。
2. 各种玉组佩。2-1. 唐李重润墓石椁线刻中宫女像上的玉佩。2-2. 传吴道子《送子天王图》中净饭王之佩。2-3. 美国波士顿美术馆藏西安出土的隋代石雕观音像的玉佩。

翔中的仙女身着长衣、手举鲜花、下托祥云的形象。

表现在艺术作品中，特别是神仙像身上华丽的玉组佩，似乎已成为人们思想中代表古人或仙人的一种华丽衣饰（图 8-60）。在现实生活中，这类华丽组佩的佩戴者多为当时很受欢迎的歌舞伎。在白居易描写歌舞伎的诗中就有："案前舞者颜如玉，不著人间俗衣服，虹裳霞帔步摇冠，钿璎累累佩珊珊。"

而这一时期唐代玉工所需要的白玉、碧玉也继续由于阗供给，于阗玉也由此更加神话了，传说中于阗"国人夜视月光盛处，必得美玉"。这种美玉也更加珍贵。

六、臂钏环环

隋唐五代时妇女手上的饰物称为臂钏，其实是在汉代就已经流行的多圈跳脱。“跳脱”是以前的古名，在隋唐时期，许多人都不知它为何物。《墨庄漫录》中：“唐文宗问宰臣，金条脱何物。宰臣未对，文宗曰：古诗轻衫稳条脱，即今臂钏也。”这种饰物遍及很广。在《簪花仕女图》与《步辇图》中，形态丰满的贵妇和侍女手腕上所套的许多圆环就是跳脱，只是比以前显得轻巧了许多。在新疆拜城极具西域风格的克孜尔石窟壁画中，在仙佛臂腕上也有这种手饰（图 8-61）。

除跳脱外，还有一种是只弯成椭圆形而不再连接的钏。在山西平鲁屯军沟唐代窖藏中，此式金钏一次就出土 15 只。唐代的钏多用柳叶形金片弯成，两端尖细的部分用金银丝缠绕，并绕出环眼。在浙江长兴唐墓出有钻金花钏、江苏丹徒丁卯桥出有银钏、安徽合肥西郊南唐墓出土的银钏等。在内蒙古和林格尔土城子出土的此式唐代银钏还用小银圈穿过环眼将两端连接起来（图 8-62）。

此类钏饰，有的只用一根或几根较粗的银丝或铜丝直接弯成一个环式，有的铜丝还扭曲成简单的装饰（图 8-63）。玉钏与金钏是很贵重的手上饰物。在陕西西安何家村唐代窖藏文物中出土了两副镶金白玉钏。每只以三节弧形玉件用三枚兽头金合页衔接而成，其中一对合页做成了活扣或活轴，可在使用时随意打开或扣合，是非常精妙的设计（图 8-64）。与此相似的双龙戏珠金钏，铸造成形，也是由轴将两部分联成椭圆形，轴的上下各有一个金珠，珠上还装饰着一个四瓣花朵，花朵两侧是两两相对的龙首，形成二龙戏珠的意境（图 8-65）。陕西西安李静训墓与嵌珠宝金项链同时出土的一对嵌蓝白琉璃珠金钏，呈椭圆形，身如竹节，三节为镯身，每节都嵌有方形蓝琉璃。

一种类似菩萨手上的钏饰，多以铸造成形，钏的两端并没有开口，为一个有装饰的环形饰，上或嵌以宝石，或以莲花瓣造型作为装饰。在陕西扶风法门寺塔唐代地宫出土的一件臂钏，纹饰鎏金，顶面錾饰吉母金刚杵，外缘绕一周莲瓣，底缘饰一周流云纹，这与敦煌莫高窟第 14 窟的唐代壁画中供养菩萨手腕间的钏饰十分相像（图 8-66）。

1.

2.

3.

图 8-61.

1. 戴跳脱的侍女。唐・阎立本《步辇图》局部。
2. 戴跳脱的贵族妇女。唐・周昉《簪花仕女图》局部。
3. 新疆拜城克孜尔石窟壁画中戴跳脱的菩萨。

1.

2.

3.

4.

图 8-62.

1. 鏨金花钏。浙江长兴唐墓出土。
2. 银钏。江苏丹徒丁卯桥出土。
3. 鏨花银钏。内蒙古和林格尔土城子出土。
4. 银钏。安徽合肥西郊南唐墓出土。

图 8-63. 种类多样的各式铜镯。云南省大理崇圣寺三塔经幢内出土。

1.

2.

3.

图 8-64.
1、2. 镶金白玉钏。陕西西安何家村唐代窖藏。
3. 可以开合的活扣。

图 8-65. 双龙戏珠金钏．直径约 6.5 厘米。1988 年陕西咸阳市郊唐墓出土。

1.

2.

图 8-66.

1. 臂钏。陕西扶风法门寺塔唐代地宫出土。
2. 戴钏的供养菩萨。敦煌莫高窟第 14 窟。

知识链接　首饰的材料与工艺

金银饰品

唐代制作金银器的作坊有许多，这些作坊又分为“官作”“行作”两种。所谓“官作”就是官营的金银手工业，属于少府监中尚置直属的“金银作坊院”；而“行作”就是金银行业的民间工匠所作。质量当然不及官方的，其中质量很差的被称为“行滥”。

唐代金银器的制作方法据《唐六典》记载，只金的加工方法就有14种，即削金、拍金、镀金、织金、砑金、披金、泥金、镂金、捻金、戗金、圈金、贴金、裹金等。另外还有掐丝工艺，即在金属器表面焊以细条作为花纹的边框,以便在里面填入各色颜料而形成鲜明的色块。此法初见于陕西西安何家村出土的单环金耳环。

还有一种工艺在汉代就已运用，据说是从波斯传来的“粟纹金珠制作工艺”在唐代又得到了发扬光大，几乎所有的唐代金银首饰上都运用了这一技术。

唐代冶银用的是吹灰法，即用上等的炉灰，先做成灰窠，将含银的铅砣置于窠中，加热使之熔化，铅入灰中，纯银则留在灰窠上。从出土的银器进行测定，其纯度是很高的。反映了唐代冶银技术已经达到了较高的水平。

翡翠首饰

唐代诗人陈子昂写了一组38首的《感遇》诗，在第23首中写到：“翡翠巢南海，雄雌珠树林……旖旎光首饰，葳蕤灿锦衾。”意思是翡翠鸟的家乡在南海之滨（今广西壮族自治区东南部），雌雄双双栖息在茂密的树林中，美丽的羽毛可以制成光艳夺目的首饰，用翠羽装饰的被褥绚丽多彩。在清代以前，翡翠是指翡翠鸟。在《南方异物志》中说：“翡大于燕，小于乌，腰身通黑。惟胸前、背上、翼后有赤毛，因此名焉。”它的羽毛有蓝、绿、红、棕等色，十分美丽。一般雄鸟羽毛多呈红色称为之“翡”，雌鸟羽毛呈绿色称之为“翠”。因它多栖于水边以小鱼为食，所以还有一个不雅观的名字叫“鱼虎”

或“鱼狗”。

古人提取这种美丽的羽毛有一套办法。宋代赵汝适《诸番志》卷下“翠毛”条说：“翠毛，真腊最多，产于深山泽间，巢于水次。一壑之水，止一雌雄，外有一焉，必出而死斗。人用其机，铜媒擎诸左手以行，巢中者见之，就手格斗，不复知有人也；右手即以罗掩之，无能脱者。邕州古江产一种茸翠，其背毛悉是翠茸，穷侈者以捻（捻）织如毛段然。”看来这种鸟妒嫉的性格倒使人类得到了如此美丽的羽毛。古人用翠鸟羽毛镶嵌妇女的首饰，真是大胆而奇特的想法。这类首饰一般都带有“翠”字，如钿翠、珠翠、翠翘等。从魏晋时期开始，这样的首饰主要有簪、步摇、耳坠、钿花等。到了唐代，美丽的翠羽首饰成为妇女们的最爱。唐·孟浩然《庭桔》诗“骨刺红罗被，香黏翠羽簪”就是指这类饰品。明清时期，翠羽首饰被制作得更加精美，绘画中打扮入时的女子，珠翠首饰环发髻而戴，一眼望去无不青翠盈盈。

这种用翠羽制作首饰的方法称为“点翠”，其制作过程很复杂：以簪为例，首先要选择一个将要制作的图样，然后用金银丝按照纹样制成一个周围要高出一圈的簪架，中间凹陷的部分就可以用胶黏贴羽毛。黏贴时先用胶水点进凹陷的底板，然后根据图案的需要来选择羽毛的颜色，一般以蓝绿色为多，选好后按凹陷的形状将羽毛剪好，最后用镊子夹住做好形状的羽毛，贴在涂胶的部位。这件点翠首饰就完成了。由于翠鸟羽毛颜色本身就十分鲜艳，再由金边衬托，由此产生出更加华丽的效果。到了20世纪90年代，随着中国大规模的保护环境和野生动植物，翠鸟已成为珍稀的鸟类，如不加以保护就有可能濒临灭绝，所以禁止再猎取此鸟，翠羽首饰也渐渐减少，如今见到的大都是传世品了（图8-67）。

琉璃首饰

自从东周以后，中国人就已经制作出了简单的玻璃，称为琉璃。春秋战国至秦汉，琉璃的使用较为普遍，特别是在装饰品和首饰方面，深受人们的喜爱。唐代的玻璃多是由西域国家的使臣带来的。在中世纪末年的一则史料中，记载着当时中国琉璃与外国玻璃的各自优劣。在《资治通鉴》中记载：“铸之中国色甚光艳，而质则轻脆，沃以热酒，随手破裂。至其来自海舶者，制差朴钝，色亦微暗。其可异者，虽百沸汤注之，与磁银无异，了不复动，是名番琉璃也。”虽然如此，中国的琉璃却没有因此而进步，一直停留在原有的基础上，但琉璃的种种做法与技艺，一直流传至今，成为一种古老的传统工艺（图 8-68）。

图 8-67. 点翠首饰。

图 8-68. 龙凤纹琉璃璧。直径 10.9 厘米、孔径 3.5 厘米．其正面为云龙纹，背面为飞凤纹。这是出土的第一批唐代帝王琉璃佩饰。1995 年陕西干县南陵村唐僖宗靖陵出土。

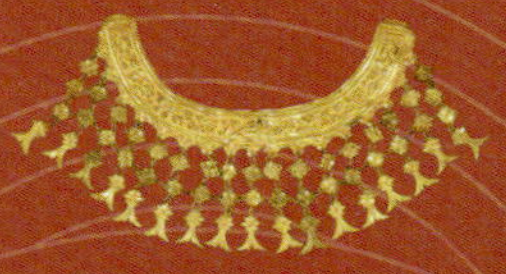

第九章

追崇时尚的宋代首饰

历时三百多年的整个宋朝，可谓四个不同民族共存的时代。北宋与南宋代表着中原与长江以南的汉族，与此同时另有契丹族建立的辽、女真族建立的金和党项族建立的西夏。无论宋代边境战争如何，动乱的五代结束后，重新统一的北宋经济文化相当繁荣。发达的城市中除了官僚与贵族，大量的商人、手工业者、上层市民和酒肆妓馆等都成为新的消费群体。

在北宋的都城汴梁城东京（今河南省开封市），繁华的商业，使许多文人画家都写书作画回忆当时的繁荣，如记述当时东京的《东京梦华录》等和表现当时开封商业景象的绘画长卷《清明上河图》，都是珍贵而真实的记录。在首饰贸易中，东京有专门的“金银铺”“穿珠行”，还有以个人名义开设的如“梁家珠子铺”等首饰店。在东京的大相国寺内，百姓买卖绣品、花朵、珠翠头面的场面十分兴隆，呈现出一片繁华的景象。

而在南宋的都城临安（今江苏省杭州市）的珠宝市场也很活跃。“七宝社”就是当时著名的珠宝店铺之一。门市上的陈列琳琅满目：猫眼儿、马价珠、玉梳、玉带、琉璃等等奇宝甚多。吴自牧在《梦粱录》中描述繁华的南宋都城临安时，所记述的珠宝店就有“盛家珠子铺”等和买卖珍珠的集市。宋朝时的江阴与广州还是对外重要的通商港口，而在唐朝最为繁盛的扬州，在宋代则由盛转衰。宋代的这些港口经常有珍珠进口。王安石有一首题为《忆江阴见及之作》的诗中写到：“黄田港北水如天，万里风墙看贾船。海外珠犀常入市，人间鱼蟹不论钱。”记述了当时的繁茂景象。由于海上的交往快捷、省时、货运量大，因此陆路的交往就相对减少，曾是对外交往重要通道的丝绸之路，此时也由盛渐衰。

一、复杂多变的女子冠饰

（一）团冠

宋代的冠饰极为丰富，特别是女子冠饰。佛教的宝冠、道教的莲花冠，人们或是受了这些风气的影响，从中唐时起，女子就喜欢在头上戴各种各样的冠子。仅宋·王得臣《尘史》中记载的盛行在皇佑至和年间的冠饰就有最初的“鎏金冠”，用鹿胎之革做的“鹿胎冠”，编竹为团后以白角、玳瑁等替代的“团冠”、长角下垂至肩的“亸肩冠”；或以团冠少裁其两边，而高其前后的“山口冠”，又以亸肩直其角而短的“短冠”和云月冠，以及各式花冠等等。到了宋代，稍体面些的女子都要戴上一顶冠子才能出得门去。

团冠是宋代年轻女子十分喜爱的头冠，它最初是用竹篾编成圆团形，涂上绿色，因其形状如团而命名。《尘史》：“俄而又编竹为团者，涂之以绿，后变而以角为之，谓之团冠。”在北宋中期的皇宫中，皇后嫔妃就常戴一种“白角团冠”。其中的白角是指一种犀牛角。如象牙一样，犀角在唐宋时期的需求量非常大。《新唐书》中记载：当时湖南生活着很多犀牛，但这里的犀角每年都要作为贡品送往朝廷。这样仍旧不能满足需求，唐朝还要从外国进口。近些的是南召和安南，远的要从印度群岛运抵广州港。进口数量非常之大，以至于人们认为现在印度支那的犀牛濒临灭绝，在很大程度上就是由于唐朝的这种贸易造成的。到了宋代，人们开始认为非洲的犀牛角比亚洲的更好。而在明清时期，大多数犀牛角似乎都是来自非洲。而中南半岛所产的犀角为“白犀”，这里的白角即指白犀。这种用犀牛角制作的工艺品在当时是相当珍贵的（图9-1）。

在宋代，贵妇们往往在冠上饰以数把白角梳子，左右对称，上下相合，时人称白角冠。李廌《济南先生师友谈记》中记述宫中御宴的情景：“皇后、皇太后皆白角团冠，前后惟白玉龙簪而已。衣黄背子衣，无华彩。太妃及中宫皆镂金云月冠，前后亦白玉龙簪，而饰以北珠，衣红背子，皆以珠为饰。”这种冠饰传至民间，深受妇女们的喜爱。在河南省禹县白沙北宋赵大翁墓出土的壁画中，就有这类冠饰出现。壁画表现死者生前富贵豪华的生活，其中一幅《梳妆图》中，一女子正在对镜端正其冠，右边的女子两手托盘，盘里放着各种梳妆用具。戴冠者和其后面的女子所戴的冠就是团冠。前后插戴固定冠的是一种尖角形白角锥簪（图9-2）。从画中冠的左右宽度和角簪的前后长度来看，都达到了相当深广的地步。到了后来，白角团冠更大更广，以至于宫中下令禁止。

图 9-1. *白角装饰。宋·佚名《歌乐图》。*

到了南宋初期，宫中皇后使用团冠仍旧流行。在叙述南宋事的《武林旧事》中有“皇后换团冠背儿，太子免系裹，再坐”等语。在民间，团冠也是一种很重要的冠饰。南宋《梦粱录》卷二十“嫁娶”条的聘礼单中就有“珠翠特髻、珠翠团冠、四时冠花、珠翠排环”等首饰。戴这种冠的形象还见于在四川成都北宋墓出土的陶俑，其状若团，冠前的中部有孔，是为插戴簪饰所用（图 9-3）。现存这类冠饰的实物，以安徽安庆棋盘山宋墓出土的一件最有特色。这顶冠以金片制成，通体

图 9-2.《梳妆图》河南禹县白沙北宋赵大翁墓出土壁画。

1. 2. 3.

图 9-3. 戴团冠的女子。

1. 四川成都北宋墓出土陶俑。
2. 山西晋祠圣母殿宋塑仕女。
3. 北宋壁画墓中戴团冠的倚门侍女。

图 9-4. 金冠顶部。整个冠体长 12.5 厘米，高 5.5 厘米。安徽安庆棋盘山宋墓出土。

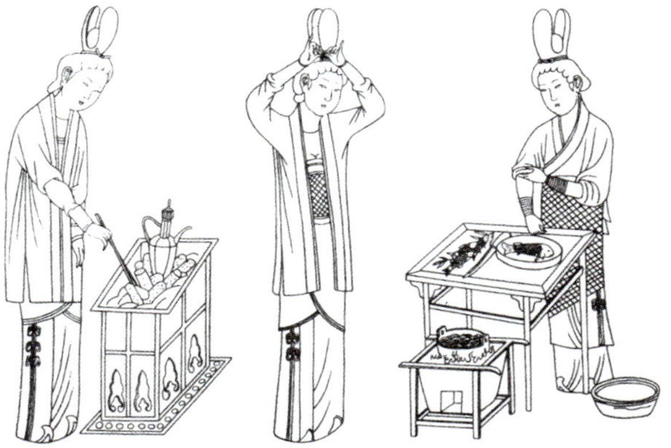

图 9-5. 戴冠子的厨娘。河南偃师酒流沟北宋墓出土画像砖。

图 9-6. 北宋戴重楼子花冠的女子。

1.

2.

图 9-7.

1.《瑶台步月图》中戴团冠的女子。描写中秋女子拜月的情景，人物的衣饰为典型的南宋风格。北京故宫博物院藏。

2.《蕉荫击球图》中戴团冠的女子。北京故宫博物院藏。

饰有规矩的缠枝花纹，其造型像一个开启的椭圆形河蚌，底部有一个圆洞，两头各有一个穿孔，是一种套在发髻上的饰物。当把它端正地套在发髻上后，再前后以簪在穿孔中固定。它可能曾镶嵌有珠宝，可惜出土时已经脱落（图9-4）。

这种团冠的式样也有用铁丝、竹篾编织成形后，外蒙纱罗，再涂以蜡或漆。后缀以珠翠首饰，扣在髻上成为一种装饰性的高冠。《燕翼贻谋录》：“旧制妇人冠以漆纱为之，而加以饰，金银珠翠，采色装花，初无定制。”这类高冠形象在河南省偃师酒流沟北宋墓出土的厨娘画像砖上，打扮时髦的厨娘就是这种头饰。其中的一位，双手扶住冠的底部，正用绳带之物将冠系结于头顶，可见这种冠饰，用时可直接套在头上夹住发髻，再用丝带固定。而固定冠子的绳环，可能就是当时所说的“冠镯”“发索”之类。从图像上看，冠下并没有簪钗类，仅用丝绳即可固定，说明它是一种十分轻巧的冠子，与当时记载中的以罗帛或纱为材料再涂色的方法比较符合（图9-5）。最能说明这一点的是《北宋戴重楼子花冠妇女》图中一位执扇女子所戴的高冠，不仅与“厨娘”的完全相同，以漆沙制成的冠还能隐约透出里面的发髻，更能感觉到它的轻巧（图9-6）。在现存绘画《瑶台步月图》和《蕉荫击球图》中的贵妇都是戴着这种冠饰，其状如团而高耸的冠饰被沈从文先生描述为“如玉兰花苞”（图9-7）。

（二）亸肩冠

“亸肩高髻垂云碧”是《梦溪笔谈》中描述当时宋徽宗眷恋的艺妓李师师的时髦打扮。在《宣和遗事》中也有：“佳人却是戴亸肩冠儿，插禁苑瑶花。”看来亸肩冠是北宋中后期上至皇宫下至百姓的年轻妇女盛行的一种冠饰（图9-8）。

“亸”（音同“朵”），下垂的意思，它是在团冠的基础上，因四周冠饰下垂至肩，冠上又用金银珠翠点缀，因此而得名。《尘史》：“浸（渐）变而以角为之，谓之团冠，后以长者屈四角而下至于肩，谓之亸肩。”亸肩冠又称垂肩冠、等肩冠。沈括《梦溪笔谈》卷一九：“妇人亦有如今之垂肩冠者，如近年所服角冠，两翼抱面，下垂及肩，略小无异。”

这其中的“四角而下至于肩”和“两翼抱面”是与唐宋时流行的“幞

1. 2.

图 9-8.

1. 简单的辫肩冠饰。宋・佚名《四美图》美国私人收藏。

2. 头戴辫肩冠的宋代皇后。

图 9-9. 唐宋时期的幞头式样。

1. 头戴额帕的男子。

2、3、4. 头戴四角幞头的男子。

5、6. 唐代戴长角幞头的男子。

7、8. 敦煌壁画与宋绘画中戴“折上巾”的男子。

头”有关。“幞”（音同“伏”）头，最初是头巾、头帕，大约起源于后周。唐代加以改进并流行，男女都有佩戴，以男子居多，是他们平时的主要头饰。宋代的幞头起于幅巾，就是用丝绢或罗麻等织物，从前额向后包裹头发，再在额头上打结，又在脑后扎成两“脚”自然下垂，成为四角。以后又取消前面的结，后边的两脚用金属丝扎起，衬以木片或以纸绢为衬脚，称为“展脚幞头”或“硬脚幞头”。后面的脚向上在脑后相交的，称为“交脚幞头”，为男子中的武官所戴。在额前的幞头上装饰花饰的又叫“花额幞头”（图9-9）。《梦溪笔谈》：“幞头一谓之四脚，乃四带也，二带系脑后垂之，二带（一作折带）反系头上，令曲折附顶，故亦谓之‘折上巾’。唐制，唯人主得用硬角。”所以上面所说的“两翼抱面”就是指下垂的两角如团扇蕉叶之状，合抱于前。到了后来，亸肩冠在团冠的基础上长垂四角，冠也用白角制成，并在

图 9-10. 戴亸肩冠的后妃。钱选《贵妃上马图》局部。美国弗利尔美术馆藏。

图 9-11.《宋仁宗皇后像》。中国台北故宫博物院藏。

前额插有大梳子，成为当时最流行的华丽冠饰。由于冠饰愈加高大宽广，以致影响到了日常生活，人们称之为“服妖”，朝廷中下令禁止。周辉《清波杂志》卷八《垂肩冠》中说：“皇佑初（北宋中期），诏妇人所服冠，高毋得过七寸，广毋得逾一尺。梳毋得逾尺，以角为之。先是宫中尚白角冠，人争效之，号‘内样冠’，名曰‘垂肩’‘等肩’，至有长三尺者，登车檐皆侧首而入。梳长亦逾尺。议者以为服妖，乃禁止之。大抵前辈治器物，盖屋宇，皆务高大，后渐从狭小，首饰亦然。”从这些文字中可以看到，后来的彞肩是一种较前相对狭小和简单的式样。宋末元初的画家钱选所绘《贵妃上马图》中，虽然描绘的是唐朝时的杨贵妃，但服饰中却有很多与宋朝相同，其冠饰也是一种较为华贵的彞肩冠饰（图9-10）。

在南熏殿旧藏《历代帝后图》中，有两幅表现北宋中期皇后的画像，她们头上华丽的“龙凤花钗冠”十分引人注目，冠饰多用金银镶嵌珠宝。在《宋神宗皇后像》中，她的龙凤花钗冠的两边还各出有三枝帽翅，是一种相当华丽的“彞肩”样式（图9-11）。

（三）插梳、冠梳与大梳裹

唐代的插梳已经十分盛行，到了宋代，妇女以插梳为装饰竟到了如醉如痴的地步。这时的插梳总的来说是梳子的形状越来越大，但插戴的数量逐渐减少。

当时最为独特的就是“冠梳”形式。冠梳是戴高冠又插长梳的简称，流行于北宋中期至南宋。那时大都市妇女特别喜好高冠、大髻、大梳。头戴高冠，再插大梳成为最时髦的装束。宋仁宗时，皇宫中流行白角冠，后来又普及至民间。它流行的时间很短，约为北宋中期至南宋早期，很有特色。

这种冠梳，刚一开始是用漆纱、金银、珠玉等做成的两鬓垂肩的高冠，并在冠上插以白角长梳。后来又用白角为冠，再加上白角梳。这种冠身很大，有三尺长，垂至肩，梳边也一尺长，上又加饰金银珠花。由于梳子本身较长，左右两侧插的簪钗又多，以致在上轿进门时，只能侧首而入。又通常在冠的两侧，垂着幞头的双脚，以掩住双耳及鬓发，长度大多至颈，也有下垂至肩的。冠的顶部，多饰有金色朱雀，四周插有簪钗。又在额发部位，安插白角梳子，梳齿上下相合，其数四六不等。这种奇特的装饰后来引起朝廷的注意，皇佑元年，宋仁宗下令禁止。这样，冠梳的情况才有所收敛。可宋仁宗一死，奢靡之风又开始盛行，冠不让用昂贵的白角，就以鱼骨代替，梳子不许用白角，则换成了象牙、玳瑁。

唐宋时代制作珍贵梳子的材料除了金、银与玉之外，犀牛白角、鱼骨、象牙与玳瑁也都是贵族们的珍贵梳料。白角前面已经提过了，而鱼骨则是指“鱼牙”。在《唐会要》中记载：八世纪时新罗国有好几次向唐朝贡献鱼牙。东北的东胡民族也向朝廷贡献过一种叫作“骨咄”的材料，它们都是指“海象牙”，有时候也指西伯利亚的化石猛犸象牙。而唐宋梳子使用的玳瑁，是一种海龟，因其背甲由13块鳞甲组成，故又有“十三鳞”的别称，不仅色彩绚烂，且花纹透彻清丽。

珍贵且受人喜爱的象牙，则是从岭南道、安南都护府以及云南的南召国等地获取。当时更远一些的象牙产地还有林邑、印度群岛和锡兰的狮子国等地。用象牙制作的梳子又叫作“牙梳”，象牙梳以白色为本色，但有时也被染成绯红、靛蓝和迷人的绿色。将象牙梳进行染色加工，是唐宋人的一种偏好。在陶谷《清异录·装饰》中还记载了一则关于染色梳的故事：说的是洛阳有一个少年叫崔瑜卿，喜爱四处游玩，他曾经为了一个叫玉润子的娼女，让人做了一把“绿象牙五色梳，费钱二十万”。唐代的“二十万”钱可以置办一套别墅，实在是件疯狂的举动。经过染色的象牙梳篦在使用过程中常会显露出原有的颜色，而白角、鱼骨和玳瑁也容易折断，于是修补梳子、重新上色是当时最常见的事情。

在两宋时期的许多文献中，都记述着当时的小买卖人家卖梳子、修梳子、染梳子的情形。《东京梦华录》中，“诸色杂卖条”就有“博卖冠梳、领抹、头面、衣着……”卷之六“正月条”中也有“及州南一带，皆结彩棚，铺陈冠梳、珠翠、头面……”在南宋·吴自牧《梦粱录》卷十三“诸色杂货条”记载的街上的小手艺人中也有“接梳儿、染红绿牙梳”“补修魫（鱼脑骨）冠”和“修洗鹿胎冠子”者，又有挑着担子卖木梳、篦子、冠梳的在街上盘桓，随时需要便可唤之，真是方便极了。《西湖老人繁胜录》“诸行市”中还有“染红牙梳、接象牙梳”“画眉篦”的。保留着古老习俗的贵州等地的苗族、云南傣族等少数民族妇女在头上插金银梳，正是当时流传下来的古风（图9-12）。

这种高冠长梳的形式又称为“大梳裹”，杭州人又叫“大头面”。宋代柳永《定风波》词中有“终日厌厌倦梳裹”之句。生活在南宋前期的周辉在《清波杂志》卷八《垂肩冠》中说：“辉自孩提，见妇女装束数岁即一变，况乎数十百年前，样制自应不同。如高冠长梳，犹及见之，当时名‘大梳裹’，非盛礼不用，若施于今日，未必不夸为新奇。但非时所尚而不售。大抵前辈治器物，盖屋宇，皆务高大，后渐从狭小，首饰亦然。”据此记述，可知南宋早年遇大喜庆还梳“大梳裹”，但因其冠饰的造价十分昂贵，所以使用者也多为贵族妇女，当时人因其糜费过甚，也多有非议。到了后来，冠饰日趋狭小，不过所说的狭小，也只是和以前“大梳裹”相对而言。

除了冠梳的式样，宋代妇女插梳的方法很多，如在江西景德镇市郊宋墓出土的一件女陶俑，在她的脑后插有一把大梳。宋人陆游《入蜀记》中亦有对此的记述：西南地区的女子“未嫁者率为同心髻，高二尺插银钗至六尺，后插大象牙梳，如手大”。在现今的西南苗族妇女中仍保持有这种插梳法，其发髻形式与插梳方法和出土的陶俑惊人地相似（图9-13）。发前插梳仍是时髦的式样，以道教神话故事为蓝本的《搜山图》中的妇女衣饰，很写实地反映了宋人的装饰风格（图9-14）。

宋代梳子的实物有江西彭泽北宋易氏墓出土的半月形银梳，纹饰自由，刻工精致，梳齿上部还打有“江州打作”等字样，应是当时众多作坊中的一个。现今发现的玉梳、牙梳等装饰性用梳，纹饰与做工都极为精美（图9-15）。“承训堂藏金”中的一套宋代金头饰使我们看到当时的一种插戴方式。在四件流行的半月形片状金梳中，旁边的两把小梳均没有剪开梳齿，说明使用时并不是插而是贴或夹在头饰上的（图9-16）。

（四）传统的假发冠“特髻冠子”

宋代以前的普通妇女一般很少戴冠，她们一般梳髻，最多也只戴一顶假髻。常见有“特髻冠子”“松花特髻”和内宫中的“龙儿特髻”“皂时髻”等多种。《东京梦华录》中记述开封大相国寺内百姓交易场面：

1.

2.

3.

4.

图 9-12. 各式插梳。
1. 唐·张萱《捣练图》中插着染成红色象牙梳的女子。
2. 唐·张萱《捣练图》中插玳瑁梳子的女子。
3. 被染成绿色的象牙梳。大英博物馆藏。
4. 镂雕牡丹花形的玉梳。江苏南京江宁镇建中村南宋墓出土。

1.

2.

图 9-13.
1. 江西景德镇市郊宋墓出土陶俑女子。她梳着同心髻，上扎一条带花的宽发带，发下横插着一把大梳子。
2. 脑后插梳的苗族妇女。

图 9-14. 插梳的女子。宋《搜山图》局部。

图 9-15. 半月形银梳。江西彭泽北宋易氏墓出土。

图 9-16. 金头饰一套七件。四件梳均用薄金片制成。上下相对的梳长 7.4 厘米，宽 13.8 厘米；旁边小梳长 4.5 厘米—4.7 厘米，宽 11.6 厘米—11.3 厘米；多首形金钗长 11.8 厘米，宽 12.9 厘米，U 型钗金钗一对长 16 厘米。

“汴梁相国寺两廊，皆诸寺师姑卖绣作、领抹、花朵、珠翠头面，生色销金花样、幞头帽子、特髻冠子、绦线之类。”

这种冠髻的流行与当时妇女喜梳高大的发髻有很密切的关系。北宋时的开封，是一座相当繁华的城市，欧阳修称之为“酒美春浓花世界”。而在这花世界中生活的东京妇女，特别注重美化装饰自己。她们崇尚浓密的头发，并时常改换自己的发髻式样。在宋人笔记《枫窗小牍》中就描写了当时妇女们发型的变化之多。“汴京闺阁妆抹凡数变。崇宁间，少尝记忆作大鬓方额。政、宣之际，又尚急把垂肩。宣和以后，多梳云尖巧额，鬓撑金凤，小家至为剪纸衬发，膏沐芳香。花靴弓履，穷极金翠，一袜一领费至千钱。”高髻是当时的时尚，特别是年轻女子，髻高往往逾尺。宋人诗中“门前一尺青风髻”即说此种。而这种高髻也多是富贵之家或有技艺的女子所挽，特别是歌舞伎。在王书奴《中国娼妓史》中就记述宋代之伎有三种不同的装束，“一等特髻大衣者，二等冠子裙背者，三等冠子衫子裆袴者”。而当时的“伎”总是代表着当时妇女服饰时尚的最新潮流，却不受法令的限制。一般的妇女虽然忙碌于各种生计，但为了追求时尚，发髻的高度也在五六寸之间。要想梳成如此高大的发髻，并非所有的妇女都能如此，聪明的商人就紧紧抓住这一商机，用假发做成一顶如同发罩式的假髻，用时只要把它套在头上即可，时称特髻冠子或特髻。其实就是唐代的“义髻”。

特髻的使用在当时极为普遍，在当时的东京城内，还有专门生产、销售这种发髻冠饰的店铺，需要者可以随意挑选，十分方便省事。妇女们戴上它，再在上面装饰首饰花朵，立刻就变成美丽时髦的装束，甚至在女子结婚的嫁妆里，它都是不可缺少的首饰。《梦粱录》卷二十“嫁娶”条的聘礼中就有“珠翠特髻、珠翠团冠、四时冠花、珠翠排环”等饰物。

（五）“花压鬓云偏”的宋人插花与戴花冠

古老悠久的插花风俗到了宋代发展到了极致。当时不仅年轻的妇女插戴，男子、儿童也没有不插花者，就是白发老人也要在头上“簪红花”。每个季节都有应季的“花朵市”和卖“首饰花朵”的。

那时插戴鲜花还讲究按时序季节插戴，如夏季以茉莉为最盛。《武林旧事》：在夏季“而茉莉为最盛，初出之时，其价甚穹，妇女簇戴，多至七插，所直数十劵，不过供一晌之娱耳。”初夏的茉莉虽然昂贵，妇女们仍要“茉莉盈头”。特别是伎女，戴花成为必须。《西湖老人繁胜录》：“茉莉盛开城内外，扑戴朵花者，不下数百人。每妓须戴三两朵，只戴得一日，朝夕如是。天寒，即上宅院亦买戴。盆种者，官员馈送诸府第。”当时有诗评：“暖风十里丽人天，花压鬓云偏。”而在头上插戴真牡丹、芍药或罗帛象生花的更加多见。如宋人所绘《杂剧图》，表现了插花的宋代伶女形象（图9-17）。在当时许多文献中都记述有人们簪花的趣事。在端午节，人人都插菖蒲、石榴、蜀葵花、栀子花之类，卖花的小贩一早能卖上一万贯花钱。立秋时节，满街又卖楸叶，妇女儿童皆剪成花样戴在鬓边，以应时序。重九之时，人们对月饮新酒，头插秋菊；冬日元夕，妇女们又皆戴闹蛾、玉梅、雪柳、菩提叶等，衣服也尚白色，都是在雪月下所适合的色彩。

除妇女外，男子簪花更是盛况空前。如宋朝帝后也经常簪花，《梦粱录》卷二：“驾（皇帝）出再坐，亦簪数朵小罗帛花帽上。”在当时，美丽的应季鲜花和制作精美的仿真花枝还要赏赐给大臣。而官吏大臣簪花更是前无古人后无来者，并一度成为官阶品级的象征。遇有节日或盛典，帝后群臣更是人人头戴花枝，招摇过市，一时间所在之处都成为花的海洋。在《清波杂志》中就记载有男子簪花的故事。《宋史》记载，当时官员们簪花名为“簪戴”。《梦粱录》载，在大的节会时，朝廷都要给各大臣赐花插戴：“……传宣赐群臣以下簪花，从驾、卫士、起居官、把路、军士人等，并赐花。检《会要》：‘嘉定四年十月十九日，降旨：遇大朝会、圣节大宴，及恭谢回銮，主上不簪花。’又规定：‘具遇圣节，朝会宴、赐群臣通草花。遇恭谢亲飨，赐罗帛花。’”其他臣僚花朵，各依官序赐之，所赐花朵大小、数量多少与花类名称还有十分详细的区别，如“宰臣枢密使合赐大花十八朵，栾枝花十朵，枢密使同签书密使院士赐大花十四朵、栾枝花八朵”等等。再往下的各种带职人员、教乐所伶工等之类也“多有珠翠花朵，装成花帽者”。这种场面，从上看去，御街远望如锦，姜白石有诗云：“六军文武浩如云，花簇头冠样样新，惟有至尊浑不戴，尽将春色赐群臣。”“万数簪花满御街，圣人

图 9-17. 簪花人物。《杂剧图》中插花的宋代伶女。

图 9-19. 簪花的杂剧百戏男女。河北宣化八里村辽金墓室壁画。

1.

2.

3.

图 9-18.

1. 簪花的男吏。河南焦作新李村宋墓出土。

2. 戴簪花方帽的田官。宋・佚名《田畯醉归图》。北京故宫博物院藏。

3. 头戴簪花帽的北宋说唱人物。

先自景灵回。不知后面花多少，但见红云冉冉来。”“牡丹芍药蔷薇朵，都向千官帽上开。”这些诗句都是记述当时群臣簪花的盛况（图 9-18）。

这种风俗还影响了与宋朝并存的其他民族，如当时辽金墓葬的壁画中就多有反映。一般多是表现乐队的人群，这与当时规定的杂剧百戏男女必须簪花有关。如河北宣化八里村相继发现了数座辽金时期的墓室壁画，在其中的一幅“散乐图”中，乐队七人均头戴形状各异的花装幞头，上插花卉，前一舞女回首侧身而舞。另在山西、河南等地的浮雕伴奏乐队图中，男姓皆头戴直角幞头，插高簇花枝（图 9-19）。

戴花冠的风俗起于唐代末年盛行于两宋。唐代妇女用罗帛等材料做成一顶像帽子式的花冠套在头上，这在唐末的绘画中表现的较多。宋代花冠的形式多样，或在冠上簪鲜花或用罗帛丝质加蜡仿照真花作成花冠。2005 年在浙江杭州发现的千年御街，在这里出土的一批瓷器中，一女子双手合十，头戴高耸花冠，是这一时期的真实写照。精美的花冠还出现在宋代大足石刻的六臂观音像的头上（图 9-20）。

宋人十分崇尚牡丹、芍药，又栽培得法，花朵重台有高至二尺的称为“重楼子”。而一些高大的妇女冠饰也称为“重楼子”。一些花冠还仿效著名的牡丹、芍药而命名。从《洛阳花木记》《牡丹谱》及《芍药谱》列举的种种名目中，可知那些以各种“冠子”为名的花，无不和当时真正的花冠有联系。正如王观《芍药谱》序言所说的，朱家花园种花“达五六万株……扬之人与西洛不异，无贵贱皆喜戴花”。这

1. 2.

图 9-20.
1. 戴花冠的人像。浙江杭州御街出土陶俑。
2. 戴花冠的六臂观音像。四川重庆大足石刻。

1. 2.

图 9-21.
1. 戴“重楼子”冠饰的女子。
2. 头戴花冠的金代陶俑。

图 9-22. 戴莲花冠与其他不同冠饰的嫔妃。宋 ·《却坐图》局部。台北故宫博物院藏。

图 9-23. 戴莲花冠的女子。
1. 唐·《执扇仕女图》。
2. 晋祠仕女。
3. 吹箫仕女。河南禹县赵大翁北宋墓壁画。

图 9-24. 戴花云冠的女子。
1. 河南禹县赵大翁北宋墓壁画。
2. 宋·《朝元仙杖图》。
3. 河南禹县赵大翁北宋墓壁画。

个花谱用“冠子”“楼子”命名的达十多种，显然都易于插戴在妇女头上。在河南省博物馆馆藏的一组金代陶俑中，男女头上都戴着花冠，其中一男子，冠上还戴着一朵硕大的牡丹（图 9-21）。

从唐朝时期开始，女子受到道教的影响流行起戴“莲花冠”。宋《蜀梼杌》卷上记述前蜀王衍朝事时说：“成康元年（929）正月朔受朝贺……嫔妃妾妓皆衣道服莲花冠。”（图 9-22）上行下效，于是不论是观中的女道士、富贵女子、世俗信道之人，还是伎乐舞女都戴起了莲花冠。与清净莲花相对应的则是云朵丛一样热闹的花冠，在同一个场合能看到各种不

图 9-25. *头戴“一年景”花冠的侍女。《历代帝后图》局部。*

图 9-26. *头面。四川华蓥安丙家族墓地出土南宋石雕头像。*

同类型的冠饰（图 9-23、图 9-24）。

最具特色的是一种当时称为“一年景”的花冠，它是将四季杂花合在一起，编成一顶花冠。陆游在《老学庵笔记》中称：“靖康初，京师织帛及妇人首饰衣服皆备四时，如节物则春幡、灯球、竞渡、艾虎、云月类，花则桃杏花、荷花、菊花、梅花，皆并为一景，谓之‘一年景。’”在南熏殿旧藏《历代帝后图》中的两个宫女就戴着这种花冠。花冠中的花是由罗绢、通草或彩纸做成的，又叫“像生花”“四季花”（图 9-25）。当时假花的制作已经相当精致，在民间还有专门买卖的店铺。《梦粱录》中记述的“归家花朵铺”就像现今的花店一样。讲究些的还是当时的“官巷花作”，如“最是官巷花作，所聚奇异飞鸾走凤，七宝珠翠、首饰花朵、冠梳及锦绣罗衣，销金衣群，描画领抹，极其工巧，前所罕有者悉皆有之”。而最方便和最受大众喜爱的当是那些沿街叫卖的小贩。《梦粱录》卷十三“四时有扑带朵花，更有罗帛脱腊象生四时小枝花朵，沿街市吟叫扑卖”。

北宋都城汴梁市面还有许多专卖花冠的铺子。这类冠子的制作材料也有多种，一般经常使用的花冠，多用各色罗绢或通草做成，讲究的还装饰金、玉、玳瑁、珍珠等。在百业中还有专修冠子的手艺人，而花冠的种类之多也难以记述。如各类记载中的“杏花冠儿”“珠翠冠朵”“冠子花朵”“珠翠朵玉冠儿”“四时冠花”等等，都是当时流行的品类。

二、美丽的珠翠头面

（一）簪钗种种

头面 在宋代各类文献中，一说到妇女首饰的文字就经常看到有“头面”这个词。如《东京梦华录》中“占定两廊，皆诸寺师姑卖绣作、领抹、花朵、珠翠头面”“又有宫嫔数十，皆真珠钗插，吊朵玲珑簇罗头面”等。其实它并不是仅指一种首饰而言，而是把妇女头上的所有首饰总称为“头面”。大概是因为头上的首饰如同人的脸面，可以给人的形象增加光彩。而专门经营这类首饰的商铺，叫作“头面铺”。有人说，“头面”大致是指用珍珠加翡翠宝石串成的前后两朵正花和左右两只偏凤相合的名称，这种说法有些局限。到了元代，头面一词也仍然流行，并且还包括了手上的饰物，并不只局限于头部的首饰。直至今天的传统戏曲中，“头面”仍是旦行角色头上装饰物的总称，它包括：头髻、发辫、珠花、耳饰、簪子等一整套用品。在四川华蓥安丙家族墓地出土的南宋石雕人物头像，风格写实，非常细致地描绘了妇女发饰和插戴首饰的情形（图9-26）。

宋代妇女的簪钗种类极其丰富，名贵簪钗多为贵族命妇所拥有。宋朝的统治者规定，只有命妇才能够以金、真（珍）珠、翡翠（翠羽）为首饰，民间妇女的首饰材料限制在银、玉、琉璃等。在《宋史·五行志》载：

“绍兴元年，里巷妇人以琉璃为首饰。”又“咸淳五年，都人以碾玉为首饰”，又有诗云：“京师禁珠翠，天下尽琉璃。”这与唐朝时的规定几乎相同。簪钗的实物，仅在浙江永嘉发现的宋代窖藏银器中就有鎏金银钗十种样式二十八件，它们均由钗杆和横枝组成，横枝上嵌置花纹精致的镂空银饰。最有价值的是，在这些簪钗的杆上还刻有铺号字样，仅在这一批银发饰中出现的就有九处，如“陈宣教”“安定”“施八郎”“任七秀才造”“蔡景温铺”“京溪供铺记”“京溪供铺工夫”“余宣钱”等，可见当时妇女发饰的“头面铺”之多，首饰贸易之兴隆。

喜爱追崇时尚的宋代妇女，发髻有很多新的式样。如北宋极为盛行的“朝天髻”，尊卑皆用。它是将头发梳至额顶，分为两束，挽成两个圆柱，由后朝前反搭，伸向前额。为了使发髻朝上高高耸立，妇

宋代女子髻式

1. 宋《浴婴图》加珠翠芭蕉髻。2. 宋《浴婴图》插白角梳珠翠芭蕉髻。3. 南宋《林下月明图》三鬟髻。4. 宋《宫乐图》双鬟髻。5. 宋《半闲秋兴图》双垂髻。6. 宋《文会图》双丫鬟。7. 宋李嵩《观灯图》双丫髻。8. 晋祠北宋彩塑包髻。9. 宋《宫乐图》宝髻。10. 宋李嵩《观灯图》双髻。11. 山西晋祠宋代彩塑双螺髻。12. 山西晋祠宋代彩塑朝天髻。13. 江西德安县南宋周氏墓发式复原图，见《中国文物报》1991 年 5 月 26 日 4 版。

图 9-27. 宋代妇女的髻式。

女们多在下面衬以美丽的首饰。这种形象在山西太原晋祠圣母殿北宋彩塑像中有生动的反映。同为高髻的“鸾髻”，因其形似鸾鸟或者是在发髻上插着鸾形的首饰而得名。《宣和遗事》中“（李师师）亸肩鸾髻垂云碧，眼入明眸秋水溢”就是形容这种美丽的发饰。另有在椭圆形发髻四周环以绿翠首饰，艳如芭蕉的“芭蕉髻”，还有多流行于已婚及老年妇女，在脑后盘成圆形发髻，再插上簪钗首饰的“一窝丝”，和贵妇之家女子崇尚的“抛髻”（大盘髻）。“抛髻”是将头发盘作五围紧紧扎实，上面插以金簪钗，并用丝网固定。另有盘髻为三围、不用网固的“小盘髻”等等（图 9-27）。

龙凤簪钗　宋代丰富的簪饰令人眼花缭乱，并且有很多都是以前很少见到的样式。如在河南禹县北宋赵大翁墓中就有插着长簪和戴着尖角形簪的女子（图 9-28）。而在簪首装饰着龙、凤形象的簪一直就是妇女们喜爱的簪饰。上至皇后嫔妃下至富庶人家的女子都可以插戴，只是材料的不同而已。如记载中皇后的“白玉龙簪”。宋人《搜山图》中的女子在发髻顶部就插戴着龙形簪，她们的装扮应是当时富贵之家女子流行的式样。在上海博物馆藏的金龙簪，簪为龙首，簪身为龙身并略施鳞纹，生动有趣。

宋代妇女仍然喜爱传统的凤钗，时人多称“钗头凤”“钗上凤”“凤头钗”。欧阳修《南乡子》词中有“划袜重来，半亸乌云金凤钗”之句。在记载中还有一种很贵重的玉制凤形钗，称为“九鶵钗”。宋朝叶廷珪《海录碎事·衣冠服用》：“赵后手抽紫玉九鶵钗，为赵昭仪参髻。”这其中的“鶵”（雏），又叫作“鹓鶵”，是古代传说中的一种像凤凰的鸟。

还有与此相似的雁钗、鸾钗。其中燕钗在宋代又称“钗头燕”“钗上燕”，是一种比较轻巧的首饰。妇女们戴上它如燕过乌云，媚态倍增，因此颇受青睐，诗句中也多有形容。欧阳修“不惊树里禽初变，共喜钗头燕已来”，又有“钗头燕，妆台弄粉，梅额故相夸”。经常提到的还有形状为蝉的玉蝉簪钗。唐朝王建《宫词》：“玉蝉金雀三层插，翠髻高丛绿鬓虚。”宋代的凤钗也有发现，挺立在钗首的金凤嘴里还雕着串珠，也是步摇的样式（图 9-29）。

叶形簪　浙江永嘉县四川区下嵊公社山下大队社员在平整土地时，发现了一个白铁绣花的盖罐，罐内藏着一批首饰，各式各样的簪钗应

图 9-28. 插簪的女子。河南禹县北宋赵大翁墓壁画。

图 9-29. 金凤钗。长 10.6 厘米。承训堂藏金。

图 9-30. 叶形金簪。浙江永嘉北宋遗址出土。

该代表了当时的风尚。其中有很多件像叶子一样的簪。簪面上多镶有牡丹、菊花或龙纹，中间衬托叶纹，并有银丝缠绕，这样的簪较长，最长的一对达到 28 厘米—30 厘米，做工十分精致（图 9-30）。

锥形、喇叭花形花卉纹簪钗 这是两种非常流行的簪饰。其中锥形簪由簪首、簪身焊接而成。精美的簪顶处很像一朵朵花钿，而簪首还缠绕着美丽的纹饰，式样虽然简单却极其优雅精致。与此有异曲同工之妙的喇叭花纹发簪，簪首常用镂空的方式做成，顶端是大小不一的精美花片相叠，不仅有立体感，中空和镂空的花饰玲珑剔透，真让人百看不厌（图 9-31、图 9-32）。

双首至多首形簪钗 一些双首或多首花枝状的簪钗很有趣，是很特别的一种，在以往的簪饰中很少见到，但在宋代似乎十分常见。它一般在簪首上制有一条横枝，横枝上嵌有两颗或多颗式样相同的镂空银饰件，戴上去应该十分华美，是宋簪中较有特色的一种。类似的还有排环发簪，在簪枝上嵌有成排的各类花朵，使用时插在发髻的最底部，用来支撑和装饰发髻，是以后发箍的前身（图 9-33）。

双并首发钗 这样的发钗很像是把两件锥形发钗的钗首并在了一起。它们或并用一个簪顶或索性就是两支锥形簪的合体。复杂些的式样再把两个合体成为“丫”形，既实用又别致，是很聪明的设计（图 9-34）。

耳挖簪 那种兼有挖耳功能的耳挖勺发簪从汉魏时起就一直受人喜爱。宋代人们叫它“一丈青”，又俗称“耳挖子”。形状是一头尖锐，另一头有一个小勺，供人挖耳用。在浙江衢州南宋墓中就发现一件金质的耳挖簪，简单而实用（图 9-35）。

银牌儿与玉茏葱 实惠的银簪使用极为普遍。古代男女经常插戴银制簪钗，其中的一个原因是它可以辨别食物是否有毒，如果有毒，银饰上就会呈现出黑色。一些常在江湖中行走的侠士，头上常插戴银饰来保护自己。《水浒传》第二十五回“将白汤倒在冲盏内，把头上银牌儿只一搅，调得匀了”中的“银牌儿”就是银簪的一种，用它来插发、充当筷子和测试食物，真是具有多种功用的好饰品。

玉簪在宋朝时终于允许民间使用，式样和用玉的种类也更加多样。除了名贵的白玉簪、艳丽的红玉簪、温润的青玉与水玉簪外，还有清

图 9-31. *锥形簪。最长者 16.3 厘米，重 10.8 克。承训堂藏金。*

图 9-32. *喇叭花形簪。*

1. 簪首由四片镂空金片以金属丝编结而成，顶端饰以花片。长 21.6 厘米。

2. 簪首与簪顶局部。

3. 簪首花瓣图案。承训堂藏金。

图 9-33. 双首或多首花枝状的簪钗。

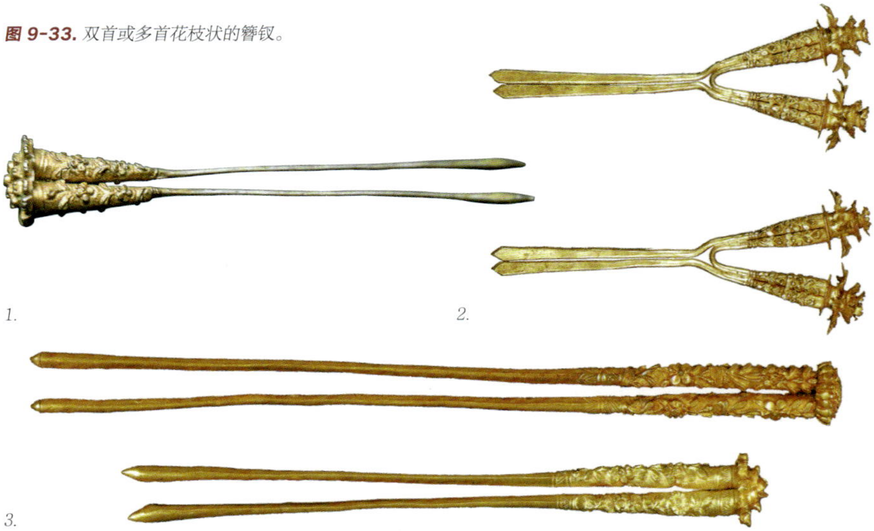

图 9-34. 双并首发钗。
1. 银钗。浙江永嘉南宋墓窖藏。
2. 丫形金钗。长 10.5 厘米—10.6 厘米。承训堂藏金。
3. 金钗。长 19.7 厘米—15.5 厘米。承训堂藏金。

图 9-35. 金耳挖簪。浙江衢州南宋墓出土。

爽葱翠的碧玉簪。在诗人的笔下，被形象地称为“玉笼葱”。唐代王建《唐昌观玉蕊花》诗：“一树笼葱玉刻成，飘廊点地色轻轻。”宋代曾巩《雾淞》诗中也有“记得集英深殿里，舞人齐插玉笼葱”。

男子簪导 男子使用的簪导在唐代成为划分等级的饰物，宋代仍沿用其制。《宋史·舆服志》：“天子玉簪导，群臣玳瑁簪导，犀簪等。”这时的簪导是一种很长的簪，它的长度一般不下尺余。当男子插在冠中时，一般都能看到它突出在外边的两头。在《北户录》的一条记载中，豫章王江夫人把一支簪导折断作为钗来用，足见它的长度。

应景首饰与剪纸头饰 中国古代有按照时令节气来佩戴饰物的习俗。人们认为这样做是应时序、图吉祥，同时也为生活增添了许多乐趣。这些饰物大多随用随做，或随用随买，制作的材料一般就地取材，并不要求过高，只图吉利、高兴、热闹、漂亮。

比如在立春时节，人们的头上要戴“春燕”“彩燕”。这是用彩帛剪制成飞燕的形状，有的还粘贴鸟羽，用时系缚于簪钗之首，插于两鬓，表示迎春。也可用彩鸡来替代，俗称“春鸡”。南朝梁宗懔《荆楚岁时记》：“立春之日，悉剪彩为燕以戴之。”宋陈元靓《岁时广记》：“立春日，京师人皆以羽毛杂绘彩为春鸡、春燕；又卖春花、春柳。”戴这种饰物的习俗在现今的中国南方地区的少数民族中仍能够见到（图9-36）。

图9-36. 戴春燕的女子。

图9-37. 戴秋叶的人物。高春明《中国服饰名物考》。

端午节时所戴的首饰则多与辟邪有关。除了手上的长命缕，头上还要戴“钗头符”。即以五彩缯帛剪制成符牌插在发髻上，据说有辟邪的功效。《岁时广记》引《岁时杂记》：“端午剪缯彩作小符儿，争逞精巧，掺于髻上，都城亦多扑卖，名钗头符。”刘克庄《贺新郎·端午》词：“儿女纷纷新结束，时样钗符艾虎。”这其中的“艾虎”也是端午节不可缺少的首饰。它以艾草编织成虎形，或剪彩帛为虎，插在髻上，以辟不祥。在《荆楚岁时记》中还有：“五月五日，……采艾以为人，悬门户上，以禳毒气。”隋·杜公瞻注：“今人以艾虎为形，或剪彩为小虎，粘艾叶以戴之。”

立秋之时，妇女儿童则用宽阔的楸叶，镂剪成各式花样插于头鬓。因“楸”字从秋，故被视为秋天的象征。这种风俗盛行唐宋。孟元老《东京梦华录》：“立秋日，满街卖楸叶，妇女儿童辈，皆剪成花样戴之。”吴自牧《梦粱录》：“立秋日……都城内外，侵晨叫卖楸叶，妇人女子及儿童辈争买之，剪如花样，插于鬓边，以应时序。”另在《武林旧事》

图 9-38. 戴花蝶饰的男子。宋·朱玉《灯戏图》。

《本草纲目》中都有类似的记载。在安徽合肥五代南唐墓出土的木俑头部，见有一镂空的银制花叶，也许就是这类风俗的写照（图9-37）。

在所有的节令中，以元宵节的首饰最为丰富，如玉梅（雪梅）、闹蛾、花蝶、雪柳、灯球等小发簪。《东京梦华录》卷六：“市人卖玉梅、夜蛾、蜂儿、雪柳、菩提叶、科头圆子。”《宣和遗事·亨集》：“京师民有似云浪，尽头上戴着玉梅、雪柳、闹蛾儿、直到鳌山上看灯。”《武林旧事》卷二：“元夕节物，妇人皆戴珠翠、闹蛾、玉梅、雪柳、菩提叶、灯球。”在辛弃疾《青玉案·元夕》词中也有“娥儿雪柳黄金缕，笑语盈盈暗香去”。其中“闹蛾”又称“闹嚷嚷”，是一种用金银丝、金银箔或铜片或薄纱之类制成的蝶蛾形的首饰，包括蝴蝶、蛾子、蜻蜓、鸣蝉、蜜蜂等种种能飞的小昆虫，并附缀一些花朵、枝叶固定在簪钗上。宋人张泌有“高绾绿云，低簇小蜻蜓”这句就是形容这类首饰。这种饰物还有用纸制成的。在《瑮谭》中说：“燕地上元节用乌金纸剪成飞蛾，以猪鬃尖分披片纸贴之，或五或七，下缚一处，以绒作柄，妇女戴之，名曰闹蛾儿。此古之遗俗也。”这类首饰具有动感。人们戴上后稍一行动就枝摇虫颤，好不热闹。

“花蝶”是以罗绢或纸制成的蝴蝶形首饰，插在鬓发上，走起路来摇颤不停，媚态百生。宋代朱玉的《灯戏图》中，极为精确地画出了一群头戴花蝶的男子。可以看出花蝶的须曼轻绕，蝶翅轻薄舒展，正是由纸或罗绢等材料制成。在浙江永嘉北宋遗址出土的首饰中还有花蝶的鎏金银饰（图9-38、图9-39）。

“玉梅”是以玉或白色丝织品或白纸做成梅花状的饰物，又称雪梅（图9-40）。

“雪柳”是由罗绢或金银箔剪制成形似柳条的形状，常与玉梅同时使用。

“菩提叶”是菩提树上的叶子，呈鸡心形。古代妇女在元夕之日（元宵）插在头上作为装饰。菩提树原产于印度，相传释迦牟尼就是在菩提树下悟得正果而从佛，因此菩提树也受到佛家的珍视。佛教传入中国后，这一树种也随之而来，并很适合在温暖的南方生长，而北方地区则较为难得。为了满足节日的需要，北方人多用纸或罗绢制成此叶。在北宋都城临安，还有专门卖这类饰物的小贩。插戴菩提叶子的妇女

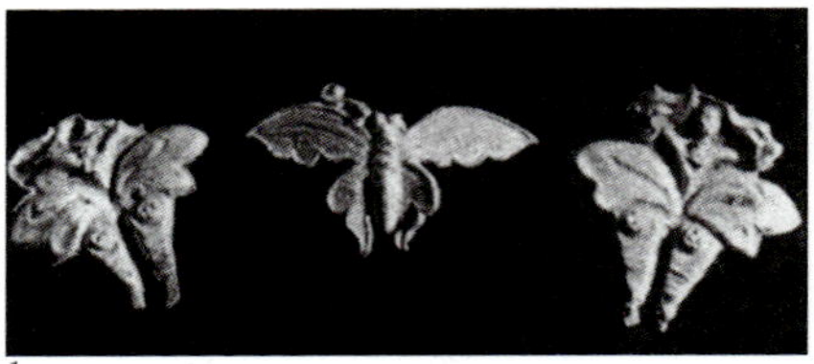

1.

2.

3.

图 9-39.
1. 银蝴蝶。长 2 厘米，宽 3.5 厘米。浙江永嘉北宋遗址出土。
2. 银蝴蝶。南京江宁区清修村宋代墓园出土。
3. 戴花蝶的形象。宋·佚名《大傩图》。北京故宫博物院藏。

图 9-40. 玉梅图。

图 9-41. 插戴菩提叶子的女子。敦煌壁画。

1.

2.

图 9-42. 戴灯球的宋代女子。
1. 河南禹县北宋赵大翁墓出土壁画。
2. 李嵩《货郎图》。北京故宫博物院藏。

形象，在敦煌壁画中能够见到（图 9-41）。

在许多表现宋代的绘画中，常见有女子插戴一种小而精巧的绒球发饰。它是假花中的一种，它的颜色各异，惹人喜爱，称为“灯球”。“灯球”是用珍珠、料珠或茸草球串在铁丝或竹篾上的类似簪钗的饰物。在节日外的一般场合也可佩戴。而另一种与灯球相似的饰物称为“灯笼”。金盈之《醉瓮谈录》卷三“正月”中：“妇人又为灯球、灯笼，大如枣栗，加珠翠之饰，合城妇女竞戴之。又插雪梅、凡雪梅皆缯楮为之。”陈元靓《岁时广记》卷一中也有：“（上元）都城仕女有神戴灯球、灯笼大如枣栗，加珠茸之类。”由此可知，灯球与灯笼是经常在一起插戴却又不太相同的两种饰物。被称为灯笼的较大，它的上面还可以装饰一些花饰（图 9-42）。

在这里要特别说到宋代的剪纸头饰。现今保存最早的剪纸是在新疆吐鲁番阿斯塔那北朝墓出土的两幅圆形剪纸（图 9-43）。唐代时，纸张生产的规模扩大，彩色纸的品种也很多，许多民间习俗也多用剪纸，如立春日用剪纸做成小幡，或悬于妇女的头上，或缀在花朵下作为装饰。宋代的剪纸使用广泛，由于它不容易保存，所以很难发现它的实物，但却有许多关于剪纸的记载。《东京梦华录》中记载当时北宋东京就已经有了专卖剪纸的店铺，称为“剃剪纸”，当时剪纸艺人的手艺十分高超，能在袖子里剪字及花朵之类。

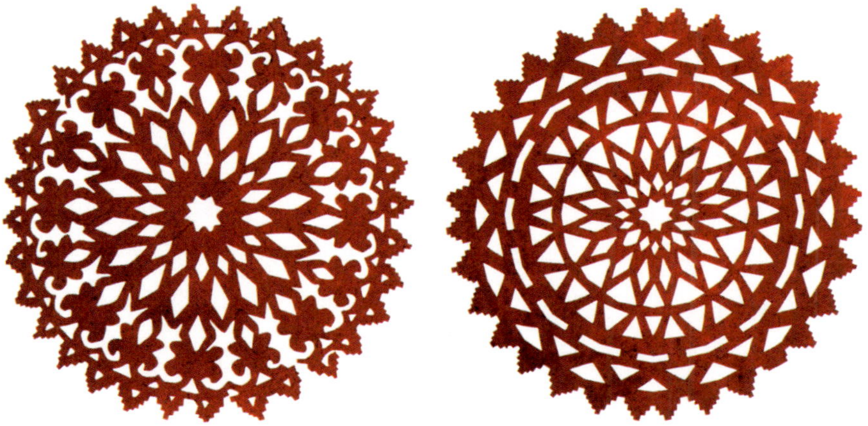

图 9-43. *最早的剪纸。新疆吐鲁番阿斯塔那北朝墓出土。*

以剪纸作为头饰在晋、唐、宋代都很盛行。如正月七日的“人日”节，正月初十的“立春”，妇女们用金箔剪成小人戴在头上，还可以剪出燕子装饰发髻，富贵人家的女子，头上饰以金凤，小家之女用剪纸衬发也别有一番风味。最有趣的是“闹蛾”，它用乌金纸剪成飞蛾，用猪鬃尖贴在上面做成飞蛾的触角，五支或七支合成一组，安上小柄插在发髻中，走起路来一动一晃，如同真正的飞蛾闹在发间，与步摇有异曲同工之妙。

插钗风俗　这一时期，钗的用量似乎超过了簪，因为它既实用，装饰效果又强。因钗是双股，古人也多取其“双”的含义，使钗在宋代成为婚姻的重要信物。《东京梦华录》：“娶妇”条中“若相媳妇，即男家亲人或婆往女家看中，即以钗子插冠中，谓之‘插钗子’；或不入意，即留一两端彩段，与之压惊，则此亲不谐矣。”《梦粱录》卷二十“嫁娶”条中“如新人中意，即以金钗插于冠髻中，名曰插钗”。在宋人通俗小说《西山一窟鬼》中也有“自从当日插了钗，离不得下财纳礼，奠雁传书，不则一日，吴教授娶过那妇人来”。那时钗在结婚时也是妇女嫁妆中重要的饰品。若是离婚，女子则要“分钗”，贺铸《绿头鸭》词中：“翠钗分，银笺封泪，舞鞋从此封尘。”在节日里，妇女们还喜爱在钗上悬挂一些花朵坠饰称为“钗朵”“吊朵”。在端午节，妇女们一定要戴“钗头符”，这种饰物以五彩缯帛剪成，插在发髻上以辟不祥。

长脚小花钿　与唐朝一样，花钿是头饰中必不可少的饰物。轻巧的小花钿片在需要时常常被挂在簪钗之上，用后还可以拿下来。如果它单独为饰，就把它制作得像簪一样，只是簪角细长轻巧十分方便，戴起来也多成双成组。那时花钿的制作多样，有单独的也有成双或干脆做成一排花饰，像一种弯弧形的长条形簪。由于这些花钿十分轻巧，装饰华丽的妇女走过后经常会掉在地上许多，这也多成为诗人们描述的趣闻景象。甚至在年节或重大礼仪之后，半夜还有挑灯者专门拾取这些珠翠花钿或耳饰，竟成为一种职业，称为“扫街”（图9-44、图9-45）。

琉璃簪钗　由于金银玉等多为贵族所拥有，平民阶层中常用琉璃来仿造玉饰。在唐朝末年，还盛行佩戴一种以琉璃做成的手镯和头饰，因它有着十分美丽的色彩，人们常把它当作宝石的一种镶嵌在首饰中。《唐会要》记载，唐代在主要烧制陶瓷的甄官属下，特别设立了一个

1.

2.

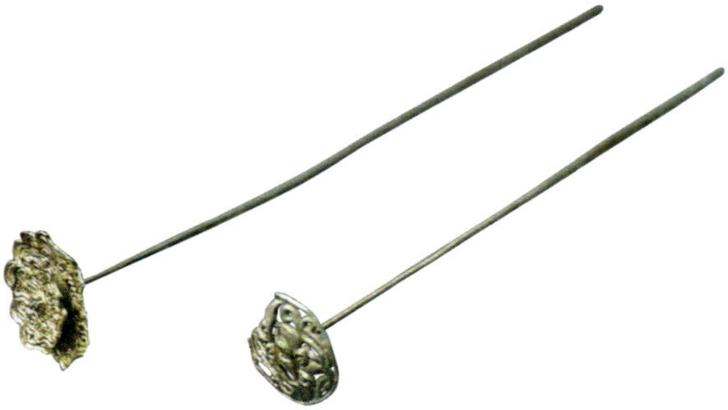

3.

4.

5.

图 9-44.

1. 头饰花钿耳有穿孔的宋代女子。山西太原乱石滩晋阳墓出土瓷胎俑头。
2. 镂花双首金钿。浙江永嘉北宋遗址出土。
3. 长角小金钿。浙江永嘉北宋遗址出土。
4. 金箔花钿片。浙江衢州横路宋墓出土。
5. 金丝宝钿。长 7.21 厘米，高 6.2 厘米， 厚 0.3 厘米，重 22.4 克。由四瓣花组成团花，内嵌绿松石及玛瑙。1990 年河南洛阳邙山宋墓出土。

冶局来烧造彩色琉璃珠子，用以装饰天下的佛像。因此唐代的佛像无不饰挂镶嵌着美丽琉璃的璎珞及各类饰物。在民间，不许使用金银珠宝的百姓，官府则允许使用琉璃簪钗等首饰（图9-46）。

（二）胜

胜这种古老的饰物仍是人们喜爱的首饰，多在春节期间佩戴。在重大的节日里，皇帝还要赏赐给群臣贵重的金银幡胜让他们戴在头上。制作胜的材料种类繁多，一般有金片、银片、玉片、宝石、丝织品等，如金胜、银胜、玉胜、宝胜、罗胜、织胜、纸胜等。在许多文献中还记载着当时朝廷大臣们戴胜的盛况。《东京梦华录》卷六“立春”条中：“宰执、亲王、百官皆赐金银幡胜，入贺讫，戴归私第。”金盈之《醉翁谈录》卷三中说，立春日“自郎官御史寺监长贰以上，皆赐春幡胜，以罗为之，近臣皆加赐银胜”。《梦粱录》卷一“立春”条“宰臣以下，皆赐金银幡胜，悬于幞头上，入朝称贺”。其中“幡胜”是以剪纸或绸绢等做成旗幡形，也可剪作蝴蝶、金钱或其他形状，而“采胜”则用彩绢做成（图9-47）。

妇女们在节日中也要戴胜。《岁时广记》立春之俗中：“彩燕丝鸡，珠幡玉胜，并归钗鬓。”刘松年《天女献花图》中的天女头鬓旁就戴有胜这种饰物。特别是在传统的正月初七的“人日节”，“人胜”更是这天最具特色的饰品。民间在此日要剪彩绢人像，并将其贴在屏风或戴在头髻上，以表示进入新年后形貌一新（图9-48）。

（三）围髻

宋代的女子还有一种漂亮的头饰叫作围髻。从它的名称就可以知道这是围在发髻底部的一种首饰，似在南宋时比较流行。它的式样多为弧形的镂空装饰带横梁，下坠着一条条密密麻麻编联在一起的排花。这有时候也是梳子的一种，弧形的镂空装饰，往往是梳背的主体。使用的时候，把这种花饰梳子插在发髻的正面即可。围髻的使用在江西德安南宋周氏墓中可以见到，此墓墓主的头部发型保持完好，在髻前有用金丝编成的网状围髻，一直罩到额际。在湖南临湘陆城南宋墓中也发现了一条金围髻。这种首饰在明代更加受到人们的喜爱（图9-49、图9-50）。

图 9-45. 戴各式小花簪的女子。传宋·武宗元《朝元仙杖图》局部。

1.

2.

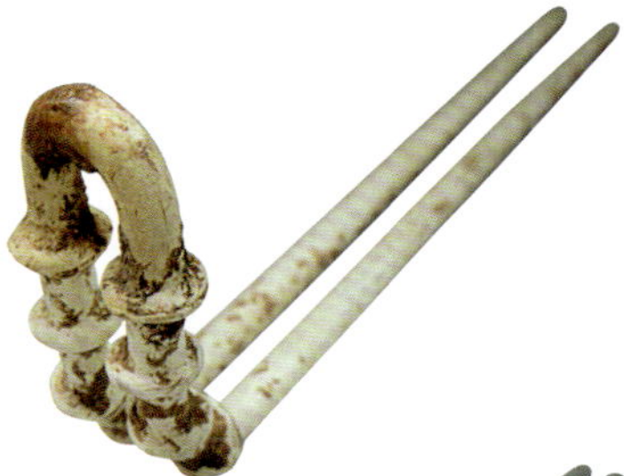

3.

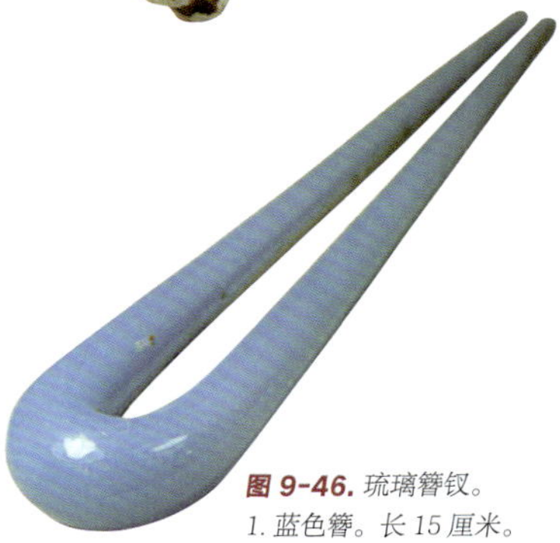

图 9-46. 琉璃簪钗。
1. 蓝色簪。长 15 厘米。
2. 白色双股钗。长 16 厘米，宽 2 厘米。
3. 蓝色双股钗。长 14 厘米，宽 2 厘米。

1.

2.

图 9-47.
1. 戴幡胜的女子。魏晋时期公孙家族墓葬壁画《夫妻对坐图》。
2. 戴幡胜的宋代男子。明·仇英摩五代周文矩《校弩图》。

图 9-48. 戴“胜”的女子。刘松年《天女献花图》局部。

图 9-49. 戴围髻的妇女形象。

三、耳饰又风行

宋代妇女喜戴耳环，这与隋唐时期大为不同。这时期的妇女穿耳之风空前盛行，就连皇后、嫔妃也不例外。在山西太原晋阳古城宋墓中，出有一件头戴花钿、耳有穿孔的瓷胎妇女俑头，是当时女子穿耳风俗的真实写照。这一时期的耳饰非常多样，大致可以分为耳钉、耳环和耳坠。戴耳钉的人物在艺术品中较常见到。如宋人杂剧图中的女子，紧贴耳朵的地方戴着蓝色水滴式的耳饰，中间还有红色的镶嵌物，这种耳饰与元代绘画《杜秋娘图》中的女子耳饰极为相似，也许是宋元时期流行的样子。在河南焦作新李村宋墓出土的女侍俑耳上还戴着很夸张的花形耳饰（图 9-51）。江西彭泽宋墓的一件由一根粗细不等的金丝打制而成的“S”形的金耳环。它一端尖锐，另一端被锤成薄片，上面还浮雕出花卉图案。而江苏无锡宋墓出土的金耳环就比较复杂，它由两金片合成，上面还压印出繁缛的花纹，中间是两棵对称的瓜果，上下有蔓藤枝叶缠绕，而用来穿耳的金丝，也设计成枝蔓状。这种以花卉、蝴蝶、瓜果作为耳环装饰的风格，在宋代时兴起。它们的设计灵感大约来源于五代两宋以来，绘画中的花鸟虫草与蔬果的写生小品。作为装饰纹样，它还流行于宋代的织绣等。在浙江衢州上方南宋墓出

1.

2.

图 9-50.
1. 金围髻。承训堂藏金。
2. 金围髻。弧长 9 厘米。江西新余出土。

1.

2.

图 9-51. 戴耳饰的女子。
1.《宋人杂剧图》局部。
2. 河南焦作新李村宋墓出土陶彩绘女侍俑。

图 9-52. 宋代耳饰。
1. 饰有瓜果枝叶纹饰的金耳环。江苏无锡宋墓出土。
2. 葵花形金耳环。浙江衢州上方南宋墓出土。
3. 金耳饰。四川彭山正华村北宋石室墓出土。
4.S 形花卉纹耳环。高 2.6 厘米—3 厘米。承训堂藏金。
5. 花卉蝴蝶纹耳饰。长 4.2 厘米，宽 2 厘米。承训堂藏金。

土的葵花形金耳环也具有这种特征（图 9-52）。

最值得一提的是，以花蝶为题材用累丝镶嵌的方法制作的金耳饰，精美而轻薄的纹饰闪耀着金光，有的还在累丝中嵌有宝石（图 9-53）。

悬挂在耳上长长的坠饰在南熏殿旧藏《历代帝后图》中可以看到。图中的宋代皇后和身边戴花冠侍女的耳朵上都戴着一串珍珠耳饰，贴耳的地方还有装饰。从图像上看，皇后的珠子数量要比侍女多，用以区分贵贱（图 9-54、图 9-55）。

四、念珠与项圈

念珠也称佛珠或数珠，是梵语“钵塞莫”的意译，即佛教诵经时用来计数的一种串珠。按照佛教的说法，一个人若能把经文反复诵念

1.　2.　3.

图 9-53.

1. 金蝴蝶桃花荔枝纹耳饰。湖南临澧新合金银器窖藏。
2. 金蝴蝶桃花山茶纹耳饰。湖南临澧新合金银器窖藏。
3. 花卉蝴蝶金耳饰。长 4.2 厘米，重 20.4 克，枝叶内原有镶嵌物。1990 年河南洛阳邙山宋墓出土。

图 9-54. 戴珍珠耳饰的皇后与仕女。南熏殿旧藏《历代帝后图》。

图 9-55. 花叶果实纹耳坠。长 8.6 厘米—8.7 厘米。承训堂藏金。 **图 9-56.** 无患子手串。

图 9-57. 南宋水晶项链。江西波阳县团林公社东湖生产队宋墓出土。

图 9-58. 手持串珠的阿难石像。

图 9-59. 木质念珠颈饰。福建福州黄升宋墓出土。

千万遍，就可以避免一切灾难，并能消除由这些灾难带来的许多烦恼。

宋代佛教盛行，念珠本是手上物品，把它作为项饰却为宋代所独有。念珠一般以香木制成，也有用宝石或其他材料的珠子制成。珠子的数量各个宗派都有不同，有 14 颗，也有 27 颗，还有的用 54 颗或 108 颗不等。每一串念珠的材料基本上是一致的，但为了记数方便，也夹杂着几颗不同质料的珠子叫作“记子”。

制作念珠的材料有金、银、赤铜、珍珠、珊瑚、水晶、莲子、菩提子、金刚子、木槵子等。其中用槵木的籽做成的最为常见。圆形槵木的果核质地坚硬，色黑如漆，并且颗粒大小均匀，很适合作念珠。木槵的“槵”字音同患，所以又被称为“无患”，民间将其叫作“无患子”。在中国的传统观念中，木槵子还具有驱邪的功能。《法苑珠林》中：“若欲灭烦恼障者，当贯木槵子一百八，常以自随。”就是说以木槵象征“无患”。明代李时珍在《本草纲目·木部》中有：“无患子……俗名为鬼见愁，道家禳解方中用之，缘此义也。释家取为数珠。”（图 9-56）随着佛教的普及，诵经念佛者日益增多，其他材料的念珠相继增多。常见的有各种树籽和一些质地细密的木质圆珠，如紫檀木、香木、核桃等。

在唐朝时，水晶念珠十分流行。在当时水晶称为“水精”，它晶莹纯净，一些僧人常用它来制作佛道饰品。当时的人们认为，水晶是石化的冰，这也是它名称的由来。其实，水晶是一种蕴藏很广的矿石，但是只有毫无瑕疵的水晶才具有高贵的价值。如当时日本的僧人圆仁带到唐朝的水晶念珠就是如此。很多人还把那些美丽的水晶念珠作为写诗的题材来称诵。在欧阳詹《智达上人水精念珠歌》中把水精念珠比拟为冰、水、露珠，甚至月光，如：“良工磨试成贯珠，泓澄洞澈看如无，星辉月耀莫之逾，骇鸡照乘徒称殊。”（图 9-57、图 9-58）

到了佛教盛行的宋代，念珠已不是僧人所独有，所有信奉佛教的人都必不可少，特别是妇女们，颈部佩挂念珠是一种极为时髦的装束。其实这些念珠在使用时，一般都被捏在手里，嘴上一边念诵经文，手上一边拨动一颗念珠。诵经完毕，念珠也不能随处放置，通常要带在身边。颗数较少的念珠多套在手腕上，颗粒较多的，平时则悬挂在颈间。一般悬挂了念珠的人，颈部就不再另佩饰物，所以宋代的念珠也兼有颈饰的作用。在福州出土了一座宋墓，墓主黄升是一位年轻的贵妇，考古人员从她的墓里发现了大批的随葬物品，仅完整的衣物就有两百多件，而在她的颈部，除发现两串木质念珠外，再无其他饰物。她的两串木质念珠，一串 110 颗，另一串 93 颗，棕黑色的珠子用一根褐色丝线串联，大珠小珠间夹杂着小铜片，结束处做成两条用垂珠和宝瓶系结的丝穗（图 9-59）。人们很喜欢用红色的丝线来穿系念珠，并在结束处并成一缕红缨。白居易《水晶念珠》：“磨琢春冰一样成，更将红缕贯珠缨。”明·曹寿奴《夫君北行以菩提念珠留赠》：“百八菩提子，红丝贯小缨。”

唐朝时，妇女们受北方少数民族装饰风俗的影响，就已有了在胸前佩戴项圈的现象。在《簪花仕女图》中，丰腴的贵妇就颈戴项圈，另见有河南焦作新李村宋墓出土的女俑也是这种装扮。这种项圈一般是用金银薄片打制成环状，并在表面凿刻或模压出各种精致的纹饰，极具美感。宋元金时期的项圈仍保留着这种样式。在浙江宁波天封塔地宫出土了一件南宋时期的银项圈。它外表镀金，上面刻着精细的纹饰，底部的正中还刻着一个童子纹，两边用牡丹纹等向外延伸。在现在的苗族妇女中，仍保持着戴项圈的风俗，制作得也更加华丽。除了这种较为复杂的项圈外，还有以粗银丝或铜丝弯成的质朴的项圈。如贵州清镇琊陇坝宋墓发现的几件项圈，就属于此类（图 9-60）。

除此之外，宋代的妇女非常喜欢在胸前佩戴玉雕童子，很多都是手拿莲花的莲花童子形象。宋人喜爱莲花荷叶，《东京梦华录》卷八记载：“七夕前三五日，车马盈市罗绮满街，旋折未开荷花，都人善假作双头莲，取玩一时，提携而归……又小儿须买新荷叶执之，盖效颦磨喝乐。”《武林旧事·乞巧》中也有：“小儿女多衣荷叶半臂，手执荷叶，效颦摩睺罗。”看来，宋代的这种玉雕执荷童子是当时世俗风格的反映（图 9-61）。

五、腰间饰品

（一）注重纹饰的腰带

宋朝崇尚金质的腰带，这一点与唐代有所不同。欧阳修《归田录》卷二：“初，太宗尝曰：‘玉不离石，犀不离角，可贵者惟金也。’

1.

2.

3.

4.

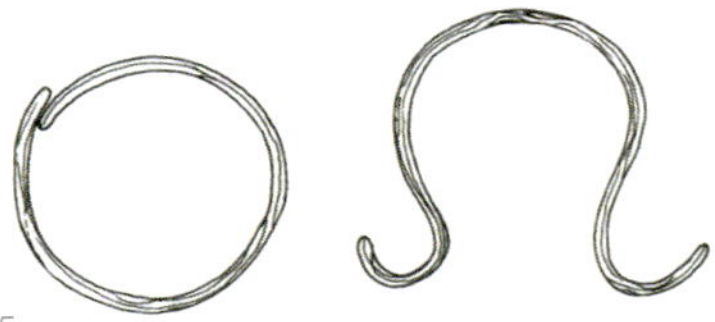

5.

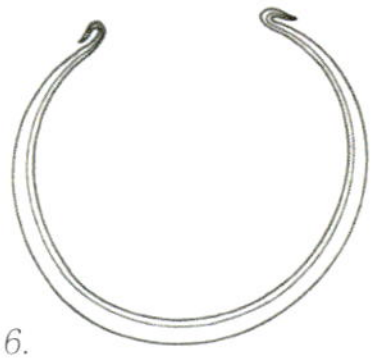

6.

图 9-60. 戴项圈的女子。
1.《簪花仕女图》局部。
2. 河南焦作新李村宋墓出土女俑。
3. 唐代银项圈。
4. 南宋镀金银项圈。浙江宁波天封塔地宫出土。
5、6. 质朴的项圈。贵州清镇琊陇坝宋墓出土。3–6 出自《中国历代服饰名物考》。

图 9-61. 白玉留皮雕执荷童子。

乃创立金銙之制，以赐群臣。”

宋代官员的腰间带饰，特别是金銙上十分注重装饰纹样。常见的有六种：毬路、御仙花、荔枝、师蛮、海捷、宝藏，其中御仙花的图案与荔枝图案相近。在出土物中常见有荔枝图案的腰带。如在美国波士顿美术馆就藏有鎏金铜荔枝带銙一枚，江苏吴县元吕师孟墓也出土有金荔枝纹带銙，宁夏银川西夏八号陵亦有金荔枝纹铊尾一枚（图 9-62、图 9-63）。同时人物纹饰的带饰也很受重视，如“师蛮”带。在文官束身的衣带中，等级很多，其中以特别赐予的“紫云镂金带”最为贵重，上面刻有“醉拂林弄狮子”。据宋人笔记称，这种带饰为透空镂雕三层花纹，人和狮子均能活动。北宋时，曾赠送群臣三四条，后来又全都收回。这种在金带板上雕刻“醉拂林弄狮子”的内容，通称为“师蛮”。

由于金带倍受推崇，玉带就相应减少，但等级仍然很高。在宋人和明人所绘的赵匡胤像中，其腰带都为玉装红束带，带上装饰着精美的玉饰（图9-64）。

其次，宋代还特别重视犀角带，其中又以“通天犀”带为最上品。犀牛角本是黄褐色或黑褐色的，其中有一缕浅色斑纹贯通上下的叫“通犀”，又分“正透”“倒透”等名目。用它制作的带具在唐代就已经很名贵，宋代的通犀则尤其注意这种浅斑所形成的自然花纹，如果这种花纹像是某一种图案，如当时著名的“翔龙”“寿星扶杖”“鹿衔花”等，这样的带銙则价值逾万，十分珍贵罕见。当时的官僚阶层都刻意追求这种带銙，以示富贵。至于一般的犀角所作带板镶嵌等级在玉金银之下，而普通公吏所使用的“角带”，都由牛角做成。

（二）男子玉佩饰，女子玉环绶

宋代仍然佩玉。《东京梦华录》“驾诣郊坛行礼”条中有：“外内数十万众肃然，惟闻轻风环佩之声。”《梦粱录》中也有“玲珑环佩互宫商”之句。从文字上看，当时的腰佩比较简单，并以环绶为主。宋代以后，很多人都对以前的大佩制度很感兴趣，并对其进行考证，如陈祥道的《礼书》、聂崇义的《三礼图》等。这些考证和整理，对于当时和以后的礼服制度的制定，都起了十分重要的作用。这也使一些传统的佩玉习俗重新复苏。

在妇女中很盛行使用腰带，时人美称为“香罗带”。它是以两种颜色的彩丝相交编结而成的合欢带，深受年轻妇女们的喜爱，往往将其佩于裙边作为装饰，象征男女恩爱、情意绵绵。而用窄窄的丝绦系结玉环的丝结带子，称玉环带或玉环绶。它是由秦汉时期的印绶演变而来的，其中一种是将丝绦佩于腰间，或反复做成连环结而下垂，或在丝带系上一只玉环类饰物。这种结绶有许多不同的式样，

1.

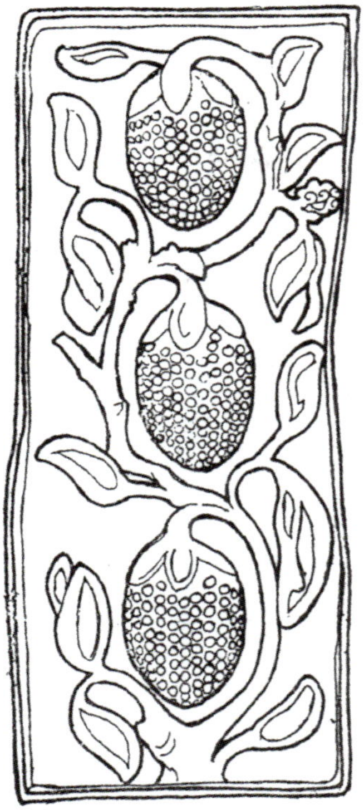

3.

2.

图 9-62. 荔枝纹带具。

1. 美国波士顿美术馆藏鎏金铜带銙铊尾。
2. 江苏吴县元吕师孟墓金荔枝纹带銙。
3. 宁夏银川西夏八号陵出土金荔枝纹铊尾。

图 9-63. 缠枝花纹金带。

图 9-64. 明人所绘宋太祖赵匡胤像。

1.

图 9-65.

1. 佩玉环绶的宫女。山西太原晋祠圣母殿北宋彩塑。
2. 玉佩饰。南京江宁区清修村宋代墓园出土。
3. 宋代白玉镂雕凌霄花玉佩。天津文物公司征集。

2.

3.

看起来美观大方，在山西太原市晋祠圣母殿的北宋彩塑中表现得十分具体（图 9-65）。另一种玉环绶或玉佩可以是一副，即在使用时悬挂在腰的两侧，左右各一。《武林旧事》卷二“诣后殿西廊观看公主房奁”中就有“真珠玉佩一副”。

妇女们使用这类玉环绶，除了有装饰作用外，还有一种压裙的功能。即用这种玉佩饰压住裙幅，在走路或活动时衣裙不至于随风飘舞而影响雅观，有规范妇女行动的寓意，故时人又名为“禁步”。这种结环加玉佩方式一直影响到明清时期。

六、丰富多彩的手上饰物

（一）跳脱

起于汉代，盛于隋唐的跳（条）脱饰物流行于宋。在这几千年中

1.

2.

3.

图 9-66. 手戴跳脱的妇女。
1. 宋人《杂剧图》中的伶人。
2. 河南偃师酒流沟宋墓厨娘画像砖。
3. 跳脱。直径 5.5 厘米—5.9 厘米。承训堂藏金。

外形变化不大，通常以金银条制成，绕制成盘旋状，少则三圈，多则五圈八圈不等，无论高低贵贱均可佩之。在《宋史·礼志一八》：“定礼……黄金钗钏四双，条脱一副，真珠虎魄璎珞。”河南省偃师酒流沟宋墓出土的画像砖上，时髦的厨娘在做鱼的时候还佩戴有这种跳脱饰物（图9-66）。

（二）钏、镯与缠臂金钏

钏是宋代妇女十分喜爱的手上饰物之一，又叫作“腕钏”“手钏”等。《说文》：“钏，臂环也。”《正字通》：“古男女通用，今惟女饰有之。”在许多文章中常把钏、跳脱、手镯混为一谈，其实它们是三种不同的手上饰物。如《宋史·礼志一八》：“定礼……黄金钗钏四双，条脱一副……”可以看出钏与跳脱是两种不同的饰物。而手镯与钏也不是一种，在记载中，宋代富贵之家的结婚聘礼要准备“三金”，即“金钏、金镯、金帔坠”，若较贫者也要以银器或镀金器代替，由此可见钏与镯也是两种不同的饰物。它们的不同之处在于，钏是一种由金属制作的不封口的手腕饰物，而镯则是套在腕上的环形饰品，无口，其中以玉镯最为典型，宋人常称为“镯”或“镯子”。

浙江永嘉宋代窖藏银器中就有一对双箍面银钏出土。钏面呈曲环状，有缺口，形状为两道较宽的突棱，其两端还有斜刻的方格纹。实物中还常见有玉镯和一种细丝状手镯，如四川成都双流南宋墓出土的可调式金手镯就属此类（图9-67）。

而金质的妇女臂饰，当时俗称为“缠臂金”，又叫“约臂”“金缠”，应是钏镯类中的一种。很多文字都提到这种饰品。苏轼《寒具》诗：“夜来春睡浓于酒，压褊佳人缠臂金。”邹登龙《梅花》诗：“约臂金寒拓绮疏，搔头玉重压香酥。”由此看来，金缠或缠臂金是宋代十分流行的妇女臂间饰物。

（三）长命缕

所谓长命缕，就是用一种五色彩丝编成的丝绳，俗称“避兵缯”，又叫“百索”“朱索”“合欢索”等。古人往往将其编织成日月、星辰、鸟兽的形状，或绣上图案，佩戴在胸前或手臂上，认为不仅可以逃避兵祸，而且可以使人长寿。早在汉代人们就有戴这种饰物的习俗，一

1.

2.

3.

图 9-67.

1. 银钏。浙江永嘉宋代窖藏银器。
2. 可调式金手镯。四川成都双流南宋墓出土。
3. 金镯。南京江宁区清修村宋代墓园出土。

1.

2.

图 9-68.

1. 金戒指。金丝经 0.1 厘米。为细长多节弹簧状。浙江金华南宋郑刚中墓出土。
2. 四季花卉宽面金指环。直径 1.85 厘米。此戒指共出有一对。在宋代称为“指镯”。浙江建德大洋镇下王村宋墓出土。

些地方还多将其系于门户等处。这是民间五月端午的风俗。到宋代时，长命缕多被系在手臂上。宋人高承《事物纪原》卷八《岁时风俗部·百索》中说："今有百索，即朱索之遗事也，盖始于汉，本以饰门户，而今人以约臂。"在苏轼《皇太妃阁》诗中："辟兵已佩灵符小，续命仍萦彩缕长。不为祈禳得天助，要令风俗乐时康。"这些都是对此饰物的记述。在二十世纪八九十年代，中原地区的民间百姓在五月端午的那几天，还会在一横杆上挑卖这种用彩色丝绳系臂的饰物，价格很便宜。现在已很少见到了。

（四）指环

手戴指环的风俗绵延不断。宋人的指环常常镶嵌各种名贵的宝石。《萍洲可谈》卷二记载了当时广州人喜爱戴指环的情形：广州番人"手指皆带宝石，嵌以金锡，视其贫富，谓之指环子，交趾人尤重之，一环直百金，最上者号猫儿眼睛，乃玉石也，光焰动灼，正如活者，究之无他异，不知佩袭之意如何。有摩娑石者，辟药虫毒，以为指环，遇毒则吮之立愈，此固可以卫生"。文中的猫眼石来自国外。而作为指环的"摩娑石"，佩戴者一旦中毒，立刻吸吮此环即可解毒，真是无奇不有（图9-68）。

第十章

一代风俗始自辽金

第一节　厚重华贵的辽代贵族饰物

辽、金、西夏与北宋同时存在。他们与宋朝相互融合并各受其影响。辽出现在北宋时期，它是中国古老的契丹族建立的政权，在中国历史上活跃了十个世纪之久。

在内蒙古自治区东部的草原上，流淌着一条著名的河流——西拉木伦河，这就是辽代的潢水，这条河流孕育了一个古老的民族。传说一个骑着白马的青年沿着西拉木伦河溯源而上，与一个驾着牛车的美丽姑娘相逢，并且一见钟情，他们的子孙就是契丹人。

契丹人的祖先是东胡族的后裔，即东胡后裔鲜卑别部之一。书中常有“鲜卑别种”的契丹族之称。就像传说中所描绘的那样，原始的契丹人包含两个不同的氏族，分别以白马和青牛为图腾，并相互通婚。“契丹”是本族人的自称，意思是镔铁和刀剑。有关契丹人的最早记载见于《魏书·契丹传》。契丹人以游牧为主，车马为家。至北魏时，契丹八部逐渐形成，并以聚族分部的形式，过着艰苦而自由的游牧生活。这一时期，他们与中原地区的汉族频繁交往，并每年都以名马进供，常在和龙（今辽宁辽阳）和密云等地同中原的民众进行互市。唐太宗时，契丹的第一个部落联盟大贺氏联盟归附于唐朝，唐玄宗时大贺氏联盟瓦解。几经周折后，耶律家族的代表耶律阿保机被推举为联盟首领，并于916年建立了契丹国，年号神册；947年改国号为辽，都城设在上京临潢府（今内蒙古昭盟巴林左旗的林东镇）。

辽建立后，凭借着自己精锐的骑兵，不断骚扰中原和周围的部族，在北宋时成为中原的严重威胁。多次战争后，辽胁迫北宋鉴定了“澶渊之盟”，辽宋两方才维持了百年之久的和平局面。但辽在1125年被女真人建立的金所灭。

辽与五代共始，和北宋同终。从辽太祖初建，到天祚亡国，共历九帝，极盛为圣宗时期。契丹族在建国的二百余年里，创造了独特的文明，它们融合了唐宋的影响，但其风俗又影响了中原地区，因此有着“一代风俗始自辽金”之说。他们对西方国家影响也很大，据说哥伦布出海航行，就是为了寻找他仰慕已久的契丹。这虽然只是传说，但在俄

图 10-1. *辽墓壁画中的髡发男女。*

文与拉丁文中把中国称为“契丹”却是事实。

一、喜爱戴冠的契丹贵族

契丹族人对冠的要求十分严格。辽国有高贵官职的贵族男女，都要头戴冠饰。按照辽国的制度规定，庶人虽有财富或衙役无官职者，不能戴冠帻。这种衣冠等级界限严格，反映在辽墓壁画中尤其清楚。如辽代墓室壁画中的仆役、侍卫等人物，都是髡（音同“昆”）发露顶，无一戴冠者，契丹男子的髡发一般是留着两鬓的头发而剃除余发。女子的发型则是剃去前额的边沿部分，而保留其他头发（图 10-1）。

辽代贵族妇女的冠，人们习惯称为菩萨冠。其特点是圈筒式，前檐顶尖成山字形。在辽宁建平张家营子辽墓出土的一顶鎏金银冠，以较薄的银片捶卷而成，形似帽箍，冠面压印着突出的花纹，中心作五朵蕃花，簇拥着一颗烈焰升腾的火珠，火珠的两侧饰以双龙，十分威武。而地纹则用卷草纹装饰，上下围以花边，花边内并列着一排如意云纹（图10-2）。类似的冠还见于辽宁朝阳二十二家子辽墓。冠的外形与建平辽墓出土的完全一致，所不同的是冠面上的纹饰，后者是双龙吐珠，前者则为一对飞凤纹。另有河北平泉县小吉沟辽墓出土的龙凤纹冠等，都是地位较高的契丹贵族冠饰。戴这种冠饰的形象在山西大同华严寺的辽代佛像彩塑中可以见到（图10-3）。

一种由金属制成的冠，式样纹饰与宋代官帽有些相似。如库伦旗五号辽墓出土的镂雕鎏金铜冠，用带纹自冠口缘及顶将冠面分为四格，每格镂花相同，中间饰以牡丹、凤鸟，冠顶饰莲花一朵，下大上小呈尖圆形（图10-4）。另有一种毡帽式冠较为流行。据《契丹国志·衣服制度》卷二十三记载："番官戴毡冠，上以金华为饰，或以珠玉翠毛，盖汉、魏时辽人步摇冠之遗象也。"

另具特色的辽代贵族冠饰，见于1985年在内蒙古哲里木盟奈曼旗发现的辽·陈国公主与驸马的合葬墓。这是一座典型的辽代中期契丹贵族墓葬。它保存完整，是中国迄今为止第一次发现的未经盗扰的辽代皇族墓。墓主人陈国公主是一位年仅18岁的女子，她的伯父即辽圣宗皇帝，祖母是大名鼎鼎的萧太后。其驸马的祖父也是一位历事四朝、官居要职的契丹大臣。在这一时期，辽代专任外戚，公主的地位特别受尊宠，不仅生前待遇优厚，死后的一切丧葬所需，皆由朝廷承揽。人们评论，此墓出土的各种物品堪称为"辽墓珍宝甲天下"。

在墓中陈国公主的头部上方，出土了一件高翅鎏金银冠。全冠为高筒式，圆顶两侧有对称的立翅高于冠顶，华美精致。可以看到，辽贵族妇女同宋代的妇女一样喜爱高冠。只是宋代妇女的高冠已经平民化，而辽只有地位高贵的妇女才可使用，冠上的纹饰也多为龙凤纹（图10-5）。墓中驸马的鎏金银冠相当复杂，16块大小形状不等的鎏金银片用银丝连缀而成，制作工艺极为精细（图10-6）。契丹族是一个善于取长补短的民族，他们在与中原宋朝和邻近的民族相互交往中，不断汲取其他民族的先进文化，甚至接受了他们的宗教信仰，并融合本民族的特点，创造了自己独特的民族文化。如陈国公主和驸马的银冠上，用道教真武和元始天尊、太极图等作为装饰，反映

1.

2.

图 10-2. 龙珠纹鎏金银冠。
1. 正面。
2. 侧面高 19 厘米，径 20.9 厘米。辽宁建平张家营子辽墓出土。

图 10-3. 辽代佛像上的金冠。山西大同华严寺的辽代佛像。

图 10-4. 高翅龙戏珠纹鎏金铜冠。梦蝶轩藏。

图 10-5. 高翅鎏金银冠。冠的正面镂空并錾刻花纹。正中为火焰宝珠，左右两面为云纹环绕的昂首飞凤。冠两侧的立翅外面正中部位，也各有凤鸟一只。冠顶正中有两个穿孔，缀有鎏金元始天尊银造像。内蒙古哲里木盟奈曼旗辽·陈国公主墓。

图 10-6. 驸马的鎏金银冠。冠的正面饰有对凤，围绕对凤的上下左右，缀以鎏金银圆形冠饰 22 件。上錾刻有各种不同的飞禽和花卉，火焰等纹饰。内蒙古哲里木盟奈曼旗辽·陈国公主墓。

图 10-7. 戴冠与耳环的契丹贵族。美国波士顿艺术博物馆藏《东丹王出行图》局部。

1.

2.

3.

图 10-8.
1. 鎏金花叶银饰件。
2. 鎏金双凤银饰件。
3. 银镶宝石花钿。内蒙古巴林左旗辽祖陵出土。

图 10-9. *辽代金头饰。长 14 厘米。*

出他们对中原道教的尊崇。

还有一种贵族冠饰在《辽史》和《契丹国志》中都没有记载，而在宋人孟元老的《东京梦华录》卷六中却有所描述：元旦朝会一节写有：“诸国使人，大辽大使顶金冠，后檐尖长，如大莲叶，服紫窄袍，金蹀躞；副使展裹金带，如汉服。”其中所谓“后檐尖长如大莲叶”，并不是指圆形荷叶，而是尖圆的莲花瓣。美国波士顿艺术博物馆藏的《东丹王出行图》中，东丹王头上的冠与记载中的样式十分相符，很可能就是孟元老记录的辽大使所戴的那种“金冠”（图 10-7）。

二、美丽的妇女头饰

契丹贵族妇女的头饰非常特别。辽代初期的贵族深受中原地区装饰风格的影响，妇女的首饰也有很多具有汉族的风格。2007 年在内蒙古巴林左旗辽代第一个皇帝耶律阿保机及其皇后的陵寝中发现了一些散乱的物品，其中那些镂空的小银饰、剪纸状的小飞凤和银镶宝石的花钿都是北宋最为流行的饰品（图 10-8）。在流失海外的一批辽代金银器中，也有一件类似于宋代女子的围髻头饰。十分漂亮（图 10-9）。一些辽墓壁画中头戴花钿簪钗和耳饰的女子首饰，也有典型汉民族的风格（图 10-10）。

图 10-10. 辽墓壁画《妇人启门图》。

图 10-11. 琥珀珍珠头饰。辽·陈国公主墓出土。

图 10-12. 琥珀瓶形头饰。顶部有仿真的瓶塞，是北方民族喜爱的饰物。辽·陈国公主墓。

图 10-13. 簪钗满头的妇女形象。内蒙古宝山辽初壁画。

而具有典型契丹族风格的女子头饰，当属辽·陈国公主墓中出土于公主头部的一件琥珀珍珠头饰。它由两根长度相同的细金丝将珍珠穿成两串，然后拧成两个长环状，两端各系一件琥珀龙形饰件，饰件下还各垂挂着由细金丝三连缀组成的金饰片，套戴在头上的样子一定很特别（图10-11、图10-12）。契丹族妇女喜欢穿上绣金枝花的黑紫色围裙。而中老年妇女则用皂纱笼髻，上面散缀些玉钿，称为“玉逍遥”。

三、金光闪耀的簪钗

在已发现的不下千余座辽代墓葬中，能够真正完整地反映契丹族人墓室随葬物品的墓葬极少，其中绝大部分为金人所破坏。金人在辽亡国之后，随即发辽冢，有政治上报复的含义，因此在盗掘墓中珍宝之后，还常常毁坏墓室、铲除壁画、砸烂墓志等。其他有幸存留的墓葬也被历代的盗墓者扫荡一空，墓中的各种首饰当然不会留下。在仅有的墓室壁画中，契丹男子或光头髡发，或戴圆形胡帽，还有极少数人戴直角幞巾。女子多梳发成髻或戴冠饰。

在内蒙古科尔沁旗东沙布尔日台乡有两座已被盗空的辽墓，即著名的水泉沟辽墓壁画。后来水泉沟改名宝山村，这座墓葬是迄今发现的最早的契丹贵族墓。墓主人的身份不明，据推断可能是女性。其父亲“大少君”是契丹建国前后赫赫有名的显贵人物。这些壁画使我们看到契丹人的早期生活情景。当时的贵族妇女对服饰是非常讲究的，它吸收了五代至宋时期中原妇女的服饰特点。这些贵妇簪钗满头，插戴的方法也很特别，除了插在发髻上，还多插戴在两鬓。虽然簪钗的式样较为单一，但由于插戴很多，却也金光闪闪、华丽动人。画中人物的汉服特征十分明显，绘画方法也极具唐画风采，证实了史书所载的关于契丹存在两种服装制度的记载，即契丹人着国服（契丹服），汉人着汉服，因服而治（图10-13）。辽代妇女的金簪有花朵形、花蝶、花蕾形和龙凤形，同时也有插梳用的金梳等（图10-14）。1997年，在内蒙古赤峰阿鲁科尔沁旗的一座大型辽墓被盗，这是辽贵族耶律羽墓，残留的一枝金银扁簪，簪首呈曲边，簪柄末端弯折并有穿孔，整体弧

1.

2.

图 10-14. 辽代金簪。
1. 花蝶形金簪。
2. 金梳。李缙云《收藏家·流失海外的一批辽代金银器》。
3. 凤簪。承训堂藏金。

3.

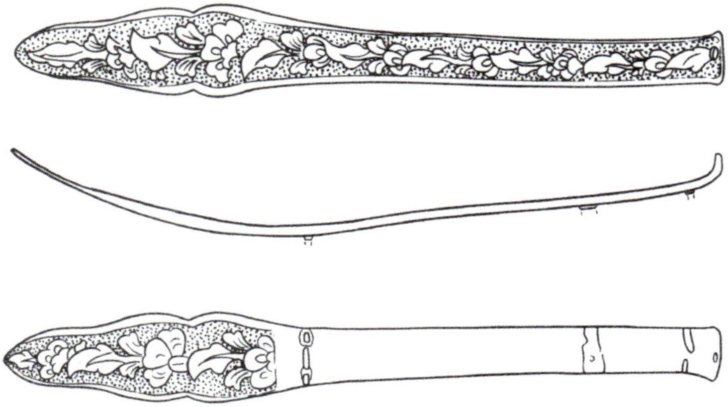

图 10-15. 金花银扁簪。内蒙古赤峰阿鲁科尔沁旗辽贵族耶律羽墓出土。

1.

2.

图 10-16. 戴耳环的契丹族男子。
1. 内蒙古赤峰巴林右旗罕山自然保护区辽墓壁画。
2. 辽宁阜新辽萧和家族墓壁画。

弯。正面及背面簪首錾刻连枝花卉及鱼子纹。这是一种压发用的扁簪，扁簪多在内蒙古发现，也许它就是清代扁方的雏形（图10-15）。

四、注重耳饰的民族

辽、金至元朝，都是以北方少数民族为主体的政权。男女都有戴耳环的习惯。耳环的制作也十分讲究，其精美的程度不逊于中原所制者。

契丹族人戴耳环、耳坠的现象很普遍。特别是男子，耳戴圆环是十分常见的现象（图10-16）。

辽代贵族的耳饰多制作精巧。在辽宁建平张家营子辽墓出土的凤形金耳饰，是以极薄的金片模压成立体的凤鸟形，两片合页，中空。这样一来既可以减轻耳饰本身的重量，又使制作工艺相对简便。同时，这种龙凤的造型也是中原风格的体现（图10-17）。

而辽宁建平硃碌科辽墓出土的鱼龙形耳环，是当时北方民族辽、金、元最常用的一种。它龙首鱼身，有人说这种造型也许和黄道十二宫的摩羯（音同“磨结”）星座有关，称为摩羯鱼。摩羯也叫“摩枷罗”，为梵语“makara”的译音，意思是大鱼、鲸鱼，又称鱼龙，是佛教中的一种瑞兽。摩羯形象大约于四世纪末传入中国，经隋唐逐渐融入了龙首的特征（图10-18）。

另一种“U”形耳饰是契丹族的独特式样。它多用金片锤打或为钣金焊接而成，造型虽然简单，但制作得十分精致（图10-19）。

而在吉林突泉刘家街辽墓出土的一件青铜耳饰呈片状，由前后两部分组成，前面凸起的铜薄片上还有圆形的纹饰，后面则用粗铜丝弯制成钩状，十分轻巧（图10-20）。

除了金银外，还有用玉制作的耳饰。发现的一对飞天纹玉耳饰是极为少见的题材。它制作精致，在豆粒大小的面部还雕刻出人物形象，而以头上的长发引伸为系耳之钩，可谓构思巧妙（图10-21）。

用琥珀制作小器物和饰品，是辽代工艺品的特色之一。在辽宁法库叶茂台辽墓出土的一对琥珀耳饰是在凤形琥珀材料上钻孔，穿入金丝，上部弯曲作钩穿耳，下部一分为二，分别盘绕，成为双足，或许

图 10-17. *凤形金耳饰。其凤高冠，翘尾，口衔瑞草，作展翅飞舞状，腹部则衬以卷草。辽宁建平张家营子辽墓出土。*

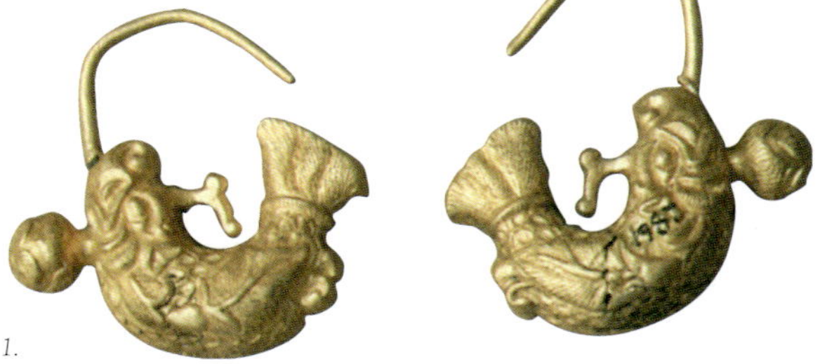

1.

2.

3.

4.

图 10-18. *摩羯鱼形金耳饰。*

1. 辽宁建平硃碌科辽墓出土。

2. 通高 4.3 厘米，宽 3.5 厘米。萨力巴乡水泉墓葬出土。整体为对半模压后焊合，细部錾刻花纹。是经耶律羽之墓后发现的又一对有明确出土地的摩羯耳饰。

3. 长 8 厘米，重 21.2 克。承训堂藏金。

4. 高 9.5 厘米，宽 5 厘米。承训堂藏金。

图 10-19. U 形耳饰。
1. 高 3 厘米。金厂沟梁镇沙子沟墓出土。
2. 葫芦纹金耳饰。高 2.4 厘米。萨力巴乡老牛槽沟出土。
3. 高 2.2 厘米。林家地乡西沟墓葬出土。
4. 高 4.5 厘米。承训堂藏金。
5. 高 3.2 厘米。承训堂藏金。

图 10-21. 飞天纹玉耳饰。

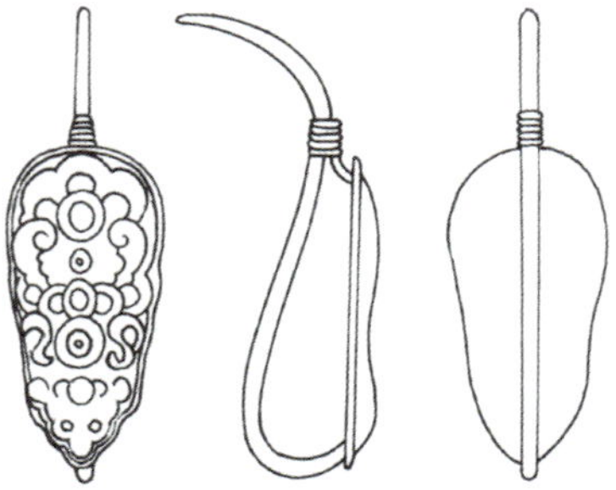

图 10-20. 青铜耳饰。吉林突泉刘家街辽墓出土。

图 10-22. 穿金丝琥珀凤形耳饰。高 5 厘米。辽宁法库叶茂台辽墓出土。

还有坠饰(图10-22)。现今所能见到的最为华贵的耳饰当属在辽·陈国公主墓中出土的一对琥珀珍珠耳坠，它由四件琥珀饰件和大小珍珠以细金丝相间穿缀而成，在四件橘红色的琥珀饰件上，整体均雕刻成龙鱼形小船，龙首、鱼身，船上刻有舱、桅杆、鱼篓，并有划船、捕鱼之人，雕刻入微。而这四件船形琥珀饰件的雕刻又各有不同。契丹族以渔猎为生，这种耳饰的装饰题材，实际上就是他们的生活写照(图10-23)。

五、华贵的璎珞与项链

璎珞是契丹贵族非常喜爱的饰物。契丹在建立政权前，没有戴璎珞的习俗。璎珞传入契丹被贵族阶层所常用，大约是在辽代建国以后。五代时期，太宗耶律德光派遣大使向后唐明宗“为父求碑石，明宗许之，赐与甚厚，并赐其母璎珞锦采”。明宗将璎珞当作罕有之物赠与契丹，说明了辽代初年尚无佩戴璎珞的习俗。当时这种饰物并非只有女子才能佩戴，男子佩戴也十分常见。璎珞的实物较早的有锦州市张扛村辽墓出土的玛瑙璎珞。然后是内蒙古赤峰大营子辽驸马卫国王墓出土的绿松石、琥珀、珊瑚、玛瑙璎珞。而略早于辽·陈国公主墓的法库叶茂台辽墓出土的琥珀、水晶璎珞以及在赤峰辽耶律羽墓出土的玛瑙璎珞等。其中多数的璎珞有一个特点，那就是在璎珞正中的部位，间隔分坠着“鸡心”形和“T”形两件坠饰，这样的组合为契丹人所特有，似有非同寻常的意义(图10-24、图10-25)。

而在辽·陈国公主墓中，公主与驸马的胸前都佩有璎珞和胸佩，里里外外好几层，十分华丽。这种装饰长而且大，自颈部直垂至胸腹。在陈国公主与驸马墓出土的两组琥珀璎珞胸佩中的一组，有五串二百余颗琥珀珠和五件琥珀浮雕饰件、两件表面琥珀料以细丝相间穿缀而成，十分华美(图10-26)。璎珞之外还有项链。如陈国公主脖子上戴的琥珀珍珠项链，由八串金丝穿连的珍珠和一件琥珀坠、三颗琥珀珠组成，共系珍珠七百余颗。同墓出土的还有琥珀串珠等组成的颈饰及水晶串珠项链。

辽代的贵族饰物许多都是由珍贵的琥珀制成。关于当时琥珀的产地，据《汉书》说：“罽宾出琥珀。”《后汉书·西域传》则称：“大

图 10-23. 琥珀珍珠耳坠。全长 13 厘米。辽·陈国公主墓出土。

1.

2.

图 10-24.
1. 琥珀水晶缨络。此件为妇女项链，由 258 颗水晶珠和 7 件琥珀饰相间穿成，水晶与琥珀红白相应，奕奕生辉。辽宁法库叶茂台 7 号辽墓出土。
2. 玛瑙缨络与龙首金镯。1992 年内蒙古赤峰耶律羽墓出土。

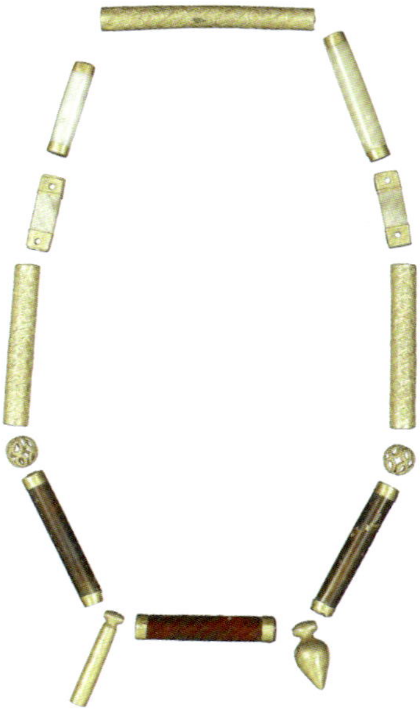

1.

2.

图 10-25. 璎珞。
1. 周长 76 厘米。
2. 周长 60 厘米。承训堂藏金。

图 10-26. 琥珀缨络。辽 · 陈国公主墓出土。

1.

2.

图 10-27.

1. 金銙银鞓蹀躞带。
2. 金带銙。辽 · 陈国公主墓出土。

秦国有琥珀。”而在《南史》《北史》《梁书》《魏书》中则都说“波斯多琥珀”。《隋书》《旧唐书》中又“西域多琥珀”等，可知这些地区都产有琥珀，综合看来，琥珀的产地大都在西域各国。辽·陈国公主墓中所出的琥珀饰品，其来源可能是被当作商品或贡品，直接或间接由西域各国输入契丹国内。

六、必不可少的腰饰

（一）蹀躞带

在男性饰物中，金冠、腰带等都占有十分重要的地位。由于北方少数民族游牧生活，他们习惯在腰带上佩挂弓、箭、刀等狩猎用具以及日常所需的小刀、解结锥、针筒、磨石等，所以蹀躞带是北方游牧民族的传统服饰。《辽史·仪卫志二》载：“五品以上……武官蹀七事：佩刀、刀子、磨石、契苾真……等。”《契丹国志》二十三卷的衣服制度一节中曾记载：“蕃官戴毡冠，上以金花为饰，……系蹀鞢带，以黄红色绦裹革为之，用金、玉、水晶、碧石缀饰。”在内蒙古赤峰敖汉旗白塔子辽墓壁画里天井两壁所绘人物中，契丹门吏耳缀金环，腰系黑色蹀躞带。蹀躞带的实物在内蒙古赤峰大营子辽墓出土的一件，以丝织品包裹皮革而成，上缀有七块方形、两块心形和一块椭圆形饰牌，其中六块饰牌的模孔中，都缀有狭窄的革带，革带上还缀有带箍、带扣等装置，可以随时取下，以便佩物。在辽·陈国公主墓中，出土了六条目前所见辽代最完整的腰带，它们形式多样，分为蹀躞带与非蹀躞带。而在驸马的身上就出土有六条形制各异的带饰，如金銙银鞓蹀躞带，下悬小带，左、右悬佩银囊和银刀、银锥。在公主的腰间也有圭形金銙丝带、玉銙丝鞓蹀躞带等。

（二）玉带饰与玉佩饰

辽墓出土的玉带是唐代风气的延续。在吉林扶余西山屯辽金墓中出土了一条装有一个带头的玉带（图10-27）。受中原古老的尚玉风俗的影响，他们也有在腰间佩戴玉佩饰的习惯。其中流传下来最有名的玉饰，就描绘了北方游牧生活中的习俗。“捺钵”（音同“耐波”），是契丹语，原意为“帐篷”。四时即四季。辽国皇帝每年春夏秋冬四季都要到不同的地区去“巡幸”，契丹人把辽帝“巡幸”的所在地称为“捺钵”，它带有“行宫”“行所在”之意。皇帝每次出巡，文武百官皆从行，于是政治的中心也随帝王的行踪而转移。春捺钵在混同、长春洲一带，主要活动是钓鱼、捕鹅。这是辽代独具一格的传统渔猎活动；秋捺钵则在七月之后，皇帝与诸臣到临潢西南的伏虎林一带射虎捕鹿；而夏冬捺钵则以政治活动为主。所以以此为主要内容制作的玉饰就集中反映了春秋两季狩猎活动的内容。春水玉雕的基本图案是荷叶、莲花、水草及鸟禽等，或表现海东青捕食大雁的情景。而秋山玉饰则以山林虎鹿为题材。这一类玉饰品雕琢精美，多用于带饰或作为玉佩悬挂在腰间（图 10-28）。

契丹人还在身上佩戴玉饰或坠饰，特别是摩羯鱼龙饰的造型在辽代较为多见。在辽·陈国公主墓中还出土了七组 44 件玉佩饰，这些多由白玉制成的玉佩饰多数都戴在公主身上（图 10-29）。

而辽代的玉组佩多用于贵族。出土于陈国公主腹部的一组玉佩，由一件镂雕绶带纹玉饰系鎏金银链下挂着五件玉坠组成，整件玉饰连鎏金银链成为一组（图 10-30）。与此相似的另两组玉佩，一是由一件莲花形玉饰以金链下系六件用具形玉坠组成，形状有剪、觿、锉、刀、锥、勺，均为契丹人生活中的必用品，也相当于汉族的事佩。另一组以璧形玉饰垂挂五件动物形象即蛇、蝎、蟾蜍、蜥蜴、蜈蚣等五毒，是承袭汉族以毒攻毒，用以避邪的用意（图 10-31、图 10-32）。

具有与玉佩饰相同作用的还有精美的琥珀佩饰。在陈国公主墓出土有胡人驯狮琥珀佩饰、龙纹琥珀佩饰等。其中胡人驯狮琥珀佩饰，位于公主的腹部，刻一西域胡人形象，他头缠头巾，袒胸露背，下穿短裙，手牵雄狮作驯狮状，十分生动（图 10-33）。

（三）香囊与针筒

辽代男女的腰间饰物主要有荷包、金盒、针筒之类等。在辽·陈国公主墓中，公主的腰间左侧佩挂着一件镂花金荷包，它由前后用两片形状大小相同的扁桃形镂花金片以细金丝缀合而成。上均镂刻着缠枝忍冬纹，包内原衬以丝织品，却已残朽，而在驸马腰间也佩有香囊

图 10-28. 装有一个带头的玉带。吉林扶余西山屯辽金墓中出土。

图 10-29. 春水玉饰。

图 10-30.

1. 海螺形玉佩。
2. 鱼形玉佩。
3. 交颈鸿雁玉佩。辽·陈国公主墓出土。
4. 摩羯鱼龙石坠饰。宽 6.4 厘米。辽宁北票水泉乡一号辽墓出土。

图 10-31. 动物饰件玉组佩。有龙鱼、双鱼、双凤、双龙及鱼形玉坠。全长 14.8 厘米。辽·陈国公主墓出土。

1.

2.

图 10-32. 五毒玉佩。
1. 事佩。
2. 辽·陈国公主墓出土。

1.

2.

图 10-33.
1. 胡人驯狮琥珀佩饰。
2. 龙纹琥珀佩饰。辽·陈国公主墓出土。

或荷包，是精致的饰品。身佩香囊的人物形象在内蒙古哲里木盟的库伦旗壁画中有所反映。画中的女主人与侍仆均契丹装束，女主人金耳环，右侧佩黄色葫芦状荷包，以象征金制。陈国公主的腰间右侧还佩有八曲连弧形金盒和置于公主腰部左侧的錾花金针筒。这两件饰物都是锤击或打制成形，并錾刻精致的花纹（图 10-34）。

（四）佩刀与刺鹅锥

佩刀之俗对于北方的游牧民族来说长盛不衰。刀对于契丹人更是日常生活及游猎时的必备工具（图 10-35）。在贵族们的腰间，刀不仅是实用品，装饰精美的佩刀还成为富贵与权力的代表。在辽·陈国公主墓中，驸马的腰间就佩有鎏金银鞘的银刀两件、琥珀柄银刀一件和玉柄银刀等，都是驸马生前的喜爱之物。另外，在驸马的腰际银蹀躞带右侧还出土一件配有鎏金银鞘的玉柄银锥。此件银锥应是与刀子配套的刺鹅锥。是辽代在春季捺钵时与宴饮有关的特用工具（图 10-36）。

辽代皇帝四季出行，除了夏季专为避暑外，另外三季各有专门的游猎活动。如春季捕鹅雁，名为春水；秋季射鹿，名为秋山；冬季则破河钓鱼。在《辽史·营卫志》中记叙着春季捺钵时的情况：“春捺钵曰鸭子河泺（今吉林大安月亮泡）。……皇帝每至，侍御皆服墨绿色衣，各备连槌一柄，鹰食一器，刺鹅锥一枚，于泺周围相去各五、七步排立。……有鹅之处举旗，探旗驰报，远泊鸣鼓。鹅惊腾起，左右围骑皆举帜麾之。五坊擎进海东青鹘，拜授皇帝放之。鹘擒鹅坠，势力不加。排立近者举锥刺鹅，取脑以饲鹘。救鹘人例赏银、绢。皇帝得头鹅荐庙，群臣各献酒果，举乐，更相酬酢，致贺语。”这段记载将刺鹅锥的用法说得很清楚。但此锥并非仅由侍御等人佩戴。就连皇帝大臣等均可戴之。在《契丹国志》卷二三中：“宋真宗时，晁迥往（辽）贺生辰。还，言始至长泊，泊多野鸭。国主射猎。……或亲射焉。国主皆佩金、玉锥，号杀鹅鸭锥。”出土的这件玉柄刺鹅锥是辽代这类实物的首次发现。

七、手上的饰物

辽代妇女喜欢戴钏。大多以金银模压成圆环形，一端开有豁口，

1. 2. 3.

图 10-34.
1. 镂花金荷包。
2. 八曲连弧形金盒。
3. 錾花金针筒。辽·陈国公主墓出土。

图 10-35. 佩刀的契丹人引马图。内蒙古赤峰敖汉旗白塔子辽墓壁画。

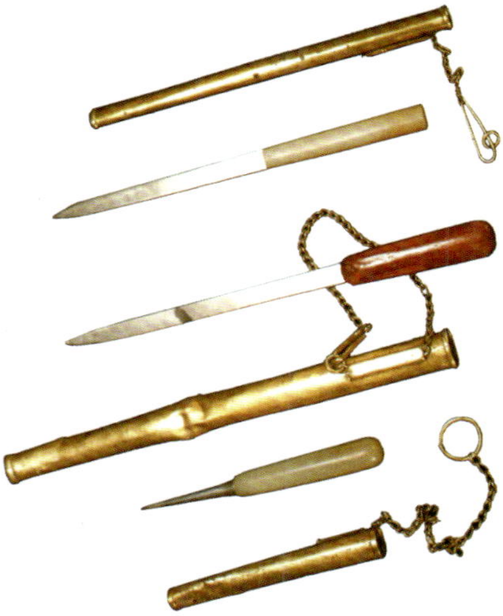

图 10-36. 琥珀柄银刀、玉柄银刀、玉柄银锥。辽·陈国公主墓出土。

开口部分略粗，中间稍宽，钏的外表錾刻着花纹。实物有辽宁建平朱录科辽墓出土的錾金花钏、内蒙古和林格尔土城子墓出土的錾花银钏、辽·陈国公主墓出土的缠枝花纹金钏和双龙纹金钏等（图10-37）。而以串珠穿成的手串也是契丹族人常用的手上饰品（图10-38）。

除此以外，契丹人的戒指发现得很少，有许多在薄金片上凿花的戒指，质地轻薄，都是陪葬的冥器，并不是日常用品。一些收藏家收集的辽代戒指都是很精美的饰物（图10-39）。

第二节　金代的首饰风俗

北宋末年，中国东北地区的女真族强盛起来。这个古老的民族一直生活在长白山、松花江和黑龙江流域。秦以前史书上称之为"肃慎"，西汉时称为"挹娄"，南北朝时称为"勿吉"，隋唐时称为"靺鞨"，唐政府又把他们按地域分为"黑水靺鞨"与"粟末靺鞨"两部分。

698年，粟末靺鞨首领大祚荣建立渤海国，称为渤海郡王。传15世，存在229年，于926年被契丹所灭。

五代时期，改称女真。一部分女真人隶属于契丹，称为"熟女真"，不属于契丹的称为"生女真"。"生女真"共有72个部落，他们受尽了契丹人的压迫，时刻想摆脱契丹人的束缚，不久一个叫作阿骨打的女真人趁着人们反抗契丹奴役的高涨情绪，发动了反对契丹的战争。1115年，阿骨打正式称帝，建国号大金，都城建在会宁（今黑龙江阿城），阿骨打即金太祖。

金朝的版图，北起外兴安岭，南到淮河，西起青海、甘肃、内蒙古，东濒大海，超过了同时期的南宋。金王朝存在了长达一个多世纪，但遗留下来的史料却很少。据统计古时关于它的著述有一千多种，但绝大多数早已散失了。金代继承了辽和北宋的文化，但其文化发展不及南宋。

金代在装饰方面的实物遗留很少。金的统治者一开始崇尚节俭，对男女的首饰及各种装饰有详细的规定，如"妇女首饰，不许用珠翠钿子等物，翠毛除许装饰花环冠子，余外并禁"。到了金朝中期，特别是宋宣宗南渡以后，社会风气为之一变。

图 10-37.
1. 錾金花钏。辽宁建平硃录科辽墓出土。
2. 錾花银钏。内蒙古和林格尔土城子晚唐至五代墓出土。
3. 缠枝花纹金钏。
4. 双龙纹金钏。辽・陈国公主墓出土。

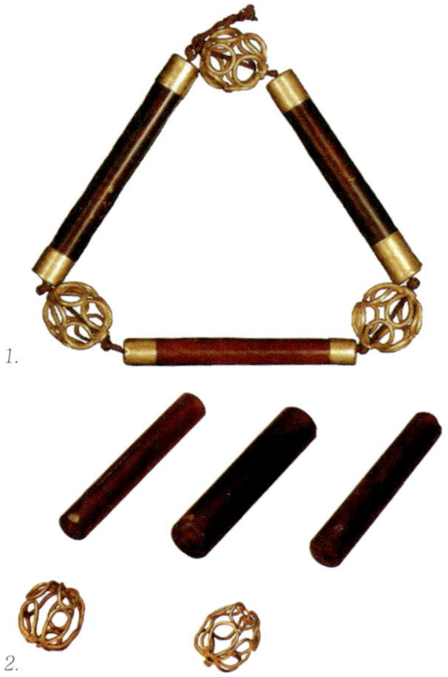

图 10-38.
1. 玛瑙管金结子臂饰。
2. 金结子玛瑙饰件。

图 10-39. 辽代戒指。
1. 联珠纹镶宝石戒指。高 3.8 厘米。
2. 狮子花卉纹戒指。承训堂藏金。

一、玉屏花与玉逍遥

金代男女有一种特殊的帽饰叫玉屏花与玉逍遥。这要从 1988 年在黑龙江阿城巨源发现的金代齐国墓说起。据《金史》载“齐国”是金代封王的 20 个大国之一。先后受封为齐国王的只有四人，其墓主完颜晏就是其一。这是一座未经盗扰并保存完好的墓葬，国王着装八层，王后着装九层。国王头戴以皂罗折叠缝制的圆顶头巾，在其背面的底部边缘，于左右两侧各固定着一枚透雕鹅衔荷叶形玉饰，并用一条罗带通过两枚玉饰件上的穿孔，在脑后缠绕系节。剩余部分从两边垂下，好像幞头的软脚。这就是金人常服中的头巾，称作“蹋鸱”（音同“它吃”）。它与幞头的最大区别是圆顶，不像宋代的幞头那样具有“前为一折，平掩两脚”的形状。但幞头与金代蹋鸱巾有一个共同的特点就是在脑后两巾的系结处都有一个巾环，两枚为一副，束巾之带穿过它们相互系结，有些头巾已缝制成型，也全靠巾带穿过巾环将它扎紧。使用巾环在宋代已成风气，也成为男子巾子上最重要的饰物（图 10-40）。

巾环有铁质掐金丝的，如元曲《黑旋风》中描写白衙内“那厮绿罗衫，绦是玉结，皂头巾环式减铁（铁上镂金银纹）”。有铜质的，如《水浒传》中石勇“裹一顶猪嘴头巾，脑后两个太原府金不换扭丝铜环”，而石秀则是“脑后两个金裹银环”。贵重的是金质巾环，《金瓶梅》中戴万字巾的人物很多脑后都有“朴扁金环”。从种种记述中可知人们对巾环的重视。常用的圆环形巾环也变得多样化起来，如《水浒传》中燕青的就是“挨兽金环”。而比金更为贵重的是玉环。《水浒传》中描写玉巾环的有林冲“头戴一顶青纱抓角儿头巾，脑后两个白玉圈连珠鬓环”，而燕青的头巾则是“青包金遍体金销……㶉鶒（音同“息赤”，古书上指像鸳鸯的一种鸟）玉环光耀”，都是非常时髦的打扮。

精美雅丽的玉巾环装饰在金人的蹋鸱巾上绝对是一个亮点。蹋鸱巾虽然普通，但巾环极为精美。这种巾环已完全突破了圆形的轮廓，成为一种有美丽称谓的饰物，即“玉屏花”。齐国王墓的鹅衔荷叶玉屏花两枚为一副，像这样的禽鸟形戴时鸟头向外，鸟尾相对，后部有较大的穿孔以贯巾带，前部较小的穿孔用来将玉屏花系在头巾上（图 10-41）。

1.

2.

图 10-40. 宋人巾帽上的巾环。
1.《杂剧人物图》。
2. 宋《大傩图》。

1.

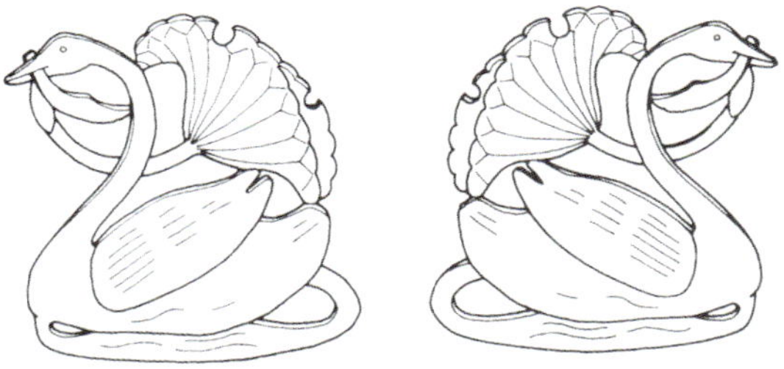
2.

3.

4.

5.

6.

图 10-41.
1. 金代齐王的玉屏花蹋鸱巾。
2. 玉屏花。黑龙江阿城金齐王墓出土。
3. 黑龙江哈尔滨金墓出土。
4. 北京故宫博物院藏。
5. 北京房山金墓出土。
6. 北京故宫博物院藏。

王妃的头巾与齐王基本相同，后部使用了一对竹节形金环。除了华丽些，最大的区别是在脑后还有一片美丽的玉饰，正如《金史·舆服制》中所记述的，这种巾子“散缀玉钿于其上，谓之玉逍遥”。这件玉饰就是记载中的玉逍遥（图 10-42、图 10-43）。

二、具有汉族风格的头饰

金人服饰的一个特点是汉化。女真人纷纷改着汉人的衣冠，就连女子的头饰也逐渐汉化，头上束巾成为当时的时髦追求。如《大金国志·男女冠服》中载：“自灭辽侵宋，渐有文饰，妇女或裹逍遥巾，或裹头巾，随其所好。”在仿效汉人的同时，金统治者又推行汉人女真化的政策。由于汉人与女真人接触增多，也使女真人的衣着、发式在一些地区中的汉人中间流行开来。范成大《揽辔录》中：“民亦久习胡俗，态度嗜好与之俱化，最甚者衣装之类，其制尽为胡矣。自过淮以北皆然，而京师尤甚。惟妇女衣服不改，而戴冠者绝少，多绾髻，贵人家即用珠珑璁冒之，谓之方髻。”而女真人女子留发辫或盘髻，男子也蓄发垂于脊肩，上面用带有彩色的丝绳相系，富贵的人还在上面饰以珠玉。女子盘髻的发簪有的很随意，只用一根根银条盘出簪头即可（图 10-44）。

三、小巧的耳饰

在金朝建立以前，女真人不论男女都十分喜爱佩戴耳饰，男子“耳垂金银”者很常见。在黑龙江阿城巨源金代齐国王墓中，出有金耳饰两件：平面呈圆形，四周镶以金珠；中间凹空，各镶一枚绿松石珠；背面用粗金丝制成弯钩。这件酷似女性所用的饰物，出土时正位于男性的耳部，左右各一（图 10-45、图 10-46）。这时的耳饰，大致有四种形式：第一种是以金丝编成圆形的底托，内镶各色宝石，底托外围还有一圈突出的纹饰，另有穿耳的金丝柄缀连，是金人耳饰中常见的一种。第二种则以金浇铸而成，在开有缺口的圆环上，铸有两枚橡子形装饰。下有叶状饰物衬托，这种女真族的遗物多见于黑龙江流域的金代遗址。

图 10-42.
1. 王后的蹋鸱巾与巾环侧面。
2. 正面。
3. 玉逍遥。

图 10-43. 玉逍遥。
1. 黑龙江阿城金墓出土。
2、3. 北京房山金墓出土。
4. 四川蓬安宋墓出土。

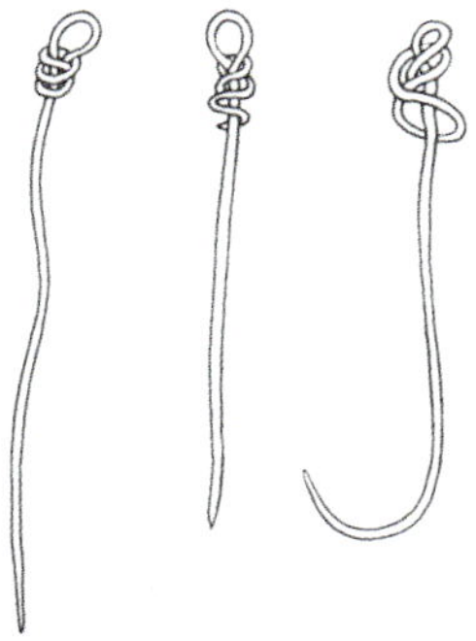

图 10-44. 银簪。北京通州城关金墓出土。

图 10-45. 戴耳环的金代男子。

图 10-46. 金耳饰。黑龙江阿城巨源金代齐国王墓出土。

第三种多为鱼形饰物，即辽金民族典型的摩羯鱼形耳饰。第四种是由前后两部分组成，前为装饰部分，后为曲柄形的弯钩。装饰部分以金丝编成各种形状的框架，框架上饰一盛开的花朵，或装饰镶嵌物。这种类型的耳饰，在金代的汉族妇女中特别流行，并一直影响到元明时期。总体看来金代的耳饰简洁小巧，多为贴耳的装饰（图10-47）。

四、十分少见的金代颈饰

金人的颈饰见得极少，基本上有项链和项圈两类。项链的实物有黑龙江阿城巨源金齐国王墓出土的金丝玛瑙管颈饰。由相同的三条金丝玛瑙管组成，造型古朴，具有浓厚的民族风格（图10-48）。而在北京通州城关金墓出土的项链是用金片制成一个花萼，并在花萼上镶嵌一颗宝石，组成一个硕大的花朵。由于该墓为火葬墓，致使宝石在焚烧时变成了石灰状，失去了原有的光彩。

金人的项圈仍保持宋辽的形式。较简单的项圈以一根一厘米粗的银条锤打弯制成环状，锤打后的银条中间较粗，两头较细，两端的交接处还被弯成钩状，以免在使用时碰伤皮肤。戴项圈者在当时多为妇女儿童。河南焦作冯封村金墓出土的砖雕童子和同在焦作出土的一组陶俑中都有颈戴项圈的形象（图10-49）。

五、腰饰

金人的腰带基本上为革带，但玉带受到更多重视。在宋元时有一种习惯，即在身前束腰的带上再加上一条带，外面的带具有一定的装饰作用，叫作“看带”或“义带”，下面的仍称为“束带”。金人也沿用了这种风俗。同时金代女真贵族继承了辽代“四时捺钵”的习俗，所以在玉制带具上也常表现有“春水、秋山”的玉饰。

当时盛行的蹀躞带在金人中也广泛流行。在黑龙江阿城半拉城子金墓出土的金带，就是以前所说的那种“虽去蹀躞，而犹存其环”的带饰。它的全部带饰以金片模压而成，上饰宝相花纹，式样有圆形、

1.

2.

3.

4.

5.

图 10-47. 金代耳饰。
1. 黑龙江浮缤中兴古城。
2、3. 黑龙江绥滨奥里米古城。
4. 黑龙江阿城巨源金代齐国王墓出土。
5. 承训堂藏金。

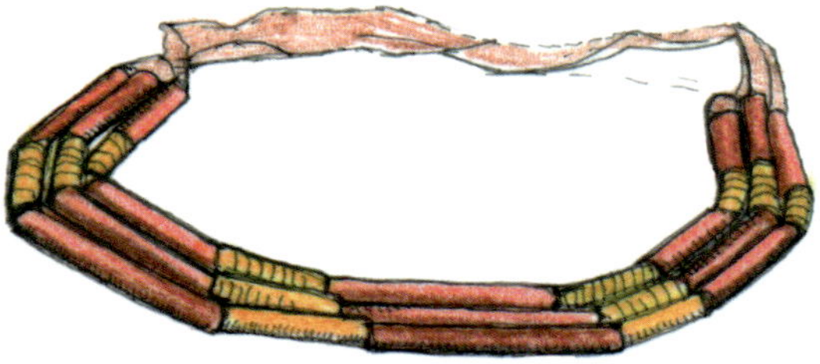

图 10-48. 金丝玛瑙管项饰。黑龙江阿城巨源金齐国王墓出土。

图 10-49. 戴项圈的童子。河南焦作冯封村金墓出土。

图 10-50. 金带饰。黑龙江阿城半拉城子金墓出土。

图 10-51. 白玉折枝花纹佩。高 7.2 厘米，宽 9 厘米。1974 年北京房山长沟浴金代石椁墓出土。

图 10-52. 金列鞢。黑龙江绥滨金墓出土。

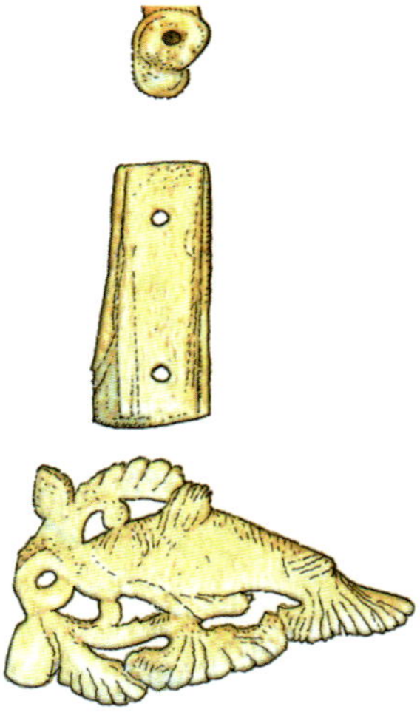

图 10-53. 牙雕鱼坠饰。哈尔滨新香坊王子坟墓地出土。

长方形及半月形等。在圆形金銙的下部，还饰有一个扁环，可视为由蹀躞带向金带过渡的一种带饰（图 10-50）。

戴玉佩的习俗也为金人所喜爱。金代石椁出土的白玉折枝花纹佩、北京丰台王佐公社金墓出土的青玉龟巢荷叶佩等都是这一时期的作品（图 10-51）。除玉佩外，金代女真贵族腰间还佩有一种很独特的饰物。在 1973 年黑龙江省绥滨县金墓出土的一件金列鞢，全长 32 厘米，其造型与组合的装饰方法具有很强的民族风格（图 10-52）。这种形式的佩饰还见有辽金时期哈尔滨市新香坊王子坟墓地出土的一件牙雕鱼。它是由圆形、两个长条形板和牙雕鱼组成，三组牙制品上都有圆形钻空，供穿绳佩戴，这是墓主人生前佩戴之物（图 10-53）。

第十一章

神秘的西夏

西夏是中国古老的民族党项族建立的政权，统治中国北方河西走廊一带，于 1227 年被蒙古所灭。

党项族是古代羌族中的一支，早期在今青海省东南部黄河的河曲一带活动，以狩猎游牧为主。六世纪，西羌衰微，党项族才初露头角。《北史・党项传》是中国史书中有关他们的最早记载。公元 585 年，党项大首领拓跋宁归附于隋朝。此后，党项部落大批内迁归属中原。至唐代后期，内迁的党项族人形成了三大部分：一是定居于甘肃东部的东山部落；二是定居于夏州（今内蒙古和陕西交界处）的平夏部落；三是定居于陕北的南山部落。而留在原地的党项族人被东进的吐蕃所统治，被称为“弭药”，别译有：缅药、穆纳、母纳、木内、木雅、弥娥、密纳克、敏里雅等。

唐朝末年，党项拓跋氏开始了地方割据。公元 1038 年，首领元昊建立大夏，建都中兴府（今宁夏银川市），在宋朝史书中称之为“西夏”。据《宋史・夏国传》载：西夏“东据黄河，西至玉门，南临肖关（今宁夏同心县南），北抵大漠，境土二万余里”。它先同北宋和辽，后与南宋和金形成鼎足之势，进入极盛时代。虽然它与宋、辽、金相比仍是相对弱小的，但他们却十分善于在宋、辽、金中周旋，利用其矛盾在夹缝中发展。

西夏从元昊建国起，传十帝，经过近两百年后，国力衰落，终于在 1227 年被成吉思汗统帅的蒙古大军所灭，从此四分五裂，逐渐消失，于是它在中国历史上和众人心目中被称为是一个神秘的王国。这些在十三世纪神秘消失的西夏臣民经过现代史学家们几经查找，终于有了一些答案。

西夏亡国后，一部分西夏人南渡洮河，穿过松潘草原，沿金川河谷南下，经丹巴、干宁到达了今甘孜藏族自治州一个叫“木雅”的地方，并建立了一个小政权，存在了 470 多年，如今这部分党项族人已基本融合到藏族中去了，但至今这些被称为“木雅藏”的藏民在建筑、服饰、风俗、语言上还保持了许多与藏族不同的西夏古俗，并保留着西夏时代的许多历史遗迹，与周围的藏族文化有明显差异。

另一支称作木雅司乌王孙的西夏后裔，在王朝覆灭时辗转来到今西藏自治区日喀则地区的昂仁县境内，至今仍有人能够说出他们辉煌一时的国名以及流传民间的故事。

逃入今甘肃省宁夏回族自治区的东乡、保安一带的一支，逐渐融合

图 11-1. 戴冠的西夏男女。西夏敦煌壁画进香人。

进当地民族之中。而亡国后来不及迁徙的西夏国民，有的被编入蒙古军籍，还有成千上万人东逃入宋，有一些定居在今天的河南省西南部，还有的在河北、江苏、浙江等地与汉和其他各族人民融合在一起。

西夏创造了别具特色的灿烂文明，建立了宏伟的城市，发明了独立的文字“西夏国书”。但是西夏王朝及其文物典籍却被成吉思汗的铁骑践踏殆尽，如同金朝建立后大肆破坏辽墓一样。西夏被元朝灭亡后，元人修辽、金、宋三国史时，独不肯给西夏王朝修写同等的纪传体正史，导致西夏史料湮灭亡佚，百存不一。几百年后，西夏京城故地城垣颓败，几无人烟，西夏王朝也渐渐被人遗忘。之后在西夏故地发现的大量珍贵的西夏文献也分散它国。

一、冠

大夏是一个以党项族为主体的多民族王国，在党项语中，称大夏为“邦泥定”，意思是“大白上国”，即崇尚白色的国家。以游牧为主的

图 11-2. 镶宝石金冠饰件。内蒙古自治区巴彦淖尔盟临河高油房西夏古城遗址出土。

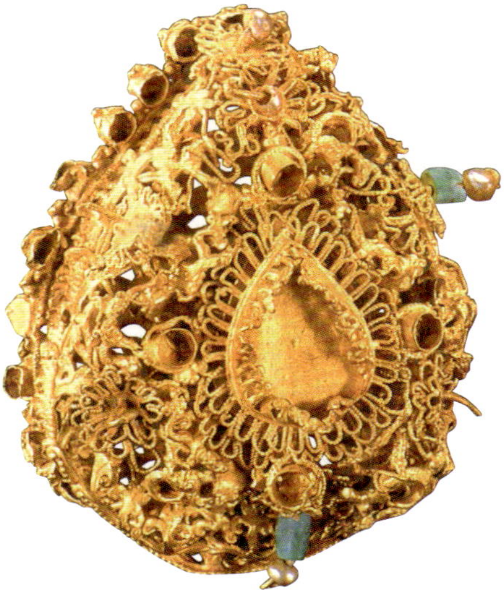

图 11-3. 西夏女子供养图。甘肃敦煌莫高窟第148窟。

图 11-4. 西夏女子供养图。甘肃安西榆林窟第29窟。

图 11-5. 透雕人物金耳饰。长4.2厘米，重31克。内蒙古临河高油房出土。

党项族人早年是披发蓬首。后来元昊下秃发令，除贵族官僚外，全国男子在三日内剃光头发，从此“剃发，穿耳戴环”就成了党项人的标准形象。西夏男女冠饰的大致形象可以在敦煌壁画中见到，但却没有发现实物。而在内蒙古巴彦淖尔盟临河高油房西夏古城遗址中发现的几件镶宝石金冠饰件，也许能使我们联想到那极其华美的冠饰（图11-1、图11-2）。

而西夏族的妇女形象，则与当时的汉族女子十分相近。在甘肃省敦煌莫高窟第148窟的西夏女子供养图中，可以看到头梳高髻，发髻上插有成双成对的簪钗，耳戴耳环的形象（图11-3）。同时西夏的女子皆喜戴冠。在甘肃安西榆林窟的西夏女子供养图中的三位西夏中年妇女，均头戴冠饰，头插簪钗或步摇类头饰，庄重华美（图11-4）。

二、耳环与耳坠

西夏人无论男女皆穿耳戴环，这些都可以在有关西夏的壁画中看到。在内蒙古临河高油房出土了一对精美的透雕人物金耳饰，每支耳饰上雕有三个人物，中间一人双手合掌坐在三朵金花之下，左右各一侍女站在两旁，花蕊之中均有宝石镶嵌，可惜都已脱落。西夏人盛信佛教，从这对耳饰中就可以看出，同时它也反映了西夏人高超的制作技术和首饰风格上极富民族特点的造型和独特构思（图11-5）。

三、腰饰

在很久以前，西夏人就以各种金、铜饰牌来装饰腰带。早期的腰饰主要是作为腰间皮带扣的各种饰牌，如宁夏固原县、宁夏西吉陈阳川等地出土的战国时代的各种动物形铜饰牌，多表现动物间的厮杀、母爱等情节，于小小饰牌间展现了人们对动物精妙的观察和富有情趣的表现手法（图11-6）。

而在宁夏银川市贺兰山东麓西夏第八号陵区出土的西夏金带饰也较有特色。它呈长方形，四边凸起，图案为三个草莓果并列组合而成，枝叶缠绕其间。草莓果采用高浮雕手法与枝叶纹形成两个层次，显得粗犷

1.

2.

3.

4.

图 11-6.

1. 动物形铜牌。高 4.3 厘米，宽 8 厘米，厚 0.1 厘米。
2. 豹纹母子铜牌。战国。高 4.7 厘米，底宽 5 厘米，厚 0.4 厘米。
3. 虎噬鹿铜牌。战国。高 8.2 厘米，宽 13.7 厘米，厚 0.3 厘米。
4. 怪兽金牌饰。均为战国时期。宁夏回族自治区固原搜集出土。

图 11-7. *回鹘王供养图。*

图 11-8. 回鹘男子供养图。史苇湘摹本。甘肃安西县榆林窟第 39 窟。

而真实。如今，我们所能见到的西夏服饰的主要来源是在敦煌莫高窟的壁画中。在敦煌千佛洞的 492 个洞窟中，西夏建造的至今还有 60 多个。

到了隋唐时期，西夏男子的腰间装束也汲取了辽、金与宋的习俗而戴蹀躞带。在敦煌壁画回鹘王供养图中，回鹘王腰系蹀躞带，并在带上悬挂着各种饰物，如刀、香囊等（图 11-7）。杨麟翼摹本，甘肃敦煌莫高窟第 409 窟。而在回鹘男子供养图中，画中贵族男子的腰间则戴有两条腰带，一条为系腰之用，另一条则为挂物和装饰用的蹀躞带，带上也挂有刀、觿、香囊等丰富多彩的饰物（图 11-8）。

腰间饰物的实物也常有发现。如在内蒙古临河高油房出土的西夏双鱼纹金剔指，就是他们随身携带的为手指甲美容的工具。这种饰物在中原地区很少见到，极具特色。腰饰中还多见有一种银盒子，如宁夏灵武县出土的一件，是西夏佛教徒日常不离身的携带物。另见有金质圆形扣饰，它正面凸鼓，构图似为二虎二鹿，背面有钮为缀挂之用。一些不知名的金饰亦为装饰所用（图 11-9）。

1. 2. 3.

图 11-9.

1. 双鱼纹金剔指。长 7.2 厘米，重 12 克。在手柄的中央铸有双鱼纹，最上端饰有花纹的心形装饰中开有圆孔并有圆环，以便佩戴。1959 年内蒙古临河高油房出土。

2. 圆形银盒子。直径 4.25 厘米，厚 1.5 厘米，高 6.7 厘米。上下有轴可使盒自由开闭。盒正中铸着三个梵文，轴上有圆孔，通过纽带连接可挂在身上。1976 年宁夏灵武县出土。

3. 圆形金扣饰。直径 2.7 厘米，高 0.8 厘米，重 26 克。1968 年宁夏固原战国墓收集。

第十二章 喜金爱玉的元朝

说元朝必须先说蒙古族。据说蒙古人的祖先原先住在一座名叫额尔古涅昆的深山里，后来从山中出来，一部游牧于额尔古纳河和呼伦池附近及其西南，另一部则迁到鄂嫩河和克鲁伦河上游及两河之间的肯特山一带，即后来成吉思汗所在的各部落。这种说法来源于蒙文史书《元朝秘史》。到了13世纪初，成吉思汗率领他的部属，依次征服了蒙古高原上的各个部族，融合成为蒙古族中的一员。并于1206年建立了以蒙古为名的国家“大蒙古国”。

日趋强大的蒙古帝国，灭掉西夏，又联宋击金，灭掉了金朝。1271年，蒙古帝王忽必烈最终俘虏了南宋皇帝和太后，南宋也随之灭亡。忽必烈改国号为元，史称元世祖。

元朝建立后，忽必烈统一了中原并把中国境内的居民分为四等：蒙古人是第一等；色目人（包括西夏、回回、西域等人）为第二等；汉人（包括契丹、女真、高丽和原金朝统治下的汉人）为第三等；南人，即南宋统治下的汉族和西南少数民族为第四等，处在社会的最底层。这对于汉人来说是一种从未有过的经历。虽然也曾有过部分土地处于异族的统治时期，但至少其他部分总是在受中国王朝的统治。况且，从前的异族政权一直都倾慕中国文化，很快就会融合进中国的语言和习俗，但元朝的统治似乎预示着中国传统文化的消退。汉人那种在唐宋时期繁荣开放的情绪突然被凝固了起来，取而代之的是一种压抑而不敢伸张，仇恨反作笑脸的不正常心态，这种“假正经”风气流行开来，并影响到服饰打扮。妇女的装束为之一变，从头到脚尽量把全身各部分都藏在衣服里。在当时一个严格的惩罚表中记录着，男子若“谈及妇女容貌妍媸；纵妇女艳装；在妇女前谈及巧妆艳饰与时花翠袄者”均要“记过”处分。

蒙古贵族在硝烟中建立了元帝国。现在国家统一，为了满足自身物质和精神享受的需要，他们将国内各地的能工巧匠和俘虏来的欧洲人、波斯人以及阿拉伯人中的技艺人才组织起来，在朝廷内将“作院”中各路金玉匠人、总官下属的司局和工部诸色人匠以及总管府所属的银局、玛瑙玉局、石局等加以联合，形成了规模庞大的官办珠宝首饰手工业队伍。

元代的黄金宝石异常丰富，他们把宝石称为“刺子”，又叫“回回石头”。宝石的来源除了购买，还有掠夺和纳贡。大量的宝石被用在服饰中。元大都（今北京）和杭州已成为当时中国金玉珠宝生产贸易的两大中心。其中杭州路金玉总官府有金石玛瑙工匠数千户。域外色目人将“鬼国嵌”“大食窑”等掐丝珐琅、宝石镶嵌和镂空玉雕等技术传入中国。元代学者陶宗仪在《辍耕录》的“回回石头”一章中也专门叙述了外国宝石种类、名称及特征。除了玉器受到重视外，元代的贵族还极喜爱金银器，并使之得到了很大的发展。

一、大檐帽与姑姑冠

蒙古族男子百姓都扎巾或幞头，而贵族男子则戴一种用藤篾做成的“瓦楞帽”，俗称“大檐帽”。形状有方圆两种，戴有这种帽饰的形象在元刻本《事林广记》中能够看到。图中贵族男子头戴圆顶瓦楞帽，手里还拿着一顶方形的。在陕西宝鸡元墓出土的男女陶俑头上也能看到这种帽饰（图12-1）。与此同时还见有一些其他形式的冠，如《蒙古帝王家居图》中的皇帝，头上戴着一顶卷云式金冠（图12-2、图12-3）。

冬天的时候，他们要戴“暖帽”，有金锦暖帽、七宝重顶冠、红金答子或白金答子暖帽、银鼠暖帽等等（图12-4）。到了夏天，就用由竹篾等编制而成的斗笠，这种斗笠并不是一般常人所戴，而是发展成了贵族的帽饰，叫作“笠帽”。凡是皇帝戴过的帽子样式，别人就不许重复。不论是瓦楞帽还是暖帽和笠帽，它们都有一个共同的特点，就是在帽顶正中装饰珠宝，其中金银宝石种类多样，而多以玉饰为顶饰（图12-5）。

明代沈德符对这种精彩的帽顶装饰有所记载：“元时除朝会后，王公贵人俱戴大帽，视其顶之花样为等威，常见有九龙，而一龙正面者，则元主所自御也。当时俱西域国手所制，至贵者值数千金。”这种玉帽顶传世的很多，但九龙顶至今未见。如现存的一件青玉海东青攫天鹅玉帽顶，用镂空立雕的方法描绘了一支海东青扑压在天鹅身上，啄其头颅的瞬间情景。这类玉饰是北方游牧民族春水、秋山玉饰的延续（图12-6）。

除玉顶外还有金顶。金顶的造型较为复杂，多表现人物、植物、鸟兽动物和与佛教有关的题材。内蒙古乌盟化德县出土的一件迦陵频迦金

图 12-1. 头戴“瓦楞帽”的形象。

图 12-2. 头戴卷云冠的蒙古皇帝。《蒙古帝王家居图》。

1.

3.

2.

图 12-3.
1. 嵌宝石金冠饰。
2. 金冠饰局部。分别由金佛像、龙纹叶形饰、金龙和金饰组成。是一套元代蒙古贵族佩戴的金花冠饰。内蒙古敖音勿苏乡朝阳沟墓葬出土。
3. 元代金丝凤冠。

帽顶，就是这类表现蒙古族融合萨满教和佛教等题材的作品，许多出自域外工匠之手。而在乌盟凉城县麦胡图发现的凤形金帽顶饰，是贵族女子的冠饰，它的造型为云头花丛上的镂空飞凤，做工十分精巧（图12-7）。

蒙古贵族妇女戴的“姑姑冠”是蒙古族贵妇所特有的一种礼冠。“姑姑”一词来自蒙古语，译成汉语也常写作“罟罟”“固姑”或“箍箍”等。这种冠以木、桦树皮、珠子、铁丝之类为帽骨，用红绢金帛包裹，顶上用四五尺长的柳条或银打成枝，包上青毡，用翠花、五米帛或野鸡毛等装饰。因为它的样子好像是在头顶伸出一个二三尺高的小柱子，

图 12-4. *戴暖帽的帝王与王妃。元·刘冠道《元世祖出猎图》。*

1.

2.

图 12-5.

1. 戴蓝宝石顶七宝重顶冠的元成宗皇帝。
2. 镶宝石笠帽。甘肃漳县汪世显家族墓出土。

1.

2.

图 12-6.

1. 青玉海东青攫天鹅帽顶饰。
2. 鹭鸶莲荷帽顶。

图 12-7. 元代蒙古迦陵频伽金帽顶。内蒙古乌盟化德县出土。

出入庐帐时都必须侧身低头，坐车时还要把帽顶的野鸡毛拿下交给仕女拿着。在《黑鞑事略》中记有：“姑故制，画木为骨，包以红绡金帛。顶之上，用四五尺长柳条或银打成枝，包以青毡。其向上人，则用我朝（宋）翠花或五米帛饰之，令其飞动；以下人，则用野鸡毛。”另有：“凡诸酋之妻则有顾姑冠。用铁丝结成，形如竹夫人，长三尺许。”在《元宫词》中还有“罟罟珠冠高五尺，暖风轻袅鹖鸡翎”的诗句。元朝的姑姑冠使用得较为普遍，而在都城中汉族妇女亦有人戴。关于戴冠人物的描绘，在《南薰殿图像考·引永乐大典·析律志》中：“罟罟，胎用凉竹，外以大红罗幔之，上等大，次等中，再次等小。用大珠穿结龙凤楼台之类，饰其前后，再用珠缀长条缘饰，方弦掩络其缝又用小花朵插戴，有金十字用以安翎筒，插以鸡尾。冠后插染有五色朵翎毛。如飞扇样。又以大珠环盖之以掩其两耳。环是作大塔形的葫芦式，然后再用大帛帕重系于额。”在《蒙古帝王家居图》、南薰殿旧藏《历代帝后像》及波斯藏画中都有头戴姑姑冠，身穿交领团衫和织金锦袍的皇后画像。而在甘肃安西榆林窟和新疆伯孜克里克石窟元供养人壁画中，还有戴姑姑冠的元代贵妇画像（图12-8、图12-9）。

二、插发簪钗

蒙古族妇女头上的簪钗十分美丽。在这个宝石充盈的国家，各国的工匠们用他们极为高超的手艺制作出了极为精美的饰物（图12-10）。而中原地区一些古老的习俗还有保存，如古老饰物胜、闹鹅簪花等。在安徽安庆棋盘山元墓中就有形式多样的鎏金银方胜出土。其中一种称为“叠胜”的，是为双盛相叠，犹如双喜字，有吉祥祝福的涵义。在辽宁阜新县红帽子村辽塔地宫就出土一件“叠胜”铭琥珀盒，应是在节日悬挂或身上佩戴之用（图12-11）。1982年在山西灵丘曲回寺村发现了一些金头饰，极为精美。其中的一件金飞天饰为一仙女飞升向天的形象，工艺与造型都达到了巧夺天工的程度（图12-12）。

元朝以后，中原地区汉人的插梳之风逐渐平息。梳子仍旧只作为理发用具被搁置于妆盒中。唐宋时期盛行的各种发式在这时已很少留

1.

2.

3.

图 12-8.

1. 戴姑姑冠的元代皇后《历代帝后像》。

2. 头戴姑姑冠，身着袍服的元代贵妇。新疆伯孜克里克石窟元供养人壁画。

3. 姑姑冠实物。私人藏。

图 12-9. 戴瓦楞帽的帝王和戴姑姑冠的后妃。元・伊朗藏画。

1.　2.　3.　4.　5.

图 12-10. 精美的簪钗。

1. 银耳挖簪。山东嘉祥曹元用墓出土。
2. 金蝶赶菊桃花荔枝纹耳饰。长 10.5 厘米，重 6.2 克。湖南临澧新合元代金银器窖藏。
3. 瓜首金簪。长 14 厘米。为元代早、中期，流行于南方。内蒙古乌兰察布市集宁路遗址出土。
4. 金镶琥珀花卉纹簪。长 13.3 厘米，重 20.6 克。承训堂藏金。
5. 圆饼纹金簪。长 16.7 厘米。克力代乡太吉和窑出土。

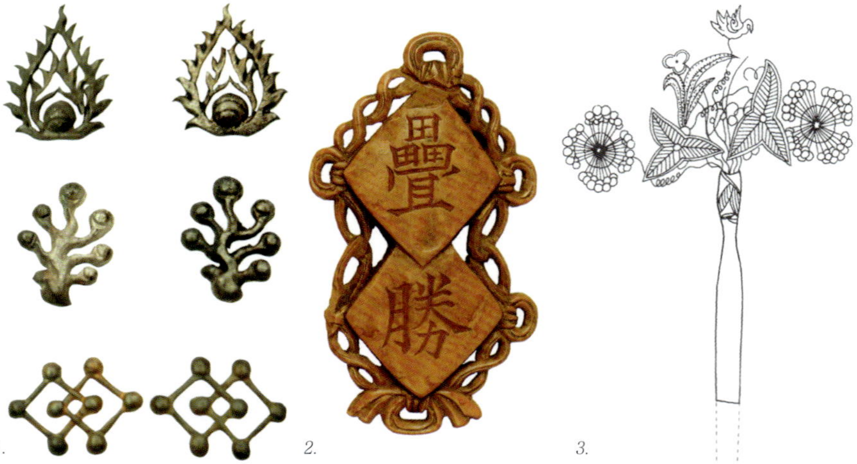

1.　2.　3.

图 12-11.

1. 鎏金银胜。安徽安庆棋盘山元墓出。
2. “叠胜”铭琥珀盒。辽宁阜新县红帽子村辽塔地宫出土。
3. 闹鹅花饰。湖南益阳关王村元窖藏实物。

图 12-12. 金累丝头饰。山西灵丘曲回寺村出土。

有痕迹，似乎一下子都已成为历史。

三、多样的耳饰

元代仍是以少数民族为主体的政权，男女都有穿耳戴环的习惯（图 12-13）。

元代耳饰制作讲究，材料也多以金玉为主。有许多与金代的一种比较相似，即前面为装饰部分，后为曲柄形的弯钩。装饰部分常用玛瑙、白玉或绿松石等雕琢成各种纹饰。江苏苏州盘门外吴门桥元墓出土的金镶翠石耳饰就属于这种类型。而在山西灵丘曲回寺村出土的金耳饰则十分小巧玲珑，陕西西安玉祥门外元墓出土的一对则将装饰部分做成一个白色玉雕人像，并用细金丝将背后的弯钩连接起来（图 12-14）。一些藏家收藏的元代耳饰则更加精美。另外还有一种垂珠式耳饰，成为以后明清时期的主要样式（图12-15）。

四、项饰与长命锁

元代妇女承袭宋代，也有以念珠作为项饰的喜好。江苏无锡元墓出土的一串核珠，其中还夹有三颗料珠；在兰州西郊上公元明墓出土的一串木质念珠，其中还穿插了一颗金珠、一颗料珠和一颗琥珀珠。很明显，穿插一些不同质料的珠子是为了记数的方便。

璎珞的佩戴，在元代仍很常见，特别是宫廷中的舞女和女侍。在元·陶宗仪《元氏掖庭记》中称："帝在位久怠于政事，荒游宴，以宫女一十六人……戴象牙冠，身披璎珞。"这类人物形象在绘画中较为常见的仍为佛教或道教中的人物。在山西永乐宫三清殿北壁的元代壁画中，佩挂在"天女"颈部的璎珞十分华丽。

其实，元代汉族妇女项饰中较为流行的要算是"长命锁"了。它是一种带有吉祥、祝福含义的饰物。这种饰物最早起于何时已没有证据可考，但可以肯定的是，它的出现是在璎珞之后。有很多人说它是由璎珞简化而来的。在元代的一些绘画中常能见到这一饰物的具体形象，无论妇女儿童都可佩戴。在元代，道教画，特别是神仙画像十分流行。道教题材在戏曲、雕塑、壁画中普遍出现，是因为北方陷于外族的统治之下，新兴的道教成为某些有爱国思想的士大夫和知识分子的精神出路。壁画中的男女又都从佛教的圣人变成了道教中的神仙玉女，他们的服饰也都是汉族妇女的装束，当然印度佛家的璎珞也变成了有道家风格的长命锁。佩戴长命锁的女子形象在一些壁画中都可见到。到了明清时期，人们把长命锁赋予了更多的含义，形式也更加多变，在项饰中受到独宠（图12-16）。

五、巧夺天工的腰饰

（一）带饰

元代蒙古族人的服饰是很独特的。男子一般头戴大檐帽，身穿窄袖长袍，腰系革带、金带或玉带，喜欢用美玉制作帽顶、带钩和绦环。

1.　　2.

图 12-13.

1. 插簪戴耳饰的元代蒙古族妇女。内蒙古赤峰元宝山元墓出土壁画。

2. 包髻扎抹额戴耳饰的汉族女子《供养仕女图》。

1.　2.　3.　4.

图 12-14.

1. 金镶翠石耳饰。江苏苏州盘门外吴门桥元墓出土。

2. 金镶玉人耳饰。高 3.3 厘米、重 23 克。陕西西安玉祥门外元墓出土。

3. 金镶琥珀柿形垂珠耳坠。江苏无锡元钱裕夫妇墓出土。

4. 金丝珍珠耳坠。通高 3.2 厘米—3.7 厘米。内蒙古敖汉旗四家子镇南大城窖藏出土。

图 12-15. 金镶珠宝耳饰。

1. 金镶绿松石耳饰。高 3.4 厘米—4.1 厘米。承训堂藏金。
2. 嵌宝石耳饰。高 3.7 厘米。
3. 金累丝莲塘纹耳饰。长约 8 厘米。湖北武汉黄陂县周家田园墓出土。
4. 金穿玉慈姑耳饰。湖南沅陵黄氏夫妇墓出土。
5. 金穿玉山石孔雀耳饰。长 7.3 厘米。湖南临澧新合云带金银器窖藏。
6. 金莲耳饰。长 3 厘米。湖南常德三湘酒厂金银器窖藏。

图 12-16.

1. 佩戴长命锁的玉女。
2. 戴长命锁的童子。山西元代永乐宫壁画。

图 12-17. 元代戏曲陶俑。1965 年河南焦作冯村元墓出土。

无论贵族与平民，男子们都十分注重腰带的装饰。在河南焦作市冯村元墓出土的元代戏曲陶俑，他们身着典型的蒙古人衣饰，腰间系着带有装饰的腰带（图12-17）。

而蒙古族的贵族们则多用玉带与金带。其中玉带饰以江苏苏州盘门外吴门桥元墓出土的一条最有特色，它除用整齐的块状玉外，中间还夹杂着一些大小不等的异型玉块，都是十分名贵的和田白玉，使整件玉带显得与众不同（图12-18）。在传世品中，还见有用和田玉制作的内容与春水玉器中海东青有关的玉带板的纹圈，具有很强的民族风格。另外还有在江苏无锡一座元代名为“钱裕”墓中出土的玉带装饰。它通体镂雕，描绘一只大雁穿行躲藏在飘荡的荷花水草之中，上有一海东青正俯身寻找，十分生动。吉林通化征集到一件蟠璃纹巧色玛瑙带饰板，其花纹图案采用浮雕方法，并利用这块玛瑙的上下两层不同颜色巧作而成，纹饰十分精美（图12-19）。

这时期，精美的带头仍是腰带上的重要装饰，有金属、玉制及各种半宝石制品。形式繁简不一，有的造成扣式，上缀扣针；有的则不用扣针，而制成一种卡式。在安徽安庆棋盘山元墓出土的一件鎏金铜带头，以铜片对折而成，外表鎏金，两面都有花纹，一面是模压牡丹，一面是平雕的菊花。花纹四周留出边缘，并有内折的“毛口”，以便夹住带鞓，与现在使用的带头十分相像。江苏吴县吕师孟墓出土的一件为锤制而成，呈不规则长方形。有很宽的外边，上饰锯齿圆圈纹。左侧有一小孔，以备束带之用。在这件小小的金带头上，刻着一幅“文王访贤图”。姜子牙端坐于树下凝神垂钓，山后停放着周文王的帷车，同墓出土的一件缠枝花果金饰件，也为锤制镂刻而成，上装饰着高浮雕缠枝花果，花果之间枝叶缠绕，富贵而华丽。这种带饰常为纹饰相同的一组出现，在腰带上作为装饰。而在故宫博物院中还收藏着一件白玉龙首带钩环。它用螭首为钩，腹上镂雕出水芙蓉，背雕荷叶纽，云纹圆扣连有镂雕玉龙，是元代玉饰中极其精巧的一件（图12-20）。

（二）佩玉

从北宋时起，社会上兴起了一种金石学，引发了闲散的文人士大夫收藏古董的兴趣。商业经济的发达，消费水平的提高，加之士大夫

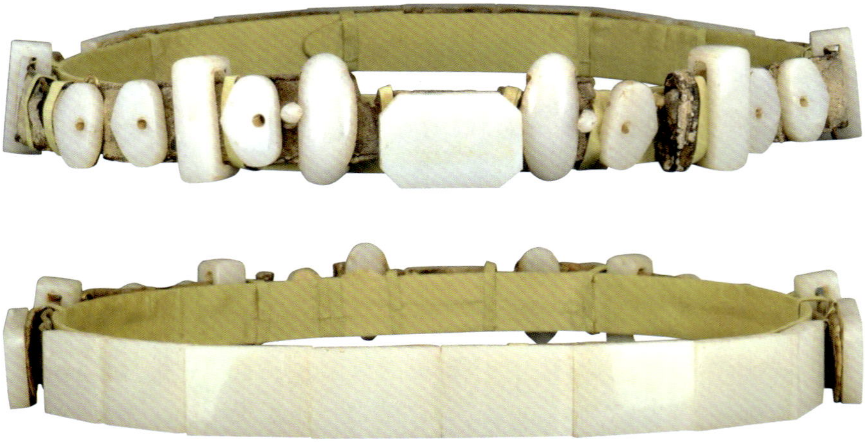

图 12-18. 玉带饰。江苏苏州盘门外吴门桥元墓出土。

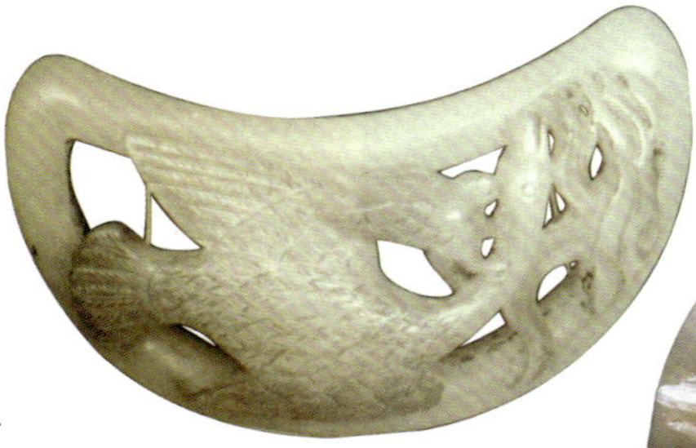

1.

2.

3.

4.

图 12-19.

1. 玉带板上的玉饰圈。
2. 玉带板上的玉饰圈。
3. 海东青啄雁饰。1960 年江苏无锡元代“钱裕”墓出土。
4. 蟠璃纹巧色玛瑙带饰板。吉林通化征集。

1.

2.

3.

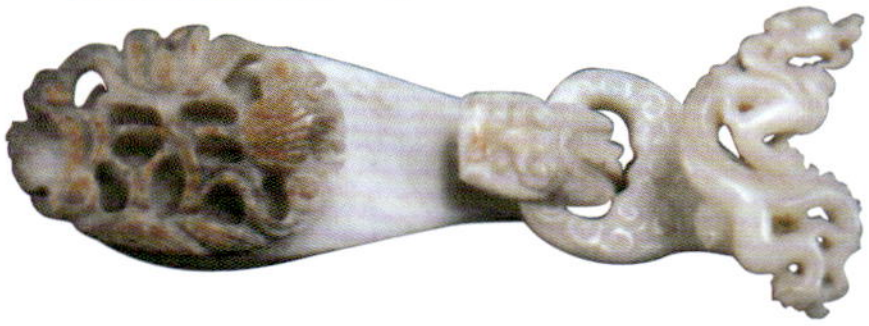
4.

图 12-20.
1. 鎏金铜带头。带头长 12.8 厘米。安徽安庆棋盘山元墓出土。
2. 文王访贤金带头。长 10.9 厘米，宽 7.2 厘米。重 63.5 克。1959 年江苏省吴县吕师孟墓出土。
3. 缠枝花果金饰件。长 8.5 厘米，宽 7.9 厘米，重 93.42 克。1959 年江苏省吴县吕师孟墓出土。
4. 白玉龙首带钩环。北京故宫博物院藏。

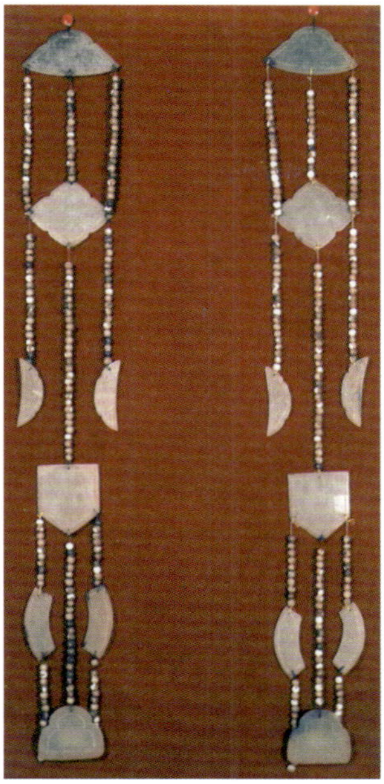

图 12-21. 元代大佩。江苏苏州盘门外吴门桥元墓出土。

图 12-22. 蝴蝶形银香囊。长 6.5 厘米。1981 年安徽六安县出土。《中国服饰通史》。

1.

2.

图 12-23.
1. 双龙戏珠金手镯。江苏苏州盘门外吴门桥元墓出土。
2. 筒形金镯。另一种以金银条弯成环状，两端作龙首形，环身有素式及联珠式两种，有时在龙首部分镶嵌一颗圆球，形成双龙戏珠的情趣。

收藏玉器的习惯，销售玉器的市场应运而生。当时经营的品种主要是仿古玉与世俗玉。仿古玉是与社会考古之风盛行密切相关的，后者则是人们生活装饰需求的产物。这种风气到了南宋时期则更加盛行。元代基本继承了南宋的玉器业，制玉业较为发达。中央政府在北京、杭州都设立内廷玉作，派专人管理宫廷玉器的生产。制玉名家人才辈出，在北京白云观的道人邱处，因琢玉技艺高超被称为“北京玉业祖师”。

元代的贵族喜佩玉，并沿袭中原汉民族宫廷中身佩组佩的礼制。现今所能见到的元代大佩实物有江苏苏州盘门外吴门桥元墓出土的两组，由菱形、璜形、长方形及椭圆形等玉片组成的组佩。它们彼此之间以玉珠相连缀，上有金属挂钩以便佩挂在腰带上。明代的宫廷大佩仍然沿用这种形式（图 12-21）。

除佩玉外，身佩香囊等饰物的习俗仍旧沿用。在江苏省吴县吕师孟墓出土的荷花鸳鸯金香囊，由两片金叶锤压成鸡心形，腹部鼓起，中空用以盛放香料，两面均錾刻着吉祥纹样。不仅可以使用，又有极佳的装饰作用。安徽六安出土的蝴蝶形银香囊也很别致（图 12-22）。

六、镯与跳脱

这一时期手上饰物的造型有几种，一种作缺口圆环形，环身为联珠状，这种样式通用于元明清各朝代（图 12-23）。还有一种筒形镯，是北方民族古老的样式。而为历代妇女所喜爱的跳脱仍旧使用，能见到的有轻巧的银跳脱和江苏苏州吴门桥出土的素金跳脱等（图 12-24）。

1.

2.

图 12-24.
1. 银跳脱。安徽安庆棋盘山元墓出土。
2. 素金跳脱。江苏苏州盘门外吴门桥元墓出土。

第十三章

珍贵典雅的明代首饰

明朝的开国皇帝朱元璋结束了元朝的统治，建国号为明，改元洪武，定都南京，成为历史上的明太祖。

明太祖在位期间，中华帝国的版图比唐朝还大。明朝前期，经济繁荣，冶矿、造船、陶瓷、纺织、金银珠宝首饰等手工业生产都达到了中国历史上的最高水平。同时，对外开放的明政府，曾先后派郑和率领世界上最庞大的船队七次到西洋各国，成为中国历史上一个伟大创举。走遍了亚洲非洲等三十多个国家，引进了大量的珍宝及其他各种文化知识。

明万历十年至二十八年间，朝廷购买珠宝每年平均用银 120 万两，而在国内的商贾以及民间也不乏珠宝首饰之精品。名师名匠的地位很高，可以与缙绅并坐，或与“士大夫抗礼”，如制玉名匠陆子刚，镶嵌名匠周柱，冶金名匠朱碧山等。这与当时十分重视手工技术是分不开的。明代著名的工艺家宋应星编著的《天工开物》一书中，记叙了当时的服装、纺织、铸造、金工珠玉等各种手工业原料从加工到成品的全部生产过程，为人们留下了丰富而宝贵的资料。

在服饰方面，明政府按照一定的传统，设立了十分规范的命妇制度。它对各层不同地位的贵妇服饰有着十分严格的要求，一簪一花都不能随便佩戴。所谓“命妇”是指受到封建王朝诰封的古代皇室及百官的贵族妇女。按《周礼・天官》中的记述：“命妇又有内外之分，内命妇即三夫人以下。古代的天子，后内六宫，有三夫人、九嫔、二十七世妇、八十一御女。三夫人为分主六宫之事。三夫人以下就是指九嫔。而外命妇是指三公夫人，即孤、卿、大夫之妻。”由此我们可以看出，无论内外命妇都是依“夫”而定的，只有丈夫荣升，妻子方能荣耀。

除命妇制度外，服饰在平民的各个行当中也有不同的规定。但商人却是个十分特殊的阶层，其服饰特征忽贵忽贱，时而受到朝廷禁令限制，时而又无视等级有所逾越。

而在妇女中，艺妓是城市女子服饰中最有影响者。明代时已有人指出，不遵守服饰制度的主要有三种人，勋戚、太监和教坊艺妓。艺妓们头饰珠玉金翠，身穿麒麟、飞鱼、坐蟒等贵服，与达官贵人交错于大路之上，也无人过问，这除了与她们的特殊身份有关外，还与她们那悦人耳目的技艺有关，人们称赞仰慕那些容貌美丽、技艺超群的女子，她们的服饰常成为众多妇女追随的潮流。

一、集珠宝之大成的冠

在明代的皇族中，冠是相当重要的。各种冠饰被制作得极其豪奢，可谓集珠宝之大成。1957 年，在北京昌平天寿山十三陵中定陵的发掘可谓空前发现，它向人们展示了明万历皇帝朱翊钧玄宫的各色珠宝饰物及履冠袍服。

十三陵是明成祖朱棣（年号永乐）及其子孙们葬地的总称。定陵是其中的一座，埋葬着明神宗万历皇帝与孝端、孝靖两位皇后。现存唯一的金冠就是这位明代第十三个皇帝朱翊均的“翼善冠”，它是用极细的金丝编织而成的，冠上镶嵌着两条金龙戏珠图案（图 13-1）。

作为皇帝的朱元璋，为了维护巩固朱家王朝的统治，将他的二十多个皇子分封到各地去做藩王。作为藩王的皇族拥有优厚的待遇，当然各种衣饰也毫不逊色。皇族男子的冠饰如江西明益王朱厚烨墓出土的一顶累丝嵌宝石金冠，用细如发丝的金丝编成，上面镶嵌着数十颗珠翠宝石，两侧插着束发用的金簪，制作得相当精美，完全可以和北京定陵的金冠媲美（图 13-2）。而冠饰上的各种冠顶，吸取了北方民族的特点，亦制作得精美华丽。湖北钟祥市的梁王墓，是一座皇家亲王级的豪华墓葬，这里发现了五件嵌宝金冠顶，其式样与华丽程度令人难忘（图 13-3）。

在官吏的朝服与公服中，各种冠饰也不乏佳作。1970 年在山东邹城市的朱檀墓中发现了大量的冠服与书画，使我们了解明代亲王的服饰风格。其中出土的一顶缀有珠饰的皮弁，是其在礼仪场合的冠饰。这种珠玉皮弁是中国传统的冠饰，是“会弁如星”最华丽的一种（图 13-4）。

在贵族男子的冠饰中，还经常能见到一种束发冠。贵重的束发冠多为玉制，下面穿有一孔，以备穿插发簪而用（图 13-5）。而所用的发簪也多为玉质，特别是那种羊脂玉蘑菇头玉簪，是当时男子最为喜爱的

图 13-1. 明万历皇帝的双龙金冠。

1.

2.

图 13-2. 累丝嵌宝石金冠。
1. 正面。
2. 侧面。江西明益王朱厚烨墓出土。

1.

2.

3.

图 13-3.
1. 玉饰金冠顶。高 7 厘米，重 115.5 克。冠面镶嵌着 6 颗宝石。
2. 嵌宝石金冠顶。湖北钟祥市梁王墓出土。
3. 银镀金嵌宝石冠顶。

1.　　2.

图 13-4.
1. 戴珠玉皮弁的古代帝王《历代帝王图》。
2. 缀有珠饰的皮弁。山东邹城朱檀墓出土。

图 13-5. 玉制束发冠。传世实物。

1.
2.

图 13-6.
1. 白玉螭纹蘑菇头簪。长 10.6 厘米。上海打浦桥明墓出土。
2. 蘑菇头玉簪。长 10 厘米，和田羊脂玉。青海大通县晚明总兵柴国柱墓葬出土。

饰物（图 13-6）。

定陵皇后的凤冠，更是金镶宝饰的完美组合。皇后戴的凤冠共出土了四顶，分属两位皇后。说起凤冠，它是在宋朝时被确定为皇族贵妇们所戴的一种礼冠，并且正式收入了冠服制度。明代时，贵族妇女祭祀朝会承袭宋制，也戴凤冠。凤冠的式样在《明史·舆服志》中有详细地记载。洪武三年规定：“**凤冠圆匡冒以翡翠，上饰九龙四凤，大花十二树，小花数如之。两博鬓，十二钿。**”在南薰殿旧藏《历代帝后像》中，有许多戴凤冠的明代皇后像，各种凤冠除大体相似外，每一顶都各不相同（图 13-7）。

在定陵出土的三龙二凤冠、十二龙九凤冠属于明孝靖皇后，九龙九凤冠与六龙三凤冠则为孝端皇后所拥有。它们的具体制法是：以竹丝为骨，先编出圆框，在框的两面裱糊一层罗沙，然后缀上以金丝、翠羽制成的龙和凤，周围镶满各式珠花。在冠顶正中的龙口中，还含有一颗宝珠，左右二龙则各衔一挂珠串；凤嘴之中，也同样衔有珠宝，与传世的画像大致相同。通体镶嵌珠宝的凤冠，每顶冠上的珠宝均多达一百多块，珍珠上千颗。这些珠宝均为当时从国外进口，十分贵重（图 13-8）。可以看出，中国古代皇家首饰不仅作为一种富贵来炫耀，更主要的是为了体现佩戴者的尊严。皇帝皇后至高无上，因此人们用龙凤来表示，在中国古老的传统中，龙是鳞虫之长，凤为百鸟之尊。珠宝镶嵌而成的吉祥如意花朵与金龙翠凤集中在一起，从而达到尊长与祥和的统一。

而跟随皇帝祭祀朝会的明朝嫔妃和一些有品级的贵妇也饰凤冠，但与皇后的相比略有不同，主要是去掉了冠上的金龙，取而代之的是九只翠鸟，以示等差（图 13-9）。

明朝各种不同类型的凤冠很多，在江西南城明益宣王朱翊鈏妃孙氏墓、湖北圻春荆端王朱厚烇妃刘氏墓，以及北京西郊熏四村明熹宗妃张氏墓中都有发现，有些还保存得十分完好。如湖北圻春圻州明刘娘井墓出土的凤冠，上面装饰展翅飞翔的凤鸟，周围还有小凤鸟和宝石金花（图 13-10）。凤冠都是在出席重要的场合才会戴，闲散在家时的女子会梳髻插上珠翠花钿。明代杜堇的长卷《宫中图》，描绘了后宫嫔

图 13-7. 戴凤冠的明朝皇后。南熏殿旧藏《历代帝后像》。

图 13-8. 定陵出土的皇后凤冠。
1. 正面。
2. 侧面。

图 13-9. 戴凤冠的明代贵妇。《朱夫人像》。

妃日常的生活，其中梳妆的那位女子像是要去参加活动，临出门了还要再对镜整理妆容，而另一位则边走边匆匆戴上凤冠，后边女子的头上还插了硕大美丽的鲜花（图 13-11）。

二、头上的装饰

（一）明代妇女的假髻与发鼓

明代妇女的发髻首饰极为丰富，种类也极多。除传统的饰物外，在妇女的发饰中还流行一种被称为“发鼓”的衬发饰物，其实就是当时的一种假髻，又称为“髻”（音同“际”）。张自烈《正字通·竹部》中释“籂”：“妇人首饰，犹今之发鼓。”这种饰物通常以很细的银丝编制成灯笼孔的一个尖圆顶网罩。髻里外又可以衬帛、覆纱或头发，以便用来适应各种不同场合的装饰。这种实物，在江苏无锡明代华复诚夫妇墓中曾有出土，墓主是一位命妇，出土时发髻完好，在她发髻的内部，衬有一只鎏金银丝编成的圆形饰物，饰物的四周还留有插簪用的小孔数个，外面盖上头发，并以银簪等首饰插之。在髻出土的同时，

1.

2.

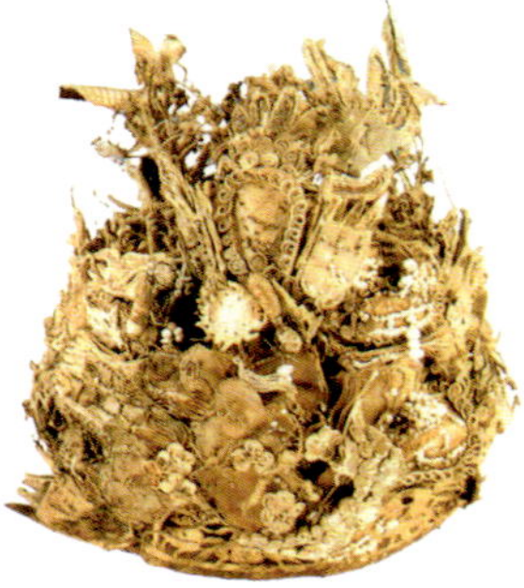

3.

图 13-10.
1. 明代凤冠。正面。
2. 侧面。湖北圻春圻州明刘娘井墓出土。
3. 江西南城明益宣王朱翊鈏妃孙氏墓出土。

图 13-11. 梳妆戴冠的女子。明 · 杜堇《宫中图》局部。

1.

2.

3.

图 13-12.
1. 明代的假髻饰物鎏金银发鼓。
2、3. 插在发鼓上的鎏金首饰。江苏无锡明代华复诚夫妇墓出土。

还有插在上面的几件鎏金首饰。与此类似的饰物，还见于江苏扬州明墓中（图 13-12）。这类䯼还有用铁丝编制的。顾起元《客座赘语》说："今留都妇女之饰在首后……以铁丝织为圜，外编以发，高视䯼之半，罩于䯼，而以簪绾之，名曰鼓。"在嘉靖初年的河南开封，妇女也喜高䯼，以铁丝为胎，高六七寸，也是䯼的一种。讲究些的，还用金丝编制，或用金片锤鍱，做成冠的样子，上面有冠梁。如在山西大同明甘固总兵孙柏川墓出于继氏棺中的一件，当时称为"金梁冠儿"，就是此类（图 13-13）。

这种金、银制作的䯼，即使不施簪钗，也是很体面的头饰。如王实甫《西厢记》第四本第一折"偏宜䯼儿歪"。《金瓶梅》第十一回曰玉楼、金莲"家常都戴着银丝䯼，露着四鬓，耳边青宝石坠子"。而在不同的场合，还要戴不同形式的䯼。《金瓶梅》第七十回写吴月娘等人穿戴了出行，因还在李瓶儿的丧期，故"五个妇人会定了，都是白䯼，珠子箍儿，用翠蓝销金绫汗巾儿搭着，头上珠翠堆满"。这种作为孝服的白䯼，在明富春堂刊本无名氏撰《商辂三元记》传奇的祭吊场面中，有清楚的形象。然而䯼却依然是盛妆之际的"簪首饰之具"，而各式簪钗都可环绕䯼而插戴（图 13-14）。

明代贵妇头上的首饰常以"一副"来称谓。一副便是 12 件单独的各种发簪，根据插戴的部位不同有不同的样式不同的名字，如顶簪、挑心、分心、钿儿、掩鬓、满冠等等。至于插戴的方式，就拿明代末年倪仁吉画的吴氏先祖容像来看，画中人头顶戴着黑色的䯼，应该是金银丝编就，外面罩上黑色的布帛，最上边插着一枝花蝶顶簪，中间是一枝佛像挑心簪，挑心簪下面正好是䯼的口沿处，插戴着一枚花钿，花钿之下是珠子箍，两鬓的花簪是掩鬓，周围对称插戴的则是各种美丽的花蝶小簪和金钿，带角小花簪有些像宋元时期的闹蛾，行动时花枝娇颤（图 13-15、图 13-16）。

（二）头箍、钿儿与珠子箍

头箍是明代妇女常用的一种头上装饰，亦称"箍儿"。当时的头箍有很多种，其中之一是做成弯弧的长条形簪，使用时插戴在发髻正中。在浙江永嘉宋窖藏中就出有这类发箍三件，其中一件的簪首做成 16 厘米长的一道弯弧，沿边有联珠纹，中间装点各种花卉 15 朵，在簪首的背面中央，有一支垂直向后的扁平簪脚，明代仍沿用此式，没有较大

2.

图 13-13.
1. 金梁冠儿。承训堂藏金。
2. 金梁冠儿。山西大同明甘固总兵孙柏川墓出土。

图 13-14. 作为孝服的白髻。《商辂三元记》插图。

图 13-15. 簪饰插戴图。倪仁吉绘吴氏先祖容像（局部）。

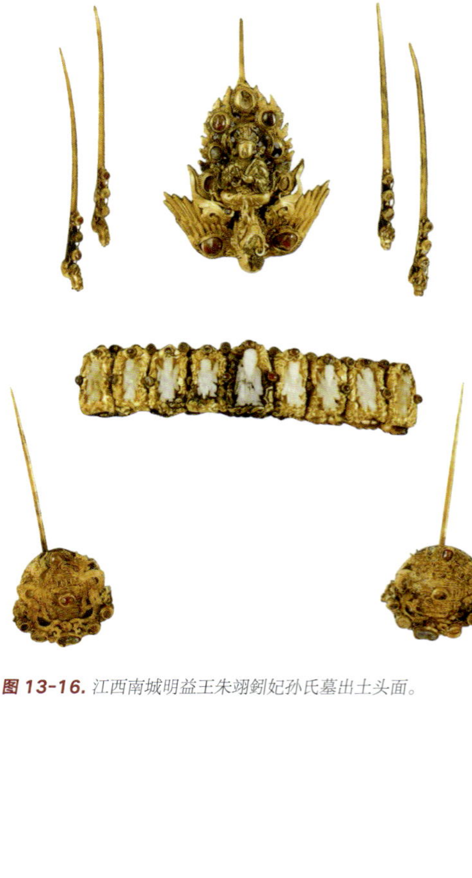

图 13-16. 江西南城明益王朱翊鈏妃孙氏墓出土头面。

1.

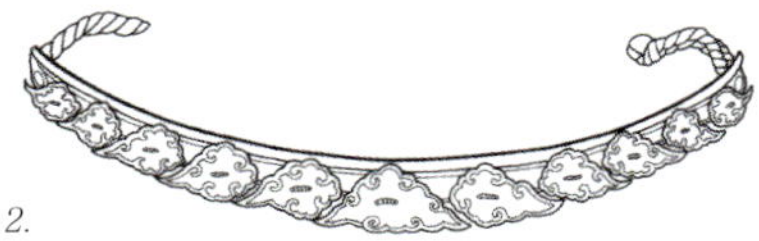

2.

3.

图 13-17.

1. 花形头箍。江苏江阴青阳夏氏墓出土。

2. 江苏无锡华复诚夫妇墓出土的如意云头钿。

3. 玉八仙金钿儿。长 21 厘米。为双层的金制弯弧，上缘作一溜朵云边，云下有一个个嵌宝的小金龛，龛里立有玉仙人，当中是寿星，两边对称排着玉八仙。 两端系带，用时把带子套在横贯髻两侧的簪头上。南昌明益王朱翊鈏妃孙氏出土。

的改变。在江阴青阳夏氏墓出土的一件，银簪脚而金簪首，在簪首各式花卉的花心处嵌有珠宝，花朵间点缀着小金叶。而在上海宝山朱守诚夫妇墓所出的弯弧形簪饰，却已没有了簪脚。使用的方式也发生了变化，成了所谓的“发箍”，在当时又被称为“花钿”或“钿儿”。《客座赘语》卷四中有“花钿戴于发鼓之下”。发鼓即髻。无锡华复诚夫妇墓所出装饰着如意云头的钿儿，正是戴在髻之下。在南昌明益王朱翊鈏妃孙氏所出的钿儿，可以说是钿儿之最（图 13-17）。

明代还有一种用纺织品制作的头箍，上面缀有珠玉，缝合后套围在前额上，类似“包头”，即“额帕”。包头、额帕是明代妇女系在前额的一种巾饰，一般冬天用乌绫、夏天用乌纱做成，阔一至三寸，以全幅斜折裹于额上，垂后两抄再向前打结。妇女中的老少皆有佩戴。在叶梦珠《阅世编》中：“以予所见……包头上装珠花，下用珠边……花冠、满冠等式，俱用珠花包头，上用珠网束发，下垂珠结宝石数串，两鬓亦以珠花、珠结、珠蝶等捧之。”在上海打浦桥顾定芳夫妇墓中出土的一件头箍，两端稍阔、中间略窄的一条布带，珠子沿边，当中缝缀一枚金片做托的玉雕团龙，左右依次排列八对坐在金托上的玉饰（图 13-18）。而定陵孝端皇后头饰中的一件“抹额”，黄素纱作里，黄素绫作面，后面接头处用铜针别住，中间缝缀金制的七朵菊花和草叶，花心嵌宝，花叶点翠，其间饰以珍珠。

而最常见的装饰性头箍是珠子箍，即以珠子镶嵌于抹额勒子上或直接以珠子串成的头箍，戴的时候套于额的上方，头上再饰其他花翠或戴假髻，这种装扮在明代上层妇女中很普遍。《金瓶梅》第十一回，“西门庆许了金莲要往庙上替他买珠子，要穿箍儿戴”。这种箍儿受人喜爱的原因是，它既可以是盛妆时的陪衬，而家常打扮中，又可成为醒目的装点。《金瓶梅》第七十八回，说：“月娘从何千户家赴了席来家，已摘了首饰花翠，止戴着髻，撇着六根金簪子，勒着珠子箍儿。”其实它的前身叫作“络索”，在南宋时就已经出现。如元代熊进德“金丝络索双凤头，小叶尖眉未著愁”。它周环发髻而簪戴。在《仿韩熙载夜宴图》、仇英《汉宫春晓图》及唐寅《吹箫图》中的仕女头上都戴有这种美丽的头饰。到了清代，汉族女子的这种头饰更加流行，成为发髻下最重要的装饰（图13-19）。

（三）不可缺少的宝钿——挑心、分心、满冠

以前流行的各式花钿、宝钿，到了明代极为妇女们所喜爱，成为不可缺少的头发装饰。在皇宫中，头面的装饰十分华丽，如描绘明代宫廷后宫嫔妃们日常生活的《宫中图》里，可以看到嫔妃与侍女丰富的发髻装饰（图13-20）。而当时一些富裕阶层的女子，她们的头面也毫不逊色。陈洪绶《西厢记》中戴头饰、腰环佩都是典型的明代妇女装束。这类饰物因用途不同，又有“挑心”“分心”“满冠”之分。

“挑心”与“分心”都是明代头面中最重要的装饰。其中“挑心”就是在发髻正面当中的位置往上挑插一只单独精美的发簪，是一副首饰中的领袖。它的簪角在后。簪首的内容十分丰富，最常见的装饰是佛像，还有梵文、宝塔、仙人、凤鸟之类，都制作得极为精巧（图13-21）。

“分心”与挑心的作用很相像，也是整个头面中最重要的一件饰物。只是它的样子是仿效宋金元时期女子所戴冠的冠前饰物，是明代女子插在髻或发髻前后的一种式样特殊的簪或钿。它的形状为十几厘米的一道弯弧，背面作出几个扁管以安簪脚，正面上缘一般高于两端，制作极尽工巧，内容多为神仙道人。古代的女子很喜欢在冠的当中装饰神仙道人，在山西稷山县青龙寺腰殿元代壁画中的娥皇和女英，头戴花冠，其冠顶的中心装饰着祥云，云朵间立着一排仙人，就是这类饰物。在四川平武王玺家族墓地中，女主人的头面里就有一件仙人图案的“分心”（图13-22）。

又有一种插在发髻后边的首饰，叫作“满冠”。满冠也始于宋，应

图 13-18. *额帕与玉饰。上海打浦桥顾定芳夫妇墓出土。*

图 13-19. *戴珠子箍的女子。*

1. 明·唐寅《仿韩熙载夜宴图》。

2. 明·唐寅《吹箫图》局部。

3. 清·焦秉贞《岁朝清供图》局部。

图 13-20. 有丰富头饰的宫中妇女。明·杜堇《宫中图》局部。

1.

2.

3.

4.

图 13-21.

1. 观音挑心。上海浦东陆家嘴陆氏墓出土。
2. 凤凰挑心。江苏江阴夏氏墓出土。
3. 金累丝梵文挑心。北京右安门外出土。
4. 宝塔形挑心。北京定陵出土。

从插梳的习俗演变而来。它是一种横插长而弯的饰件。在刘贯道《消夏图》中的一位侍女头后，能够清楚地看见红包髻下横插着一个长而弯的满冠。又在永乐宫元代壁画中，一位捧盒玉女的头上，在两侧插戴凤簪的中间，掩映着一个边缘缀珠的半月形饰，都是满冠（图13-23、图13-24）。

（四）千种万种的发簪

1. 纤巧的针状簪

明代妇女特别喜爱插发簪，上至宫廷后妃，下至平民百姓争相饰之。在描绘这一时期的妇女梳妆图中，大多都是在对镜插簪（图13-25）。金顶簪这种很不起眼又不可缺少的小簪还有繁多有趣的别名，像挑针、啄针、撇杖、掠儿等，长短约在十厘米左右。常见的一种多在簪首做一个小小的蘑菇头，簪首若为金制或是鎏金、贴金，在当时又被趣称为“金裹头”或“一点油”。在《元机诗意图》中，优雅的女诗人鱼玄机，发髻上简单的一枝“一点油”十分抢眼（图13-26）。其中称作“掠儿”或“掠子”的是这类发簪中最小的一种。它长短不到十厘米，既小且无纹饰，主要用来分头缝，也可挽发髻。若簪戴，多半是单独使用的。在山西大同明甘固总兵孙柏川墓的朱氏棺中，就出有一支长七厘米的金掠儿，另有一对一点油的丁香儿耳饰，一顶金梁冠上插着两对花心嵌宝的莲花簪。

这类簪中还有一种花头或简单的独头方形嵌宝簪子，多是成对插戴，特别是梳着双髻环的侍女，直直竖着插下去，贵族女子则在头顶处双双插戴，别有风韵（图13-27）。

2. 掩鬓花簪

一种用来压鬓和掩鬓、自下而上倒插在鬓边的发簪，叫作“掩鬓”“边花”或“鬓边花”。《客座赘语》卷四中“掩鬓或作云形，或作团花形，插于两鬓”。《老学庵笔记》中也有叫作“云月”的饰物。在四川广汉南宋墓窖藏中就有这样的一件云月玉饰（图13-28）。在永乐宫壁画中，仿照世俗装扮而绘制的仙女鬓边，也有类似云月的掩鬓饰物（图13-29）。明代的掩鬓除云朵外，还有做成团花等纹饰的。这类簪饰有很多实物传世，件件都极为精美。而上海打浦桥顾定芳夫妇墓中出土的一对白玉掩鬓，虽为云朵形的边框，云朵中却有捧花的飞天。中国的许多饰物都有飞天

1.

2.

图 13-22.
1. 山西稷山县青龙寺元代壁画中的娥皇和女英冠饰分心饰物。
2. 四川平武王玺家族墓地十五号墓出土。仙人满池娇分心。

1.

2.

图 13-23. 戴“满冠”发饰的女子。
1. 刘贯道《消夏图》。
2. 永乐宫元代壁画中玉女。

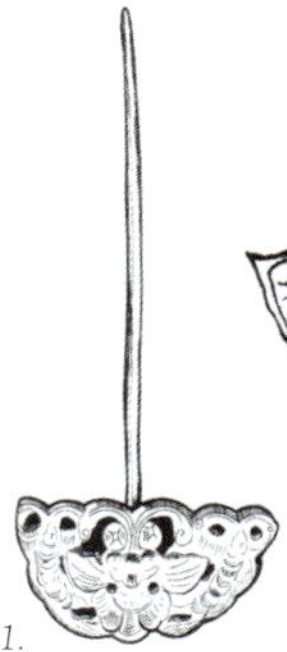

1.

2.

图 13-24.
1. 南京郊区出土满冠金簪。
2.《三才图会》中的满冠。

图 13-25. 对镜插簪图。

1.

2.

图 13-26.
1. 梅花金顶簪。
2. 插一点油金顶簪的女子。清・改琦《元机诗意图》。

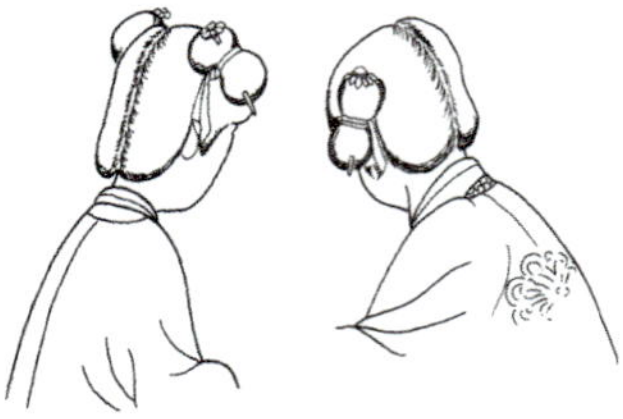

1.

2.

3.

图 13-27.

1. 双髻环插花头簪的女子。仇英《汉宫春晓图》。
2. 双髻环插独头方簪的女子。
3. 髻顶双插独头簪的女子。北京法海寺明代壁画。

图 13-28. 云月玉饰。高 1.8 厘米，宽 3.5 厘米。云朵托着一枚圆月，云月间有两个小穿孔以便用簪插戴。

图 13-29. 山西永乐宫元代壁画。

1.

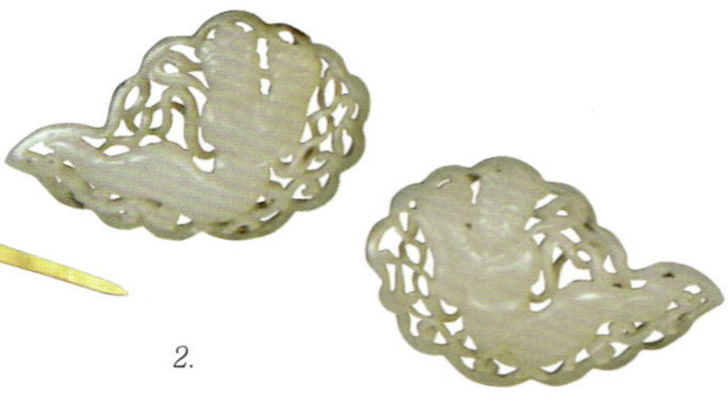

2.

图 13-30.

1. 累丝嵌宝石掩鬓簪。
2. 白玉飞天掩鬓簪。用一根 8 厘米的银插，一端分出五叉分别勾于飞天镂雕的孔隙中，像发簪般对称插于发间。上海打浦桥顾定芳夫妇墓中出土。

的形象。飞天原为印度佛教神，随佛教传入中国。由于在佛教中被描绘采百花香露，既能在天界里为佛唱赞歌，又能向人间散花放香，所以一直被人们当作吉祥赐福的象征（图 13-30）。

3. 宽大的如意头簪

“如意”是古人用竹、玉、骨等制成的一种搔痒器具。早在战国时期的墓葬中就已有发现，它长柄，一端做成弯曲的手掌形，用于挠背。如意之名最早见于西晋的文献记载。在印度佛家僧侣的日常生活中有一种叫作“阿那律”的用器，形状与如意很相似，当佛教传入中国时，佛经中的“阿那律”就被译成了“如意”，两者合为一体，从此如意有了祈福的功能。到了唐代晚期，如意的形制慢慢发生了变化，首部被做成了展翅的蝙蝠。宋代的如意柄部宽扁，并在中部略微弓起，首部多做成三瓣灵芝或云叶形。之后历经明清逐渐成为皇家贵族、文人的把玩之物。女子的发簪也仿照如意，簪身作圆形或扁形，簪首朝前弯转，很像玉如意的造型，取其“称心如意”的吉祥含义。明代画家陈洪绶的一幅版画《娇娘像》中，衣饰典雅的娇娘发髻后面就饰有如意簪（图 13-31）。

4. 美丽珍贵的金玉珠宝簪

历代簪钗的精华大都是帝后或贵族的首饰。1956—1958 年，考古学者在明定陵发现了大量具有浓厚宫廷色彩的首饰，多达 240 余件，令人叹为观止。其中以簪的数量最多，共 157 件，质料有金、银、铜、琥珀、玳瑁、玉、木质等，绝大多数的簪在其顶部饰有华丽的装饰（图 13-32）。为了左右对称插戴的需要，有半数以上的簪都是式样相同成双成对的。从《明宫史·内臣服佩》中得知，明代宫廷称这种成对的簪为“枝个”，缀有珠宝串饰的称为“桃仗”。这些簪首造型设计新颖，色彩华丽，镶嵌的宝石多采用原来的形状，并在其周围镶上金边，突出其异样的造型，使之呈现出一种既华丽又自然的美。簪首所表现的内容除了各种花鸟、动植物外，还有以文字形式做成的（图 13-33）。

在定陵出土的一件“镶珠宝玉龙戏珠金簪”，是一件大型顶簪，插在孝端皇后头部所戴棕帽的顶端。整个簪顶共镶宝石 80 块、珍珠 107 颗，为簪顶嵌珠宝最多的一件。而许多的珠宝花簪一般多插戴在

1.

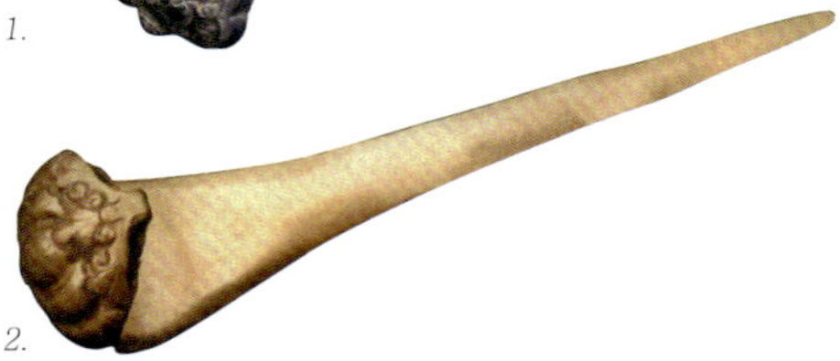

2.

3.

图 13-31. 如意头簪。
1. 四川成都营门口明墓出土。
2. 四川成都市郊明墓出土。头戴如意发簪的女子。
3. 戴如意头簪的女子。明·陈洪绶《娇娘像》。

1.

2.

图 13-32.
1. 累丝嵌宝石人物纹金簪首。
2. 累丝嵌宝石叶形金簪背面。

图 13-33. 北京明定陵出土的各种发簪。

1.

2.

图 13-34. 明代的珠宝簪。

1. 花丝镶玉嵌宝金簪。湖北钟祥梁王墓出土。

2. 金玉珠宝花簪。北京丰台明墓出土。

图 13-35. 金累丝楼阁人物金簪。

发髻或冠的重要部位。在2002年发掘的明朝初年皇族湖北钟祥梁王与王妃的合葬墓中，金银玉器与首饰的数量仅次于定陵，其中嵌宝金簪，极为华美（图13-34）。而在江西南城县益庄王朱佑槟夫妇墓出土的金饰中，有几件奇特的“楼阁人物金簪”。它们并不完全成对，是利用花丝工艺编成的。簪首装饰着重檐楼阁和牌坊，其间还有小如稻粒的舞蹈人物，簪首四周以花枝装饰，精致异常（图13-35）。

5. 龙凤簪

明代龙凤簪仍被人们所喜爱。特别是凤簪，在帝后的首饰中不可缺少，宫中嫔妃与命妇的首饰中则更加多样，就是在民间的小家碧玉中，凤簪都是令人心仪的簪饰。凤簪在命妇的服饰中都成对插戴（图13-36）。

在明代的绘画中，单只的凤簪多戴在发髻的顶部，给人以居高临风的感受（图13-37）。

6. 似动欲飞的虫草花簪

唐宋时期，出现了一种以花鸟虫草为内容的发簪，如蝴蝶、蜻蜓、螳螂等等，格外玲珑精致。这些簪都在簪首做成各式草虫，配了草叶，生动娇颤，精巧俏丽。它们一般成双配对地使用，制作时使用多种不同的材料。如一些花形的簪，花朵状的簪头很大，以不同粗细的铜丝做成花叶枝叉，再用宝石做成花瓣，花蕊的底部钻上小孔，穿进细铜丝，绕成弹性很大的弹簧，轻轻一动便摇摆不停。而以动物飞禽为表现内容的虫草簪，也多用这种方法制成，使飞禽的触角、眼睛、植物的枝叶如轻风吹动一般，让人心动。这种簪戴在头上很像宋元时期的闹蛾（图13-38）。

7. 繁杂的花钿

明代的花钿精美无比，朵朵花钿背面或有小孔设有小管，可以把它们插在簪头，亦可挂在耳坠上，甚至可以缝坠在衣领上作为装饰。而一些单独的花钿干脆就是一枝枝小型的花簪。作为簪顶的小花，或金银或嵌玉嵌宝，称作“花头簪”。这种簪饰纤巧可喜，盛妆时金裹头和花头簪总是成对簪戴，又可以是独立的首饰。在北京丰台明李文贵及夫人的墓葬中，还出土了许多1厘米—3厘米不等的大小玉花和小金花，中间部分均有小孔，正是装饰发髻的小花钿（图13-39）。

唐宋时期单独佩戴的较大些的珠宝花钿，在明代仍然沿用，戴的

图 13-36. 成对金凤簪。
1. 湖北圻春刘娘井墓出土。
2. 江西南城明益王朱佑槟夫妇墓出土。

图 13-37.
1. 凤簪。
2. 元·周朗《杜秋娘图》局部。北京故宫博物院藏。
3. 明·唐寅《嫦娥执桂图》局部。美国大都会艺术博物馆藏。

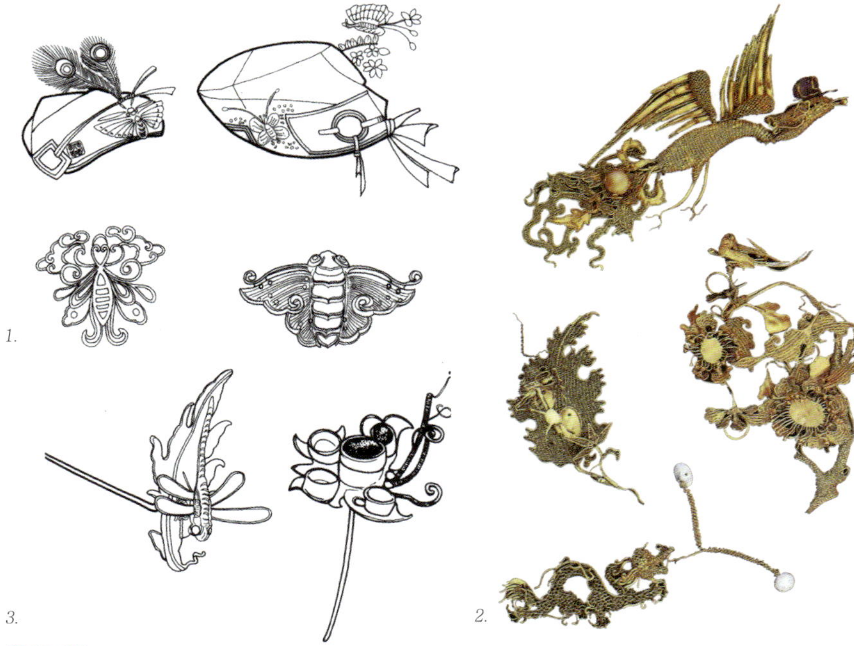

图 13-38.
1. 闹蛾。
2. 明代各种用金丝做成的闹蛾。《古董首饰》。
3. 闹蛾虫草簪。

方法多在发髻的正中。盛装的女子当中戴上一支称为“挑心”。在北京西郊翠徽山南麓的明代建筑法海寺壁画中，有许多头戴各种饰物与宝钿的妇女形象，应是现实生活的写照。即使较为简单的女子头饰，发髻正中仅戴一枚宝钿亦是清雅的装饰（图13-40）。

（五）钗

明代的妇女已没有唐宋时那样的高髻，而代之以牡丹头、钵盂头及松鬓扁髻等。先说牡丹头，它是一种蓬松的发髻。编梳的方法是先将头发掠至顶部，用一根丝带或发箍扎紧，然后将头发分成数股，每股单独上卷至顶心，再用发箍绾住。头发少的妇女，可以掺入一些假发，以扩大发髻。这种发髻梳成后，酷似盛开的牡丹。松鬓扁髻的样式，据清·叶梦珠的《阅世编》称：“崇祯年间，始为松鬓扁髻，发际高卷，虚朗可数，临风栩栩，以为雅丽。”所谓“松鬓”，并非单指两鬓，实际上连额发也被包括在内，给人以庄重高雅的感觉。这些头饰都需要簪钗加以装饰，因为发髻并不是很高，所以钗的用量也相应减少。在四川重庆明简芳墓出土的一件金钗，钗首为朵云形，并雕有巍峨的宫殿，环以虹桥、人马、树木及花草等，金钗的背面，还精刻了两首诗，可谓极尽诗情画意之妙（图13-41）。

（六）簪钗挂坠即成步摇

明代妇女的步摇多为凤鸟衔珠串之类。贵妇在十分庄重的场合一般都成双插戴，平时则常在发髻的侧面插上一枝，十分雅致。这类步摇在当时的线刻版画中出现得很多，应是真实的写照（图13-42）。

（七）插花风俗

妇女头上除了珠翠首饰外，在当时还流行一种称为花髻的，就是在发髻周围插上众多的小茉莉花，似针排列。传说崇祯皇后也喜欢将茉莉花簇制成簪形，插在发髻上。每日清晨，她“摘花簇成形，缀于鬓髻”。这种头饰颇得崇祯帝欣赏，于是他命宫中才人将桂花“簪于冠”。《丹钻录》中记载：“云南百花中，惟素馨香特酷烈，有将此花绕髻插戴之饰，至今犹如此。”在诗文中也有“素馨棚下梳横髻”之句，其中的素馨就是指茉莉花。在现今的苏州，夏季的街上还有一些妇女拿着竹篾笸箩，上面放着刚刚摘下的茉莉，一边串在细细的铁丝上，一边叫卖着（图13-43）。

1.

2.

图 13-39.

1. 金花钿。江西南昌宁靖王妃墓出土。

2. 双叠胜。

1.

2.

图 13-40. *戴宝钿的女子。*

1. 北京明代法海寺壁画。

2. 明·唐寅《李端端图轴》局部。

图 13-41. *楼阁人物金钗。*

四川重庆明简芳墓出土。

1.

2.

图 13-42.

1. 戴步摇的女子。明代版画《崔莺莺像》。

2. 累丝双鸾衔寿果金步摇。明代万历年。

图 13-43. 挑选头花的女子。明·唐寅《簪花仕女图》。

图 13-45. 头戴鲜花的妇女。河北邯郸壁画局部。

在传世的绘画中，头戴鲜花的女子屡见不鲜。明·唐寅《孟蜀宫妓图》中，画中宫妓四人，衣着华贵，青丝如墨的发髻上戴着各种不同类型的美丽饰物，朵朵鲜花穿插其中，使之更显华贵（图 13-44）。而在河北邯郸的一幅壁画中，许多妇女都头戴枝叶相间的鲜花（图 13-45）。

三、崇尚轻巧的耳饰

明代的耳饰大多崇尚轻巧，既用耳坠又用耳环。这一时期很流行茄子形、葫芦形和灯笼形的耳环。它通常以一根粗约 0.3 厘米的金丝弯成钩状，在金丝的一端穿上大珠在下，小珠在上，两珠之上再覆上一片金制圆盖的坠饰，看上去很像一个葫芦。在南熏殿旧藏《历代帝后图》中，

图 13-44. 头戴鲜花的女子。明·唐寅《孟蜀宫妓图》。北京故宫博物院藏。

明太祖皇后、明太宗皇后都戴有此类耳饰（图13-46）。在明人《天水冰山录》中，记载着皇上籍没奸臣严嵩的家财，其葫芦形耳环耳坠就有三十多对，其中多次提到“金折丝葫芦耳环”“金迭丝葫芦耳环”等。这类耳环的实物，在各地明墓中屡有发现，如辽宁鞍山倪家台崔胜夫妇墓、甘肃兰州上西圆彭泽夫妇墓、江苏南京徐俌夫妇墓、广州梅花村戴缙夫妇墓及四川成都市郊的明墓等，可见其使用的地域之广。在不同的地区，这种耳饰有的竟完全相同。而戴这类耳饰的妇女，她们在当时多为一品命妇，可知这种耳饰在当时是代表官阶品级的一种标志。

还有一种串珠状耳饰也很受欢迎。珠饰一颗或多颗不等。在江苏扬州明墓就出有一对穿珠金耳环。江苏无锡陶店桥出土的一对耳环则在一根金丝的弯钩上，串有一尊拱手立在莲花座上的玉雕佛像，其上方还嵌有四颗珍珠（图13-47）。

戴耳环的女子形象在《孟蜀宫妓图》中也有详细地描绘。画中四位女子，正面的两女子衣饰华丽，而背面的两名女子应是宫中的侍女，其中一名手持托盘，她的耳朵上就戴有这类耳饰。虽然是背面，长长的耳钩穿耳而过，挑向发髻，真实生动（图13-48）。

除耳环外还有耳坠，耳坠是在耳环的基础上演变而来的，它的上部是一个圆环，环下缀一组坠饰，故名。在《天水冰山录》中记载严嵩被查抄的衣物中，就有各种耳饰267对，其中就包括耳坠与耳环两种形式。如耳环有“金珠串楼台人物耳环”“金水晶仙人耳环”“金点翠珠宝耳环”等；耳坠则有“金累丝灯笼耳坠”“金玉寿字耳坠”“金折丝楼阁耳坠”等。在明定陵出土的十件耳坠中，以孝靖皇后的一只玉兔耳坠堪称瑰宝。在一金环下系一只捣药玉兔站在三颗由红宝石镶嵌的美丽星星上，星星的周围装饰着金制的云头。这件耳坠把首饰与故事和趣味性很好地融合在一起。在一些明墓和藏家的手中，亦有特别精美的耳坠饰物（图13-49、图13-50）。

明末清初，众多的汉族妇女都喜爱一种十分小巧的耳饰，俗称“丁香儿”。李渔的《闲情偶寄》中“饰耳之环，愈小愈佳，或珠一粒，或金银一点，此家常佩戴之物，俗名丁香，肖其形也”。明代冯梦龙在《醒世恒言》第八回中称耳环“乃女子平常日时所戴，爱轻巧的也少不得戴对丁香儿。那极贫小户人家，没有金的银的，就是铜锡的，也要买对儿戴着”。《金瓶梅》第四十二回，描写王六儿“耳边戴着丁香儿”，六十八回写吴银儿“耳边戴着丁香儿，上穿白绫对衿袄儿”。可见，丁香儿这种轻巧的耳饰在当时是很受女子宠爱的。杨晋《山水人物图卷》中的梳松鬓扁髻的妇女，她的耳畔所戴的就是丁香儿（图13-51）。

1.

2.

3.

图 13-46.

1. 穿耳戴耳坠的明代皇后。《历代帝后图》。
2. 葫芦形耳坠。四川成都市郊明墓出土。
3. 金累丝葫芦形耳坠。承训堂藏金。

1.

图 13-47.

1. 穿珠耳坠。
2. 江苏扬州明墓出土。
3. 嵌珠宝挂珠耳坠。承训堂藏金。

2.

3.

图 13-48. 戴耳环的侍女。《孟蜀宫妓图》局部。

1.

2.

图 13-49.

1. 金环镶宝玉兔耳坠。北京明定陵孝靖皇后墓出土。
2. 汉代画像砖中玉兔捣药的神话。

1.

2.

3.

4.

图 13-50.
1. 金玉耳坠。玉坠长 3.4 厘米，宽 2 厘米。
2. 金耳坠。宝石坠长 3 厘米，宽 2.1 厘米。北京丰台明李文贵墓出土。
3、4. 承训堂藏金。

1.

2.

图 13-51. 丁香儿耳饰。
1. 金丁香儿。总长 2.6 厘米。直径 1.5 厘米。北京丰台明李文贵墓出土。
2. 羊脂玉丁香儿。圈径 1.8 厘米。青海大通明总兵墓出土。

图 13-52. 佩挂长命锁的女子。北京明代法海寺壁画局部。

四、颈间的长命锁

在明代妇女的项饰中，最流行的就属长命锁了，上至贵妇下至平民均可佩戴（图13-52）。特别是在小孩子的脖子上，这种饰物更为重要。因为中国传统的观念中认为：幼小的孩子出世后，容易夭折，但只要佩挂了这种饰物，就能够消灾去邪锁住生命。所以许多儿童出生不久，脖子上就被挂上了这种饰物，以示吉祥。这种长命锁两面均雕有纹饰，上面大多还有“长命百岁”之类的吉祥语。直到今天，在中国农村的许多地方，孩子们仍有佩挂长命锁的习俗，长命锁的形式也变得更加丰富多样。锁的表面除了有吉祥语之外，还有表现吉祥富贵的画面，其外形也从单一的“锁”的形式，而发展成两面均雕有浮雕人物和动物的形象，其中最为常见和最有特点的就是“麒麟送子”式的长命锁。

麒麟是中国特有的一种吉祥动物。在《诗经》中已有记载，在儒家的经典中也时常被提到。传说中它是一种“不践生虫，不折生草”，备有肉角而不用的温驯仁兽。它聪慧、仁厚。古人赋予了它仁者、圣人诞生的含义。目前所能见到最早的麒麟图像是在汉代的画像石上，很像是一种鹿，后经历代的演变，到明代中期以后才逐渐定型为我们今天所看到的龙首鳞身形象。

中国人喜欢多生孩子，并且是像麒麟一样仁厚、富贵的孩子。他们求助于天，希望“天赐麟儿”，所以麒麟在明清之际和可爱聪慧的儿童结合在了一起，即所说的“天上麒麟儿，人间状元郎”。有关这类题材在民间的流传非常广泛，特别是在木版年画中，麒麟送子是一种非常喜庆吉祥的题材。在山西临汾民间木版灯画上的麒麟送子形象，是童子骑麟，手持莲花和笙。而在山东平度民间较为复杂的麒麟送子木版画多用于婚礼，画面上端为八仙，童子手持莲花、抱笙或其他吉祥物，骑在麒麟上，背后还有一群仕女持伞护送。

小孩子们戴的麒麟送子长命锁式样比较简单，大多是童子骑麟，手持莲花和笙或一只手握住麒麟角，身上玉带锦袍，头上或束髻或戴冠，俨然状元郎的模样，材料也多为银制。复杂些的麒麟送子长命锁上还雕有送子娘娘、西王母、张仙甚至佛教的观音等神仙，以求祝福，而妇女所戴的长

图 13-53. 麒麟送子长命锁。传世品。

命锁则多为锁的式样，上面有丰富的装饰，同样富有吉祥的寓意（图13-53）。

贵族妇女还喜欢在胸前佩戴玉雕童子。自宋代以来，人们很喜欢制作各种各样的童子形象，玉雕童子更是妇女们喜爱佩戴的饰物。传世的玉雕童子自宋至清延续不断。在博物馆藏品中，尤以宋、明两代为多。在上海打浦桥明墓，出土了几件玉雕童子，其中一件白玉圆雕执枝童子，在玉童头顶有“V”字形孔，出土时用绳贯穿，佩于死者胸前（图13-54）。作为项饰的念珠仍不可少，同时还有戴项圈的（图13-55）。

五、衣服上的饰物

（一）霞帔坠饰

霞帔是源于唐代帔帛的一种新型服饰。形状狭长，通常制为两层，上绣纹样，用时由领后绕至胸前，披搭而下，下端则缝系着金玉制成的坠子固定，称为帔坠（图13-56）。

宋代妇女只有命妇才能使用霞帔，是妇女昭明身份的标志。在南熏殿旧藏《历代帝后像》里宋代皇后的大袖衫外，搭一长条状帛巾，上绣云凤图案，即为霞帔。在霞帔下端的尖角处，还缀有一枚圆形牌饰，就是霞帔坠。《宋史·舆服志》宋孝宗干道七年规定：“其常服，后妃大袖，生色领，长裙，霞帔，玉坠子。”元朝沿袭宋代旧制，帔坠多为金银制品（图13-57）。

明代的霞帔坠出土较多，《明史·舆服志》对命妇的帔坠所用质地有详细的规定。如一品至五品缀金帔坠，六至七品缀镀金帔坠，八、九品缀银帔坠等。明代的霞帔虽为命妇之服，但市庶妇女也可穿着，不过这种机会在一生当中只有两次，一次是在出嫁之日，一次则在入殓之时。帔坠的制作仍是高官贵族的最为精美。在江西南城明益端王朱佑槟彭妃墓出土的一件金霞帔坠子，以两片金叶捶压成半椭圆球状，犹如倒置的心脏；表面则镂刻飞凤，上端缀一刻有缠枝花纹的挂钩（图13-58）。而在上海打浦桥明墓出土的一件霞帔和同为装饰霞帔的两件帔坠，集金银和玉雕工艺于一体，代表了古代帔坠的最高水平（图13-59）。

（二）纽扣和领花

明代皇族与有品级的贵族官员，从不放过衣饰上的任何一个装饰细节。

1.

2.

图 13-54.
1. 玉雕童子。高 5 厘米。
2. 执荷玉雕童子。上海打浦桥明墓出土。

图 13-55. 琥珀念珠。江西南城明益王朱翊鈏妃孙氏墓出土。

图 13-56. 绮纱云凤纹霞帔。江西南城明益王朱翊鈏妃孙氏墓出土。

1.　　2.

图 13-58.
1. 元代帔坠。苏州虎丘吕师孟墓出。
2. 金帔缀。江西南城明益端王朱佑槟彭妃墓出土。

图 13-57. 穿霞帔饰帔坠的宋代命妇。明 · 《人物肖像》。

1. 2. 3.

图 13-59.

1. 霞帔与帔坠出土状况。
2. 白玉透雕绘画绶带纹帔坠。
3. 白玉镂雕松鹿、双绶带牡丹纹帔坠。上海打浦桥明墓出土。

图 13-60. 羊脂玉钮扣。青海大通明代总兵墓出土。

1. 2.

图 13-61.

1. 嵌宝石蝶恋花金钮扣。
2. 嵌宝石金钮扣。闭合与打开样式。

在青海大同县官居高位的明代总兵柴国柱墓中，出土了一些用羊脂玉做成的衣物扣子，小小钮扣磨制得相当精致，有着玻璃般的光泽（图13-60）。男子的扣饰如此精美，女子则注重装饰在颈下领口的扣花。金质和镶宝石的钮扣中花与蝶的样式最为流行，被人们称作“蝶恋花”（图13-61）。这一类钮扣多是两两成对钉在对襟袄的立领上面，即使是穿上外罩或礼服，立领上的扣花也总是露出来，用杨之水先生的话来说：“立领和立领纽扣的出现，也标志着明代女子服饰的一大变化，粉颈从此不再外露，而锁住一抹春意的却是春意盎然的一对‘蝶恋花’。”（图13-62）

六、“三事儿”与“七事儿”

“三事儿”与“七事儿”是流行于明代的名称，是中国古代传统的事佩。其中的“三事儿”主要是指日常生活中常用的牙签、镊子和耳挖勺三样用具。它多半是拴在汗巾角上，揣在衣裳袖子里，随身携带，男女皆然。江苏泰州明徐蕃夫妇墓中，在男性墓主衣服左边的袖子里，有一方豆黄色的素绸汗巾，在其一角系一根银链，上连着一枚牙签。《金瓶梅》中也有对此的描述，第28回中说陈经济从小铁棍儿手里讨得潘金莲失了的红睡鞋，到金莲面前，要换她家常用着的一方汗巾，“妇人笑道：‘好个牢成久惯的短命，我也没力气和你两个缠。’于是向袖中取出一方细撮穗白绫挑线莺莺烧夜香汗巾儿，上面连银三事儿，都掠与他”。与三事儿同挂在一起的，常常是盛着“香茶”的小盒，或是荷包、香袋。其中所说的香茶是用于口内清洁的类似现代口香糖一类的小食。元乔吉《卖花声》一曲中就有咏此物的：“细研片脑梅花粉，新剥珍珠豆蔻仁，依方修合凤团春。醉魂清爽，舌尖香嫩，这孩儿那些风韵。”李渔《闲情偶寄》卷三“熏陶”条云：“香茶沁口，费亦不多，世人但知其贵，不知每日所需，不过指大一片，重止毫厘，裂成数块，每于饭后及临睡时以少许润舌，则满吻皆香。”当时简略的三事儿常只有牙签与香茶盒或香袋，这种系链盛香茶的小盒实物，在四川平武王玺家族墓地曾有出土，其质为金。

而以金、珠、玉等做成各种小物品形状的，则可在盛妆时系挂在胸

图 13-62. 带金质钮扣的皇妃梳妆图《乾隆妃梳妆图》。

前作为佩饰，在当时称为“坠领”。这种习俗常见于辽金，如内蒙古辽·陈国公主墓中，发现于公主胸前的一件饰物是一朵玉制的倒垂莲，下贯穿着六根金链，分别系着玉制的觿、锥、刀、锉、剪刀和勺（图13-63）。内蒙古辽·陈国公主墓出土。河北迁安开发区金墓中出土的一件，银环、银链、银事件，一大一小的两把剪子，一柄银镊，一枚刻着花草纹的小盒，一个带提梁的荷叶盖罐和四瓣瓜棱的小银瓶，出土时系在一位少女的胸前。明代的这类出土物中有一件十分有趣，那是在浙江临海张家渡王士琦墓出土的一件“三事儿”，是把用链子连在一起的牙签和耳挖勺贯穿在一个做成捧桃仕女的小金筒里，用的时候拉出来，用毕装入，然后用一枚桃形的金塞子堵住筒口，构思极为巧妙。而在北京南城右安门外明万贵夫妇墓出土的一件，颇为精致。在一鸳鸯荷叶下坠着七根金链，分别系着锥、剑、剪刀、花鸟纹荷包与饰着精致纹饰的小盒和小瓶（图13-64）。另有辽宁鞍山倪家台明崔鉴夫妇合葬墓中，女墓主胸前缀有九件饰物的佩饰。自此之后的事儿大约不太流行做成仿真的小工具，而多以吉祥为主。如用环佩、金丝结成的花珠，间以珠玉、宝石、钟铃，贯穿成例，施于当胸。命妇则露在霞帔之间，俗名坠胸、坠领。

坠领之类的佩饰系于群裾的，又称为“七事儿”，作为腰间玉佩使用。“七事儿”不同于“禁步”，并且只属于女子服饰。而“禁步”则是佩垂在裙裾之上最为正式的一种玉佩饰，不分男女。在《天水冰山录》中有“银禁步五挂”“银事件二挂”，其中的银事件即指“七事儿”。另有“金厢宝玉七事一挂”等记述。在《金瓶梅》第九十一回，写孟玉楼改嫁李衙内之日，“戴着金梁冠儿，插着满头珠翠，胡珠子，身穿大红通袖袍儿，系金镶玛瑙带，玎珰七事，下着柳黄百花裙”。胡珠子，指耳环；玎珰七事，便是“七事儿”。

七、手上饰物

（一）钏与镯

在明代的仕女画中，仕女都腕戴各式精巧的手镯（图13-65）。明代唐寅的绘画以对细部的刻画精致入微而著称，在他的《吹箫图》中，

图 13-63. 坠在胸前的饰物。

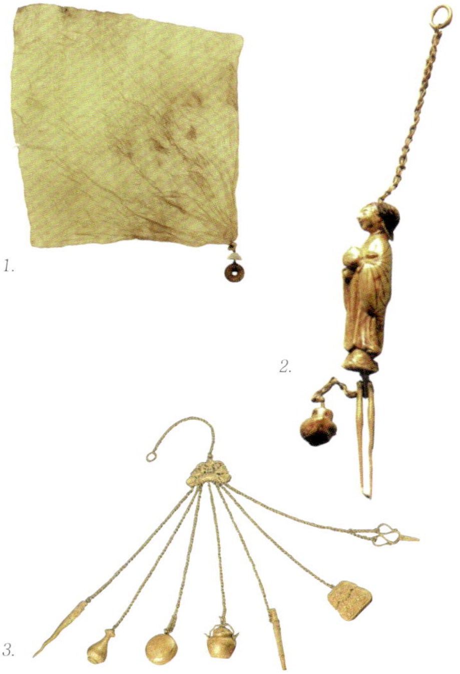

图 13-64. 坠在胸前的饰物。

1. 带小盒的巾子。黑龙江阿城金齐国王墓出土。
2. “三事儿”。浙江临海张家渡王士琦墓出土。
3. “七事儿”。北京南城右安门外明万贵夫妇墓出土。

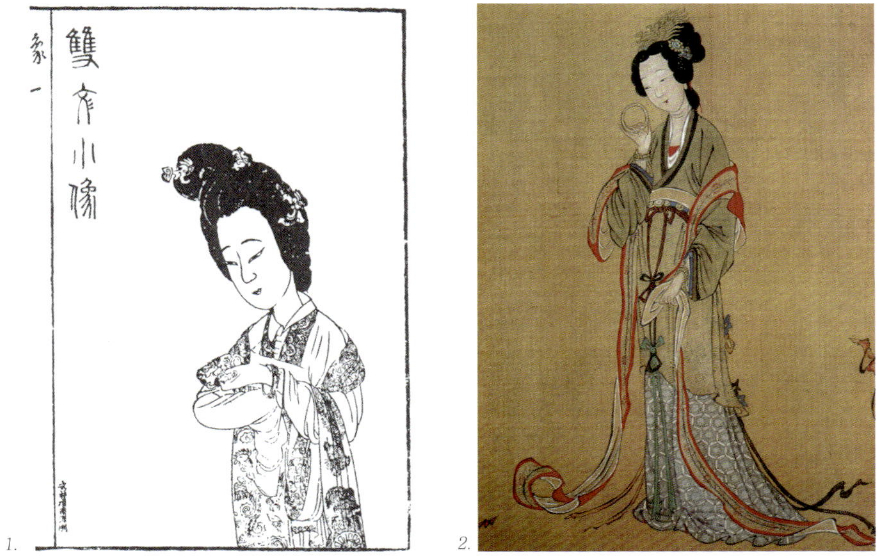

图 13-65.

1. 戴手镯的女子。陈洪绶《西厢记》双文小象。
2. 戴手镯的女子。

可以看到明代妇女的典型装束。她头戴美丽的头面，耳坠耳环，颈有长命锁，吹箫的双手也戴有镶嵌宝石的精美手镯，与此极为相似的手镯还见于明法海寺壁画中仕女的手腕上。这类手镯在实物中也能够见到（图13-66、图13-67）。

传统的跳脱多叫作钏，上面有花纹的称为“花钏”，反之为“素钏”。《天水冰山录》中就有“金花钏一十件（共重七十四两二钱）；金素钏四件（共重二十七两三钱五分）”的记录。“金花钏”实物在北京、南京、上海和江西南城等地的明墓中都有出土。在湖北省钟祥梁王墓中出土的两件金臂钏，是各用一条宽0.7厘米、厚0.1厘米的金带条缠绕成连续的12个圆圈，长度为12.5厘米（图13-68）。

（二）戒指

戒指多为传统的式样。我们所能见到的戒指多为出土实物，如江苏扬州机械厂明顾氏墓出土的合金镶猫眼石指环；江苏淮安季桥凤凰墩明孙氏墓出土的金镶绿翠石指环；湖北圻春刘娘井墓出土的金镶宝石指环等，多以镶嵌宝石为主（图13-69）。

八、华丽的腰饰

（一）玉带与宝带

明代显贵男子十分重视玉带，“蟒袍玉带”是这时高官显赫的装束。在发现的明代墓葬中，墓主身份从平民、高官、亲王直到皇帝，都有式样不同的玉带具。在当时的玉带饰中，还有一种称为玲珑带的，制作得十分精巧，如南京汪兴祖墓出土的金镶玉高浮雕云龙纹带具，琢制得十分精致。江西南城朱由木墓出土的两副镂空透雕玉銙也属于玲珑带一类，其玉雕纹饰极为精美（图13-70）。

而那种嵌宝玉带饰常用在皇族的服饰中。传世的绘画《明宣宗坐像》，明宣宗朱瞻基，手扶嵌有珠宝的带具，坐于龙椅之上。画中，饰件的刻画极为细致，再现了明帝王的珍贵宝带（图13-71）。

明代官僚的腰带宽而圆，束不着腰所以总是松垮地拖在腰间，还总要用手来扶着。原本为束腰之用的腰带，这时已经变成了累赘的装

图 13-66. 手与手镯。法海寺壁画局部。

1.　　2.

图 13-67.

1. 嵌宝石金手镯。江西南城明益庄王朱厚烨万妃墓出土。
2. 镂空镀金银手镯。传世品。

1.　　2.

图 13-68.

1. 金跳脱。江西南城明墓出土。
2. 金跳脱。湖北钟祥梁王墓出土。

图 13-69.
1. 金镶猫眼石指环。江苏扬州机械厂明顾氏墓出土。
2. 金镶绿翠石指环。江苏淮安季桥凤凰墩明孙氏墓出土。
3. 金镶宝石指环。湖北圻春刘娘井墓出土。

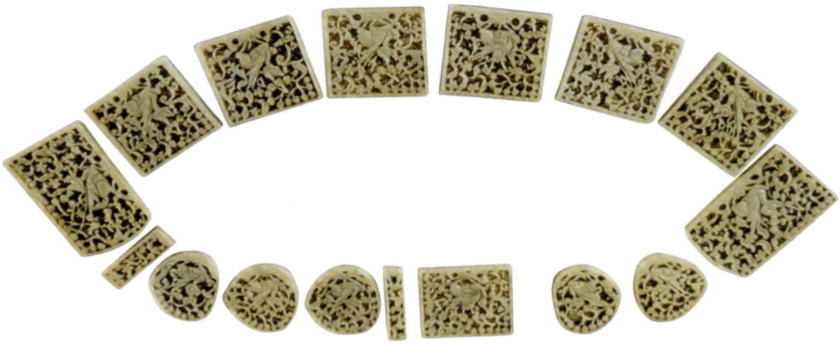

图 13-70. 玉带。江西南城明益定王朱由木王妃墓出土。

图 13-71. 腰系宝带的明代皇帝——《明宣宗坐像》。中国台北故宫博物院藏。

图 13-72. 传统戏剧中的束带方式。

饰品，这种腰饰我们可以在传统戏剧中见到（图13-72）。而实用性腰带中的带钩与带扣仍是必不可少的装饰品。在传世的实物中，玉制的各类带钩与带扣使我们能够看到当时带饰精美华丽的程度（图13-73）。许多现存的带饰制作得十分华美，由多块嵌宝围金的玉雕饰组成，是腰带上的珍贵饰物（图13-74）。

明代妇女的腰带也多见于贵族妇女。在《明史·舆服志》里记载有各级命妇的腰带制度，如一品命妇用玉带；二品用犀代；三、四品用金带；五品以下乌角带等。一些女带在甘肃兰州、江西南城和安徽蚌埠等地的明墓中都有实物出土（图13-75）。

（二）佩玉

明朝初期，也许是由于逆反于蒙古统治者对中国文化的蔑视，也许是因为政权又恢复到汉人手中，汉人的地位从此又提高了，强烈的民族情绪使人们产生了一种对民族遗产过分推崇的心理，导致了所有汉族艺术的大复兴。一股研究古书和金石的热潮席卷了文人士大夫阶层，他们追求以往文人风雅的生活，这又使佩玉之风重新盛行。

其实当时的蒙古皇族也有规范的佩玉制度，并且是学习汉人的习俗。明代皇族的佩玉十分普遍，他们研究了古代大佩的组合，制定了一套佩玉组合的方法。在明定陵就出土了七副玉佩，其中一组使我们看到明代帝后佩玉的基本状况。据《明实录》记载，明代玉佩也称之为“玉禁步”（图13-76）。而在江西南城明益端王妃彭氏墓出土的玉佩与元时的大佩形式基本相同。出土时往往佩挂在腰带两侧，左右各一（图13-77）。较为简单的明代佩玉，还见有金玉挂佩，轻巧而玲珑。在安徽蚌埠明墓还出土了一些组成一整套玉佩的玉饰件（图13-78）。入清以后，随着大规模的改易服装，宫廷中的大佩制度遂废而不行。

在民间，组合简单的玉佩或组佩是众多妇女十分喜爱的腰间饰物。除了典雅美观，它还起着一种压着长裙不让衣裙随风飘起的实用功能。在明·陈洪绶的代表作品《夔龙补衮图》中，三个妇女服装的样式为宋明时期的典型装束，在簪珠翠发饰的贵妇腰间，还挂上一根以丝线编成的“宫绦”。“宫绦”的使用方法一般是在中间打几个环结，然后下垂至地，有的还在中间串上一块玉佩，借以贴压裙幅，其实就是

图 13-73. 各类嵌宝石带饰。

图 13-74. 带扣与带钩。传世实物。

图 13-75. 女子带饰。上面的装饰已经脱落。安徽蚌埠市东郊明墓出土。

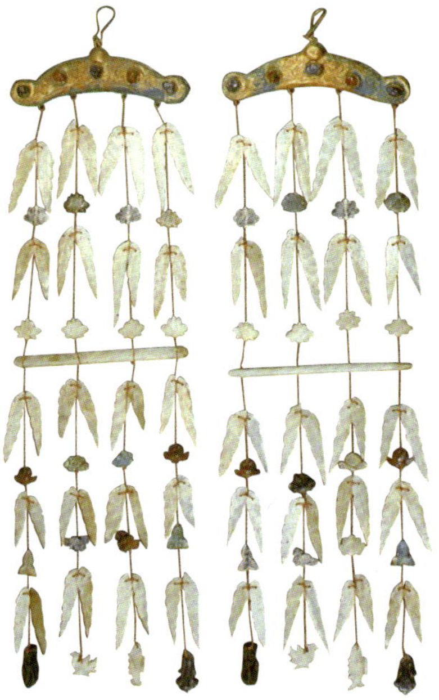

图 13-76. 明代玉佩。明定陵出土。

图 13-77. 明代玉佩。江西南城明益端王妃彭氏墓出土。

图 13-79. 妇女腰间的环佩。明·陈洪绶《夔龙补衮图》。

1. 2.

图 13-78.
1. 金玉挂佩。
2. 玉佩饰件。

宋代的玉环绶（图13-79）。

知识链接　首饰的材料与工艺

景泰蓝饰物

景泰蓝是明代一种著名的金属工艺。关于它的名称，通常解释为：其起源或发展繁荣于明代的景泰年间，釉料多为蓝色。实际上，景泰蓝一词是在辛亥革命前后才被采用，而且“蓝”字也并非专指蓝色，正如在该行业仍称“点蓝”“烧蓝”一样，应该是“发蓝”一词的简称。我们常说的景泰蓝，它的正式学名应为“铜胎掐丝珐琅”。

对于景泰蓝的发展历史，看法多有不同。一般认为，它起源于中国，后由于各种原因而未能加以发展，又由阿拉伯人发展成熟后传回中国。其实从历史文物的资料中我们常能看到它的影子。如春秋时期越王勾践剑的剑柄上就嵌有珐琅釉料；满城出土的汉代铜壶，壶体也用珐琅作为装饰；日本正仓院收藏的中国唐代铜镜，镜背花纹也涂有各色珐琅。不管怎么说，景泰蓝到明代步入繁荣，除了万历年几乎各代都有生产，尤以景泰年间制作最精、最为著名。景泰蓝的工艺制作很复杂，大体可分为七个步骤：

第一，制胎。即用红铜板制作各种器形，圆器形采用冲压法，琢器或动物等则制成模具然后再成形。

第二，掐丝。是把铜丝压成扁丝，根据装饰花纹，用白芨制成糊浆，再将铜丝粘在铜胎上。面积不能过大，以免崩蓝。锦地丝头也要粘严，以免漏蓝。

第三，焊。在胎上喷水润湿，普遍撒一层焊药，进行烧焊，使铜丝与铜胎牢结。焊接后放入稀硫酸中浸泡，洗净胎上的杂质。

第四，点蓝。根据装饰花纹的色彩要求，用小铁铲（俗称蓝枪）或玻璃管将各色釉料填在花纹轮廓里，先点地，后点花。最后一次点完蓝后加上亮白。

第五，烧蓝。点完蓝后进行烧制，点一次烧一次，精品点蓝和烧蓝约反复三次以上。

第六，磨光。用粗砂石、细砂石、黄石及木炭条逐次打磨，使蓝

图 13-80. 戴景泰蓝首饰的女子。

料和铜丝平整。

第七，镀金。为了增加光泽并避免生锈，最后还要加以镀金，使之成为金碧辉煌的产品。

总之，景泰蓝的艺术特色可以用形、纹、色、光四个字来概括。它是兼具中国传统中造型、色彩、装饰为一体的一种特种工艺，并至今仍为中国传统手工艺中重要的一种。它在首饰中的产品中有耳坠、项链挂珠、手镯、戒指等（图 13-80）。

珍珠

明代采集珍珠十分兴盛。廉州（合浦）和雷州（海康）是盛产珍珠的重要珠池，沿海的水上居民每年必于三月采珠，那时他们杀牲畜祭海神，极其虔诚。因为采集珍珠在当时的条件下是十分危险的。在采珠前，采珠人生吃海味，认为这样做入水后便能审视水中的一切，知蛟龙所在，便可避开不去侵犯，也使自身安全得到保证。圆形的采珠船比其他的船宽阔，船上装有很多草垫。船若经漩涡则投以草垫，便可以安全通过。船上人们还以长绳系住潜水人的腰部，持采篮沉入水中。他们在潜水时带上锡制的弯管，管的末端开口对准其口鼻以便于呼吸，另用软皮带子包在耳颈之间。他们最深可潜至四五百尺，呼吸困难时就摇绳，船上的人会急速上拉，运气不好的彩珠人有葬身鱼腹等各种危险。潜水人出水时，船上的人还要马上拿热的毛毯盖在他们身上，慢了就有被冻死的可能。

宋朝有一位招讨官李某，设法用竹做成耙状框架，架的后部用水柱接口，两边挂上石坠，框架四周套山麻绳网袋，再用绳将其系在船头两边，乘风扬帆兜取珠贝。但这种装置总是有漂失和沉溺的危险，明代的水上居民则两种方法并用。由此可见，当时的珍珠来之不易，总是与采珠人的生命相关联。在《天工开物》中，就有描绘当时采集珍珠的生动画面（图13-81）。

1.

2.

图 13-81. 古代采珠图

1. 掷草垫防旋涡、没水采珠。图中潜水者头戴面具，上有气管。船上预备有席子，在遇到旋涡时，将席子掷入水中，以免潜水者发生危险。

2. 扬帆采珠、竹笆沉底。《天工开物》。

第十四章

登峰造极的清代首饰

曾在宋代建立过金朝的女真族被元灭掉以后，经过了三百多年，在十六世纪末势力又逐渐发展起来，这个中国古老的民族即现今满族的前身。

随着女真族各部发展，统一的趋势成为当时各部人民的共同要求。当时努尔哈赤为首的建州最为强大，他统一了女真各部，设立了八旗制。1616年在赫图阿拉（今辽宁新宾）建立后金政权，停止了向明政府纳贡。1626年，努尔哈赤之子皇太极继位（后为清太宗），改女真为“满州”，改国号为清，并仿照明朝的各种制度进行治理。1644年，清军攻占了北京，结束了明朝的统治。清朝的皇帝福临（清顺治帝），从沈阳迁至北京成为全中国的统治者。

清王朝前期仍然是中国历史上一个较为强盛的时期。清帝入京以后曾在服饰上做了一系列的规定，除了禁止满汉通婚外，规定汉族男子要穿满族服装，还要剃头留辫，即把前面的头发剃去，脑后留一条长辫，而汉族女子的服装和习惯听其自便。另外，满族女子不得穿汉族服装或采用汉族女子缠足的习俗。

一、头饰

（一）金珠玉聚的帝后冠饰

清朝时，在女子服饰方面，满汉的习俗差别较大，特别是凤冠。满族的清代后妃在参加朝廷庆典时都戴朝冠，这种朝冠也是一种凤冠，它与宋明时期的凤冠完全不同，具有典型的满族风格。《大清会典》中记载：清代皇后的朝冠，冬天用黑色貂皮、夏天用青绒制成一顶折檐软帽，上覆以红纬，在帽子正中，还迭压着三支金凤，每支金凤的顶部，各饰一颗珍珠，有的还饰有东珠、猫眼石等。红纬四周缀有七支金凤凰，另在冠后饰一长尾山雉，翟尾垂五行珍珠等，真可谓集珠宝之大全了。它的样式，在《清代帝后像》中有十分具体的描绘（图14-1）。同汉族的皇族一样，这种凤冠又因地位的不同而有差别。如皇后至贵妃的朝冠，东珠顶都是三层，珠纬上金凤七支；妃和嫔的东珠顶则为二层，金凤五支。而清朝皇帝的冠相对较为简单，但冠顶的装饰却华丽异常。所谓冠顶是

图 14-1. *戴凤冠的清代乾隆皇帝之皇后——《清代帝后像》。*

1.

2.

3.

4.

5.

6.

图 14-2.

1. 嵌东珠的皇帝冠顶。
2. 光绪之隆裕皇后凤冠顶。
3. 清乾隆嵌宝石金冠顶。通高 10.3 厘米。
4. 嵌宝金冠顶。
5. 嵌宝金冠顶。
6. 装饰着冠顶的官帽。

指在金冠帽顶部的装饰，它的制作多采用锤鍱、镂刻、镶嵌等多种手法。如现今我们能够看到的“嵌东珠皇帝朝冠顶”“嵌宝石金冠顶”等，极为华美，其精美程度超过了历史上任何的朝代（图14-2）。

嫔妃与命妇的各式凤冠也丰富多彩。由于清代命妇的礼服承明朝的制度，以凤冠、霞帔为之。再加上中原民族原有的戴凤冠的习俗，凤冠的制作，除了在规定的范围内，工匠们又匠心独具，使其并不亚于帝后的宝冠。如在江苏丰县李卫墓出土的一件金凤冠，集锤鍱、炸珠、镂刻、焊接、隐起、镶嵌等各种工艺于一体，把海天描绘得热闹非凡，喜气洋洋。而现藏于江苏省镇江博物馆的凤冠，则显得玲珑别致。这两种凤冠都具有汉族的风格特点（图14-3、图14-4）。

（二）满族妇女的头饰——钿子

清代满族的皇后、贵妃头饰中，穿吉服（一种礼服）时，有时不戴吉服冠，而戴“钿”，俗称“钿子”。这里所说的钿子，并不是指汉族妇女用来装饰发髻的花钿或宝钿，而是满族贵妇穿吉服袍时戴的一种缀满花饰的帽子。

钿子在平时并没有什么装饰，但在遇到值得庆贺或重要的祭祀日子里，身着礼服的嫔妃头上就要戴具有装饰性的钿子相匹配，成为珠翠装饰的彩冠。它的制作，一般是用金属丝及丝带等编成内胎，正面呈扇形、缀点翠、料珠、宝石等花饰。清宫的钿子大致分为三种。

其一，整个冠子用固定的嵌件装饰组合成众多图案的钿子。如“清点翠珠宝喜字钿子”，以金属做胎，黑缎为罩，上面装饰着纹饰复杂的点翠纹样，看上去像蓝色的底子，再用红珊瑚米珠串成双喜字排列钿上，并在每一个双喜字的中间嵌一颗珍珠。顶上一排花蕾，象征繁花似锦，钿的下面又有珍珠流苏。很明显，这是一顶专为宫中大婚场面而佩戴的钿子（图14-5）。

其二，用数件钿花，在空旷的钿架上按照自己的喜好进行调配安插，组合成完整的钿子（图14-6）。

其三，钿花的主要部分固定在钿架上，佩戴时依其出席场合的不同需要，再亲自装点其他所需要的钿花，随时可以组成一件完整的钿子。故宫藏清代后妃首饰中的一件镶珠翠青钿子就属于这一种，它的上面已

1.

2.

图 14-3.
1. 清代命妇礼服中的凤冠。江苏省镇江博物馆藏。
2. 凤冠上的金凤。吉林通榆兴隆山清公主陵出土。

图 14-4.
金凤冠。高 13 厘米。冠面饰有一排口中衔着串珠的群凤，上部点缀宝石彩云，烘托出四个刻着“奉天诰命”的圆形金牌。冠圈的装饰为翻腾的海水，二龙嬉戏，与海水共托一颗象征着太阳的红宝石。江苏丰县李卫墓出土。

图 14-5. 点翠珠宝喜字钿子。

1.

2.

图 14-6. 镶珠翠青钿子。
1. 正面。
2. 俯视。钿顶宽 27 厘米，钿通高 16 厘米。《故宫藏清代后妃首饰》。

经固定了最主要的钿花，主人可以根据场合的不同和自己的喜好再在上面插上其他的钿花装饰，如“银点翠嵌米珠寿字钿花”就是在祝寿场面插戴的钿花。由于它的随意性很强，因此深受贵妇们的喜爱（图 14-7）。

这些不同种类的钿子因扇形中央圆形花饰或三或五或七不同，故又有半钿、满钿、凤钿之分。其中，孀妇和年长的妇女因不需要有太多的装饰多用半钿，凤钿只有新婚妇女所用，其他皆用满钿。

早期的钿子是个箕形的框架，上面只插戴一些简单的饰物。清代坤宁宫夕祭的萨满太太的头上，到溥仪出宫为止一直戴着这种钿子。旗人妇女俗称她的钿子为“粪箕子”。到了清朝晚期，穿吉服袍褂以钿子代替吉服冠，种种美丽的钿子才开始流行起来。自皇后至品官命妇都很喜爱这种冠饰，这时的钿子也都装饰得十分华丽等。清代的西太后、瑾妃都有穿团龙褂戴钿子的照片（图 14-8）。

（三）男子官帽上的顶珠与翎管

清代的男子服饰带有明显的满族风俗，其中清朝官员的“顶”就别具特色。

“顶”是指清官员帽子上的顶子，它是区别官阶品级的重要标志，分为朝冠用和吉服冠用两种。而“顶珠”则指在帽子的中心部位，钻有一个五厘米直径的圆孔，并从帽子底部伸出一根翎管，然后将红缨、铜管及顶珠串联，再用螺纹小帽旋紧，从而起到一种装饰和连接红缨的作用。当时的统治者以顶珠的颜色和质料来反映官阶品级：一品官的顶珠用红宝石；二品官为红珊瑚；三品官为蓝宝石；四品官用青金石；五品官用水晶；六品官用砗磲；七品官用素金；八品官用阴文镂花金；九品官用阳文镂花金（图 14-9）。

而翎管则是清朝官员帽顶上插翎子（毛）用的。在昭梿的《啸亭续寻》中说：“凡领侍卫府员、护军官、前锋官、火器官、銮仪卫满员五品以上者，皆冠戴孔雀花翎，六品以下者冠戴鹖羽蓝翎，以为辨别。”于是翎子成为光荣体面的官品标志，甚至还视花翎上“目晕”来区分尊

【1】鸟翎上面的椭圆形纹饰，称为“眼”。

【2】潘延章，原名 Joseph Panzi，意大利人，乾隆三十六年（1771 年）抵达中国，两年后进入宫廷供职作画。大约卒于嘉庆十七年（1812 年）之前。

图 14-8. 头戴钿子冠饰的清代妇女。《The Worldwide History of Dress》。

图 14-7. 银点翠嵌米珠寿字钿花。

1. 2.

图 14-9.
1. 清朝官员冠上的顶珠。
2. 带顶珠的清代官帽。

卑，有一、二、三眼[1]的差别，并以三眼为贵。意大利人潘廷章[2]所绘的两名少数民族的清朝官员，就是顶戴花翎的形象（图14-10）。

翎管是一根两寸长短的小圆棍，上有一个鼻儿，横钻一孔，孔中套环，环上加环，然后用一个小螺丝固定在帽顶上。上部有小部分实心，往下大部分中空，底面和烟嘴的口相同，可从口内插进翎根，翎子垂在帽后。当皇上大喊“摘了他的顶戴花翎”时，只需摘掉翎管和翎毛便可，并不是摘掉整个官帽（图14-11）。

在清朝，不同材质的翎管也代表不同的官阶品级，如正一品的皇族和正二品官员的翎管，都是珍贵的红珊瑚或金黄色琥珀，正三品的翎管多为翡翠和上好的羊脂玉，从三品的则为青玉，再往下四品五品所用的材料就是一些杂玉汉白玉或黄铜之类了。在当时，清朝官员的翎管除六品以下只准用红玉外，文武官员都是用各类宝石。最时髦的是用翡翠玉制成的翠翎管。在《清稗类钞·豪侈类》中说荣禄：“所用翡翠翎管表里莹澈，自外视翎毛纤发毕睹，盖玻璃翠也。价值一万三千金。”（图14-12）

（四）旗髻（清代满族妇女的假髻）

在道光以前，满族妇女梳髻，一般多在髻中插上一个筐架，俗称架子头。得硕亭《草珠一串》诗中：“头名架子太荒唐，脑后双垂一尺长。”诗下自注：“近时妇女，以双架插发际，挽发如双角形，曰‘架子头’。”从传世图画来看，这时期的旗髻还没有脱离真髻，体积也不是很大（图14-13、图14-14）。清朝中期，是史称乾隆盛世的黄金时代。处在中国最高地位的皇宫，时常收到各种珍宝和名贵首饰。这在很大程度上刺激了清初时宫中以“节俭为本”的后宫嫔妃们追求美的心理，于是她们尽可能地将美丽的珠宝展现出来。当然发髻的装饰是最重要的，但要将数量可观的首饰戴在头上，以前的“小两把”式发髻就显露出了许多不足之处。如“小两把”头比较低垂，几乎挨到耳根，发髻较松，稍碰即散。于是一种新的梳头工具“发架”应运而生。最初的发架材料有木质，也有铁丝拧成的，看上去形似横着的眼睛架。到了咸丰以后，其髻式逐渐增高，“双角”也不断扩大，进而发展成一种高如牌楼式的固定饰物，这种饰物已不再用真头发，纯粹以黑色绸缎做成，戴的时候只要套在头上，再加插一些绢花即可，

1. 2.

图 14-10. 顶戴花翎的清代官员。

1. 嘉木灿像。潘廷章《清平定两金川功臣画像》，德国柏林国立民俗博物馆藏。

2. 雅满塔尔像。潘廷章《清平定两金川功臣画像》，德国柏林国立民俗博物馆藏。

图 14-11. 带有三眼花翎的清代官帽。

1. 2.

图 14-12. 清朝官员的翎管。

1. 翡翠翎管。

2. 雕龙黄琥珀翎管。

图 14-13. 梳旗髻的满族妇女。清《贞妃常服像》。

图 14-14. 正在梳旗髻的满族女子。整个梳头过程要花一两个小时。苏格兰约翰·汤姆逊摄。

图 14-15. 戴大拉翅的慈禧——《慈禧写真像》。北京故宫博物院藏。

图 14-16. *清缎面点翠旗髻。美国旧金山亚洲艺术博物馆藏《中国历代服饰艺术》。*

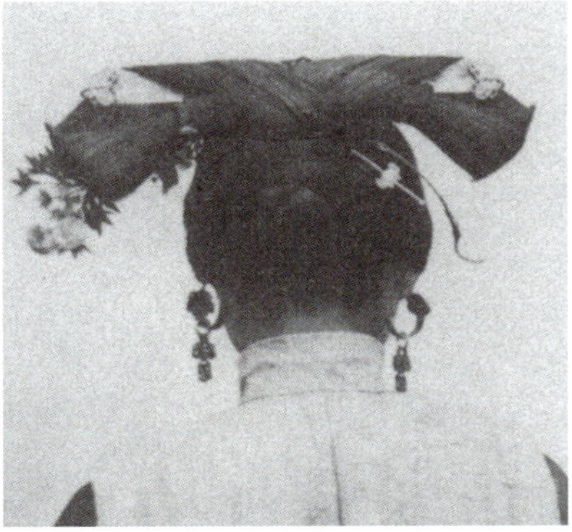

图 14-17. *梳两把头戴扁方的妇女。*

图 14-18. *各式扁方。*
1. 白玉镂雕盘长纹扁方。长 28.9 厘米。
2. 翠扁方。长 34.4 厘米，宽 3.1 厘米。
3. 白玉嵌宝石扁方。长 31.5 厘米，宽 3.1 厘米。
4. 镶金沉香扁方。长 33.5 厘米，宽 3.2 厘米。承训堂藏金。

俗称“两把头”，或称“大拉翅”。这种形式，在当时的满族妇女中极为流行，一时成为满族妇女服饰的标志之一。在大量的传世图像中可以见到它们的样式。而这一时期的汉族妇女，高髻逐渐减少，戴假髻的现象极为少有（图 14-15、图 14-16）。

二、满汉妇女的发饰

（一）宫廷满族贵妇的发饰——扁方

满族妇女梳理头发时，先固定头座，再放上发架。还要在头发上抹上梳头油或用一种刨花泡成有粘性的水，使头发不至散乱，再把头发分成左右两把，交叉绾在发架上，中间横插一枝固定头发的扁方，插在发架上的两个孔内，然后用发针把发梢和碎发固定牢，这样一来，戴什么样的首饰都不至于松落下来，整个发髻梳起来像是个待飞的燕子。同时，扁方也就成为满族妇女梳两把头时最主要的首饰。在载涛、郓宝惠合编的《清末贵族生活》一书中“满族女子平时梳‘两把头’式样简朴。皆以真发挽玉或翠横‘扁方’上”。它一般长 32 至 35 厘米之间，宽 4 厘米，厚不足 1 厘米。呈尺形，一端半圆，一端似卷轴。梳“叉子头”或“大拉翅”，都可起到横向连接的作用（图 14-17）。

清代后妃戴的扁方质地有金、银、翠玉、玳瑁、伽楠香、檀香木等。它的制作方法有金累丝加点翠、银、镶嵌宝石、金錾花、玉雕等多种多样。在仅一寸宽的狭面上，制做出花鸟鱼虫、亭台楼阁、瓜果文字

图 14-19.

1. 插有各种装饰性发簪的满族女子。苏格兰约翰·汤姆逊。1871 年于北京。

2. 插簪的汉族女子及发簪。

等精美图案。后妃们戴扁方，还在两端加以花饰，有的还在扁方一端的轴孔中垂一束穗子，走起路来，步步摇动，很有步摇的意思。现今留存下来的扁方有很多，在故宫藏清代的后妃首饰中有金镶珠宝扁方、白玉嵌珠宝扁方、金镶珠宝镂空扁方、翠镶碧玺花扁方等等（图 14-18）。

扁方的尺寸有大小之分，小尺寸的扁方一般是在遇到丧事，妻子为丈夫戴孝时用。这种场合，妇女们便放下“两把头”，头上插一个三寸左右的骨质小扁方，若儿媳为公婆戴孝，则要插一个白铜小扁方，以示区别。

皇家女子头上梳着两把头，插戴上贵重的首饰，上身直立，挺胸收腹，较高的头饰无形中也使妇女的身材比原来高出许多。脚上穿着高靴，走起路来，似有节奏。脖梗不能左右摇晃，来回摆动，树立了封建社会妇女行为规范的最佳形象。

（二）各族妇女都喜爱的簪钗

清代满族妇女的发髻首饰除了扁方外，必须同时插戴的还有“头正”“头围子”“大头簪”“耳挖子”等。其中只有“头正”作为重要的装饰形的饰物，戴在前额的正中。它可以是一支珠花，也有时是个绒绢花。清宫中后妃们戴的这些首饰却是件件制作精美。特别是簪，其传世实物极多，分为实用和装饰两种。实用形簪多为素长针形，质地多为金银铜等，在盘髻时起到固定头型的作用。

而装饰型簪多选用质地珍贵的材质制成精美的簪头，专门在梳好发髻后插在明显的位置上。这种汉族妇女喜爱的头饰也得到清宫后妃们的垂青。一些漂亮的花簪，俗称为“矗枝花”“扒枝花”“压鬓花”，所谓“矗”“扒”和“压”都是就它们插戴的方式和位置而言（图 14-19）。

从整体来看，当时的发簪大致分为三种：第一种是长簪，以材料来区分有金簪，如吉林通榆清公主陵出土的一对发簪，以金丝编成，簪首作松、竹、梅，寓意为“岁寒三友”。这种形状较长的簪实用性强，所以其簪首较小，但不乏精美。这类长簪还有许多是以玉和珊瑚等制成的。现藏故宫的“白玉一笔寿字簪”，是用一块纯净的羊脂白玉雕成一笔写成的“寿”字，簪挺就是寿字的最后一笔。类似的还有以整件碧玉制成的碧玺翡翠簪，碧玉上还镶嵌有红色宝石（图 14-20）。

而用多种材料制成的长簪，簪首的装饰丰富多彩。如一些花形的簪，花朵状的簪头比较大，簪头以不同粗细的铜丝做成花叶枝叉，再用宝石做成花瓣，花蕊的底部钻上小孔，穿进细铜丝，绕成弹性很大的弹簧，轻轻一动便摇摆不停。而以动物飞禽为表现内容的虫草簪，也多用这种方法制成，使飞禽的触角、眼睛、植物的枝叶如轻风吹动一般，让人心动。其中以蝴蝶、蜻蜓簪居多（图14-21、图14-22）。

第二种为珠宝花簪。这种簪一般多插戴在发髻的重要部位。在故宫藏清代后妃首饰中和许多民间留存都有许多传世佳作（图14-23）。

第三种是最为精美的翠羽簪，这种用翠鸟的羽毛，经过“点翠”制作而成的簪，到了清代被制作得更加精致。由于翠鸟的羽毛颜色本身就十分鲜艳，再配上一层金边，由此产生出更加华丽的效果（图14-24）。

在清代，清政府规定，汉族妇女不能成为清宫中的嫔妃，所以汉族妇女的首饰多属于民间。妇女们仍保持着具有悠久传统的凤形头饰，由于它制作精美和较强的装饰作用，所以一般被戴在妇女发髻正中，成为整个头饰中最主要的首饰。这种饰物多被做成一只展开双翅的凤凰，口中衔有珠串，人动则珠串摇动。

汉族妇女将它戴在发髻正中，左右两边的发间再饰以花钿，满族妇女也多装饰在发架或帽子正中（图14-25）。

在清朝，汉族妇女崇尚清雅的装饰。清代的学者李渔还对当时妇女的首饰佩戴提出了各种倡导，在他的《闲情偶寄·声容部》一书中写到：“女子只需有一簪、一耳环就可以陪伴自己的一生。”但这两件饰物不能不求其精美。富贵之家，可以多买一些金玉、牛角之类和各种规格样式的簪，戴时可以经常变换，或者数日一换，有时一日一换也未尝不可。贫贱之家，没有能力购买金玉的，宁可用骨角制作的，也不要用铜锡制作的；骨角制品不仅耐看，做得好的甚至与犀贝制品不相上下。铜锡制品不仅不雅，还有可能损害头发。对于簪的颜色，宜浅不宜深，这是因为浅色可以把头发衬得更黑一些。簪子以玉质为上，犀角偏黄色的或密腊偏白色的次之，金银制的又次，玛瑙琥珀均不可用。簪头的形状用一种事物的形象较好，比如龙头、凤头、如意头、兰花头等。从这些记述可以看出当时文人们对妇女首饰的看法，这种提倡清淡的装束影响了一些人，也使许

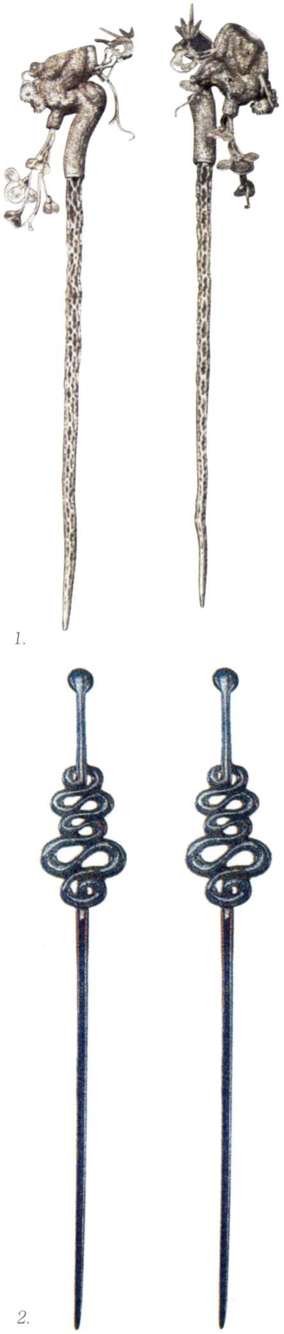

图 14-20.
1. 金簪。长 12.8 厘米。吉林通榆清公主陵出土。
2. 白玉一笔寿字簪。北京故宫博物院藏。

图 14-21. 花卉簪。
1. 银镀金嵌翠花碧玺桃簪。长 21.5 厘米，宽 6.5 厘米。
2. 银镀金镶宝石碧玺花簪。长 23.2 厘米，宽 1.5 厘米。
3. 银镀金长珠花朵簪。长 15 厘米，宽 5 厘米。

图 14-22. 虫草簪。
1. 银镀金嵌宝蝴蝶簪。长 15.8 厘米，宽 9 厘米。
2. 银镀金嵌宝蜻蜓簪。长 24 厘米，宽 10.5 厘米。
3. 累丝嵌珠宝蜘蛛金簪首。

图 14-23. 镶珠宝累丝莲叶簪一对。长 13.8 厘米—19 厘米。北京故宫博物院藏。

1.

2.

图 14-24. 翠羽簪。
1. 长 6.7 厘米，宽 3.8 厘米。
2. 长 5.6 厘米，宽 4.9 厘米。承训堂藏金。

图 14-25. 头戴凤鸟首饰的清代汉族女子。冷枚《连生贵子图》局部。清华大学美术学院藏。

图 14-26. *崇尚清雅装束的汉族女子。*

多妇女只喜爱一簪、一珥或一支小小花钿的清雅装饰。如较为年长的妇女、文人之家的女子和崇尚清雅的贵族女子（图 14-26）。

但是美丽的头饰还是为更多的妇女所喜爱，她们多为贵族和生活富裕的阶层。现藏南京博物馆清代任熊所绘《瑶宫秋扇图》中的仕女，衣着华丽，头上装饰着丰富精美的簪钗花钿，展示了典雅优美的女性形象（图 14-27）。而在一组表现宫廷女子画像的绘画中，则较为真实地向我们展现了清代贵族妇女的装饰。这是一组皇宫中嫔妃的《行乐图》，画中的嫔妃为了消磨枯燥乏味的时光，打扮成汉族装束的才女仙人，并由画家描画出来。她们的发髻上有装饰的发簪，发髻下又有衬托发髻的精美花钿（图 14-28）。

（三）花钿与结子

清代的满汉两族妇女，发髻上花钿使用极多。汉族妇女大都在发髻顶端、发髻周围或两鬓插戴精美的花钿。这种花钿与以前唐宋时期的花钿差别较大，从前花钿较小，而且大都一样数件，装饰在发髻上。这时的花钿，一般只是一件，表现的内容多为花卉，个体较大，制作精美，具有很强的装饰作用。这类装饰在叙述簪钗首饰的图片中经常可以看到，往往是在簪钗之下衬以花钿。现藏于江苏无锡市博物馆内的清代绘画《李清照小像》中，女子侧面鬓发上的一朵花钿，就是这类花钿的典型代表（图 14-29）。而满族妇女则称这种花钿为结子。它的使用极其广泛，既可以用在钿子上作为装饰，又可单独装饰各种头饰。清宫后妃的这种饰物被制作得相当精美，珍珠与点翠是必不可少的首选材料（图 14-30）。

（四）汉族的步摇、满族的流苏

汉族妇女中传统的凤鸟形步摇，仍然为妇女们所喜爱（图 14-31）。而流苏则是满族贵族妇女对步摇的一种称呼，是她们梳“叉子头”“大拉翅”的必备之物。流苏的形式多样，在其顶端有龙凤头、雀头、蝴蝶、蝙蝠等，有的还口衔垂珠或头顶垂珠，珠串有一、二、三层不等。这种贯珠下垂的，又俗称带“挑”。

现存的清代流苏多为皇宫中嫔妃的饰物，在北京故宫珍宝馆现存的一件“银镀金点翠米珠双喜字流苏”，是同治帝大婚时皇后戴过的。流苏顶端是羽毛点翠如意云头，云头不平行，缀着三串长珍珠，每串珍珠又平行分为三层，层与层之间用红珊瑚雕琢的双喜字间隔，底端用红宝石做坠角。整个流苏长 26.7 厘米，戴在发髻顶端，珠穗下垂与肩平，是流苏中最长的一件。清宫珍藏的流苏中以“凤衔珠滴”形式最多。如一龙一凤对峙的称为“龙凤呈祥”，双凤对立的称“彩云飞”，牡丹花与凤凰的是“丹凤朝阳”“凤穿牡丹”等各种吉祥名称。而以喜庆福寿为内容的也占有一定的数量，如“银镀金吉庆流苏”“银镀金寿字流苏”，此外还有别具一格的银镀金灯笼流苏。等由于这类流苏的坠饰比较沉重，所以一般它的簪针较长，以便牢固地插在发髻中（图 14-32）。

（五）簪花风俗

1. 文人提倡的簪花

簪花之俗在唐宋时期发展到了一个高峰。到了明清时期又极流行，

图 14-27. 头饰簪钗的女子。清·任熊《瑶宫秋扇图》。南京博物院藏。

图 14-28.《行乐图》中戴美丽头饰的女子局部。

图 14-29.《李清照小像》局部。江苏无锡市博物馆藏。

1.

2.

图 14-30.
1. 银镀金嵌珠宝葵花结子。长 7.7 厘米，宽 6.7 厘米。
2. 银镀金嵌珠花结子。长 10.2 厘米，宽 5 厘米。《清代后妃首饰》。

图 14-31. *头饰步摇的清代女子。《秦楼月传奇》插图。*

图 14-33. *贩卖花朵的风俗版画。*

1.

2.

图 14-32.
1. 银镀金点翠米珠双喜字流苏。
2. 清宫后妃的流苏。

并很崇尚插戴鲜花。就连清代学者李渔在他的《闲情偶寄·声容部》中也有专门的论述。他认为妇女之饰除簪珥之外，所当饰鬓者，莫妙于时花数朵，它与珠翠宝玉相比不仅只是雅俗的判别，而是鲜活与死气沉沉的不同。有诗说“名花倾国两相欢”，不仅佩花的人自己高兴，观看戴有鲜花的丽人也使观者欣悦。他还认为，无论贫、富之家，若“屋旁稍有隙地，亦当种树栽花，以备点缀云鬟之用。他事可俭，此事独不可俭”。女子一生青春几何，为何不让她们尽情享受美好、热爱生活呢。关于花的颜色与戴法，他也有自己的一套理论，如“时花之色，白为上，黄次之，淡红次之，忌大红，尤忌木红。玫瑰，花之最香者，而色太艳，止宜压在髻下，暗受其香，勿使花形全露，全露则类村妆，此村妇非红不爱也。花中之茉莉，舍插鬟之外，一无所用。可见天之生此，原为助妆而设，妆可少乎？珠兰亦然。珠兰之妙，十倍茉莉，但不能处处皆有，是一恨事”。

在这里谈及李渔的观点是因为这种观点在当时很流行。卖鲜花的小贩随处可见，珠兰、茉莉成为佩花女子的首选鲜花。在一些风俗画中，就有很生动地描绘兜售珠兰、茉莉鲜花的情景（图14-33）。在清代的戏曲绘画中，头戴各类花饰的女子也总是显得分外动人（图14-34）。而当时的戴花者并不限于女子，男女老少皆可佩戴，在当时的绘画中有不少插花老翁的形象。任熊《临陈洪绶钟馗图》中，画家把钟馗描绘成一位普通老翁，在他的耳畔插一簇鲜花，凭添无限生趣。而任熏的册页《人物图》中的一幅，是描写主仆二人从野外采菊归来，兴致勃发，老翁鬓插鲜花，情趣盎然。画中所描绘的都是当时生活的真实写照，佩戴鲜花成为人们生活中不可缺少的乐趣。在《红楼梦》中也多次提到贾母等老年妇女簪花的情景。以古观今，现代的人类是多么拘谨和缺少与自然融合的乐趣（图14-35）。

2. 宫廷中满族贵妇的头花

明清时期的假花也很盛行。这时的假花制作得也更加精致，种类繁多。不论是汉族女子还是满族女子，头上插花是不可缺少的（图14-36）。其中，头花是清宫后妃梳“叉子头”“大拉翅”发髻的主要首饰，大多以珠宝镶嵌而成。清宫后妃喜戴头花，但因花朵很大，覆盖面也大，便把它戴在“两把头”正中，显得十分富丽堂皇。这种头花既有装饰发髻的作用，也可显示其身份地位。在慈禧的许多画像和照片中都能见到她发髻高耸，头戴大朵头花。

1.

1.

2.

图 14-35. 头戴鲜花的老人。
1. 清任熊的《临陈洪绶钟馗图》。
2. 清任熏册页《人物图》。

2.

图 14-34.
1. 戴头花的清代戏曲人物画像青衣。
2. 戴大绒花的清代后妃婉容。

1.

2.

图 14-36.
1. 插花的汉族女子。
2. 插花的满族女子。约翰·汤姆逊摄。1871 年于北京。

图 14-37. 买头花的满族女子。苏格兰约翰·汤姆逊摄。1871 年摄于北京。

慈禧不但喜欢珠宝头花，还喜爱戴大朵的绒制头花。因为“绒花”与满语中的“荣华”近音，因此清宫后妃一年四季都头戴绒花，甚至连宫中侍女也要在鬓边戴一朵剪绒的红绒花，以求吉祥。在皇宫中，戴绒花还要适时应季，《宫女谈往禄》中讲述慈禧上朝前“戴上两把头的凤冠，两旁缀上珍珠串的络子，戴上应时当令的宫花，披上彩凤的凤帔”。所谓“应时的绒花”是专门指定的几类花，如：立春戴绒春幡、清明戴绒柳芽花、端阳日戴绒艾草、中秋戴绒菊花、重阳节戴绒茱萸、冬至节戴葫芦绒花等（图 14-37）。

3. 倍受欢迎的“像生花”

戴花受到妇女们的喜爱，所以妆花的生产也十分繁荣，尤其是苏吴地区出产的妆花，物美价廉倍受欢迎。由于它们被制作得极像真花，人们称它为“像生花”。在李渔的《闲情偶寄》中也有：“近日吴门所制像生花，穷精极巧，与树头摘下者无异。纯用通草，每朵不过数文，可备余月之用。绒绢所制者，价常倍之，反不若此物之精雅，又能肖真。”可见此地区生产的假花，已经达到了可以乱真的程度。

4. 灯球

在许多表现清代的绘画中，常见有一种绒球发饰，在各类文献中较少提到，但它却是假花中的一种，它的颜色各异，惹人喜爱。这种花饰其实在宋代就已有，称为“灯球”。清代杨柳青年画中的一幅《金玉满堂图》中，女子的发髻上除戴有鲜花外，还戴有这类

1. 2. 3.

图 14-38.

1. 清・杨柳青年画《金玉满堂图》中头戴绒球的女子。
2. 清・戏曲人物画中头戴戎球的小生。
3. 清・改琦《元机诗意图》中戴绒球饰的唐代女诗人鱼玄机。

图 14-39. 戴发罩的中国女子侧面像。德国施特拉茨拍摄。

"灯球"的绒球花，十分突出显眼。同样的装饰在清代的绘画中较为常见（图 14-38）。

（六）汉族妇女的发罩

清朝后期，汉族妇女梳高髻的现象已经十分少见，已婚的妇女往往把头发挽在后脑勺上，叫作"纂儿"，为了固定发髻压住盘好的发辫，就要使用一些如发针、发簪、老瓜瓢、发绳等饰物，但最重要的是那种罩在脑后的发罩。它既为实用品又为装饰品，形状多为圆或椭圆形，正面呈弧形。使用时将美丽的发罩扣在脑后的发髻上，这样一来既可束住头发，又有美化装饰作用。当时的发罩图案精美，贵重的多用点翠的方法制出牡丹花等各种花卉，花蕊、枝叶、花蕾等都尽求工致，更多则用银、铜、铁等制成。德国人施特拉茨于 1892 年晚清光绪年间拍摄的一位中国女子侧面像，就是头戴发罩的打扮。这种发罩直到二十世纪五六十年代还有少量可见，多呈黑色镂空并饰有图案，为老年妇女所专用。我最后一次见到是 1987 年，在大学的宿舍中，同屋的女生觉得好看，买来玩的，从那以后再没有见到（图 14-39）。

三、耳饰

无论满族汉族，戴耳坠的现象十分普遍。当时富贵之家的妇女，一人拥有几十乃至上百副耳坠。佩戴时视季节场合而定，讲究者还会与衣服的颜色、纹样相配套。为求方便，佩戴者一般无须取下耳环，只要更换底下的坠饰即可。这种耳饰，在汉族妇女中使用的较多。耳环下的坠饰也被做成各种有趣的形状。比如有用真实的胡桃作为坠饰的，还有用 14k 金做成凤凰鸟笼形的，制作工艺达到了很高的水平（图 14-40）。

小巧的丁香儿仍是女子极为喜爱的耳饰。清·杨晋《山水人物图卷》中的梳松鬓扁髻的妇女，她的耳畔所戴的就是此类丁香儿像（图 14-41）。

而在清朝的皇宫中，满族妇女有一耳戴三件耳饰的传统习俗，并且称环形穿耳洞的耳饰为"钳"，皇后、后妃在穿朝服时均一耳戴三钳。清宫廷画家郎世宁画的油画《慧贤贵妃》中就有真实细致的描绘，这三件耳饰均为明朝宫廷中流行的葫芦形耳饰（图 14-42）。

图 14-40. *清代中国各地妇女的耳饰。*

1. 戴大耳环、头戴银饰和鲜花的福建女子。

2. 戴耳环的南方汉族女子。

3. 北京满族女子。1871—1872 年。

4. 戴耳环的广东汕头女子。

到了后来，这种风俗逐渐减弱，皇宫贵妇也只饰一对耳坠，耳饰的制作也更加华丽精巧。如清隆裕皇后的“赤金嵌珍珠耳坠”，以金地为主体，耳环部分镶嵌用翡翠雕刻而成的葡萄叶，坠饰部分又用金制的小花叶衬托着七粒不规则形状的小珍珠组成的葡萄，每颗珍珠的底端还嵌有金珠状坠角，色彩清丽淡雅。另一件“金钿丝嵌东珠龙首耳坠”则华美而精致。还有“金嵌珠翠宝石花卉耳环”更是将珠宝的

图 14-41. 梳松鬓扁髻戴丁香儿耳饰的女子。清·杨晋《山水人物图卷》局部。

图 14-42. 戴耳坠的清代贵妃。郎世宁《慧贤贵妃》。

1. 2. 3.

图 14-43.
1. 金钿丝嵌东珠龙首耳坠。
2. 金嵌珍珠耳坠。
3. 金嵌珠翠宝石花卉耳坠。

镶嵌与色彩的组合搭配得完美无缺（图 14-43）。

皇宫中嫔妃耳饰的实物传世的极多，所使用的材料也都是珍贵的宝石、翡翠、美玉、珍珠、珊瑚等，再饰以金银，小小耳饰也可谓集珠宝之大成了（图 14-44）。

这一时期，富裕人家妇女的耳饰通常用银、铜制造，外层鎏金。材料虽不如皇宫中的珍贵，然而在造型和装饰手法上，却很有独到之处。

图 14-44.
1. 金镶东珠耳环。均长为 2.3 厘米。
2. 银镀金嵌珠耳环。直径 4 厘米。《故宫藏清代后妃首饰》。

图 14-45.
1. 鎏金点翠花篮耳坠。传世品。江苏泰州博物馆收藏。
2. 金镶珠宝耳坠。传世品。

如江苏泰州博物馆收藏的一对耳饰，以银制成，外表鎏金，在穿耳的圆环下部，挂一个精致的花篮，花篮周围还有若干串尖角状饰物下垂，整件饰物均贴有翠羽。其工艺与造型都是无可挑剔的。那些流传至今的民间耳饰制品，其中不乏精美之作（图 14-45）。

四、项饰

（一）清代官阶饰物——朝珠

清朝官服中的朝珠是品官悬于胸前的饰物，它是由念珠演变而来的。念珠是早期盛行于蒙古与西藏的密宗喇嘛教徒使用的一种宗教物品，后来才扩大到佛教徒。而清朝的满洲人也信喇嘛教。当蒙古或西藏地区的达赖、班禅等宗教领袖圆寂或清帝皇后生日等重大的典礼时，都要进贡念珠，这些念珠大多是由蜜蜡、琥珀、珊瑚等珍贵材料串成的。清朝的皇室贵族十分喜爱这些经高僧作法祈福过的念珠，随身配挂当作护身的吉祥物。久而久之，佩戴它成了一种风气，后来清朝的皇族把它进行改进，变简为繁，使之逐渐成为宫廷服饰中特有的佩饰，这时它的名字才叫“朝珠”（图 14-46）。

朝珠与念珠在外形上极为相似，都是由 108 粒珠子贯穿而成，但朝珠较为复杂，多了佛头、记捻和背云。朝珠的珠串 27 粒中必间隔一粒不同质料的珠子，称为“佛头”，四个佛头内有一个是三个眼的，跟三眼佛头连在一起的半个葫芦叫“佛头嘴”。“记捻”和“背云”则是从珠串本身分支出的珠子或丝络，一串朝珠有三条记捻和一条背云（图 14-47）。

朝珠并不是什么人都可以佩戴的。据《大清会典》规定：“凡朝珠，王公以下，文职五品，武职四品以上及翰詹、科道、侍卫、公文、福晋以下五品官命妇以上均得用。”而有些文吏，如太常寺博士、国子监监承、助教、学正等人，在一些特殊的场合也可以悬挂朝珠，但礼毕即不准使用。平民百姓在任何时候都不得使用。

至于皇帝，在不同的场合则要戴不同的朝珠，而不同等级的朝珠其材质也不相同。如皇帝在大的典礼时要用东珠朝珠；在天坛祭天时用青金石朝珠；在地坛祭地时要佩挂蜜蜡或琥珀朝珠；在日坛朝日时用珊瑚朝珠；在月坛夕月时用绿松石朝珠，此外便可随其所好而佩之。据载，清朝咸丰皇帝戴过的朝珠有三十多盘。

贵族妇女所挂的朝珠与男子所佩的略有不同，它的区别主要是看朝珠上的记捻，两串在左边的为男子所佩戴，两串在右边的为女子所佩戴，两者决不能颠倒。关于如何佩挂还有规定：如命妇穿着吉服参加祈穀等吉礼，只需要挂一串朝珠；若遇重大朝会，如祭祀先帝、接受册封时，则要挂三串朝珠，同时还必须穿朝服。三串朝珠的戴法是正面一串佩于颈间，另外两串由肩至肋交叉于胸前。至于男子，在任何场合都只悬挂一串朝珠。在清乾隆帝的皇后画像上，身着朝服的皇后就佩挂三串朝珠，看起来雍容华贵（图 14-48）。

而官员及其夫人所佩的朝珠，材料的限制就不如皇室那么严格。在当时，朝珠都是要由官员们自己准备的。这样一来就使那些朝廷官员争相在各自佩挂的朝珠上下功夫，他们十分讲究珠子的材质，花大价钱去买贵重的珠子，使这些朝珠不仅是官服的标志，又成了贵族官僚用以炫耀的奢侈品。于是一挂朝珠，少则几千两银子，多则三万余金（图 14-49）。

图 14-46. 朝珠。

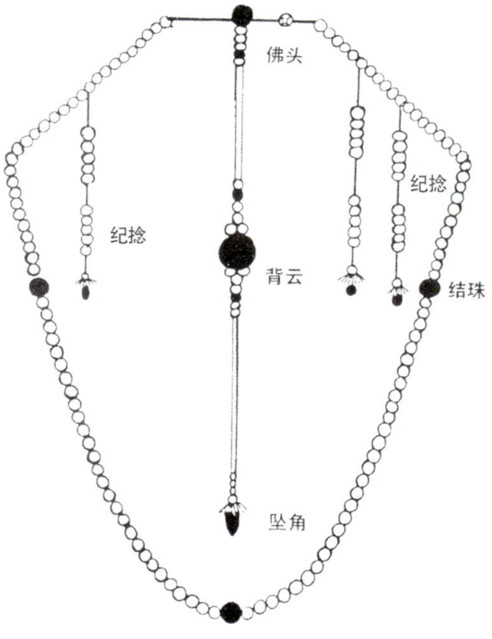

图 14-47. 朝珠各部位示意图。

图 14-48. 佩挂三串朝珠的清后妃。

图 14-49. 戴朝珠的清代官员。

1.

2.

3.

图 14-50.

1. 累丝嵌珠领约。承训堂藏金。

2. 累丝嵌玉双龙戏珠金项圈。正面。

3. 背面。

（二）领约

在清代《大清会典》中，记载的皇后嫔妃的首饰共有六项：朝冠、金约、耳饰、领约、吉服冠、朝珠。这些都是宫中嫔妃必备的饰物。而领约则可以看成为颈饰的一种，它一般紧贴着领子佩戴。在清代乾隆皇后的画像上，饰有东珠的皇后领约被刻画得十分精细，领约的式样与项圈很相像，通常用金丝编织成圆环，并镶嵌各式珠宝，两端各垂着一条丝绦，在丝绦的中间和末尾也坠有珠饰，使之有下垂感。为了佩戴方便，一般在金环的中部，都装有可以开合的铰具，使用时打开金环，从脖子上套入即可。按照当时的规定，这种领约必须戴在礼服之外，丝绦则垂在背后。上自后妃，下及命妇在行大礼时都必须佩戴，而着常服时则不能使用。同所有的服饰制度一样，领约上所镶嵌珠宝的材料、数量和丝绦的颜色都是区分品阶的标识。如《清史稿·舆服志》中：“（皇后）领约，镂金为之，饰东珠十一，间以珊瑚。两端垂明黄绦二，中贯珊瑚，末缀绿松石各二。”种种领约的式样，在《大清会典》等著作中均有描绘。传世实物中的“银镶珊瑚领约”，通长 48 厘米，直径 18 厘米，以现在的眼光来看，可称得上是一种别致的颈饰（图 14-50）。

（三）长命锁

长命锁的佩戴者仍然是汉族的妇女儿童。在当时的民间年画中，只要表现儿童，颈间必挂有长命锁。这时候制作长命锁的材料除了金银外，玉也较多。现在我们所看到的清代的长命锁，制作相当精致，一些玉制的锁片多采用镂空的方法，以喜庆、吉祥、祝福为主要内容。民间百姓虽家境贫寒，但银、铜制的长命锁也一定要有，很多制作精美的锁片都是世代相传之物（图 14-51）。

（四）前襟的串珠

清代妇女的项链丰富多彩，不拘一格。由于制作饰物的材料多样，再加上没有很多限制，所以各种美丽的饰品层出不穷。当时制作项链的材料除了常见的金、银、玉、宝石及半宝石外，还有中国古老的琉璃料器，这些琉璃料器可以做成各种珠子和小饰物。清代的琉璃珠，色彩艳丽，也更加透明。而那些制作精美的景泰蓝珠也是项饰中的常用之物（图 14-52）。那种手串类的饰物常被女子系挂在前襟衣领的扣子上作为装饰，上至太后慈禧、宫中嫔妃，下至民间女子都可以佩戴，是一种很特别的样式（图 14-53）。

五、丰富多彩的手上饰物

（一）手镯、手串儿、手链儿

翠及各种玉镯是清代常见的手镯种类，这种圆环状的镯是中国最古老的样式。玉镯中最为贵重的是翡翠镯。在故宫藏清代后妃首饰中就有这类满绿的翠镯。画像中的慈禧也戴着这种名贵的翠镯。

以金银铜等材料制作的镯，在较宽的镯圈上凿成各种花纹或制成镂空的花饰，有的还在上面镶以珠宝。传世的“金镂空古钱纹镯”“银镶珠石镯”等都是美丽的手上饰物，在镯圈上雕饰凸起纹饰，再在上面点缀镶嵌各种珠宝作为装饰，使镯的表面看上去华丽异常。这种手镯的工艺技术较高，装饰性极强，是故宫藏清代后妃的手镯中最多的一种。

较为传统的双龙戏珠镯，即在镯的半边做成一个统一的龙身式样，而在另半边雕有两个龙头同戏一颗宝珠（图 14-54）。

用珠子串成一串的镯式，接近现在流行的手串儿。当时的手串儿在一串珠子中必有一件类似朝珠中佛头的坠饰，是佛教信徒手中的饰物。它一般被拿在手中，有时也套在手腕上，是清代满汉两族妇女都十分喜爱的饰物。清代男女戴念珠很普遍，长串的念珠一般挂在颈间，短的则套在手腕上。如在《红楼梦》第十五回中描写：“北静王又将腕上一串念珠卸下来递与宝玉。”久而久之，这种念珠式饰物就成了妇女们腕饰上的一种新样式，它基本上保存了念珠的原有特点，除两颗不同质料的珠子外，同一质料的珠子一共 18 颗，又称“手串十八子”，另在两颗异质珠中的一颗上垂一组精致的坠饰，别具特色（图 14-55）。

在清代还出现了一种新式的手腕饰物，即手链儿，是一种十分独特的式样。故宫藏清代后妃的手镯中有一件“金镶珠翠软手镯”，在素圈的一半被做成一节节小的短金链相连，另一半则制成精致的装饰，

1.

2.

3.

图 14-51.

1. 佩挂长命锁的儿童。天津杨柳青年画。

2. 青代玉锁片。

3. 清代花鸟吉祥如意银锁。《中国传统首饰》。

图 14-52.

1. 清末民初各色料珠。

2. 清景泰蓝珠饰。李英豪《古董首饰》。

1.

2.

3.

图 14-53.

1. 戴珠串的女子。苏格兰约翰·汤姆逊摄。
2. 衣前襟戴串珠的慈禧。
3. 戴珠串的女子。

1.

2.

3.

4.

5.

6.

图 14-54.

1. 翡翠镯。
2. 凿花银手镯。江苏淮安新杜清墓出土。
3. 清·后妃金镂空古钱纹及银镶珠石镯。
4. 金镶九龙戏珠镯。
5. 双龙戏珠手镯。
6. 软手镯。

1.

2.

3.

图 14-55.
1. 带珠翠碧玺手串儿。周长 30 厘米。
2. 黄碧玺十八子手串。周长 30 厘米。
3. 翠十八子手串。周长 26 厘米。《故宫藏清代后妃首饰》。

图 14-56. 嵌宝石软手镯。

1.

2.

3.

图 14-57.
1. 套护指的慈禧。
2. 金护指。江苏扬州博物馆藏。
3. 鱼鳞纹金护指正面、背面。

别有韵味。后来受国外首饰的影响干脆制成一段链条式样，链的两端配有接口，使用时把接口扣合即可。在每件相同的嵌有珠宝的饰件间，用金属链条连接起来，又被称为“软手镯”（图 14-56）。

（二）指甲套

我们常能从各种清代慈禧的画像上，或表现清代历史的电视剧中看到慈禧太后的手指上套有细长精致的金指套，这种古老的饰物在战国时期就出现了。汉代时，还有金制的指甲套出土。汉代以后，它的实物在陕西西安玉祥门外也有出现，是用白银浇铸而成的，基本造型有点像一只鼓形的指环。只不过在“指环”的中间，再伸出一个银制的“指甲”，出土时共有十枚，盛放在一个铜质的钵内。

清代妇女，无论是侍女还是贵妇都颇喜蓄长指甲，特别是贵族妇女。护指的传世品绝大多数以金银制成，造型装饰也很复杂考究。如江苏扬州博物馆收藏的一件，在一个长 5.5 厘米，最大口径不过 1.5 厘米的金指套上，巧妙地镂刻出六个古钱纹样：正面四个迭成一串，左右两个单独分开，既有装饰性，又可以减轻指套的重量。光绪年间，慈禧太后很喜欢使用这种饰物，不过她所用的护指，在造型上更加细长。曾为慈禧画过肖像的美国画家卡尔在著述中也说，慈禧手戴玉钏及金护指，耀眼夺目，光彩照人（图 14-57）。

（三）扳指

扳指在清朝受宠也是有原因的。满族原为北方的游牧民族，拉弓射箭是他们的基本技能。清军入关后，为提倡居安思危有备无患的精神，顺治、康熙、雍正、乾隆四代皇帝及其皇子都很喜欢围猎，手戴扳指是为了拉弓射箭，平时在大拇手指上也常戴各种扳指以表示不忘武功。于是皇宫养心殿造办处的工匠们精心制作的扳指也就成了他们的心爱之物，清朝的帝后有时还把它赏赐给大臣。上行下效，一些大臣也慢慢地把戴扳指变成了一种时尚，无论大小官员还是文人秀才都戴起了扳指（图 14-58）。当时的扳指多为玉制，而扳指玉料的好坏也就成了男人们相互谈论的一个话题，当然最好的板制当属翡翠扳指。乾隆皇帝的扳指还放在一个专门用来存放扳指的圆盒子里。这件极为精美的用红紫檀雕漆剔红的盒子中，有七件御制的翡翠和田玉扳指（图 14-59）。民国时期，

图 14-58. 戴全绿翡翠扳指的男子。清·美国卡尔《孝钦后弈棋图》、高春明《中国历代服饰艺术》。

图 14-59. 乾隆存放七件扳指的雕漆盒。

1.

2.

3.

4.

图 14-60. 清代的戒指。
1. 白金镶红宝石戒指。
2. 金镶蓝宝石戒指。
3. 金里镶珠翠戒指。
4. 翠戒指。

随着清帝的退位，戴扳指的风气日渐衰落，许多质料好的翡翠扳指也都被一些珠宝商人改制成别的时兴样子变卖给了外国人。扳指这种古老的男子饰物也渐渐失去了原有的光彩。

（四）戒指

明清时期除了金戒指、镶宝石的戒指外，还有许多珍贵的翠玉戒指。这一时期还有从国外流传来的“戒指表”，作为礼物或商品传到中国（图14-60）。

六、腰饰

（一）更加精美的小型玉佩饰

清代初期，随着大规模的改装易服，以前宫廷中传统的大佩制度已被废止。但男子们的腰间仍有佩刀、荷包、小盒和各种“三事儿”“七事儿”等等（图14-61、图14-62）。而小块的玉佩也常作为装饰的挂件。在帝王们的腰间，雕琢精美的玉饰更是必不可少。

这一时期的玉器中，佩玉的种类很多。而清乾隆帝最喜欢的则是“斧形佩”。这种玉斧形佩饰早在春秋时期就已有出现，被清帝喜爱是因为古斧形佩寓意“玉德具温润，斧形寓决戕”。同时受宠的佩玉还有“宜子孙璧”，式样仍保留传统的形状。而那些按照玉佩上所刻吉祥语而命名的，如“榴开百子”“比翼丹心”“虎符”或一些按照其形状称呼的，如“鸡心”“双鱼”“英雄”（鹰熊）的玉佩，也受到人们的广泛喜爱，一些式样相同的玉佩还成双成对佩戴（图14-63）。

妇女腰间的佩玉更加多样，材料也不仅仅只是玉类，一些宝石与半宝石等都可串挂起来组成佩饰。佩玉从以前的礼仪道德的代表而变成了一种纯粹的装饰品。那些小块的翠与玉，一般都用各种彩色的丝绳串连，玉饰顶端还都串有一颗玉珠，作为固定玉饰，用以打结。玉饰的下端有的还以细丝线做成穗子垂下来，或编成花饰，而有些饰物的最下端，丝绳又分成两支，各垂有小饰物，显得玲珑可爱、典雅秀美。这一时期的香囊已经纯属一种装饰品，它不再放香草，即使放些香草，也是极少量。它的外表被制作得玲珑剔透，形状各异，成为妇女们腰间类似佩玉的一种美丽装饰（图14-64）。

图 14-61. 腰间带饰及挂件。

图 14-62. 男子腰间常用的挂件。从左至右：刺绣扇袋、铜镀金镶玳瑁佩刀及象牙筷、刺绣眼镜盒、名片盒。

1.

2.

3.

图 14-63.
1. 有吉祥用语的玉璧。
2. 碧玉鸡心佩。
3. 斧形佩。

1.

2.

图 14-64.
1. 珠翠茄楠香佩。长 4.5 厘米，宽 6.3 厘米。
2. 金镶松石花囊。长 5.6 厘米，宽 4.1 厘米。《故宫藏清代后妃首饰》。

（二）佩巾

清代妇女平常家居也喜欢佩挂手巾，佩挂的方法十分随意，有的挂在衣襟，有的佩在腰间，仍是以实用为主。而满族命妇穿着礼服，则佩有一种彩帨，其制视身份而定。如皇太后、皇后用绿色，上绣五谷丰登；皇子福晋用白色，素而不绣等等，这些在《大清会典》上都有详细记载。所谓彩帨，实际上就是古代纷帨的遗制。从图像上看，清代的这种彩帨像一条阔带，妇女们佩在身边，仅仅是为了装饰，并无实用价值。而这条彩帨并不是单纯的织物，上面还有许多零碎的小装饰物，如彩帨两边的珠饰和各种制作精致的“巾环”等物品。也算是满清贵族妇女较为特殊的一种饰物（图14-65）。

七、新型的胸前饰品：领针、胸针与别针

这几种是清朝妇女特有的饰物，称它们为“针”，很明显是可以别插在身上某处来作为装饰用的。领针是插在领子上的，胸针与别针是可以装饰在领子或胸前比较明显的位置上的，其实可以把它们看成是同一类的饰物。

这种胸针发展到近代已经成为一种十分重要的饰物，有时与服装成为一体。著名的公司卡地亚以中国清代末期玉饰为主体制作的精美首饰中，就有类似的胸针设计，颇有一些古韵（图14-66）。

知识链接　首饰的材料与工艺

翡翠

中国古代的“翡翠”是一种鸟名，并且古人还用它的羽毛作为首饰的材料。清朝初年，缅甸境内出产的一种珍贵的玉石是有红绿两种色彩，于是翡翠又成为这种玉石的名称。

从考古的成果来看，中国古代各朝都有少量的翡翠玉发现，但它开始盛行还是在清朝。清朝前期，缅甸的翡翠经云南大量进口，因为无论是翡翠的山料或籽料，都产在缅甸北部乌龙江上游地区的克钦帮

1.

2.

3.

图 14-65.

1. 戴红色佩巾的清代皇后。
2. 彩帨与巾环。
3. 巾环。

1.

2.

3.

4.

图 14-66.

1. 翠雕葫芦别针。
2. 白金镶蓝宝石领针。
3.4. 卡地亚公司设计的具有明清风格的胸针。

境内密支那西南的猛拱一带。这里靠近中国云南省的西部边境，因此，在中国云南的腾冲、畹町一带，自清代以来就是翡翠的集散地，但中国本土却不产翡翠这种宝石。

翡翠红的叫翡，绿的称翠。它是由矿物硬玉极细小的晶体组成，无数又短又细纤维形状的硬玉晶体杂乱地交织在一起，好似羊毛织成的毡子一样，科学的名称称为“粘状结构”。因此具有这种结构的玉非常坚韧，并且它美丽的色彩远胜过中国的传统玉料，用它琢成的首饰也经久耐用。这种翡翠首饰深受人们的喜爱，为中国玉文化的发展注入了新的内容。

高质量的翡翠价格十分昂贵，有时可以与祖母绿及红宝石相比。现在北京故宫博物院的珍宝馆中，就陈列着一只满绿的翡翠手镯，旁边还有一支满绿的翎管，都是难得一见的珍品。翡翠制品在清朝是最时髦贵重的饰品，也是当时最能向人夸耀的东西，但它也常是一些谋图官利之人所利用品，成为当时最常用的贿赂品之一。

玉饰品

中国的玉器经过了几千年的兴盛与衰落，到了清代，发展到了中国古代的最高峰。人们评论清代的玉器时总用“登峰造极”。这个时期，不论是玉材的选择、用玉的数量、生产的规模、产品的种类、加工技术和装饰纹样等都超过了历史上任何一个朝代。

清代乾隆帝崇尚师古，怀有强烈的慕古意识，所以他对于古玉的兴趣不亚于书画和青铜器，他曾对古玉进行了严格的考证，在他即位早年便已命人琢碾仿制古玉。

清代的玉料仍主要取自新疆和阗与昆仑山，自清王朝征服了新疆地区之后，称之为“回部”，从此就控制了玉材的开采与运输。自乾隆二十五年始，回部每年都要向朝廷进贡玉料四千斤，分春、秋两次。当时的清政府在宫内设有专门的玉器制造机构，由于源源不断的玉料贡品，宫廷玉器制造地也由一两处扩展到八处之多。每年为内廷雕琢各式玉器，其中包括仿古玉和时作玉两大类六十余件。丰富的玉料也使工匠的选材更加挑剔，在十分懂玉的皇帝的监护下，精美的玉器不断涌现，就连许多小件玉器的品质都优于历代各朝。

图 14-67. 明清时期的青白玉小件。李英豪《古董首饰》。

宫廷宠玉之风自然影响到了社会风气。同时，城市经济的繁荣也使富有的商人、庶民有能力购买各式玉器。当时的玉材除了和阗玉之外，仍有大量的岫玉和独山玉。人们对玉的日益喜爱使玉器市场出现了供不应求的现象，于是便出现了一些盲目追求产量而降低质量的恶性循环。一些琢玉俗手在供不应求的情况下为了招来买主，加强竞争，迅速成交，便抛出样式庸俗，称为“俗式”的做工粗糙的大路货。而评论玉器的价格高低也不以玉质优劣、做工精粗而论，却以玉的轻重论价。崇玉的乾隆帝对这些弊病不仅加以痛斥，还采取各种措施加以制止，才使玉器市场的这种状况好转，民间的玉器制品中也不乏精美之作。各种精美的成品自不必说，就连现在所能见到的一些明清时期遗留的青白玉小件，也可看出当时玉器制作之精良（图 14-67）。

受乾隆帝宠爱和广为推广的还有一种称为“痕玉”的。痕玉即痕都斯坦玉的简称。据记载，痕都斯坦在回地（即今新疆地区）与北印度的交界处。由于痕都斯坦玉器有着鲜明的阿拉伯风格，其造型、图案都充满着异国情调。在做工上，它能“莹薄如纸”，纹饰细如毛发，磨制十分细腻，使玉饰圆润光滑，能够“抚处不留手”，所以倍受乾隆帝的赞美，称赞这种玉饰的做工为“鬼工”“仙工”。

珍珠饰品

在清朝，使用珍珠最多的还是皇宫。帝后以及妃嫔们的服饰和许多喜寿大典的需要，内务府要经常置办珍珠。并且明清两朝还要从国外进口珍珠。明代李衮在《嘉靖宫词》中就记有“**玉蝀桥边长日市，内珰争买大秦珠**”。其中玉蝀桥就是北京北海和中南海相连的那座石桥，内珰指的是太监。可以想象那时桥边有许多卖珍珠的货摊，太监们都争相购买外来珍珠的热闹场面。

提到珍珠就不能不提到“东珠”。东珠是珍珠的一种，古时人们曾按照珍珠产地的不同而分为“北珠”与“南珠”两类。而大清王朝则把产于黑龙江、鸭绿江、乌苏里江等东北地区的“北珠”称为“东珠”。据说东珠受到这种特殊的待遇是因为它对大清王朝的建立有着不可磨灭的功劳。

据说明朝的皇帝十分喜爱东珠，为了应时地获得东珠，就下御旨，让那些入贡的女真人贡毕之后，特例容许他们在京师繁华的街市自由买卖五日，于是汉人各种先进的工具与精美的用品源源不断地涌入了这个古老的民族，改变了他们落后的生产生活方式，同时也扩大了他们的视野。而那些部落中想成大业的贵族，则借这一极好的时机派人打探明朝政府的各种政务、军事、财经等重要情报，为日后攻打明政府做了充分的准备。而沉浸在对东珠赞美中的大明皇帝，怎么能够想到这种美丽的神物所带来的灾难呢？所以在清朝建立以后，自大清先帝开始，便把东珠视为能够给他们带来光明的太阳和在黑夜中带来光明的北斗星。他们说，没有东珠这神奇的魔力，哪有今日的山川河流。于是清贵族们把东珠视为最贵重的珠宝之一。上至天子下至臣民，均在最能表示权力的佩饰上装饰东珠，如清宫帝后们的冠饰、耳饰、朝珠等都尽可能的用东珠来装饰，成为宫中首饰必不可少的材料。

第十五章 紧跟时代的民国首饰

晚清至民国时期，长年战乱，各种工艺美术在总体上出现严重衰败的景象。在这短短的几十年间，人们的衣饰发生了极大的变化，特别是城乡之间产生了巨大的差别。在城市中，国外的各式新型服饰受到人们的欢迎。中国的许多传统观念都遭到否定，特别是大都市的男女青年都争相崇洋，各种首饰制品也迅速洋化。而在小城镇和农村以及一些偏远地区仍保留着一些中国传统的风俗习惯。

从 20 世纪 20 年代中期起，女装中的一种新式服装——旗袍诞生了，到了 20 年代末，旗袍在制作上开始收腰，变得十分合体。由于受西方的影响，妇女的整体装束显得十分简洁方便，再配以小巧的饰物，使女子更加清秀典雅。

一、极为简约的头饰

晚清时期，除了满族女子的两把头、大拉翅外，汉族妇女则一改以往的高髻而多梳平髻，喜戴黑绒布帽和遮眉勒，发型低矮而体贴，更有一种低眉顺眼的含蓄气质。以往用来固定和装饰高髻的各式步摇、花钿、簪钗等重要头饰已逐渐失去它原有的作用，簪钗在乡村妇女中仍有使用，而在城市中则从此消寂。1868 年，一个外国摄影家所拍摄的一幅照片《女孩儿与镜子》中，那时女子的头饰已经极其简单了，几乎没有任何首饰（图 15-1）。

到了民国时期，民间女性的发式也有一些基本固定的格式，一个女子由童年到少年，未婚到结婚，由青年到中年以至老年，这些年龄的变迁都能从发式上看出来。一般的女童头上总是扎着个小辫，到了夏天则可将两个小辫盘卷起来，成了两个“抓髻”，很像古代时小侍女的形象。女孩子们到了十岁左右就开始改梳成一个大辫子拖在背后，这种发型一直维持到结婚之日；姑娘结婚的那一天，上轿之前，请亲人改发型，这是一项重要的内容。拆开大辫子，盘成一个椭圆形的纂儿，从此就再也不能梳大辫子，这也是宣称，这个姑娘从此就是一个少妇了。编了纂儿的发髻用一个发网或发罩罩上，再别上一两支发簪，插花戴钿，自有一番风韵，发罩与簪成为头饰中仅有的装饰。这种结婚挽纂儿的

图 15-1. 《女孩儿与镜子》（1868 年）。Anonymous 摄。

图 15-2. 银簪。王苗藏。

1. 2.

图 15-3.
1. 戴头箍的妇女。
2. 头箍。杭海《妆匣遗珍》。

风俗实行得比较严格，特别是南方苏杭等地的已婚妇女，从背面看去，头上插簪戴钿，美丽迷人（图 15-2）。

而中原地区的已婚妇女，脑后挽着发髻，额前发际多戴着一条由清代遮勒眉发展而来的黑色头箍。这种头箍夏天用黑丝绒做成，冬天富贵人家的女子用貂皮覆额。头箍的作用既可以驱风避寒，又可以遮盖上年纪妇女发际前的不美观，非常实用。当时头箍的式样极为丰富，可随意在这条黑布上加缀或多或少的各类首饰，如复杂的可以缀两到三排大小不一的金银珠翠，简单的则在发箍正中点缀一件美丽的花钿或玉饰（图 15-3）。

到了 20 世纪 40 年代，有些姑娘剪去了长辫梳短发，一到结婚，仍要蓄发挽纂儿，挽不成发髻状的也要做成一个纂儿的样子来表示一下。在女子的成长过程中，发式虽有不同，但却有一个共同的特点，那就是大家都留着较密并剪得很齐的覆额发，称作“刘海儿”，也叫“房檐儿”。民国时期，城市里的时髦女性，在 20 年代时兴剪发的时候，把头发剪得极短，较长些的则以缎带将头发扎起，或以珠宝翠石和鲜花织成发箍，这在当时成为一种风尚。30 年代的女子又多时兴卷发，特别是大城市的女性，卷发更是一种时尚，以前的几种还有簪的影子，卷发的时兴则完完全全抛弃了以前的各种发髻首饰，代之以各种发卡、丝制缎带之类。但在那些相对偏远的地区如贵州、闽南等地，由于地理原因形成了与大都市的隔绝与闭塞，发饰至今仍保持着明代的风俗。

二、仍旧兴盛的簪花风俗

民国时期，簪花的习俗仍十分盛行。北方妇女也素有佩花的习俗，北方地区插花之风一直兴盛。在《旧都文物略》中说：“彼时旗汉妇女戴花成为风习，其中尤以梳旗头之妇女最喜色彩鲜艳、花样新奇的人造花。”这种极大的花饰需求使旗人聚集的北京成为全国簪花业最兴盛的地区。有人说，天下绢花出北京，而北京的绢花则出于崇文门的花市大街。

谈到花市，即指原北京市崇文区的一条大街，名为“花市”。它

2.

2.

图 15-4.

1. 北京崇文门花市卖花的盛况。

2.1996 年天津的卖花小摊儿。

在清朝乾隆中晚期因专门买卖各种假花、鲜花而著名。当时花市大街是北京的五大庙会之一，每月逢四、十四、二十四开市，包括火神庙附近都热闹非凡。花市又有“东花市”“西花市”之分。东花市一带以生产假花为主，有很多生产假花的作坊。鲜花及树苗则在西花市。到了民国时期，这里生产的各种假花不仅远销国内的苏杭，很多外国人也赞之为“京花”，并争作帽饰。在热闹的花市上，京津两地的官宦国戚联襟，巨商富贾遍布，梨园密集。花的色彩也是根据主顾的喜好具体而定。如东北人偏重富丽的金黄、杏黄；西北、蒙古族人注重花的吉祥寓意，不求仿真，花形简单古朴，喜粗犷浓重具有草原色彩的深粉、老绿；而江南人则偏爱清丽明快的葱绿、水蓝、草白和浅粉的清淡色彩。无论何花何色，到了花市均可以得到满足。

京城的假花，种类很多，以制作的材料来分有绫绢花、绒花、缎花、纸花、莲草花等。而以作用来分又有妇女头上戴的“头花”、胸前的“胸花”和用于陈设室内的“插花”。这些假花做工精巧，形态逼真，有些绢花比之鲜花也别有一番情趣，它们是由能工巧匠们用绢、绫、绸、纱为原料制作而成，装饰性最强，仿真性最佳，品种多，花样翻新也最快。但由于它用料讲究，工艺繁复，价格也相应较高，其中，用于头上插戴的小朵绢花制作得最为精致。现在的北京，花市大街已经完全消失，代之以方格高楼，头花的销售也难以见到。而在天津的古文化街上，买卖头花的几个摊位也能使我们想象出当时的繁荣景象。他们还保留了一两种传统的花样，令人欣喜，但插戴者已经很少了（图15-4）。

民国时期，北京人无论贫富都喜欢在头上装饰头花，特别是逢年过节、走亲访友或一些喜庆的日子里，无论男女老少，鬓间斜插一朵红色的头花是必不可少的。旧时的北京城内共有七百多座庙宇，各庙内及庙门前都设有集市，称为“庙会”。当时的庙会并不是现在只有过年才有，而是在一年之中时常有的。香客游人拜神进贡之后，除了品尝一些小吃外，还要争着买上几枝“福”“寿”红绒花，插在男人们礼帽的缎带缝隙中，戴在女人们的发髻上，一种喜气洋洋的气氛马上被烘托出来，老北京叫作“带福还家”。远远望去，一片片头插绒花的人们穿梭往来，到处都呈现出一片喜气，好像神佛已经为他们带来了福寿安康。

一些时髦妇女插戴头花，并不限于红色和固定的种类，只要能使自己美丽大方即可。这些插头花的形象，我们可以从当时的年画与各类广告画中看到。

除头花外，胸前佩花也是当时很受欢迎的一种。这类假花一般花朵较大，女子们往往斜插在前胸的衣扣间作为胸饰，或直接戴在领子上来衬托美丽的脸庞。在当时穿旗袍与穿洋装的女子都喜欢佩一朵这样的花饰（图15-5）。

在各类假花制品中，最受人们喜爱的还是绒花。绒花又称“京花儿”，这不仅是因为它的制作十分精致，还因为它的谐音为“荣华”，有吉祥、祝福之意。并且它的花色鲜艳，多用于婚嫁、寿宴等喜庆场合。

绒花的制作由丝绒和刮绒制成。丝绒一般可以从当时的各大绸缎庄购进，而刮绒一般多为造花者自制，它的具体做法是：以草本植物绒草为原料，将此收集、洗净后放入锅中煮沸，待汁粘稠时倒在铺好的木板上，用纸板、木板将其刮平晒干。这种晒干后的绒胚再

1.

2.

3.

图 15-5.

1. 戴头花的时髦女子。

2、3. 胸前佩花的女子。

图 15-6.

1. 红色小绒花。
2. 五毒葫芦绒花。
3、4、5. 动物类绒花。刘亚平《北京绒花儿》。
6. 丝绒小猴簪饰。山东胶州。

用纸裱糊，就可以制成各式的花朵。而生产绒花的全过程一般要经过几十道工序，每件绒花的各个组合不仅要求严密完整，天衣无缝，不给人以堆砌之感，还要在配色上讲究“润、亮、清”。

绒花的种类式样很多，在当时有一千多个花色品种。佩戴绒花一般也因季节、节令而异。人们运用吉利的语言谐音和艺术形象相组合的手法来作为表现绒花的方式，并以此来表达人们美好的愿望和祝福。如用两个柿子和一个如意组合在一起，表示“事事如意”；而“红蝙蝠”则寓意着“洪福临门”；用“佛手”和“桃”则寓意着“福寿双全”；龙与凤就是“龙凤呈祥”；等等。依时令佩戴的主要有春节时普遍使用的红绒花和端午节出现的“五毒葫芦”。五毒即为五种有害的毒虫，它们是蜈蚣、蟾蜍、蛇、蝎、壁虎，而据说葫芦可以收五毒，于是就有红绒绒的小葫芦上面，缝绣上用黑丝绒制成的小五毒，色彩与形象搭配都堪称一绝。而在端午节前后出现的绒花还有一种做成小老虎和五毒葫芦的，也很受妇女们的喜爱，她们为孩子买上一支，以求消灾避祸。

戴绒花的习俗不仅在北京如此兴盛，在中国北方的大部分地区也都有这种习俗。如从农历五月初一到端午，山东胶州妇女有头戴小虎、小狮、小猴等丝绒制品的习惯，还残留着古诗中的“钗头艾虎辟群邪”的痕迹（图 15-6）。

图 15-7. *传统的纸质红石榴花。*

图 15-8. *装有活动轧头的耳坠。传世品。*

假花中的纸花则是用各色棉纸、道林纸及通草为原料而制成。但是纸花长于形态逼真而短于见风易碎，所以多用于供花及岁时节令，如春节、端午节所佩的红石榴花。这种传统的红石榴花，在天津的古

图 15-9. *戴细长耳坠的时髦女子。*

文化街上仍有出售，制作工艺确实不凡，令人爱不释手(图15-7)。

三、典雅的耳饰

头上的装饰少了，耳饰就成了头面的主要首饰。随着服装的变革，一度流行“元宝领”服装，衣领的高度盖住腮碰到耳垂，使耳朵很难再戴耳饰，即使戴也只是珠玉一点。辛亥革命后，受先进思潮影响的妇女们曾因为反对旧的封建礼教而一度废止过穿耳风俗，但没过多久，爱美的本能又使许多女子戴起了耳饰，只是这时出现了一种不用穿耳的特制耳坠。耳坠上部的耳环变成了金属制成的一种弓形轧头，轧头上装有螺丝，佩戴时只要将轧头松开，夹住耳垂，再旋紧即可。这种耳坠很受妇女们的欢迎，直至现今仍被不愿穿耳的妇女使用(图15-8)。

到了旗袍被妇女们普遍接受的时期，裁剪适体的旗袍使妇女们的身体修长典雅，而这一时期妇女们使用的耳饰也多偏重于细长。特别是时髦的女性，使用珐琅、珠宝、珍珠及现代工业产品生产的坠饰十分常见，但总体比较简洁清雅，有时只一珠一石均可成饰。这种装饰也受到外国人的称赞，说中国的妇女会打扮，只配一点点饰物，就能显得很俏丽。当时大量的广告画及照片中的美女戴着细长的耳饰或简单的珠饰，每每不同，引人注目(图15-9)。

同时，在农村妇女中，耳饰的形式多为较长的银耳坠或银质玉质的耳环。数量较多的传世品可以让我们看到当时的大致状况。一些银耳饰的做工和造型都很复杂，环环相扣缀成一组，戴起来很华丽。相对较为简单的银质耳环也很多见(图15-10)。另有玉质的耳环在清末绘画和传世照片中十分常见，应为当时较为流行的耳饰(图15-11)。

四、具有西方特色的项链与中式的长命锁

民国时期的项饰也很简洁。同样由于衣饰的原因，一般妇女很少戴项链，若是戴也多是配合修长的旗袍和连衣裙，套一条细长的珠链。或为近代流行细小的金丝项链或挂一件精致的坠饰。长长的珍珠串饰

1.

2.

3.

4.

图 15-10.

1. 人物故事纹银耳坠。总长 8.7 厘米，宽 3.3 厘米。
2. 楼阁人物纹饰银镀金耳饰。总长 8.7 厘米，宽 2.5 厘米。
3. 花鸟纹饰银耳体。总长 7.2 厘米。
4. 一端钩状，另一端为环形龙纹等装饰。杭海《妆匣遗珍》。

1.

2.

3.

4.

图 15-11.

1. 戴翠环的清代满族女子。

2、3. 戴翠环的女子。

4. 翠耳环。

也很受欢迎。在传世的近代水晶项链上，可以明显看到外来工艺品的影响（图15-12、图15-13）。

另外还有一种项链与古制完全不同，通常以金银丝编成一节节纤细的链条，用以取代串饰，除了美观实用外，还隐寓着环环相连之意。从现存的近代金项链实物中可以看出当时妇女对首饰小巧、典雅的推崇和对外来首饰的喜爱（图15-14）。

在民间，特别是乡村，长命锁仍然备受妇女青睐，除妇女佩戴锁片外，更多的则是在孩子胸前见到。一般在孩子出生后总给他们戴上长命锁或银质的大项圈，以求吉祥（图15-15）。同时银质的项圈和胸襟上的银挂饰使用极为广泛，这些银饰制作得极为精美，是乡村女子非常重要的装饰（图15-16、图15-17）。

五、不可或缺的胸前别针和花朵

胸花、别针等新式饰物在民国时期颇受妇女们的喜爱。胸花饰物的材料很多，除了前面谈到的绢花、绒花外，珠宝制作更受妇女们喜爱。一些外来的钻石等中国人很少见的各类名贵宝石，都成为制作这类首饰的最佳品。

别针的使用很普遍，这种小型饰物灵活多样，可以别插在任何需要装饰的部位，并能起到很好的装饰效果（图15-18）。

即使是没有任何首饰插戴的衣服，纽扣也是点睛的亮点。自唐代起，金质、银质或嵌宝石的纽扣就是贵族服饰的组成部分。民国时期的领扣多为银、铜质，纹饰也很多样，有的还在纹饰上烧蓝使颜色更漂亮（图15-19）。

六、手饰

（一）手镯与手表

民国时期的妇女喜欢戴手镯，其形式千变万化，但是式样大致可以划分成两种。一种是传统的圆环状镯，这种手镯的装饰十分多变，

图 15-12. 戴珍珠项链的女子。

图 15-13. 近代水晶项链。传世品。

图 15-14. 近代金项链。传世品。

图 15-15. 传世的长命锁。

图 15-16. 两式珐琅彩银挂饰。民国福建。全长 25 厘米—30 厘米。《中国传统首饰》。

图 15-17. 鎏金银项圈。民国陕西。宽 22.8 厘米，高 20 厘米，周长 66 厘米，银管直径 1 厘米。《中国传统首饰》。

1.

2.

3.

图 15-18.

1. 凤纹银质别针。总长 7.7 厘米。
2. 蝶恋花纹饰银别针。宽 7 厘米。杭海《妆匣遗珍》。
3. 蜻蜓镶宝银别针。宽 5 厘米，高 3.5 厘米。王苗收藏。

图 15-19. 银质领扣。
1. 团花银扣。
2. 银质烧蓝钮扣。杭海《妆匣遗珍》。

图 15-20. 戴手镯的女子。

图 15-21. 传世的手镯。

图 15-22.
1. 银镶红玛瑙手链。
2. 银镶芙蓉石手链。王苗收藏。

图 15-23. 戴戒指的女子。

图 15-24. 各式镶宝石戒指。传世品。

图 15-25. 錾花银戒指。杭海《妆匣遗珍》。

在当时众多的绘画中，几乎每个女子的手腕上都有各类这种镯子，材料有玉、金、银、铜等（图 15-20、图 15-21）。另一种镯式则是清朝那种链状手镯的延续，打开镯时呈长条片状，使用时用金属扣相连即可。这种手镯的形式很类似现代的手链，一般中间都嵌有各种珠宝（图 15-22）。

由串珠组成的手串和传统式样的玉镯仍倍受妇女们的喜爱。穿着素雅，手腕处再配一对玉镯，美丽含蓄又富有涵养。

由于受西方文化的影响，先进又实用的腕饰手表大量地进入中国市场，成为时髦男女们所钟爱的物品。

很多妇女抛弃手镯，只戴手表。手表的设计者也加强了它的装饰作用，直到现在，在各种珠宝首饰大展中都有手表这一项。

（二）戒指

随着封建统治的瓦解，中国的不少旧观念都相应地被淘汰，绝大多数的各类首饰制品也失去了它们原有的作用与光彩，唯独戴结婚戒指这一古老习俗，非但没有被淘汰，还被赋予了新的内容。在近代中国，人们可以从一个人手指上戒指的位置来判断她（他）是否结婚。这一时期的戒指有金、银、铜和各种不同类型的嵌宝石指环。戴婚戒的风俗，能够在民间盛行不衰，完全是因为它有着一种美好的纪念意义，即象征着爱情、友谊与幸福（图 15-23、图 15-24、图 15-25）。

参考文献

1. 菲利普·德斯科拉.《生态学和宇宙观》.《亚马逊原生传统》.故宫博物院。
2. 路易斯·多尼斯特·本兹·格鲁皮奥尼.《原生的传统:与亚马逊土著部族物质文化的碰撞》.《亚马逊原生传统》.故宫博物院。
3. Julius E Lips,汪宁生译.《事物的起源》.敦煌文艺出版社,2000年。
4. 郭大顺.《龙出辽河源》.百花文艺出版社,2001年9月。
5. 周南全.《台湾日月坊藏红山文化古玉》.《收藏家》,总第14期1996年第6期。
6. 高大伦.《玉器鉴赏》,漓江出版社,1993年。
7. 宋镇豪.《中国风俗通史·夏商卷》.上海文艺出版社,2001年。
8. 中国社会科学院考古研究所.《偃师二里头1959—1978年考古发掘报告》.中国大百科全书出版社,1999年。
9. 张明华.《良渚文化的琮形镯》.《文物天地》,1993年第4期。
10. 王仁湘.《4000年前的系衣束带方式——良渚文化玉带钩》.《文物天地》,总第126期,改扩版试刊号6期。
11. 杨美莉.《夙荷前规,方传景祚》.《故宫文物月刊》,1993年12月。
12. 林业强.《宝蕴迎祥》.香港中文大学中国文化研究所文物馆承训堂藏金。
13. 徐政芸.《臂腕生辉——云南民族首饰》.《收藏》,2005年。
14. 《江西新干县大洋洲商墓发掘简报》.《文物》,1991年第10期。
15. 山东文物管理处,济南市博物馆.《大汶口——新石器时代墓葬发掘报告》.文物出版社,1974年。
16. 南京博物院.《花厅——新石器时代墓地发掘报告》.文物出版社,2003年。

17. 中国社会科学院考古研究所.《殷墟妇好墓》. 文物出版社，1980年。
18. 唐际根.《殷墟——一个王朝的背影》. 科学出版社，2009年。
19. 元阳真人.《山海经》（上古）. 云南出版社，1994年。
20. 中国社会科学院考古研究所.《20世纪考古大发现》. 四川大学出版社，2000年。
21. （汉）许慎撰.《说文解字》. 中华书局影印本，1963年12月第1版、1994年10月北京第2次印刷。
22. 高春明.《中国服饰名物考》. 上海文化出版社，2001年。
23. （宋）聂崇义纂辑，丁鼎点校.《新定三礼图》. 清华大学出版社，2006年。
24. 《辞海》. 上海辞书出版社，2003年。
25. （明）王圻，王思义编辑.《三才图会》一百零六卷. 上海古籍出版社，1988年。
26. 王方，张擎，朱章义.《金沙·一个可能是古蜀国都邑的地方》.《文物天地》，2002年。
27. 陈高华，徐吉军.《中国服饰通史》. 宁波出版社，2002年。
28. 程俊英.《诗经译注》. 上海古籍出版社，1985年。
29. 沈从文.《中国古代服饰研究》. 上海书店出版社，2002年。
30. 扬天宇.《礼记译注》. 上海古籍出版社，1997年。
31. 卢连成，胡智生.《宝鸡国墓地》. 宝鸡市博物馆编辑. 文物出版社，1988年。
32. 河南省文物考古研究所，三门峡市文物工作队编.《三门峡虢国墓》. 文物出版社，1999年。
33. 北京大学考古系，山西考古研究所.《天马—曲村遗址北赵晋侯墓地第五次发掘》.《文物》，1995年第7期，总470期。
34. 黄展岳.《组玉佩考略》.《故宫文物月刊》. 台北故宫博物院。
35. （荷兰）高罗佩.《中国古代房内考》. 李零，郭晓惠等译. 上海人民出版社，1990年。
36. 姚勤德.《吴国王室窖藏玉器》.《东南文化》，2002年12期，总第140期。
37. 早期秦文化联合考古队，张家川回族自治县博物馆.《张家川马家源战国墓地2007—2008年发掘简报》.《文物》，2009年10期，总641期。
38. 鲁红卫，钟镇远，郑永东等.《河南叶县旧县四号春秋墓发掘简报》. 平顶山市文物管理局，叶县文化局.《文物》，2007年9期。
39. 谭维四.《曾侯乙墓》. 生活、读书、新知三联书店，2003年。

40. 《东南文化》. 2001 年 10 期，总第 150 期。
41. 黄雪寅.《中国古代北方民族的金银器》.《文物天地》,2005 年第 7 期，总 169 期。
42. 刘炜，何洪 .《中华文明传真 3》. 商务印书馆、上海辞书出版社，2001 年。
43. 孙机 .《汉代物质文化资料图说》. 文物出版社，1991 年。
44. 黄杰 .《宋词与民俗·说胜源流》. 商务印书馆，2005 年。
45. 傅举有.《随珠明月楚壁夜光——中国古代的玻璃》.《收藏界》,2002 年第 9 期，总第 9 期。
46. 岳南 .《岭南震撼——南越王墓发现之谜》. 浙江人民出版社，2001 年。
47. 卢兆荫 .《汉代流行的韘形佩》.《收藏家》，1995 年第 4 期，总第 12 期。。
48. 李零 .《入山与出塞·翁仲考》. 文物出版社，2004 年。
49. 孙机 .《中国古舆服论丛》. 文物出版社，1993 年。
50. 王学理 .《咸阳原上的汉帝王陵园——陕西阳陵考古记》，2002 年。
51. 《考古人手记》第二辑 . 生活·读书·新知三联书店。
52. 中国社会科学院考古研究所 .《1980 满城汉墓发掘报告》，文物出版社。
53. 王亚庆 .《小巧精致的绿松石司南佩》.《文物》，2009 年 2 月 18 日第 261 期。
54. 周金玲，李文瑛 .《新疆尉犁县营盘墓地 1995 年发掘简报》.《文物》，2002 年 6 月，总 553 期。
55. 《天山古道东西风——新疆丝绸之路特辑》. 中国社会科学出版社，2002 年。
56. 于志勇 .《新疆民丰县尼雅遗址 95MNI 号墓地 M8 发掘简报》.《文物》，2000 年 1 月，总 524 期。
57. 《云南文明之光——滇王国文物精品集》. 中国社会科学院出版社。
58. 王大道 .《云南昌宁坟岭岗青铜时代墓地》. 云南省文物考古研究所 .《文物》，2005 年 8 月总第 591 期。
59. 吉林省文物考古研究所 .《榆树老河深》. 文物出版社，1987 年。
60. 乔梁文 .《马上动感——匈奴、鲜卑金耳饰检阅》.《文物天地》，2002 年 11 期。
61. 王效军，程云霞 .《宁夏固原地区出土的金银器》（上）.《收藏界》，2007 年第 4 期，总第 64 期。
62. （晋）王嘉传为梁代萧绮录《拾遗记》，中华书局。
63. 赵德林，李国利 .《南昌火车站东晋墓葬群发掘简报》. 江西省文物考古研究所、南昌市博物馆 .《文物》，2001 年 2 月，总 537 期。

64. 刘卫平，岳起.《咸阳平陵十六国墓清理简报》.咸阳市文物考古所.《文物》，2004年8月，总579期。

65. 山东省文物考古研究所，临沂市文化局.《山东临沂洗砚池晋墓》.《文物》，2005年7月，总590期。

66. 吴龙辉.《花底拾遗——女性生活艺术经典》.中国社会科学出版社，1993年。

67. 孟晖.《花间十六声》.生活·读书·新知三联书店，2006年。

68. 《陕西文物精华》.重庆出版社。

69. 张小莉.《西安近年出土的玉器》.《文物天地》，2008年7期，总205期。

70. 白化文.《璎珞、华鬘与数珠》.《紫禁城》，1999年1月，总第102期。

71. （宋）孟元老等著.《东京梦华录》《都城纪胜》《西湖老人繁胜录》《梦粱录》《武林旧事》.中国商业出版社，1982年。

72. 王书奴.《中国娼妓史》.上海书店出版社，1992年。

73. 徐吉军，方建新，方健等著.《中国风俗通史——宋代卷》.上海文艺出版社，2001年。

74. 金柏东，林鞍钢.《浙江永嘉发现宋代窖藏银器》.《文物》，1984年。

75. 宿白.《白沙宋墓》.文物出版社，1957年。

76. 杜正贤.《千年御街重现临安城昔日繁华》.《文物天地》，2005年11期，总173期。

77. 白滨.《寻找被遗忘的王朝》.山东画报出版社，1997年。

78. 《敦煌、西夏王国展》。

79. 孙机.《五兵佩》.王子今编《趣味考据》（二）.云南人民出版社，2005年。

80. 《考古与文物》，1998年3月总107期。

81. 郑巨欣，陆越.《梳理的文明——关于梳篦的历史》.山东画报出版社，2008年。

82. 叶大兵，叶丽娅.《头发与发式民俗——中国的发文化》.辽宁人民出版社，2000年。

83. 王今栋.《今栋美术论集——河南剪纸散谈》.河南美术出版社，1995年。

84. 扬之水.《明代金银首饰中的蝶恋花》.《收藏家》，2008年6期，总140期。

85. 扬之水.《趣味考据——十八子与念珠》（三）.云南人民出版社，2007年。

86. 内蒙古自治区文物考古研究所，哲里木盟博物馆编.《辽·陈国公主墓》.文物出版社，1993年。

87. 盖之庸.《中国边疆探查丛书——叩开辽墓地宫之门》.山东画报出版社，1997年。
88. 孙机，扬泓.《文物座谈·一枚刺鹅锥》.文物出版社，1991年。
89. 李缙云.《流失海外的一批辽代金银器》.《收藏家》,1995年第6期,总第14期。
90. 孙机.《玉屏花与玉逍遥》.《文物》，2006年。
91. 杨永琴.《金代齐国墓》.《文物天地》，2003年。
92. 扬之水.《明代头面》.《中国历史文物》，2003年4月，总第45期。
93. 王正书.《上海打浦桥明墓出土玉器》.《文物》，2000年4期，总507期。
94. 扬之水.《说"事儿"》.《文物天地》，2003年7期。
95. 何川.《收藏使生活更有质量——记京城翎管收藏家顾雪林》.《文物天地》，2004年11期，总第161期。
96. （明）李渔.《闲情偶寄》.作家出版社，1995年。
97. 沈義羚，金易.《宫女谈往录》.紫禁城出版社，1992年7月第1版第3次印刷。
98. 李英豪.《古董首饰》.辽宁画报出版社，2000年。
99. 牛秉钺.《翡翠史话》.紫禁城出版社，1994年。
100. 北京政协文史资料研究委员会，北京市崇文区政协文史资料委员会.《花市一条街》.北京出版社，1990年。
101. 唐绪祥，王金华.《中国传统首饰》.中国轻工业出版社，2009年。
102. 杭海著.《妆匣遗珍——明清至民国时期女性传统银饰》.生活、读书、新知三联书店，2005年。
103. 国家文物局.《2004中国重要考古发现》.文物出版社，2005年。
104. 国家文物局.《2006中国重要考古发现》.文物出版社，2007年。
105. 孙福喜.《中国文物小百科》.未来出版社，2004年。
106. 周汛，高春明.《中国历代服饰》，1984年。
107. 周汛，高春明.《中国历代妇女装饰》.上海学林出版社，三联书店（香港）有限公司联合出版。1988年。
108. 高春明.《中国历代服饰艺术》.中国青年出版社，2009年。